电路高手之路

轻松学会单片机

林　凌　李　刚　编著

電子工業出版社
Publishing House of Electronics Industry
北京·BEIJING

内 容 简 介

本教材采用 P89V52 为核心的仿真实验板为主线，充分发挥该实验板不需仿真器就可在线调试和在线下载、成本低廉的特点，采取边练边学的指导思想，合理、有机地将单片机的原理和实验融合为一体，力求使读者学习单片机时做到形象、生动、有趣，高效地掌握单片机的原理与技术。

本书特别适合大学生和新高职学生，也适合于中专生和工程技术人员学习单片机使用。

图书在版编目（CIP）数据

轻松学会单片机/林凌，李刚编著. —北京：电子工业出版社，2011.11
（电路高手之路）
ISBN 978-7-121-14817-0

Ⅰ. ①轻…　Ⅱ. ①林…　②李…　Ⅲ. ①单片微型计算机 - 基本知识　Ⅳ. ①TP368.1

中国版本图书馆 CIP 数据核字（2011）第 209985 号

策划编辑：张　榕
责任编辑：桑　昀
印　　刷：
　　　　　北京京师印务有限公司
装　　订：
出版发行：电子工业出版社
　　　　　北京市海淀区万寿路 173 信箱　邮编 100036
开　　本：787 × 1092　1/16　印张：19.25　字数：538 千字
印　　次：2011 年 11 月第 1 次印刷
印　　数：4 000 册　　定价：39.80 元

凡所购买电子工业出版社图书有缺损问题，请向购买书店调换。若书店售缺，请与本社发行部联系，联系及邮购电话：（010）88254888。

质量投诉请发邮件至 zlts@ phei. com. cn，盗版侵权举报请发邮件至 dbqq@ phei. com. cn。

服务热线：（010）88258888。

前言

单片机的应用价值已是不言而喻的了，现在几乎所有的机电类专业都开设了单片机的课程，单片机的教材也难以计数，但要找到一本不仅方便教、更方便学的教材，可实在不容易，主要问题存在于：

1. 把单片机作为一种纯理论的课程，因而教材也就按照所谓的“体系”去安排内容，差不多把整本教材翻完了也没有建立单片机的具体形象，只得死记一些枯燥、生硬的术语，如累加器、寄存器、存储器、I/O 接口等。

2. 按照“满堂灌”的课堂教学模式安排所谓的知识点，其实是完全违背了人类的学习规律，把实实在在的东西变成抽象、难懂的一些概念。

3. 过于讲究系统与全面，介绍一大堆东西，结果是把学生/读者搞蒙了。

其实，对于单片机的学习，只要让学生/读者掌握一些自学（练习）的手段和具备一些必要的条件即可，并不需要面面俱到、“完全搞懂”，让学生/读者在探究中学习，在探索中搞懂，有挑战、有成功，这样的学习既有乐趣，又进步得快，还学习得牢固。

在中国，80C51 几乎就是单片机的代名词，因为它是事实上的单片机“标准”，得益于早年相对低廉的开发手段。在 80C51 诞生后的很长一段时间几乎是独霸天下。在 20 世纪 90 年代初期，80C51 受到众多其他架构单片机的挑战，如 AVR，PIC，Motorola 等，几乎被这些后起之秀所淹没。30 年河东、30 年河西，到 21 世纪伊始，80C51 在 ADI 公司推出集成 ADC 等模拟接口和可以在线仿真的 ADuC8××，TI 推出低功耗、具备 24b ADC 等强大功能的 80C51 内核（兼容）全新单片机之后，具备各种各样功能的 80C51 几乎可以用目不暇接、日新月异来形容了。可以说，在当今 80C51 仍然是单片机的霸主。

80C51 最早诞生于国际著名的 Philips 公司，也就是现在 NXP（恩智浦）公司。如今，80C51 仍然是 NXP 的主流产品。与时俱进，今日 NXP 公司生产的 80C51 的性能已非早年产品可比的了。特别是新近发展起来的在系统中编程（In System Program，ISP）和在应用中编程（In Application Program，IAP）的功能，不仅为产品的研发和升级带来了难以想象的便捷，更为单片机的学习提供了极为有利的条件，不再需要昂贵、娇气的仿真器，只用十几元的实验板就可以进行单片机的实验了。

综上所述，本教材的目的就是要提供一种高效、便捷的学习方法，帮助学生/读者迅速掌握单片机并能够应用到实际中去。

根据作者十几年的教学和应用地体会，并吸取许多教师、专家的宝贵意见和建议，力图采用全新的方式来讲授和学习单片机，把学习单片机变成一个轻松愉快的经历，又快又好地学习单片机。编写本教材就是实现这一目标的重要举措：

1. 采用通俗易懂的语言，使用举例和比喻方便自学。

2. 使学生/读者先有兴趣，再有兴趣，更有兴趣……越学越有兴趣，越学越想学，越学越轻松，越学越快。

3. 首先模仿，取得感性认识，然后升华到理性认识，不去追求所谓完整、严谨的理论体系。

4. 学生可先在老师的指导下学习到最起码的基础知识（如先修微机基础的课程则更好），然后在没有老师的情况下也能学习，在有老师的指导下则学得更快。

5. 只要求读者先"一知半解"，不求多，不求快，不求"全面"，更不求"系统"，但紧跟教材的主线，独立完成每一个实验。

6. 请读者牢记"实践是检验真理的唯一标准"这一至理名言。本教材所给出的任何实验、程序都可以通过实验来检验。自己有任何想法，都可以去实验。实验结果与自己的设想、与书本的叙述、与老师的解释不符时，也应该通过更多的实验去检验：改变实验条件，改变指令……

上述六条也可以说是本教材编写的指导思想。作者希望通过本教材和相应的单片机学习板为广大学生和读者快速、扎实掌握单片机技术提供条件。因此，本教材特别强调"边干边学"，不论是自学、还是有教师上课，都应人手一套单片机学习板，这样在学习时才能事半功倍，既有效率，又扎扎实实。

为了让读者尽快具备学习的基础和初步开发单片机的应用系统的能力，本教材没有刻意去强调系统与全面，而是介绍一些必备的知识和提供一些基本的实验：如何运用P89V51制作一个开发系统；实现远程升级等。同样原因，本教材的软件仅限于汇编指令与程序，目的是让读者更好地了解和掌握单片机的硬件。

其次，为了让读者能更具体、形象地了解和掌握单片机的应用，本教材选取了一些应用实例，在第13单元介绍给读者，精选这些实例的原则是既覆盖测、控两个方面，也兼顾各种通信、人机对话等方面的内容。因参考资料较多，在此不一一列举，但对原作者表示诚挚的谢意。

课题组的多位研究生参加了编写本教材和设计实验板、调试程序的工作，他们是刘近贞、王慧泉、赵喆、周梅、吴红杰、李哲、崔南。作者借此机会向他们致谢。

由于采用了一种全新的思维和方式来编写本教材，加上作者的水平有限，时间又紧，难免会出现这样或那样的不足、乃至错误，希望能够得到读者的批评与建议，以便今后再版时使本教材更加完善。

作　者

2011 年于天津大学北洋园

目录

第1单元 概述

本单元学习要点

(1) 什么是单片机？单片机有何作用？

(2) 单片机的内部结构。实验板上有哪些器件？大致有何作用？

1.1 什么是单片机

所谓“单片机”，就是单片计算机的简称，也就是集成在一枚芯片上的计算机。英文名称是“Single Chip Micro-computor”。单片机的应用十分广泛，从天上到地下，只要是需要电路的地方、甚至只要用电的地方，就要用到单片机，如各种仪器仪表、各种家用电器、各种机器等。当今生活中可以说单片机更是无所不在：一台计算机里有十几枚单片机、一辆新型汽车里有几十枚单片机、电视机及遥控器、电子台历、各种电子玩具、心脏起搏器……都有单片机在工作。只要在用电的地方，恐怕很难找到不用单片机的地方。

在单片机刚面世的时候，其结构很简单，功能也差，但经过20多年的迅速发展，单片机的结构已经变得很复杂了，集成度提高了好几个数量级，功能更是当年不可想象的了。单片机的名称也发生了变化，有了多种名称：单片微控制器（Single Chip Micro-controllr）、单片微处理器（Single Chip Micro-processor）、单片微转换器（Single Chip Micro-converter）和单片混合信号微处理器（Single Chip Mix-signal Micro-processor）等。不管其名称如何变化，其本质都是与最初的含义一样，仅仅是强调其性能的某个方面或主要的应用方向而已。现在，单片机又有了两个更时髦但也更贴切的名称：一个是片上系统或单片系统（System on Chip，SoC）意为集成在一个芯片上的电路系统；另一个是Single Chip Machine。实际上，对应这些英文名称，没有任何一个中文译名比“单片机”更为贴切。

1.2 单片机内部主要结构

一台能够工作的计算机要有这样几个部分构成：CPU（进行控制、运算）、RAM（数据

存储)、ROM（程序存储)、输入/输出设备（如串行口、并行输出口等）。在个人计算机上这些部分被分成若干块芯片，安装在一个称为主板的印制电路板上。而在单片机中，这些部分，全部被做到一块集成电路芯片中了，所以就称为单片（单芯片）机，而且有一些单片机中除了上述组成部分外，还集成了其他部分，如 A/D，D/A 等。单片机内部的基本结构如图 1-1 所示。

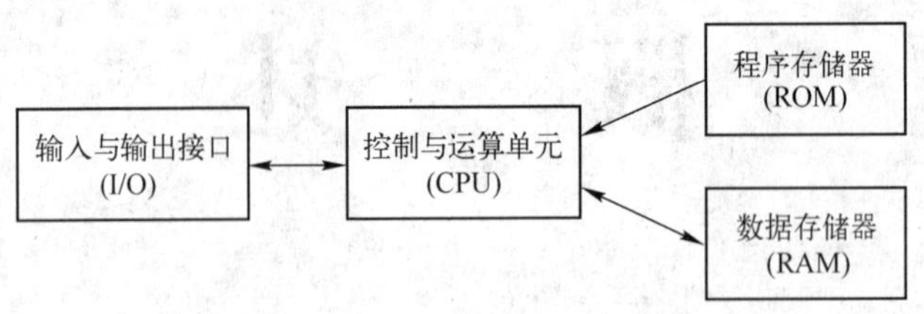

图 1-1　单片机内部的基本结构

计算机是数字电子计算机的简称，顾名思义，计算机既是利用电路实现数字运算的装置，任何一台计算机的计算都是在中央处理器（Central Processing Unit，CPU）中进行的；同时，CPU 还要实现计算机整个工作过程的控制和管理。CPU 一次所能进行的数据最大长度（用二进制数来衡量）称为计算机的字长，单片机通常有 4 位、8 位和 16 位这几种类型。

输入/输出接口（Input/Output Interface，I/O）是计算机与外界交换数据的通道，需要计算机处理的数据、计算机处理后的数据和控制命令（也是数字信号）都得通过 I/O 接口实现计算机与外部设备的交换。I/O 接口可以分为两大类：并行接口和串行接口。

单片机中的存储器按作用来分，也可分为两大类：程序存储器和数据存储器。在单片机中，程序存储器通常使用只读存储器（Read Only Memory，ROM）。在 ROM 中，存储单片机要执行的程序、常数和表格。数据存储器通常使用随机读写存储器（Random Access Memory，RAM）。在 RAM 中，存储单片机要处理的数据、运算的中间数据和最终的结果等。

既然单片机是数字电子计算机，单片机所能处理的信号只能是“数字”。这句话有以下几个含义：

① 单片机所能处理的信号只能是“数字”，而且只能是由“0”和“1”两种信号组成的二进制数，其他任何需要单片机处理的信号最终都必须用（也必定能够用）二进制数表示。

② 单片机所能执行的指令也只能是由“0”和“1”两种信号组成的二进制数。由二进制数表示的指令又称为机器码。由于机器码难懂、不易记，人们通常采用助记符来表示单片机的指令。助记符通常都是由表示指令所完成的功能英文单词缩略而成，因而用助记符表示单片机的指令比机器码要容易得多，参见《附录 A 标准 8051 单片机指令说明》。

③ 由①、②两条可知，单片机所执行的指令和数据都是由二进制数表示的，其运算也只能采用二进制。显然，CPU 中的部件也只能是存储和运算（处理）数字电路，也就是存储器或称为寄存器的功能不仅仅是为了存储数据，而是有些“特殊”功能，如单片机中主

要完成算术、逻辑运算的寄存器——累加器（Accumulator，ACC），控制程序运行的程序计数器（Program Counter，PC）等。所以，CPU 中的这些存储器又称“特殊寄存器或专用寄存器（Specified Register）”。

④ 不仅如此，不管是并行 I/O 接口（Parallel Port）还是串行 I/O 接口（Serial Port），单片机也是通过读、写这些 I/O 接口的特殊寄存器与外部电路交换数据（信息）的。

1.3　P80V51 单片机简介

在 20 世纪 70 年代末，美国 Intel 公司从荷兰 Philip 公司（即现在的 NXP 公司）购买了 8031 单片机的专利技术，生产了一系列 8 位的单片机，这一系列单片机按照片内存储器的种类和大小不同分为很多品种，如 8031，8051，8751，8032，8052，8752 等，其中 8051 是最早、最典型的产品，该系列其他单片机都是在 8051 的基础上进行功能的增、减、改变而来的，所以人们习惯于用 8051 来称呼 MCS51 系列单片机。由于 8051 的功能强，很多其他公司从 Intel 公司得到 MCS51 的核心技术的授权，生产了种类繁多的 8051 为核心的单片机，功能或多或少有些改变，以满足不同的需求，其中 P89V51 就是一种性能优异的 8051 单片机，它是由 NXP 公司开发生产的。本教材配套的学习板就是采用 P89V51 单片机。如图 1-2 所示为 P89V51 单片机的内部结构，如图 1-3 所示为 P89V51 的外部引脚图，P89V51 的引脚定义参见表 1-1。

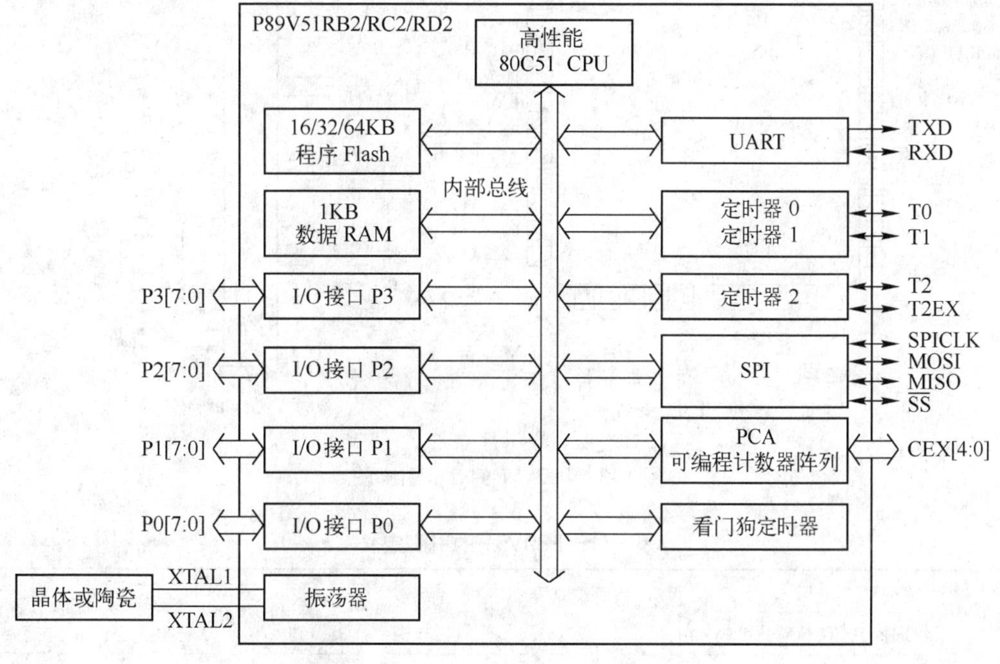

图 1-2　P89V51 单片机的内部结构

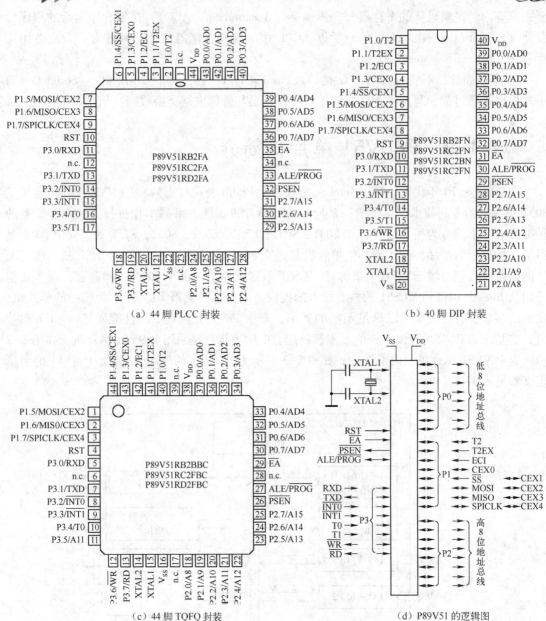

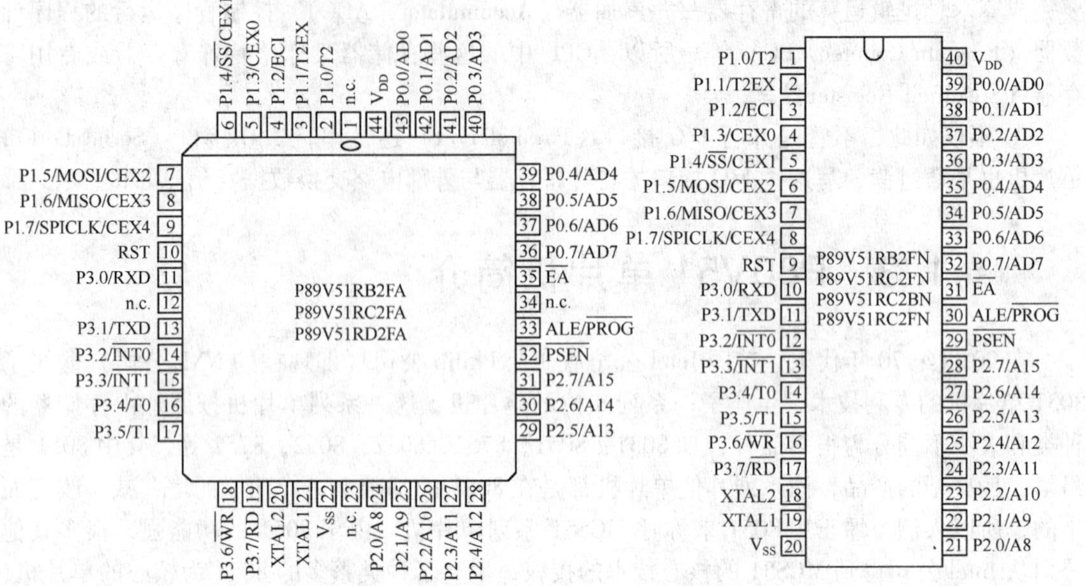

(a) 44 脚 PLCC 封装

(b) 40 脚 DIP 封装

(c) 44 脚 TQFQ 封装

(d) P89V51 的逻辑图

图 1-3　P89V51 的外部引脚图

表 1-1　P89V51 的引脚定义

符　号	引　脚　号			类　型	名 称 和 功 能
	DIP40	TQFQ44	PLCC44		
V_{SS}	20	16	22	I	地：0V
V_{DD}	40	38	44	I	电源：提供掉电、空闲、正常工作电压

续表

符 号	引脚号			类 型	名称和功能
	DIP40	TQFQ44	PLCC44		
P0.0 ～ P0.7				I/O	P0 口：开漏双向口。置1为高阻抗悬浮。也可以作多路转换，在访问外部程序存储器时作地址的低字节，在访问外部数据存储器时作数据总路线。当置1，通过内部瞬时强上拉。在外部主机控制校验程序代码时可输入写入的代码或输出代码以检验正确与否。在校验代码或作为普通I/O接口时需要用电阻上拉
P0.0/AD0	39	37	43	I/O	P0.0：P0口的位0
				I/O	AD0：地址/数据位0
P0.1/AD1	38	36	42	I/O	P0.1：P0口的位1
				I/O	AD0：地址/数据位1
P0.2/AD2	37	35	41	I/O	P0.2：P0口的位2
				I/O	AD0：地址/数据位2
P0.3/AD3	36	34	40	I/O	P0.3：P0口的位3
				I/O	AD0：地址/数据位3
P0.4/AD4	35	33	39	I/O	P0.4：P0口的位4
				I/O	AD0：地址/数据位4
P0.5/AD5	34	32	38	I/O	P0.5：P0口的位5
				I/O	AD5：地址/数据位5
P0.6/AD6	33	31	37	I/O	P0.6：P0口的位6
				I/O	AD6：地址/数据位6
P0.7/AD7	32	30	36	I/O	P0.7：P0口的位7
				I/O	AD7：地址/数据位7
P1.0 ～ P1.7				I/O	P1 口：内部上拉的双向I/O接口。向P1口置1时，P1口被内部上拉为高电平，并且可以用做输入口。当作为输入脚时，P1口引脚可以被外部拉低。P1.5 ～ P1.7具有16mA的驱动能力。在外部主机编程和校验模式时P1作为低位地址线
P1.0/T2	1	40	2	I/O	P1.0：P1口的位0
				I/O	T2：定时器/计数器2的输入/输出端
P1.1/T2EX	2	41	3	I/O	P1.1：P1口的位1
				I	T2EX：定时器/计数器2的捕捉/加载的触发与方向控制输入端
P1.2/ECI	3	42	4	I/O	P1.2：P1口的位2
				I	ECI：可编程计数器阵列（Programmable Counter Array，PCA）的外部时钟输入端
P1.3/CEX0	4	43	5	I/O	P1.3：P1口的位3
				I/O	CEX0：PCA模块0的捕捉/比较外部I/O接口。不用于此功能时可以作为普通I/O接口

续表

符号	引脚号			类型	名称和功能
	DIP40	TQFQ44	PLCC44		
P1.4/$\overline{SS}$/CEX1	5	44	6	I/O	P1.4：P1 口的位 4
				I	$\overline{SS}$：串行外设接口（Serial Peripheral Interface，SPI）从机选择端
				I/O	CEX1：PCA 模块 1 的捕捉/比较外部 I/O 接口。不用于此功能时可以作为普通 I/O 接口
P1.5/MOSI/CEX2	6	1	7	I/O	P1.5：P1 口的位 5
				I/O	MOSI：SPI 的主机输出/从机输入端
				I/O	CEX2：PCA 模块 2 的捕捉/比较外部 I/O 接口。不用于此功能时可以作为普通 I/O 接口
P1.6/MISO/CEX3	7	2	8	I/O	P1.6：P1 口的位 6
				I/O	MISO：SPI 的主机输入/从机输出端
				I/O	CEX3：PCA 模块 3 的捕捉/比较外部 I/O 接口。不用于此功能时可以作为普通 I/O 接口
P1.7/SPICLK/CEX4	8	3	9	I/O	P1.7：P1 口的位 7
				I/O	SPICLK：SPI 的时钟输入/输出端
				I/O	CEX4：PCA 模块 4 的捕捉/比较外部 I/O 接口。不用于此功能时可以作为普通 I/O 接口
P2.0～2.7				I/O	P2 口：内部上拉的双向 I/O 接口。向 P2 口置 1 时，P2 口被内部上拉为高电平，并且用做输入口。当作为输入脚时，P2 口引脚可以被外部拉低。在访问外部程序存储器和外部数据时作为 16 位地址的高字节（MOVX@ DPTR），当向口送 1 时瞬时强内部上拉，当访问 8 位外部数据存储器时（MOV@ Ri），特殊功能寄存器 P2 中的内容送到 P2 口
P2.0/A8	21	18	24	I/O	P2.0：P2 口的位 0
				O	A8：地址位 8
P2.1/A9	22	19	25	I/O	P2.1：P2 口的位 1
				O	A9：地址位 9
P2.2/A10	23	20	26	I/O	P2.2：P2 口的位 2
				O	A10：地址位 10
P2.3/A11	24	21	27	I/O	P2.3：P2 口的位 3
				O	A11：地址位 11
P2.4/A12	25	22	28	I/O	P2.4：P2 口的位 4
				O	A12：地址位 12
P2.5/A13	26	23	29	I/O	P2.5：P2 口的位 5
				O	A13：地址位 13
P2.6/A14	27	24	30	I/O	P2.6：P2 口的位 6
				O	A14：地址位 14

续表

符　号	引　脚　号			类　型	名称和功能
	DIP40	TQFQ44	PLCC44		
P2. 7/A15	28	25	31	I/O	P2. 7：P2 口的位 7
				O	A15：地址位 15
P3. 0 ～ 3. 7				I/O	P3 口：内部上拉的双向 I/O 接口。向 P3 口置 1 时，被内部上拉为高电平，并且可以用做输入口。当作为输入脚时，P3 口引脚可以被外部拉低
P3. 0/RXD	10	5	11	I/O	P3 口的位 0
				I	RXD：串行输入口
P3. 1/TXD	11	7	13	I/O	P3 口的位 1
				O	TXD：串行输出口
P3. 2/ $\overline{\text{INT0}}$	12	8	14	I/O	P3 口的位 2
				I	$\overline{\text{INT0}}$：外部中断 0
P3. 3/ $\overline{\text{INT1}}$	13	9	15	I/O	P3 口的位 3
				I	$\overline{\text{INT1}}$：外部中断 1
P3. 4/T0	14	10	16	I/O	P3 口的位 4
				I	T0：定时器 0 外部输入
P3. 5/T1	15	11	17	I/O	P3 口的位 5
				I	T1：定时器 1 外部输入
P3. 6/ $\overline{\text{WR}}$	16	12	18	I/O	P3 口的位 6
				O	$\overline{\text{WR}}$：外部数据存储器写信号
P3. 7/ $\overline{\text{RD}}$	17	13	19	I/O	P3 口的位 7
				O	$\overline{\text{RD}}$：外部数据存储器读信号
$\overline{\text{PSEN}}$	29	26	32	I/O	程序存储器使能：读外部程序存储器。当从外部读取程序时，$\overline{\text{PSEN}}$ 每个机器周期被激活两次，在访问外部程序存储器时 $\overline{\text{PSEN}}$ 有效，访问内部程序存储时，$\overline{\text{PSEN}}$ 无效。在复位端 RST 维持高电平期间，将 $\overline{\text{PSEN}}$ 由高强制拉低并维持 10 个机器周期或以上时，单片机转入由外部主机控制的编程模式
RST	9	4	10	I	复位：当晶振在运行，只要复位引脚出现 2 个机器周期高电平即可复位。在复位端 RST 维持高电平期间，将 $\overline{\text{PSEN}}$ 由高强制拉低并维持 10 个机器周期或以上时，单片机转入由外部主机控制的编程模式。否则，单片机进入正常运行模式
$\overline{\text{EA}}$	31	29	35	I	外部寻址使能。$\overline{\text{EA}}$ 必须置低，在访问整个外部程序存储器时，如果 $\overline{\text{EA}}$ 为高时，将执行内部程序。如果程序计数器内容超出片内程序存储器的地址，则转向访问外部程序存储器。该引脚在编程时接 12V 编程电压
ALE/ $\overline{\text{PROG}}$	30	27	33	I/O	地址锁存使能：在访问外部存储时，输出脉冲用来锁存地址的低字节，在正常情况下，输出 1/6 的振荡频率可以当作外部时钟或定时。注意：每次访问外部数据将一个 ALE 脉冲忽略。可以通过设置 SFR 禁止 ALE，设置后，禁止后 ALE 只能在执行 MOVX 指令时被重新激活。该引脚同时可以作为 Flash 存储器的编程脉冲输入（ $\overline{\text{PROG}}$ ）

续表

符 号	引 脚 号			类 型	名称和功能
	DIP40	TQFQ44	PLCC44		
XTAL1	19	15	21	I	晶体1：晶振放大器和内部时钟信号输入端
XTAL2	18	14	20	O	晶体2：晶振放大器的反相输出端
n. c.	—	6，17，28，39	1，12，23，34	—	空引脚，与单片机内部不连接

1.4 初识 P80V51 仿真实验板

如图1-4所示为P89V51实验板的PCB布局图。虽然实验板的目的是用于学习，但它同样可以在实际的系统中作为“大脑”——控制核心，通过键盘等输入要求系统执行的指令，通过传感器接收需要测量和监控的信息，通过数码管等显示所获得的信息或系统目前的工作状态，通过I/O接口控制外设（外部设备）如蜂鸣器、电动机等进行动作，……

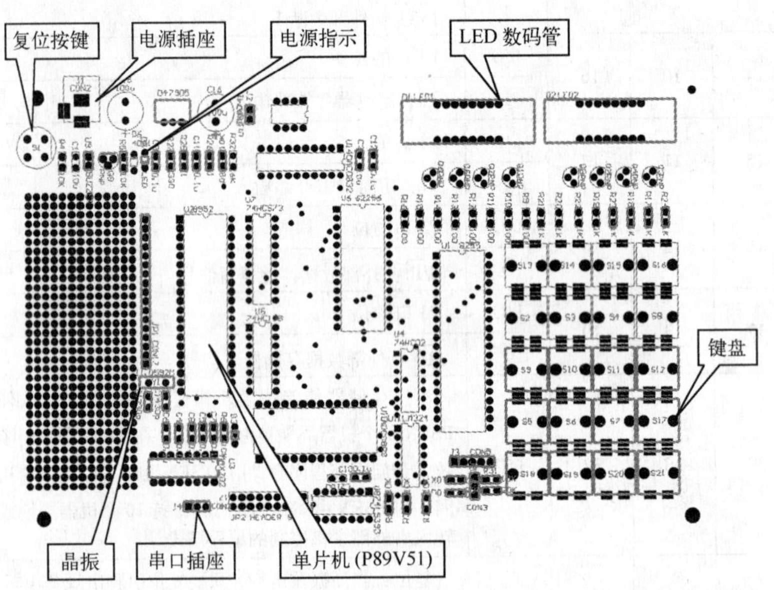

图1-4　P89V51 实验板的 PCB 布局图

仔细观察一下实验板上的器件：P89V51单片机、键盘、LED数码管、串行接口、电源插座等。对于上面的一些芯片可以记录下上面的标志，然后上网查一下相关资料，大致了解一下各自的功能。

特别注意一下实验板与两个重要附件的连接：串口通信线和电源适配器。将串口通信线的3P（芯）插头插到实验板上，通信线的另外一头（25P）插到计算机上。如果你用的计算机没有相应的25P的RS232插座，则需要用RS232-USB转接线，将RS232转换成USB接口后再与计算机相连。

电源适配器的2P圆形插头插到实验板的相应插座上，将电源适配器插到220V的交流电源插座上，这时你可以看到实验板上的电源指示 LED 数码管发光，表明电源已经正常工作，实验板可以用于学习了！

1.5　本课程的学习方法和要求

本课程的学习方法，是以任务为单元，打破原有界限，不管硬件结构、接口、指令和编程的先后顺序，将各部分知识分解成一个个知识点并有机地组合成为一个个的任务（单元），以配套的单片机学习板为主要工具，把书本知识与实践紧密联系起来。在每个单元的学习中，不求知识的完整，但求实实在在地掌握一点知识，哪怕再少，也有成就感，感觉到自己在进步。

不管是自学还是上课学习，要求读者手上有一套专门为本教材配套的学习板。学习每个单元时，请首先阅读“本单元学习要点”，然后根据要点学习每个单元的内容，务必要做到：请用学习板模仿教材中的示例自己做一遍，并尽量地去改变一点内容，如改变一条指令或增减一条指令，看看有什么变化，这变化与自己预计的是否相符，为什么？不要怕出错，调试中出再大的错也仅仅是按一下复位键就能恢复正常（初始状态）。在学习过程中，只要不失去自己的信心，错误犯得（遇到）越多，学到的知识就越多，成为高手的速度就越快，本领也就越强。

思考题与习题

1-1　什么是单片机？单片机有何作用？

1-2　谈谈单片机的内部结构及其各部分的作用。

1-3　什么是字长？

1-4　什么是机器码？什么是助记符？

1-5　什么是特殊寄存器？特殊寄存器是 RAM 还是 ROM？为什么？

1-6　单片机有几种 I/O 接口？作用是什么？它们之间有何区别？

1-7　在实验板上找到单片机，说明它的封装及其封装类型。

1-8　重点了解实验板上的复位按键、电源插座、RS232 通信插座和蜂鸣器。

1-9　了解实验板上用的晶振的外形与参数，用到了哪些集成电路和电子器件？

1-10　本书作者对读者利用本教材学习单片机有何建议？

第 2 单元

单片机集成开发环境

本单元学习要点

(1) 如何开发单片机应用系统?

(2) 开发单片机有哪些工具?

(3) 如何用 Flash Magic 软件设置 SoftICE 模式。

(4) Keil C51μVision2 是什么?

(5) 如何安装、设置 Keil C51 μVision2?

(6) Keil C51μVision2 的几个常用命令。

(7) 如何使用 Flash Magic 软件烧写程序到单片机中?

2.1 单片机开发工具

任何一套电子系统，都必须经过“设计→制作→调试→修改设计→制作→调试→……”等多次反复的过程。单片机的应用系统也不例外。特殊的是单片机在程序固化后，仅仅从外部是很难测试单片机的硬件和软件是否设计合理、运行是否正常。因此，在单片机应用系统开发时，人们往往要采用一定的工具或工具组合。所谓单片机开发系统是一种用来进行单片机系统开发、调试、维修和分析的专用工具组成的系统，可以用等式简单地表示为

$$MDS = OLE + SLD + \text{Other Tools} \tag{2-1}$$

式中 MDS——单片机开发系统（Microprocessor Development Systems）;

OLE——在线仿真器（On Line Emulator）;

SLD——源级调试器（Source Level Debugger）;

Other Tools——开发系统中的其他一些工具。

对单片机开发系统的基本要求：首先把编译好的目标代码存入单片机，然后控制并追踪系统的执行，在设置的断点处可以更改一些寄存器中的内容，分析一些基本数据。总的来说，对单片机开发系统的要求就是对于系统组合和综合调试具备控制和分析的能力。单片机开发系统可以有以下的分类方式:

（1）通用型单片机开发系统和专用型单片机开发系统

通用型开发系统是指可以开发不同类型的单片机，而专用型单片机开发系统只能开发某一类型、某一系列，甚至某种单片机。

（2）局部占用型与全透明型开发系统

局部占用型开发系统是指仿真时要占用一部分用户资源系统，而全透明型开发系统则是使用自成体系的专门硬件和软件系统，能对各种复杂用户系统进行完全地开发。

（3）非交互式开发系统和交互式开发系统

非交互式开发系统主要由仿真器构成，对硬件、实时系统软件的调试能力差；交互式开发系统则由仿真器、仿真存储器和逻辑分析仪等多种设备组成，具有很强的在线仿真功能和逻辑分析功能。

从另一个角度，单片机开发工具可分为全硬件（Hardware-only）、全软件（Software-only）和软、硬件混合式三大类。其中，全硬件的开发工具用得最少，软、硬件混合式开发工具品种最多，全软件的开发工具虽然数量少但仍在发展之中。应用最多的仍然是混合式开发工具。下面重点介绍混合式开发工具中的软件和硬件。

1. 混合式开发工具中的软件

几乎所有的单片机开发工具都要使用软件，常用的软件有交叉汇编程序、交叉编译程序、全页编辑程序、联结程序、仿真程序、除错程序和格式转换程序等几种。这些程序通常以不同版本的形式提供给不同的操作系统，如计算机平台的 DOS 或 Windows、大型系统的 UNIX 等。

开发系统最常用的编程语言是汇编语言和 C 语言。8051 及其派生的单片机在 C 语言编程方面已经建立起一定的基础。由于 C 语言编程具有工作效率高、可移植性好、维护方便、便于团队协作共同完成单片机应用系统的开发等特点，所以是工程上主要的应用语言。而汇编语言则在运行速度、存储空间和利用效率上具有明显的优势，在工程上有些关键的程序和系统比较简单的时候，也经常采用或必须采用汇编语言。由于本书作为教材，而汇编语言具有直观、与硬件结合密切和有助于理解单片机工作原理等高级语言难以替代的特点，所以本教材仍然以汇编语言为主。

大多数开发工具的软件具有以下功能和特点：

① 能与主计算机通信；

② 能将程序上传到主计算机，或从主计算机下载到单片机上；

③ 符号除错和单步除错；

④ 设定断点、进行单点检查（Snapshot）、寄存器冻结、寄存器跟踪、设定监视点（Watch Point）等；

⑤ 提供在线汇编程序和反汇编程序。

许多单片机和开发工具生产厂家可为用户提供一种叫做“集成开发环境”（Integrated Development Enviroment，IDE）的产品，该产品的目的是使用户能够访问自己希望使用的任何开发工具。目前在 Windows 下运行的 IDE 数量正在迅速增长。IDE 通过操作简便而高效的用户接口为用户提供一个良好的开发环境，其特点是具有多窗口编辑程序、鼠标控制程序、半自动汇编程序至目的码的翻译程序、交互式在线辅助功能和开发阶段用于记录简短笔记的“记录簿”（Notepad）。下面将要介绍的 Keil C51 μVision2 就是一款功能强大、目前最为流行的单片机（特别是 51 系列单片机）的集成开发环境。

大多数开发系统的汇编程序具有二进制到 Intel 十六进制文件格式的转换程序（Intel 十

六进制格式是大多数开发系统和仿真板的标准格式）；交叉汇编程序则为若干种单片机提供目的码的编译，使用交叉汇编程序的好处是允许用户借助一个开发工具对几种不同型号的单片机实现编程。

2. 混合式开发工具中的硬件

混合式开发工具中的硬件有仿真器、逻辑分析仪、编程器、软件支持、仿真卡、开发套件等。一般来说，仿真器应具有实时跟踪、设定断点、工作于单步模式、测量指令周期、使存储器的使用形象化（即目视检查）等功能。仿真软件可以在DOS或Windows下运行。

下面简要地介绍单片机开发工具功能与作用。

（1）仿真器

仿真器是开发系统的关键设备，它能以与用户处理器相同的时序执行用户程序，并按用户需要产生各种断点响应，同时也可接收主机系统的命令，对用户系统进行全面测试和数据传送。仿真器通常由控制电路、存储器、仿真电线、接口电路等组成。

（2）逻辑分析仪

在调试用户系统时常常需要观察系统总线的一些硬件断点的实时波形，以便根据它们的时序关系来综合判断系统软件、硬件是否正常，逻辑分析仪就是具有这种功能的设备。

（3）编程器（烧写器）

烧写器是将机器码烧录进单片机的一种设备，一般由烧写器主板和各种烧写适配器组成，通常具有以下特点：以串行接口和计算机相连，读/写/校验等功能齐全，Windows平台，界面友好。但目前已有很多单片机具有可在线下载的Flash Memory（闪存），可以不需要编程器。

（4）软件支持

各种单片机开发系统的软件支持的差别只是在功能上，一般都具有窗口调试技术，开发系统全部功能的选择、各种命令和调试参数的设置、检查、修改、删除均可通过屏幕上的命令窗口完成，它可以支持调试各种复杂程序，可以支持高级语言和汇编语言文本调试，可用高级语言语句行方式、宏汇编语言指令行方式或高级语言和汇编语言混合方式进行系统调试。

选用开发系统时主要考虑的性能指标：

① 仿真的真实性及所占用资源；

② 程序地址/数据地址/外部信号断点功能；

③ 仿真频率的高低；

④ 仿真存储器大小；

⑤ 调试环境及所能仿真的CPU种类。

2.2 设置SoftICE模式

先从http://www.philipsmcu.com下载Flash Magic软件，安装并运行。

使用Flash Magic软件设置P89V51RB2进入SoftICE模式。运行Flash Magic软件，在“Select Device”中选择“89V51RB2”单片机。在“COM Port”中选择“COM 1”，在“Interface”中选择“None（ISP）”，模式设置如图2-1所示。

在菜单“Options”的“Advanced Options”对话框中，单击“Hardware Config”选项卡，将“Use DTR to control RST”前“√”删除，呈现如图2-2所示的设置（全部不选）。

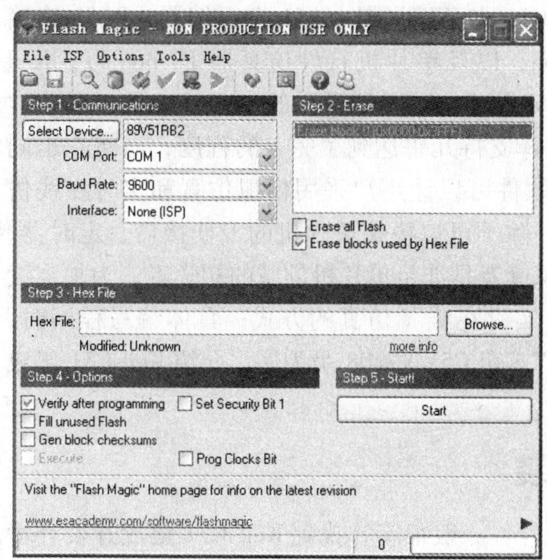

图 2-1　SoftICE 模式设置界面

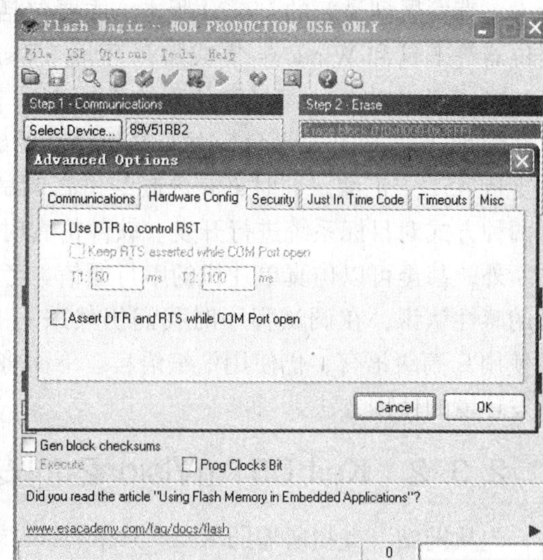

图 2-2　"Advanced Options" 对话框的设置

设置好以上内容后，选择"ISP"→"Enable SoftICE"菜单命令，如图 2-3 所示。

当出现如图 2-4 所示的提示后，给单片机上电或复位，即可设置单片机进入 SoftICE 模式。

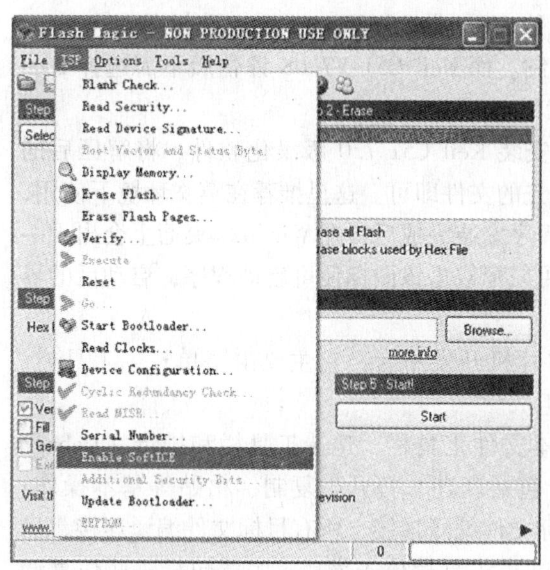

图 2-3　"ISP" 菜单的设置

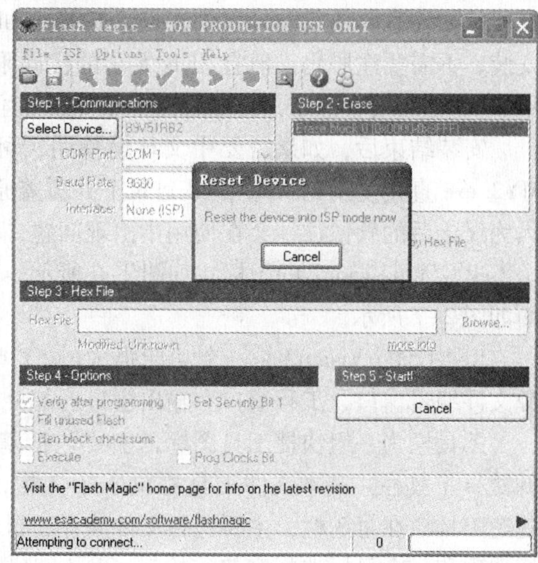

图 2-4　单片机进入 SoftICE 模式

2.3 Keil C51 μVision2 集成开发环境

2.3.1 Keil C51 μVision2 简介

Keil C51 μVision2 集成开发环境是德国 Keil 公司基于 32 位 Windows 环境，以 51 系列单片机为开发目标，以高效率的 C 语言为基础推出的集成开发平台。Keil C51 从最初的 V5.20

版本一直发展到最新的 V7. 20 版本。主要包括 C51 交叉编译器、A51 宏汇编器、BL51 连接定位器等工具和 Windows 集成编译环境 μVision，以及单片机软件仿真器 Dscope 51。Keil C51 V6. 0 版本以后，编译和仿真软件统一为 μVision2，即通常所说的 μV2，这是一个非常优秀的 51 单片机开发平台，对 C 高级语言的编译支持几乎达到了完美的程度，当然它也同样支持 A51 宏汇编。同时，它内嵌的仿真调试软件可以让用户采用模拟仿真和实时在线仿真两种方式对目标系统进行开发。软件仿真时，除了可以模拟单片机的 I/O 接口、定时器、中断外，甚至可以仿真单片机的串行通信。考虑读者是涉足单片机领域的初学者，为加强读者的感性认识，在调试程序时我们仍然采用“实时在线”仿真的方式；具体编写程序时，不使用 C 高级语言，仍使用汇编语言。下面将以 Keil C51 V7. 08 版为例，介绍 Keil C51 集成开发环境的使用方法。

2. 3. 2 Keil C51 μVision2 的安装

先从网站上查找所需的 Keil C51 μVision 软件，一般很容易找到 Keil C51 集成开发环境的压缩文件。至少在 Keil 公司的网站 www. keil. com 上可以找到最新版本的 Keil C51 集成开发环境软件包。一般情况下，软件是以压缩文件的形式给出的，将文件解压后放在适当的目录下。如果是 Keil C51 μVision7. 08 评估版，其自解压安装文件的图标如图 2-5 所示。

Keil C51 μVision2 的安装与安装 Windows 软件相同，双击如图 2-5 所示的图标开始自动安装。如果是其他版本，只是在提示选择 Eval Version 或 Full Version 时，选择 Eval Version 安装，不需要注册码，但有 2KB 大小的代码限制。而 Keil C51 V7. 08 评估版不需选择 Eval Version 或 Full Version，只能运行小于 2KB 的代码。

安装结束后，如果需要中文环境使用，可安装 Keil C51 7. 0 版汉化软件、将解压后的 MY2. exe 直接复制到 Keil/μV2 目录下并覆盖原先的文件即可。这里推荐在英文环境下使用，因为汉化后的软件往往会在使用中出现问题。程序安装完成后，在 Windows 桌面上会出现一个 Keil C51 μVision2 的图标，如图 2-6 所示。用鼠标双击该图标便可启动程序，启动后的界面如图 2-7 所示。

Keil C51 μVision2 是一个功能强大的 51 单片机开发平台，它主要由菜单栏、工具栏、源文件编辑窗口、工程窗口和输出窗口五部分组成。

工具栏为一组快捷工具图标，主要包括基本文件工具栏、建造工具栏和排错（Debug/调试）工具栏。基本文件工具栏位于第 2 栏，包括新建、打开、复制、粘贴等基本操作。建造工具栏在第 3 栏，主要包括文件编译、目标文件编译连接、所有目标文件编译连接、目标选项和一个目标选择窗口。排错（Debug/调试）工具栏位于最后，主要包括一些仿真调试源程序的基本操作，如单步、复位、全速运行等，我们将在以后详细介绍它们的用法。

在工具栏下面，默认有三个窗口：工作窗口、源文件编辑窗口和输出窗口。工程窗口包含一个工程的目标（Target）、组（Group）和项目文件。一个组里可以包含多个项目文件，项目文件是汇编语言或 C 语言编写的源文件。源文件编辑窗口实质上就是一个文件编辑器，可以在这个窗口里对源文件进行编辑，如移动、修改、复制、粘贴等操作。文件编辑完成后，你可以对源文件编译连接，编译之后的结果显示在输出窗口里。如果文件在编译连接中出现错误，将出现错误提示，包括错误类型及行号；如果没有错误将生成“HEX”后缀的目标文件，用于仿真或烧录芯片。

图 2-5　安装 Keil C51 μVision 7.08 评估版的图标

图 2-6　Keil C51 μVision2 的图标

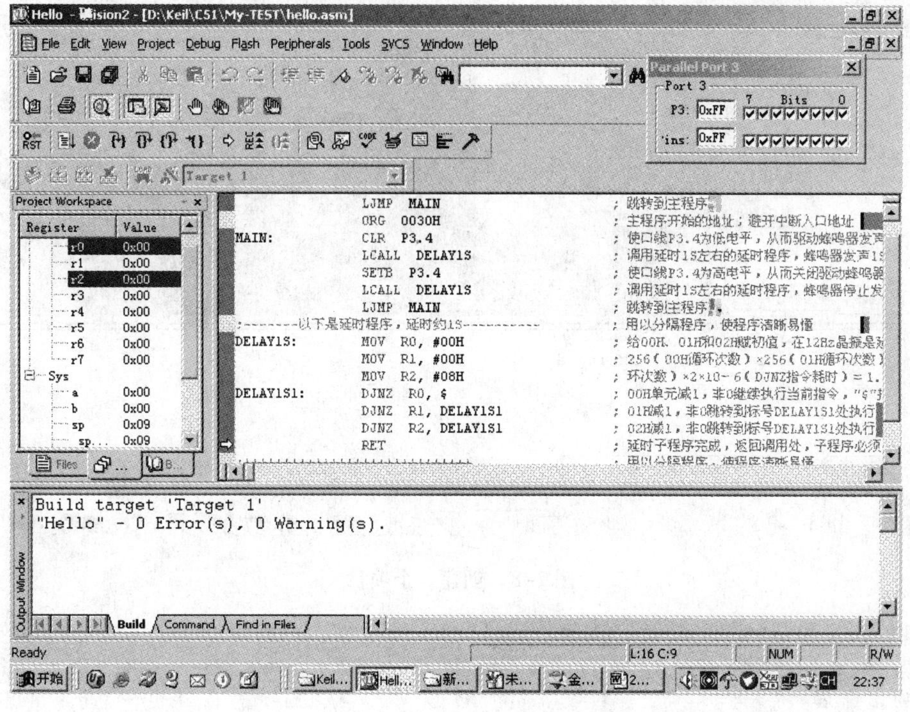

图 2-7　Keil C51 μVision2 的启动界面

2.3.3　Keil C51 μVision2 的设置

首先要创建一个项目，如图 2-8 所示。启动 Keil C51 μVision2 之后，选择菜单命令“Project”→“New Project”。从弹出的对话框中，要选择保存项目的路径，并输入项目文件名“HELLO. asm”，然后单击“保存”按钮，如图 2-9 所示。

这时会弹出一个选择单片机型号的对话框，可以根据所使用的单片机来选择，如图 2-10 所示，选择 Philips 公司的“P89V52RD2”，选定单片机型号之后从窗口右边一栏可以看到对这个单片机的基本说明，然后单击“确定”按钮。

接下来要创建程序文件，选择菜单命令“File”→“New”，在弹出的编辑窗口中输入 C51 源程序，程序输入完成后，选择菜单命令“File”→“Save as”选项。从弹出的窗口中，选择要保存程序文件的路径，并输入程序文件名“Myprogram. c”，然后单击“保存”按钮。如果输入汇编程序，则可输入程序文件名“Myprogram. asm”。

下面需要将刚才创建的程序文件添加到项目中去。先用鼠标左键单击“Target 1”前面的“+”号，展开里面的内容“Source Group 1”，然后将鼠标指向“Sourece Group 1”并单击右键，弹出一个右键下拉菜单，选择“Add Files to Group 'Source Group 1'”选项，如图 2-11 所示。

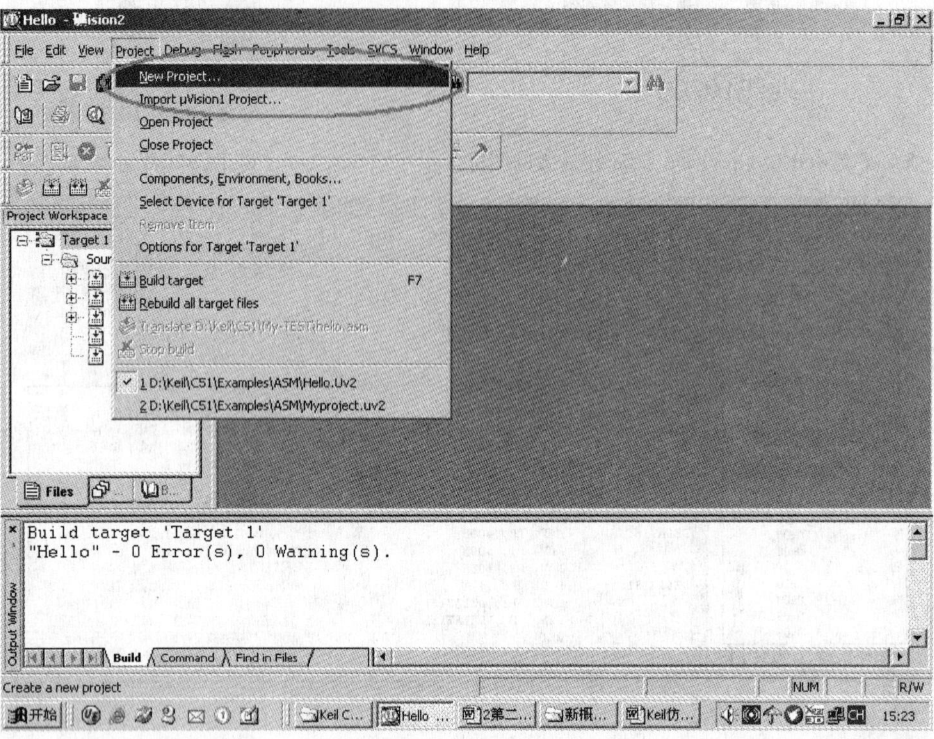

图 2-8 创建一个项目

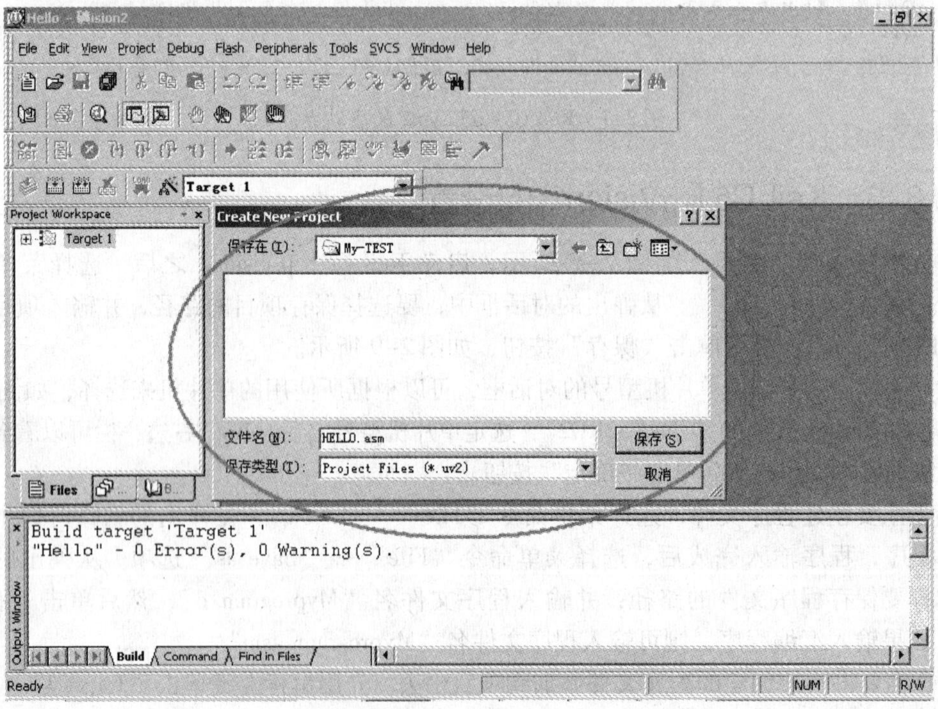

图 2-9 输入项目文件名“HELLO. asm”并保存

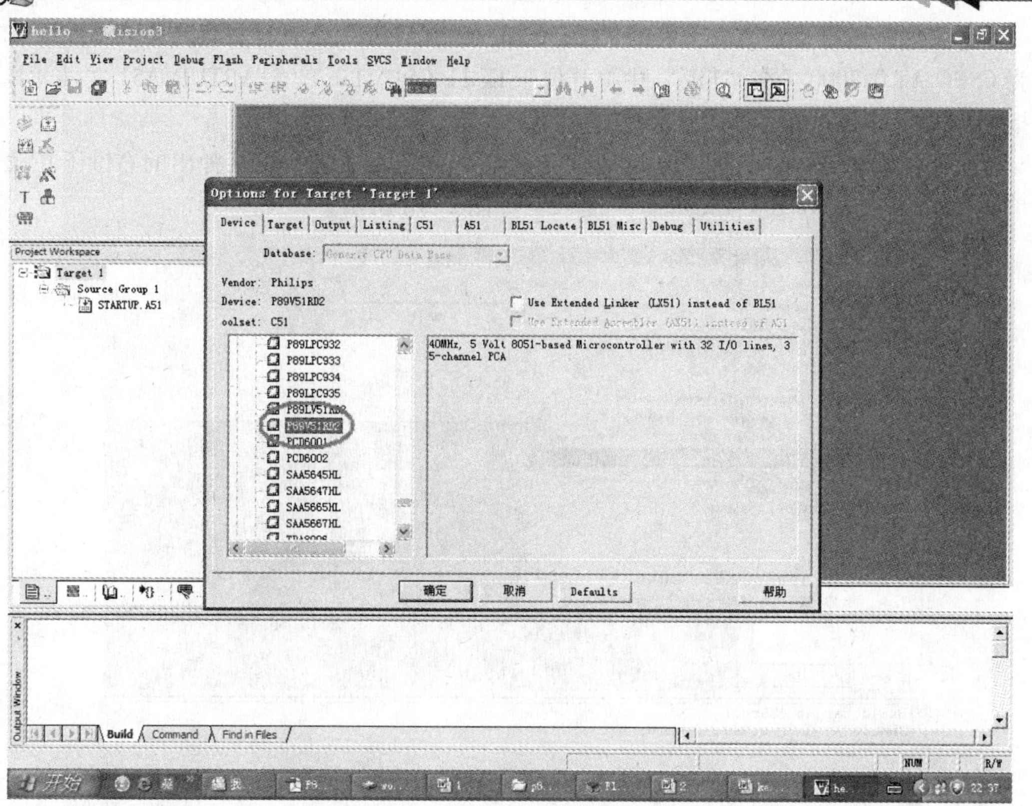

图 2-10　选择单片机型号的对话框

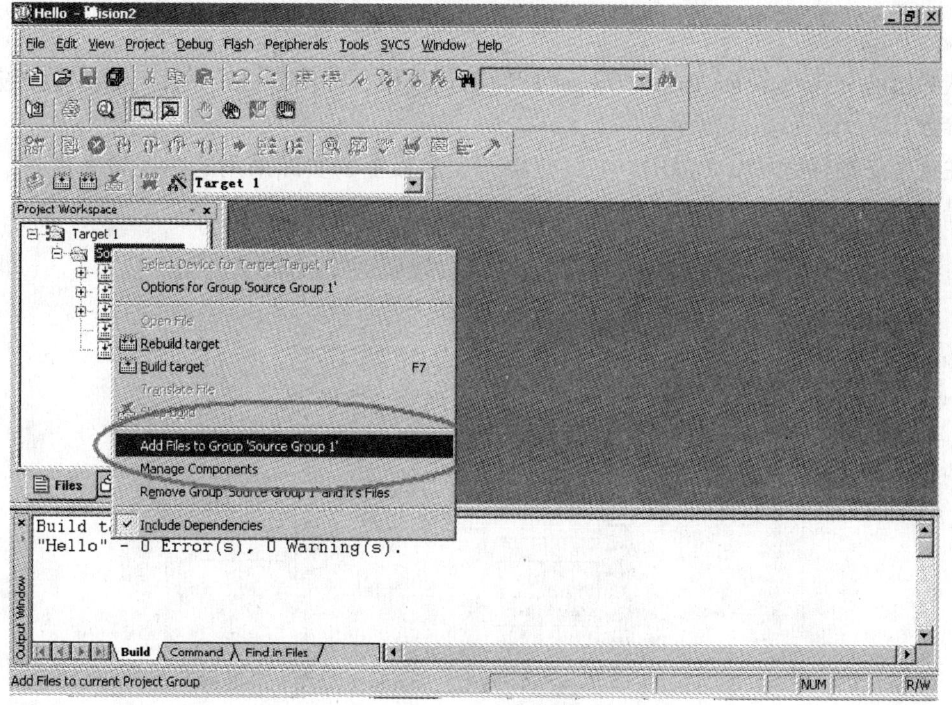

图 2-11　添加程序文件

注意：这里还需要添加位于 Keil \ C51 \ Lib 的 STARTUP. A51，并将其中的 CSEG AT 0 改为 CSEG AT 0x8000（在“File”中打开位于 Keil \ C51 \ Lib 的 STARTUP. A51 文件，找到伪指令 CSEG AT 0 并修改，然后存盘）。

程序文件添加完毕后，将鼠标指向“Target 1”并单击右键，再从弹出的右键下拉菜单中单击“Options for Target 'Target 1 '”选项，如图 2-12 所示。

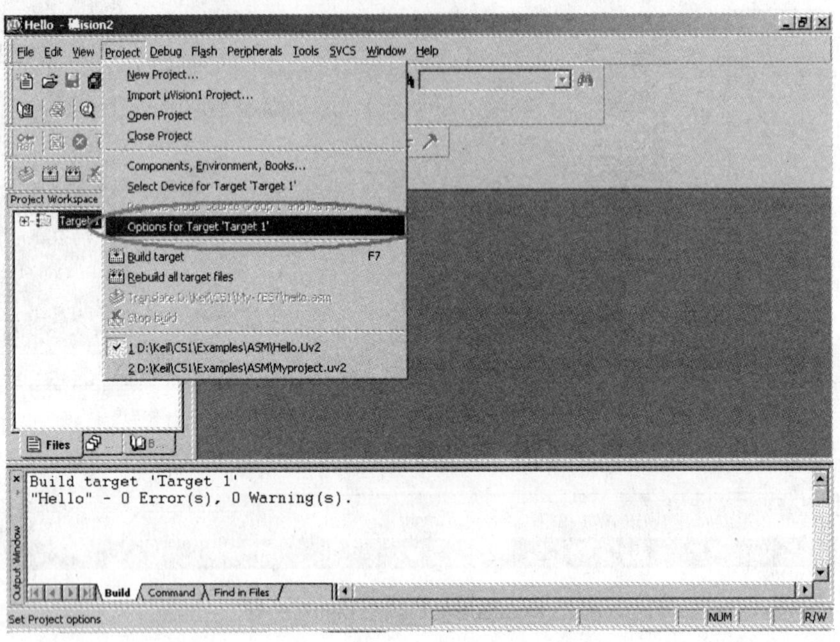

图 2-12　进入目标板的参数设置

从弹出的“Options for Target 'Target 1 '”对话框中，如图 2-13 所示，设置目标板中的各项参数。

注意：晶振频率（Xtal（MHz））一定要与实验板上的实际采用的晶振频率相同，而且最好是 11. 0592MHz。

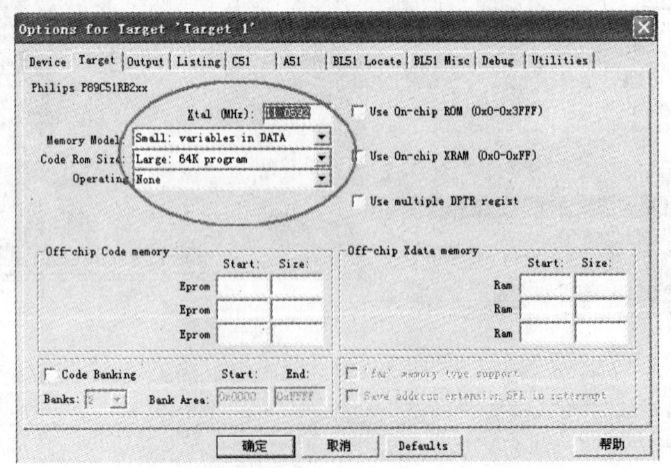

图 2-13　目标板中的参数设置

从弹出的“Options for Target 'Target 1 '”对话框中选择“Output”标签栏，如图 2-14 所示，并设置输出文件中各项参数。

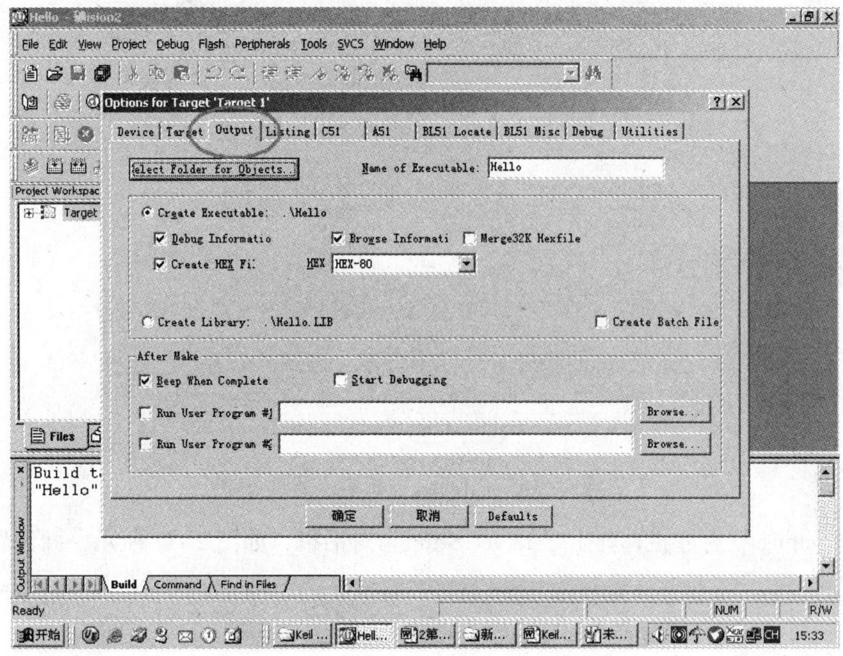

图 2-14　输出文件中的各项参数设置

从弹出的“Options for Target 'Target 1 '”对话框中选择“C51”标签栏，如图 2-15 所示，并设置其中各项参数。

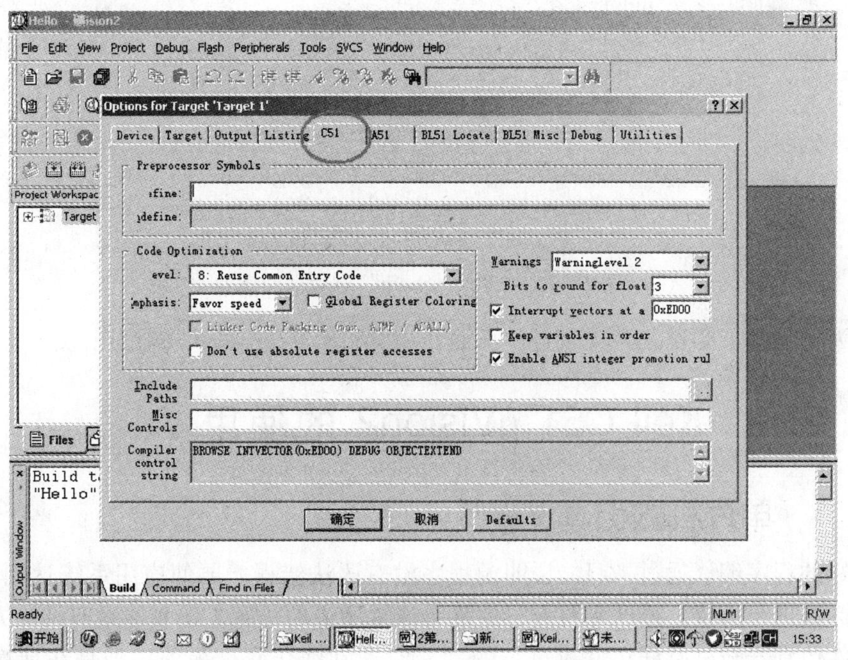

图 2-15　“C51”标签栏的设置

从弹出的“Options for Target 'Target 1'”对话框中选择“Debug”标签栏，如图 2-16 所示，并设置其中各项参数。

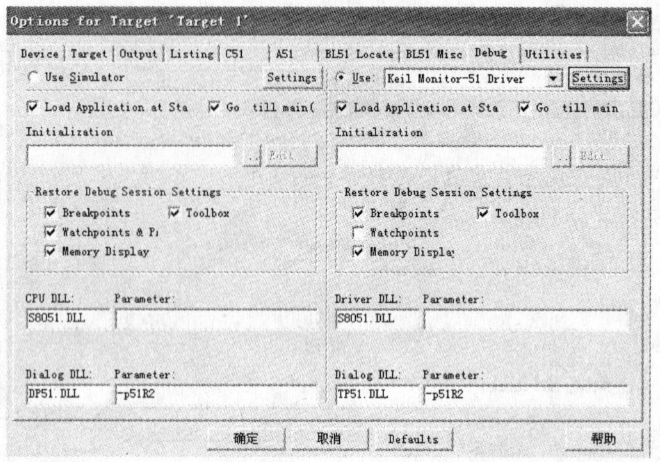

图 2-16 “Debug”标签栏的设置

选择“Settings”标签栏，弹出“Target Setup”对话框，如图 2-17 所示，并设置其中各项参数。

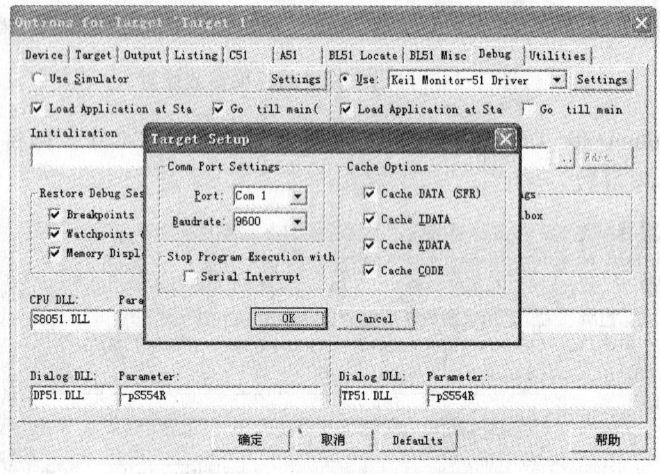

图 2-17 “Target Setup”对话框的设置

到此为止完成了必要的各项设置，下面介绍 Keil C51 μVision2 的使用。

2.4 Keil C51 μVision2 的使用

2.4.1 单片机的仿真过程

当写好的程序编译通过，只能说明源程序没有语法错误。要使应用系统达到设计目的，还要对目标板进行排错、调试和检查，这就是通常所说的仿真。仿真通常有两种方式：一种是通过硬件仿真器与试验样机联机进行的“实时”在线仿真；另外一种是在计算机上通过软件进行的模拟仿真。“实时”在线仿真的优点是可以利用仿真器的软、硬件完全模拟样机的工作状态，使试验样机在真实的工作环境中运行，可以随时观察运行结果和解决问题，缺点是价格较高。模拟仿真的方式简单易行，它是在计算机上通过运行仿真软件来创造一个模拟目标单片机的模拟环境，不需单独购买仿真器，可以进行大多数的软件开发，如数值计算、I/O 接口状态的变化等；缺点是对一些“实时”性很强的应用系统的开发显得无能为力，如一些接口芯片的软硬件调试。另外，如果软件模拟调试通过后，还必须通过编程器将代码写入到目标板的单片机或程序存储器中，这时才能观察到目标板的实际运行状态。典型的 51 系列单片机的模拟仿真软件有 SIM 8051 和 Keil C51 的 Dscope 51，Keil C51 的 Dscope C51 软件仿真器则是其中的佼佼者。Keil C51 不但内含功能强大的软件仿真器，而且还可以通过计算机串口方便地和硬件仿真器相连，这种硬件仿真器依托 KeiI C51 强大的集成仿真功能，可以实现单片机应用系统的在线仿真调试。Keil 公司称这种硬件仿真器为 Monitor—51，即在国内单片机爱好者中广为流行的 MON51。MON51 造价便宜、制作简单、源代码公开，并且可以实现高档仿真器的大多数功能，因此深受单片机爱好者喜爱。国内许多公司都有类似产品，虽然型号不同，但功能和用法上是相同的。

2.4.2　MON51 仿真器的特点

MON51 仿真器是基于 Keil C51 集成开发设计环境的在线仿真器，其主要特点：

① 支持串口仿真，用户可以使用串口中断；

② 可以仿真标准的 89C51、89C52、89C58 和 P89V51 等 51 内核的单片机；

③ 完全仿真 51 单片机的 P0 口、P2 口（P0 口、P2 口可以作为总线或普通 I/O 接口使用）；

④ 可以同时支持 10 个断点，支持单步、断点、全速运行；

⑤ 支持 Keil C51 的 IDE 开发仿真环境 Keil C51 μVision1，Keil C51 μVision2；支持汇编语言、C 语言，以及两种语言混合调试程序；

⑥ 可在线调试并观察单片机内部寄存器状态。

2.4.3　第一个实验

应用 Keil C51 μVision2 进行单片机的软件调试过程有以下步骤：

① 建立一个工程项目。选择芯片，确定选项；

② 建立汇编源文件或 C 语言源文件；

③ 用项目管理器生成各种应用文件；

④ 检查并修改源文件中的错误；

⑤ 编译连接通过后进行模拟仿真；

⑥ 编程操作；

⑦ 应用。

不管一个应用程序多么复杂，其排错、调试过程都是由上述七步构成的，只不过是程序的复杂程度不同、开发者经验不同，所需的反复次数多少不同而已。下面通过一个简单的程序实例来说明一个程序的调试过程。

1. 准备工作

假设读者已有为本书配套的实验板（下面简称实验板），或按照附录自己已经焊接、调试好实验板，把实验板通过配套的串口线连接到计算机的串口上，用配套的电源给实验板加

电。然后按照2.3节介绍的方法安装并设置好Keil C51 μVision2。

2. 建立源程序文件

单击“File”菜单，在下拉菜单中选择“New”，随后在编辑窗口中输入以下的源程序。(每条指令后面从分号“;”开始的部分可以不输入，不会影响实验的效果，这部分是对指令进行注释、说明的，但以后编程时一定要加这部分内容。另外，指令中所有的字符都必须是英文字母、数字和ASCII码中的符号，注意不能有汉字中的符号，如“#”、“;”等，但在英文的分号“;”后面可以出现包括汉字在内的任意字符。)

```
          ORG   0000H                          ;实验板开始执行的第一条指令所处的地址
          LJMP  MAIN                           ;跳转到主程序
          ORG   0030H                          ;主程序开始的地址;避开中断入口地址
MAIN:     CLR   P3.4                           ;使口线P3.4为低电平,从而驱动蜂鸣器发声
          LCALL  DELAY1S                       ;调用延时1s左右的延时程序,蜂鸣器发声1s左右
          SETB  P3.4                           ;使口线P3.4为高电平,从而关闭蜂鸣器
          LCALL  DELAY1S                       ;调用延时1s左右的延时程序,蜂鸣器停止发声1s左右
          LJMP  MAIN                           ;跳转到主程序入口
;--------以下是延时程序,延时约1s----------     ;用以分隔程序,使程序清晰易懂
DELAY1S:MOV   R0, #00H                         ;给R0,R1和R2赋初值,在12Hz晶振时延时时间为
          MOV   R1, #00H                       ;256(R0循环次数)×256(R1循环次数)×8(R2循
          MOV   R2, #08H                       ;环次数)×2×10^-6(DJNZ指令耗时)=1.048 576 s
DELAY1S1:DJNZ  R0, $                           ;R0单元减1,非0继续执行当前指令,“$”指当前指令地址
          DJNZ  R1, DELAY1S1                   ;R1减1,非0跳转到标号DELAY1S1处执行
          DJNZ  R2, DELAY1S1                   ;R2减1,非0跳转到标号DELAY1S1处执行
          RET                                  ;延时子程序完成,返回调用处,子程序必须以“RET”指令结束
;+++++++++++++++++++++++++++++++++             ;用以分隔程序,使程序清晰易懂
          END                                  ;程序结束,编译程序不理会END以后的内容
```

3. 用项目管理器生成各种应用文件

程序输入完成后，选择“File”，在下拉菜单中选中“Save as”，将该文件以扩展名为asm格式（如HELLO.asm）保存在刚才所建立的一个文件夹中（My-TEST）。

4. 添加文件到当前项目组中

单击工程管理器中“Target 1”前的“+”号，出现“Source Group 1”后再单击，高亮后右击。在出现的下拉窗口中选择“Add Files to Group Sourse Group 1”。在增加文件窗口中选择刚才以asm格式编辑的文件HELLO.asm，单击“Add”按钮，如图2-18和图2-19所示，这时HELLO文件便加入到Source Group1这个组里了，随后关闭此对话窗口。

5. 编译文件

选择主菜单栏中的“Project”，在下拉菜单中选中“Build target”，如图2-20所示，这时输出窗口出现源程序的编译结果。如果编译出错，将提示错误Error（s）的类型和行号。

6. 检查并修改源程序文件中的错误

可以根据输出窗口的提示重新修改源程序，直至编译通过为止，编译通过后将输出一个以.hex为后缀名的目标文件，如HELLO.hex。

7. 设置SoftICE模式

按照2.2节所介绍的过程与方法，利用Flash Magic软件设置将单片机设置在SoftICE模式。

出现如图2-21所示的提示后，按下单片机实验板上的红色复位键，单片机进入SoftICE

模式（ISP）。

然后再回到进入 Keil C51 μVision2 界面进行下一步仿真调试。

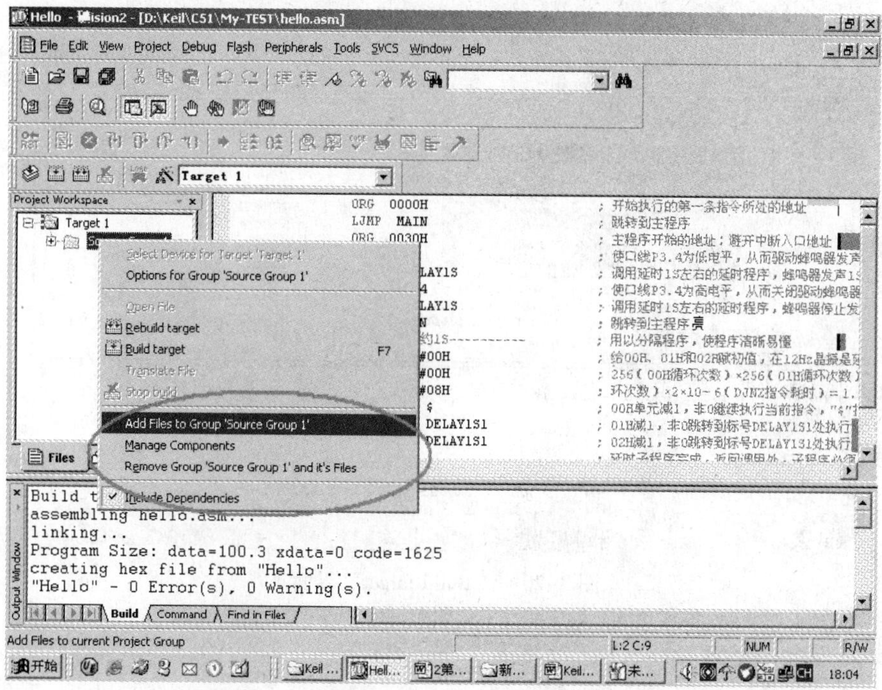

图 2-18　添加文件到当前项目组中操作之一

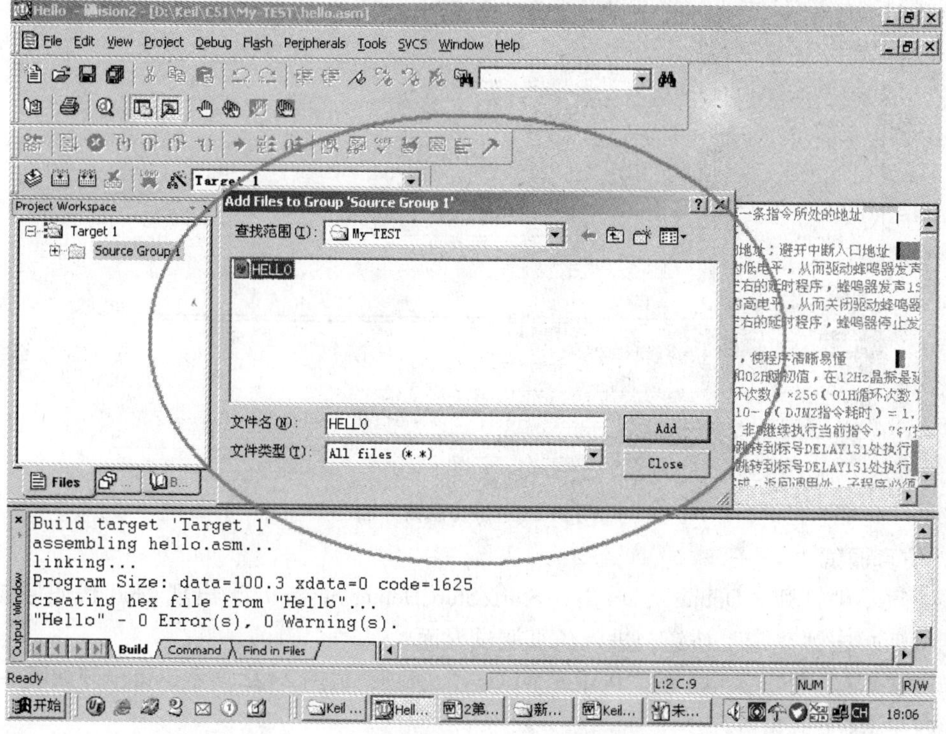

图 2-19　添加文件到当前项目组中操作之二

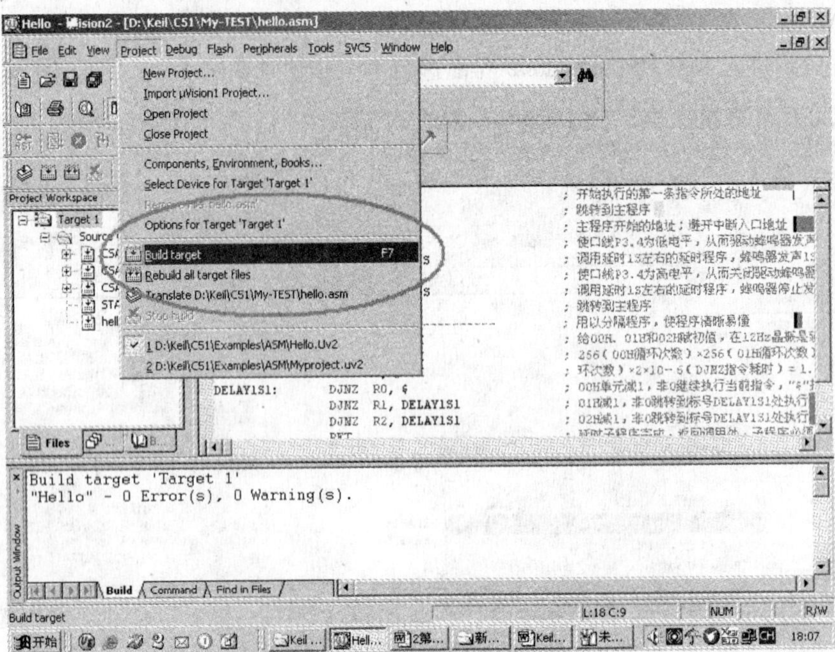

图 2-20 “Build target” 界面

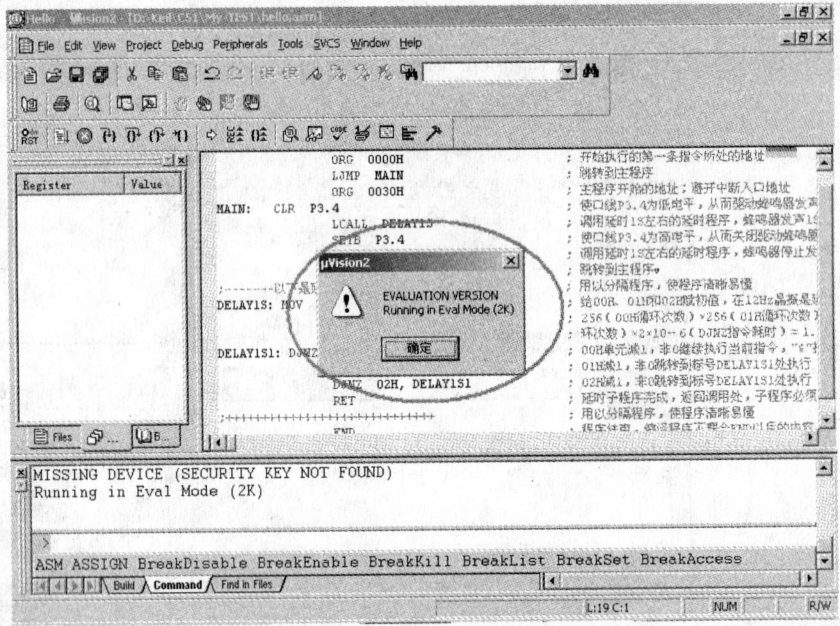

图 2-21 仿真调试界面

8. 仿真调试

在主菜单中打开“Debug”，单击“Start/Stop Debug Session”，出现 2KB 代码限制的提示对话框后单击“确定”按钮，进入仿真调试界面。

单击“View”下拉菜单中的“Project Window”选项，如图 2-22 所示，将出现如图 2-23 所示的片内存储器状态窗口。

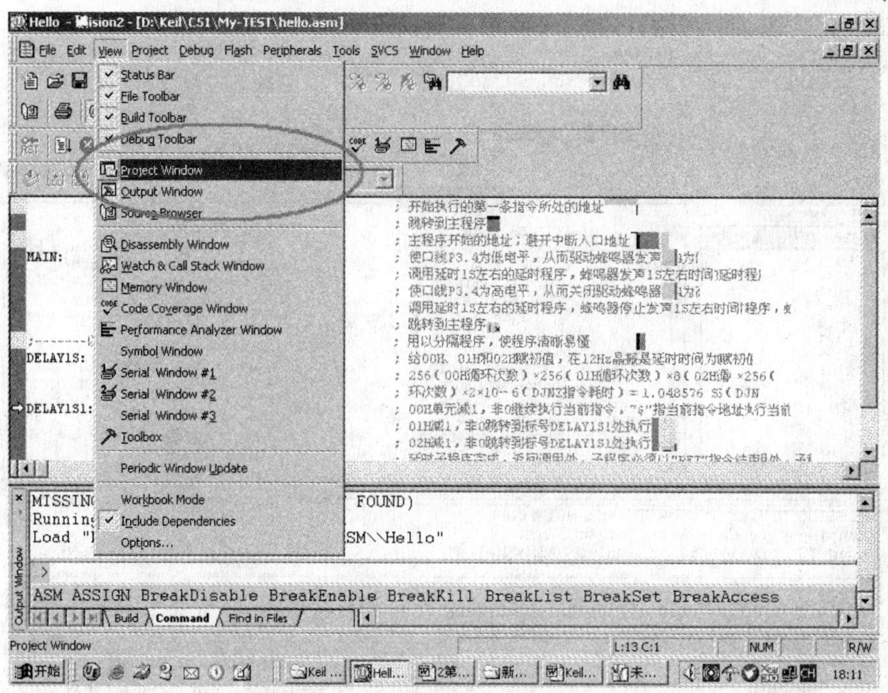

图2-22　单击“View”下拉菜单中的“Project Window”选项

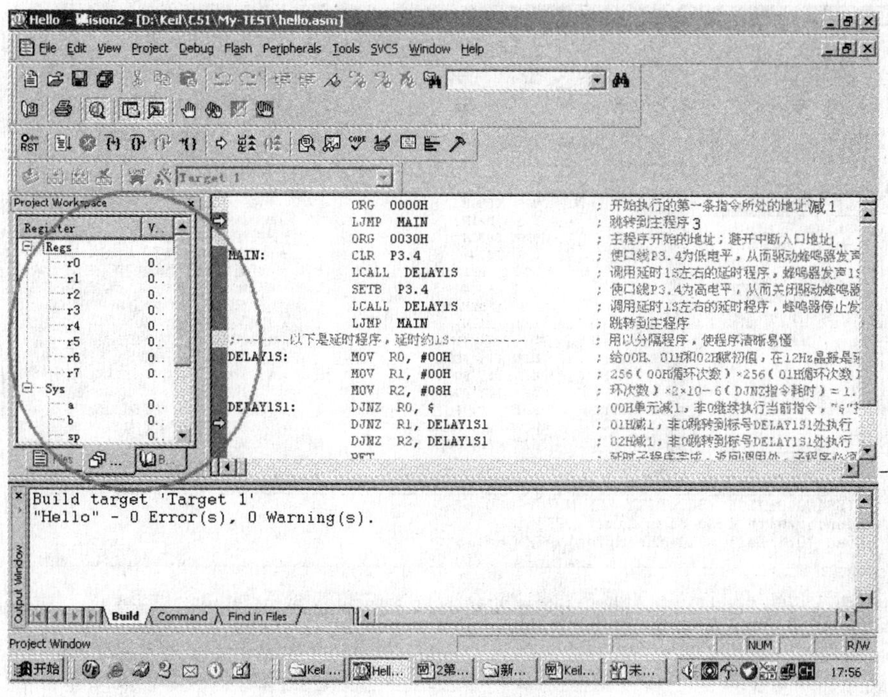

图2-23　片内存储器状态窗口

单击“Peripherals”下拉菜单中的“I/O - Ports”→“Port 3”选项，如图2-24所示，将出现如图2-25所示的P3口引脚和寄存器的状态窗口。

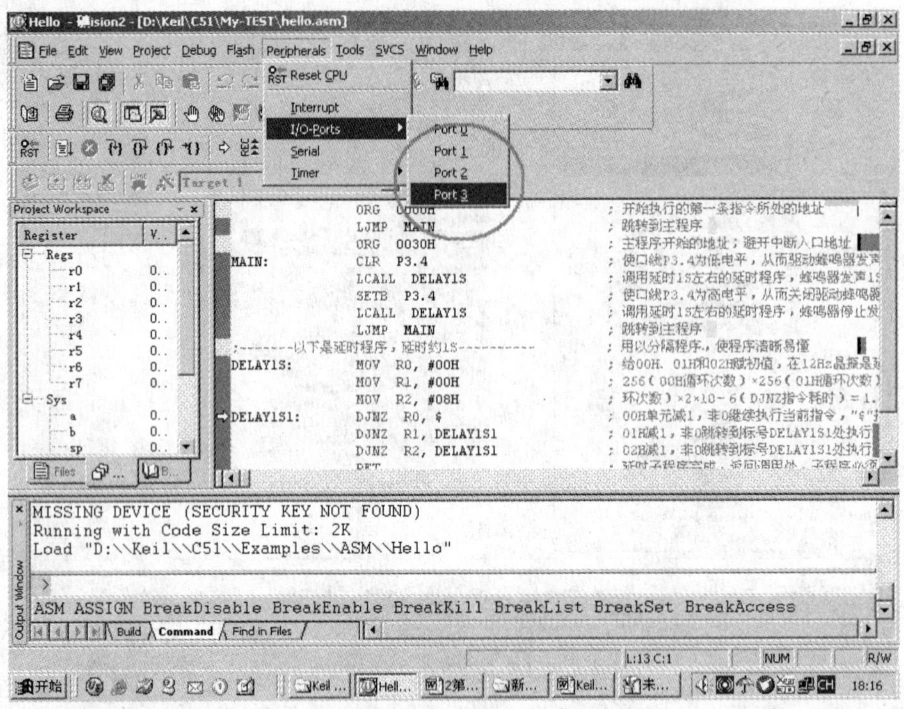

图 2-24　单击“Peripherals”下拉菜单中的“I/O－Ports”中“Port 3”选项

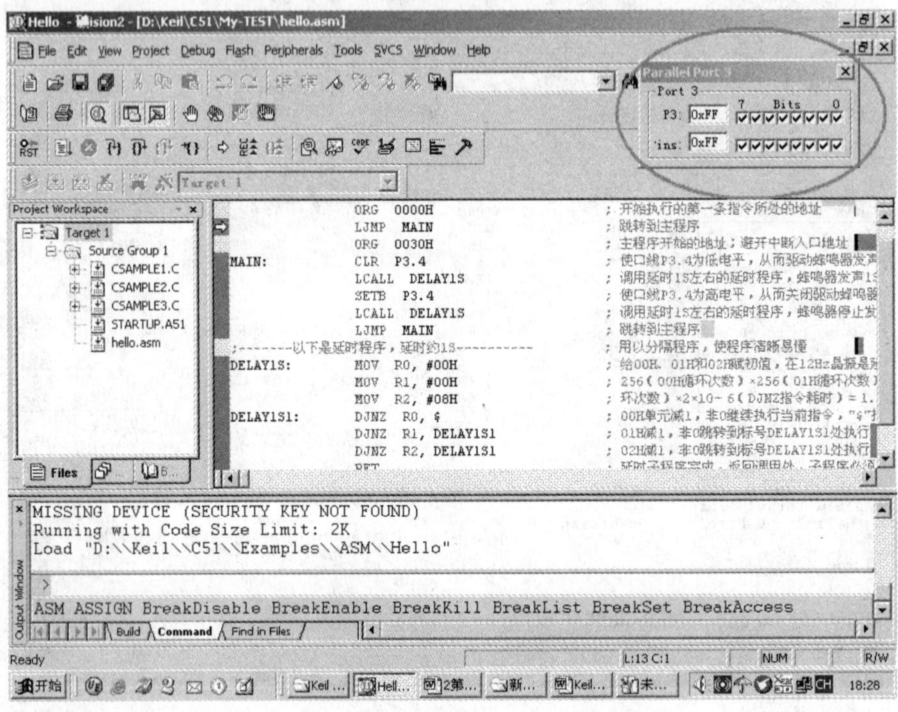

图 2-25　P3 口引脚和寄存器的状态窗口

单击如图 2-26 所示中的“RST”按钮，使 CPU 复位。

下面介绍在仿真调试过程中经常要用到的几个命令。如图 2-27 所示是将要介绍的几个调试命令在开发环境中的位置。

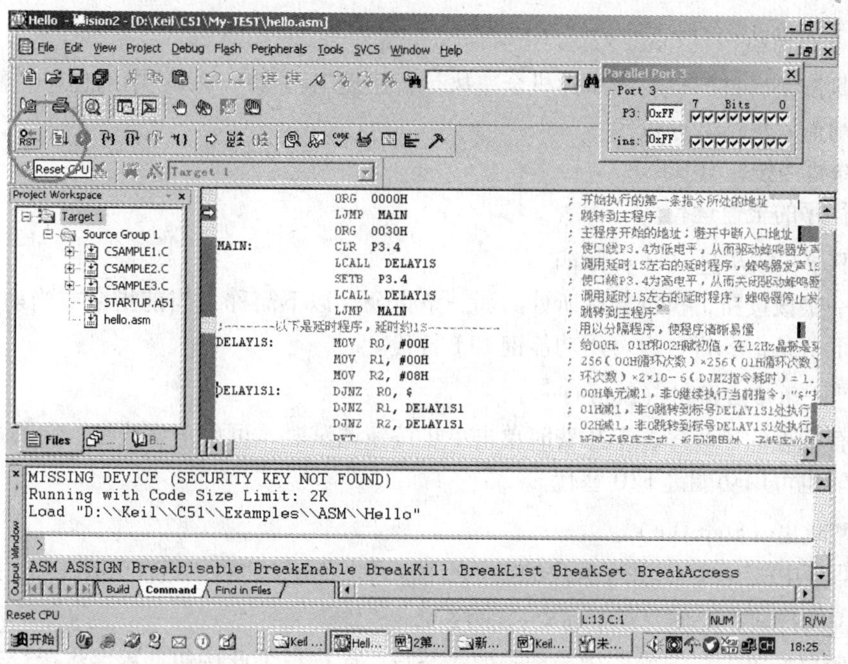

图 2-26　复位 CPU

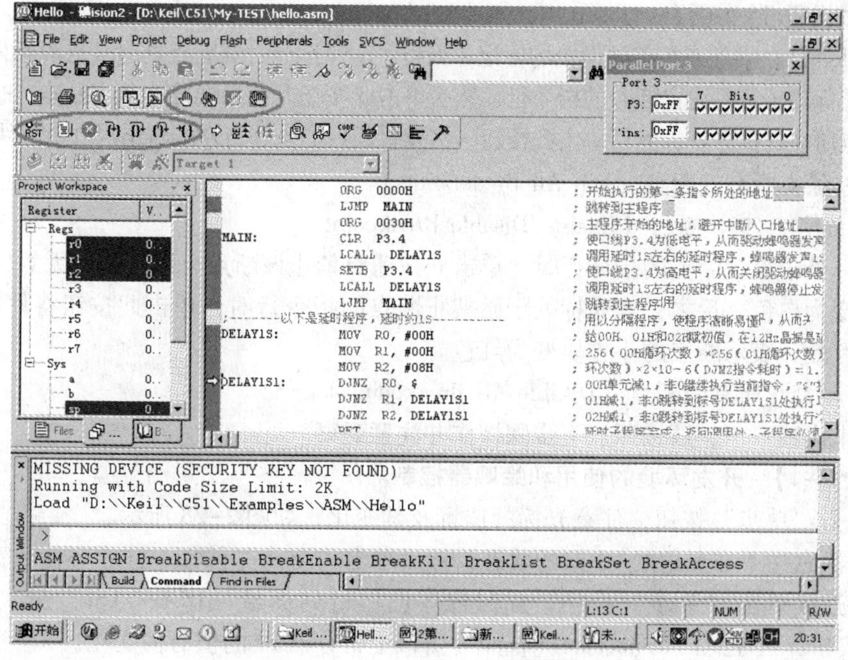

图 2-27　在开发环境中的若干调试命令

（1）复位 CPU（Reset CPU）

使单片机处于复位状态，即单片机的程序计数器中的值为 0000H，在开发界面上使光标处于第一条指令处；使单片机的所有接口线（P0 ～ P3）都处于高电平。单片机的复位状态在以后还要详细介绍。

(2) 全速执行（Run）

按下此按钮后目标板上的单片机全速执行所建立工程（Project）中的程序。程序运行后若要停止则需要单击暂停按钮。

(3) 暂停按钮（Halt）

停止程序的全速运行。

(4) 单步或步进（Step Into）

每按一次该按钮，执行光标所处的那一条指令（以下简称为当前指令或当前行），同时光标移到下一条指令行。也可用功能键 F11 替代。

(5) 宏单步或跳过（Step Over）

对于有把握的子程序，不想费时单击单步按钮调试时，可单击该按钮一次跳过调用子程序的指令。也可用功能键 F10 替代。

(6) 跳出（Step Out）

从子程序中跳出回到调用子程序的指令的下一条指令处。也可用组合功能键 Ctrl + F11 替代。

(7) 运行到光标处（Step to Cursor Line）

事先用鼠标单击一下所希望运行到的指令行，而后单击此按钮，程序将运行到光标处停止。也可用组合功能键 Ctrl + F10 替代。

(8) 设置/除去断点（Insert/Remove Breakpoint）

所谓断点是在某条或几条处设置的标记，当程序全速运行时到断点处时会自动暂停。设置断点时先把光标置于所需设置断点的指令行，然后单击此按钮。如果要除去某个断点，也要先把光标置于断点所在的指令行，然后单击此按钮。在设置断点的指令行左端将出现红色方块标记。

(9) 除去所有的断点（Kill All Breakpoints）

(10) 使能/禁止断点（Enable/Disable Breakpoint）。

当光标处于设置断点的指令行时，单击此按钮将禁止该断点，即该断点无效，表示断点的小方块变为白色。反之，当光标处于已禁止断点的指令行时，单击此按钮将使能该断点，即该断点有效，表示断点的小方块变为红色。

(11) 禁止所有的断点（Disable All Breakpoints）。

下面来实践一下，请按照以下步骤操作并注意观察。

【实验 2-1】 开发环境的使用和蜂鸣器控制。

① 单击“单步”按钮，注意光标的位置及其变化，如图 2-28 所示。

② 先注意一下右上角的 P3 口的状态，然后单击“单步”按钮，注意有什么变化。

③ 再连续单击“单步”按钮，此时程序已运行到标号“DELAY1S1”处，再次单击“单步”按钮，请注意“Project workspace”窗口中寄存器 r0 的值有何变化。

④ 继续多次单击“单步”按钮，注意有些什么样的现象。

⑤ 可能你会不耐烦了，要单击多少次“单步”按钮延时子程序才能结束，回到主程序呢？总共 1 048 576 次！好，换一个按钮：“跳出”按钮。单击一下跳出按钮，怎么样？

⑥ 赶快再单击“单步”按钮，把蜂鸣器关掉，否则初步成功的喜悦就要被蜂鸣器的不停鸣叫给赶跑了。

⑦ 再单击“全速执行”按钮，蜂鸣器会鸣叫一秒，停止一秒，再鸣叫一秒，再停止一

秒……只要不单击“暂停”按钮或关掉实验板的电源，蜂鸣器将一直这样鸣叫下去。

⑧ ……

限于篇幅和相信读者的探索、自学能力，请读者自己去摸索上面已经介绍过的按钮和 Keil C51 μVision2 集成开发环境的其他功能。为帮助读者树立足够的信心，这里给出两点提示：

图 2-28　调试程序时的开发环境

- 不管你对 Keil C51 μVision2 集成开发环境中的各种命令、设置如何操作，都不会对计算机、实验板和 Keil C51 μVision2 集成开发环境造成任何损害。万一出现不能解决的问题，复位计算机和实验板；如果还不行，重装 Keil C51 μVision2 集成开发环境和按照本节的指导重新设置。
- 世界上的第一位大学教师绝对没有上过大学，本教材的作者们也是自学单片机的，我们行，你也行，何况 Keil C51 μVision2 集成开发环境有极好的在线帮助。

2.5　直接在实验板上烧写程序（ISP）

P89V51RB2 所具备的一个先进的功能是在系统中可编程（In System Program，ISP）和在应用中可编程（In Application Program，IAP）

所谓 ISP，就是单片机可以在目标板上不用取出来，在设计目标板的时候就将烧写单片机的接口（通常也是单片机的调试接口）设计在目标板上面，直接在目标板上把调试好或者升级好的程序烧写到单片机中。在下面的实验中即通过串口直接把调试好的程序烧写到实验板上的单片机中，无需把单片机从实验板上取下来用专门的烧写器再去给单片机烧写程序。

所谓 IAP，与 ISP 类似，但利用了单片机自身的程序对单片机自己进行编程。这一功能通常用于远程对应用系统中的单片机进行升级，补充或修改某些特征参数（表格）或程序。这对单片机自身的编程有一定的要求，在基本掌握单片机的应用设计（硬件和软件）能力后就可以学习和应用单片机的 IAP 技术。

下面通过实验利用 ISP 功能把刚刚实验过的程序烧写到实验板上的 P89V51 单片机中。

【实验 2-2】 ISP。

1. 烧录程序（编程操作）

重新运行 Flash Magic 软件，如图 2-1 所示的设置基础上单击“Browse”按钮，选择在 Keil 中调试成功的 . hex 文件，如图 2-29 所示。

单击“Start”按钮，等出现图 2-4 所示的提示后，给单片机上电或复位，即可以烧写程序。烧写成功后如图 2-30 所示。

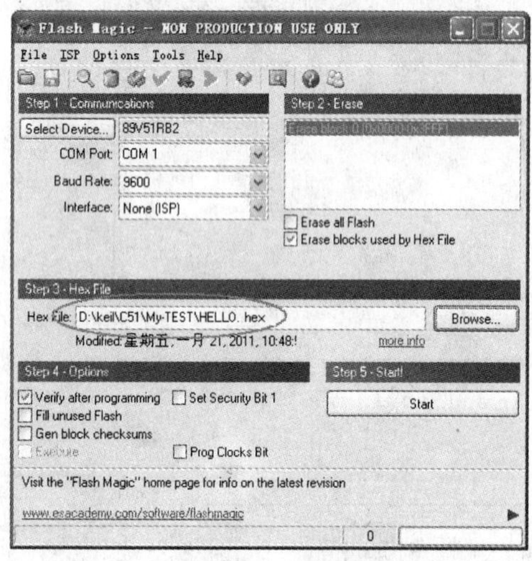

图 2-29 Flash Magic 烧录程序的界面

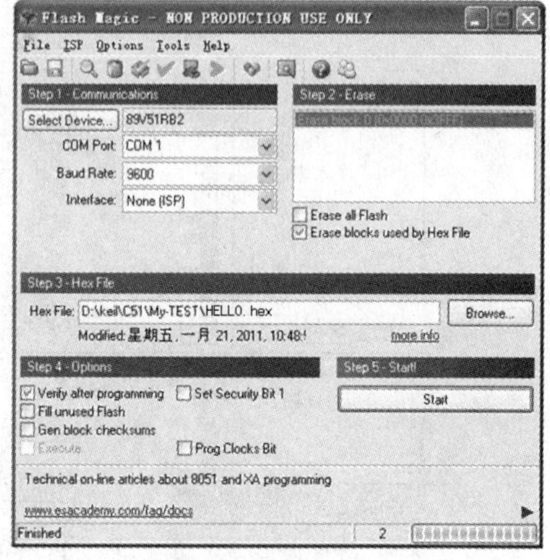

图 2-30 成功烧写程序的提示

2. 查看结果

烧写完程序按下复位键，单片机会自动运行刚烧写进去的程序。

调试单片机并不难。请读者大胆实践吧，你一定会成为开发单片机的高手。

思考题与习题

2-1 如何开发单片机应用系统？

2-2 开发单片机有哪些工具？各起什么作用？

2-3 如何使用 Flash Magic 软件设置 SoftICE 模式？

2-4 Keil C51 μVision2 是什么？

2-5 如何安装、设置 Keil C51 μVision2？

2-6 为什么要调试程序？如何调试程序？

2-7 “单步”、“全速执行”、“宏单步”等命令的具体含义和操作是什么？

2-8 如何观察单片机的寄存器与引脚的状态？如何通过观察这些状态来了解单片机指令的含义与操作？

2-9 如何恰当地使用各种调试命令？

2-10 如何安装、设置 Keil C51 μVision2？简述 Keil C51 μVision2 的几个常用命令。

2-11 什么是 ISP？什么是 IAP？

2-12 如何使用 Flash Magic 软件烧写程序到单片机中？

第 3 单元

片内存储器与数据传送指令

本单元学习要点

(1) P89V51 单片机中的存储器结构和种类，以及主要作用。

(2) 数据传送中的来源与目的存储器，哪些是合法的数据传送指令？

(3) 位传送指令的特点。

(4) 数据传送指令的寻址方式。

3.1 片内存储器组织结构

3.1.1 存储器类型

在如图 1-2 所示的 P89V51 内部的基本结构中，有两块存储器：RAM 和快速存储器 (Flash)。

(1) RAM

RAM 是 Random - Access Memory 的缩写，意为随机读写存储器，说白了，就是随便什么时候都可以对其进行读或写操作，但 RAM 中的内容在掉电（关机）后就不复存在，也即开机后 RAM 中的内容是随机的，因而这一类存储器又被称为易失性存储器，这类存储器主要用于存储数据。

(2) ROM

与此相对的是只读存储器（Read Only Memory，ROM)，这类存储器只能采用特殊的方法或特殊的工具才能把数据写进去，如采用烧录器等装置。一般说来，单片机本身不能对片内的 ROM 进行写入。又由于 ROM 是非易失性的存储器，即在关闭电源之后已写入的数据不会丢失，所以，在单片机中 ROM 经常作为程序存储器。

常见的 ROM 有 4 种。

① 可编程序的只读存储器（Programmable Read Only Memory，PROM)。这是一种最先出现的 ROM，它只能写入一次，不允许修改或再次写入。这一类 ROM 目前仍在应用，主要用于已成熟的较大批量生产的产品中的单片机。

② 可擦可编程只读存储器（Erasable Programmable Read Only Memory，EPROM）。这是一种可以多次写入、用紫外线擦除的 ROM，主要用于小批量生产的单片机应用系统或研发单片机应用产品时采用。早年 Intel 公司生产的 87C51 片内就是采用 EPROM。自从电可擦可编程只读存储器（Electrically Erasable Programmable Read Only Memory，EEPROM）和 Flash Memory（快速存储器或闪存）出现后，EPROM 就渐渐消逝了。

③ EEPROM。类似 EPROM，但它不用紫外线擦除，而只要用电就可擦除。但其写入和擦除的速度较慢。目前仍然有应用。

④ Flash Memory。与 EEPROM 类似，但其读写的速度要快得多，密度（集成度）也要高，自从它出现后迅速取代 EPROM 和 EEPROM，在单片机中广泛应用。P89V51 片内就是采用 16 KB（P89V51RB2）、32 KB（P89V51RC2）或 64 KB（P89V51RD2）的 Flash Memory 作为程序存储器。

3.1.2 存储器组织

P89V51 的存储器组织有几个不同的存储空间，如图 3-1 所示。每个存储空间都具有连续的字节地址空间，其地址都是从 0 开始至最大存储范围的字节地址，即它们的地址是全部重叠的。它们之间是利用指令的寻址方式不同而区别开来的。

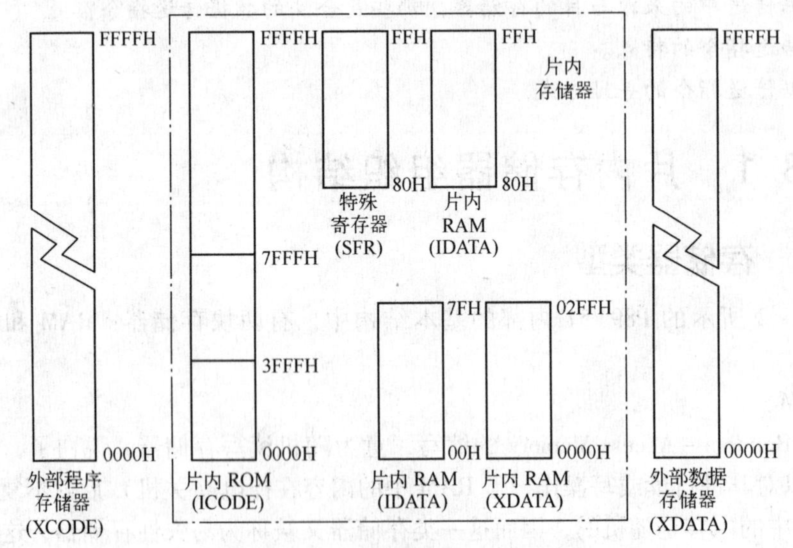

图 3-1　P89V51 的存储器组织

虚线框的左边是 P89V51 的外部程序存储器区，虚线框的右边是 P89V51 的外部数据存储器区。虚线框内是 P89V51 的片内存储器，虚线框外是片外的存储器。

1. 程序存储器（CODE）区

P89V51 的程序存储器区又分为片内和片外两个区。

P89V51 的片内程序存储器区（ICODE）是快速存储器（Flash Memory，简称 Flash），可以多次擦写，特别适合于开发程序量不大的新产品或学习用。P80V51 的片内 Flash 有 16KB、32KB 和 64KB，分别对应 P89V51RB，P89V51RC 和 P89V51RD（后面遇有类似的情况时不再说明）。

P89V51 的片外程序存储器区（XCODE）有 16 位寻址空间（即 16 位地址线），可达

64KB。代码段是只读的，当要对外接存储器件如 EPROM 进行寻址时，单片机会产生一个信号。但这并不意味着片外程序存储器区一定要用一个 EPROM。目前一般使用 EEPROM 作为外接存储器，可以被外围器件或 P89V51 进行改写，这使系统更新更加容易，新的软件可以通过 ISP 或 IAP 方式下载到 EEPROM 中，而不用拆下它装入一个新的 EEPROM。另外，带电池的 SRAMs 也可用来代替 EPROM，它可以像 EEPROM 一样进行程序的更新，并且没有像 EEPROM 那样读写次数的限制，但是当电源耗尽时，存储在 SRAMs 中的程序也随之丢失。

P89V51 内部的 Flash 分为两块（Block）：Block 0 和 Block 1。Block0 又由 128、256 或 512 簇组成，每簇 128B。新出厂的 P89V51 的 Block 0 中包含有 ISP/IAP 的程序，但也可以用于写入用户程序。需要将用户程序覆盖到 Block 0 时，是通过设置 SWR 位（Software Reset Bit，软件复位位，由于它为特殊寄存器 FCF 的第 1 位，又可记为 FCF. 1）和 BSEL 位（Bank Select Bit，程序存储器块选择位，由于它为特殊寄存器 FCF 的第 0 位，又可记为 FCF. 0）来实现，参见表 3-1。

表 3-1　程序存储器块的选择

SWR（FCF. 1）	BSEL（FCF. 0）	地址（0000H ～ 1FFFH）	地址（1FFFH 以上）
0	0	引导程序（在 Block 1）	用户程序（在 Block 0）
0	1	用户程序（在 Block 0）	
1	0		
1	1		

说明：引导程序是用于实现 ISP/IAP 等功能，驻留在单片机内，通常在单片机出厂前就已经烧写在单片机内的程序。

2. 数据存储器（DATA）区

P89V51 的数据存储器（DATA）区包括片内低 128B 的内部 RAM（地址 00H ～ 7FH）、高 128B 的内部 RAM（地址 80H ～ FFH）、特殊寄存器区、扩展 768B EXTRAM（地址 000H ～ 2FFH）和外部 64KB 的 RAM（XDATA）（地址 80H ～ FFH）5 部分。

（1）片内低 128B RAM 区

片内低 128B 主要是作为数据段称为 IDATA 区，指令用一个或两个周期来访问数据段访问 DATA 区，比访问其他 RAM，如高 128B 的内部 RAM 和片外 XDATA 区要快，因为它采用直接寻址方式，而访问高 128B 的内部 RAM 和 XDATA 须采用间接寻址，如必须先初始化 DPTR。通常把使用比较频繁的变量或局部变量存储在 DATA 段中，但是必须节省使用 DATA 段，因为它的空间毕竟有限。

在数据段中也可通过 R0 和 R1 采用间接寻址访问，R0 和 R1 被作为数据区的指针，将要读或写的字节的地址放入 R0 或 R1 中，根据源操作数和目的操作数的不同执行指令需要一个或两个周期。

片内前 128 字节的 DATA 区又可以分为如图 3-2 所示的几个区域。其中：

① 工作寄存器组。地址从 00H ～ 1FH，每 8 个单元为 1 组，共有 4 个组。00H ～ 07H 为第零组（0 组），08H ～ 0FH 为第一组（1 组），10H ～ 17H 为第二组（2 组），18H ～ 1FH 为第三组（3 组）。单片机复位时默认第零组为当前工作寄存器组，即读、写 R0 时是从 00H 单元进行读、写操作，读、写 R1 时是从 01H 单元进行读、写操作，……，读、写 R7 时是从 07H 单元进行读、写操作。通过 PSW（程序状态寄存器）中的 RS0、RS1 位可以

设置当前工作寄存器组，当前工作寄存器组与 RS0、RS1 的关系，参见表 3-2。执行了以下两条指令：

```
SETB    RS0; 置位 RS0
SETB    RS1; 置位 RS1
```

表 3-2 当前工作寄存器组与 RS0、RS1 的关系

当前工作寄存器组	RS1	RS0
⓪组（00H ～ 07H）	0	0
①组（08H ～ 0FH）	0	1
②组（10H ～ 17H）	1	0
③组（18H ～ 1FH）	1	1

则把第三组设置为当前工作寄存器组，如果这时执行，

```
MOV   R7, #3AH; 送立即数 3AH 到 R7
```

则把立即数 3AH 写入到 1FH 单元中。

② 可位寻址区。地址从 20H ～ 2FH 共 16 个单元中的每一位都可以直接寻址，即可以对这些单元中的某一位进行读、写操作而不会影响该单元中的其他位，也可以把这些单元中的某一位作为标志，用指令对其进行判断。这些位都有自己的位地址，如图 3-3 所示。

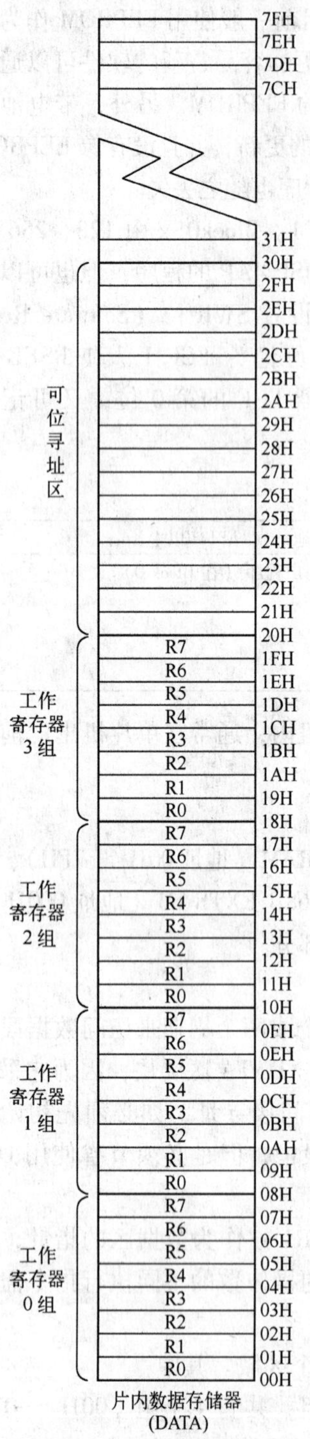

图 3-2 片内数据存储器

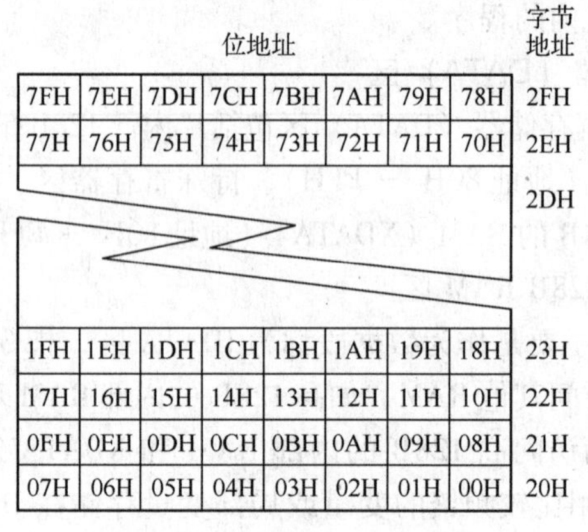

位地址

								字节地址
7FH	7EH	7DH	7CH	7BH	7AH	79H	78H	2FH
77H	76H	75H	74H	73H	72H	71H	70H	2EH
								2DH
1FH	1EH	1DH	1CH	1BH	1AH	19H	18H	23H
17H	16H	15H	14H	13H	12H	11H	10H	22H
0FH	0EH	0DH	0CH	0BH	0AH	09H	08H	21H
07H	06H	05H	04H	03H	02H	01H	00H	20H

图 3-3 可位寻址区

如果这时执行，

```
SETB   00H      ; 置位 20H 单元的第 0 位
```

把位地址 00H（字节地址 20H 单元的第 0 位）置为 1。

```
CLR   77H       ; 清除 2EH 单元的第 7 位
```

把位地址 77H（字节地址 20H 单元的第 7 位）清除为 0。

（2）片内高 128B RAM 区

片内高 128B RAM 区也称为 IDATA 区。因为 IDATA 区的地址和 SFRs（特殊寄存器区）的地址是重叠的，通过区分所访问的存储区来解决地址重叠问题。SFRs 只能通过直接寻址

来访问，而 IDATA 区只能通过间接寻址来访问。例如：

```
MOV   82H, #0FH      ; 写入立即数#0FH 到 DPL
```

与

```
MOV   DPL, #0FH      ; 写入立即数#0FH 到 DPL
```

作用完全一样，都是写入立即数#0FH 到 DPL。而

```
MOV   R0, #82H       ; 写入立即数#82H 到 R0
MOV @ R0, #0FH       ; 写入立即数#0FH 到 82H
```

是写入立即数#0FH 到 IDATA 中的 82H 单元。

(3) 片内特殊寄存器 RAM 区

在片内高 128B RAM 区还有地址与前面介绍的 RAM 寄存器完全一样，但不能间接寻址，只能直接寻址的 RAM，这些寄存器就是下面即将介绍的特殊功能寄存器。

中断系统和外部功能控制寄存器位于从地址 80H 开始的内部 RAM 中。这些寄存器被称做 SFR（Special Function Registers，特殊功能寄存器），其中很多寄存器都可位寻址（可通过名字进行引用）。例如，要对中断使能寄存器中的 EA 位进行寻址，可使用 EA，或 IE.7，或 0AFH 来访问。SFRs 控制定时器/计数器、串行口、中断源及中断优先级等，这些寄存器的寻址方式和 DATA 中的其他字节和位一样。SFR 的分布如图 3-4 所示。

字节地址　　SFR 名称　　字节地址

字节地址									字节地址
0F8H	IP1	CH	CCAP0H	CCAP1H	CCAP2H	CCAP3H	CCAP4H	IP1H	0FFH
0F0H	B								0E7H
0E8H	TEN1	CL	CCAP0L	CCAP1L	CCAP2L	CCAP3L	CCAP4L		0EFH
0E0H	ACC								0E7H
0D8H	CCON	CMOD	CCAPM0	CCAPM1	CCAPM2	CCAPM3	CCAPM4		0DFH
0D0H	PSW					SPCTL			0D7H
0C8H	T2CON	T2MOD	RCAP2L	RCAP2H	TL2	TH2			0CFH
0C0H	WDTC								0C7H
0B8H	IP0	SADEN							0BFH
0B0H	P3	FCF					FST	IP0H	0B7H
0A8H	TEN0	SADDR	SPCFG						0AFH
0A0H	P2		AUXR1						0A7H
98H	SCON	SBUF							9FH
90H	P1								97H
88H	TCON	TMOD	TL0	TL1	TH0	TH1	AUXR		8FH
80H	P0	SP	DPL	DPH		WDTD		PCON	87H

灰色背景表示可位寻址

图 3-4　SFR 的分布

(4) 片内扩展 RAM 区（EXTRAM）

P89V51 片内扩展 768B RAM。为了兼容传统的 80C51 单片机，片内扩展 RAM 可通过设置辅助寄存器 AUXR（地址为 8EH）禁止，还可以在 ISP 下载程序时选择关闭内部扩展 RAM。

AUXR 中的各位定义如下：

位	7	6	5	4	3	2	1
符号	—	—	—	—	—	EXTRAM	AO

注意：该寄存器不可位操作，其复位值为00H。

AUXR 中的各位的说明参见表3-3。

表3-3 AUXR 中的各位的说明

位	符 号	说 明
7～2	-	保留，程序中只能写入0
1	EXTRAM	使用 MOVX @ Ri/DPTR 指令访问片内/外 RAM 的选择位。该位清零时，MOVX @ Ri/DPTR 指令所访问的地址处于片内 XRAM 的空间时，访问片内 XRAM；超出片内 XRAM 的空间时，访问片外 XRAM；置1时总是访问片外 XRAM
0	AO	ALE 使能位。AO =0 时，ALE 引脚以振荡器1/2 的频率输出 ALE 信号；AO =1 时 ALE 引脚只在执行 MOVX 或 MOVC 指令时输出 ALE 信号

(5) XDATA 区

P89V51 的最后一个存储空间为64KB，和片外 CODE 区一样采用16位地址寻址，称做外部数据存储器区，简称 XDATA 区。这个区通常包括一些 RAM，如 SRAM，或一些需要通过总线接口的外围器件。对 XDATA 的读写操作需要至少两个指令周期，只能使用 DPTR、R0 或 R1 间接寻址。例如：

```
MOV   DPTR, #Addr          ; 写入地址立即数#Addr 到 DPTR
MOVX  @DPTR, A             ; 把累加器 A 中的数据写入 DPTR 所指向的 XDATA 单元
或
MOV   P2, #HIGH_Addr       ; 写入地址高位立即数#HIGH_Addr 到 P2
MOV   R1, #LOW_Addr        ; 写入地址低位立即数#LOW_Addr 到 R1
MOVX  @R1, A               ; 把 A 中的数据写入 P2 和 R1 所指向的 XDATA 单元
```

这两组指令都是完成把 A 中的数据写入 XDATA 单元。而

```
MOV   DPTR, #Addr          ; 写入地址立即数#Addr 到 DPTR
MOVX  A, @DPTR             ; 把 DPTR 所指向的 XDATA 单元中的数据读到 A
```

或

```
CMOV  P2, #HIGH_Addr       ; 写入地址高位立即数#HIGH_Addr 到 P2
MOV   R1, #LOW_Addr        ; 写入地址低位立即数#LOW_Addr 到 R1
MOVX  A, @R1               ; 把 P2 和 R1 所指向的 XDATA 单元中的数据读到 A
```

则把 XDATA 单元中的数据读到 A 中。

3.2 数据传送指令

数据传送指令是单片机编程中使用最多的指令。前面介绍了 P89V51 的存储器分布，自然地就应该有这些存储器（区）之间的数据传送指令，但是，由于 P89V51 的存储器区之间地址有重叠，因而必须用不同的寻址方式和操作数来区别所传送数据的“来源”和“目的”。这部分内容对初学者来说是最难记忆的。为了方便读者快速、准确地掌握 P89V51 的

数据传送指令，一方面详细说明传送指令与数据的“来源”和“目的”之间的关系，如图 3-5 所示且参见表 3-4；另一方面，将在 3.3 节详细说明数据传送指令，3.4 节给出若干数据传送实验，务必请读者按照示例和本章的习题要求尽量多做实验。

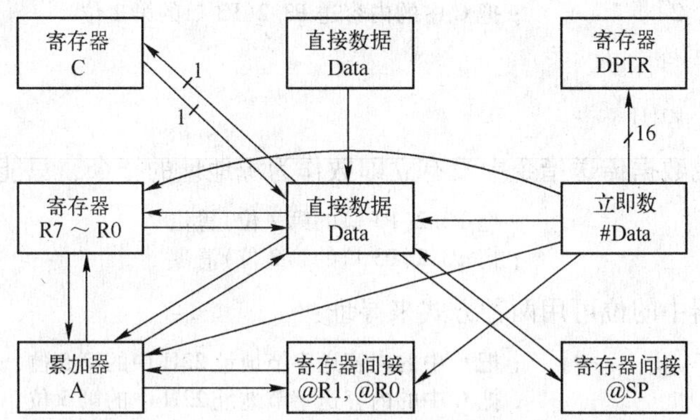

图 3-5　传送指令与数据的“来源”和“目的”之间的关系

表 3-4　传送指令与数据的“来源”和“目的”之间的关系

目　的 来　源	立即地址 （SFR 和低 128B RAM）	工作寄存器 （Rn）	累　加　器	数据存储器 （XDATA）	片内高 128B RAM （IDATA）
立即数 （#data）	MOV direct，#data MOV DPTR，#datal6	MOV Rn， #data	MOV A，#data		MOV @Ri，#data
程序存储器 （CODE）			MOVC A，@A+DPTR MOVC A，@A+PC		
立即地址 （SFR 和低 128B　RAM）	MOV direct2，direct1	MOV Rn， direct	MOV A，direct		MOV @Ri，direct
工作寄存器（Rn）	MOV direct，Rn		MOV A，Rn		
累加器	MOV direct，A	MOV Rn，A		MOVX @Ri，A MOVX @DPTR，A	MOV @Ri，A
片外数据存储器 （XDATA）			MOVX A，@DPTR MOVX A，@Ri		
片内高 128B　RAM （IDATA）	MOV direct，@Ri		MOV A，@Ri		

有关传送指令说明如下：

① 位传送指令 MOV C，bit 和 MOV bit，C 没有在表 3-4 中列出。这两条指令是把一位数据在 C（进位位、位于程序状态寄存器 PSW 的第 7 位，作为布尔操作的累加器）中与直接位地址（即所有位可寻址的存储器中的位）之间进行操作的。如

```
MOV  C，00H        ；把 00H（字节地址 20H 中的第 0 位）中的内容送 C
MOV  P3.2，C       ；把 C 中的内容送 P3.2（P3 口的第 2 位）
MOV  TR0，C        ；把 C 中的内容送 TR0（定时器/计数器 T0 的启动位）
```

都是位传送指令。位地址都可以看成直接地址，但它们之间不能直接传送数据，只能通过 C 来传送，如

```
MOV  P3.2, 00H
```

是非法的，要实现00H到P3.2的数据传送，只能

```
MOV  C, 00H              ; 把00H(字节地址20H中的第0位)中的内容送C
MOV  P3.2, C             ; 把C中的内容送P3.2(P3口的第2位)
```

而

```
MOV  P3.2, #01H
```

也是非法的，位数据传送指令中没有立即数作为源地址的指令，只能

```
SETB P3.2,               ; 把P3.2(P3口的第2位)置位
CLR  P3.2,               ; 把P3.2(P3口的第2位)清零
```

位可寻址存储器中的位可用两种方式来寻址：

```
MOV  22H.5, C            ; 把C中的内容送字节地址22H中的第5位
MOV  15H, C              ; 把C中的内容送字节地址22H中的第5位
```

位可寻址SFR中的位既可用上述两种方式来寻址：

```
MOV  P3.2, C             ; 把C中的内容送P3.2(P3口的第2位)
MOV  0B0H.2, C           ; 把C中的内容送P3.2(P3口的第2位)
```

也可用该位所特有的名称来寻址：

```
MOV  PSW.6, C            ; 把C中的内容送PSW.6(通用标志F0)
MOV  0D0H.6, C           ; 把C中的内容送PSW.6(通用标志F0)
MOV  F0, C               ; 把C中的内容送PSW.6(通用标志F0)
```

这3条指令都是把C中的数据送到PSW.6（通用标志F0）。

② 片内RAM高128B是IDATA，地址从80H～FFH，与特殊寄存器（SFR）的地址完全重叠，对他们的访问完全由寻址方式来区别（在3.1节介绍IDATA已举例说明）。IDATA采用Ri（$i=0$，1）来间址，而SFR既可用其名称来寻址，也可用其地址作为立即地址来寻址。

③ 片内RAM低128B（DATA）实际上也是IDATA，其地址从00H～7FH。但这些存储器单元既可以立即地址寻址，也能用Ri间接寻址。而处于该区域的工作寄存器还可作为寄存器寻址。

表中有唯一的一条16位数传送指令：MOV DPTR，#datal6。该指令用于对数据指针DPTR赋值。

④ 立即数和XCODE只能作为源操作数（即数据源地址）。

⑤ XCODE只能作为源操作数向累加器A传送数据，有两条指令：

```
MOVC A,@A+DPTR           ; 把A和DPTR的和所指向的XCODE单元中的数读到A
MOVC A,@A+PC             ; 把A和PC(程序计数器)的和所指向的XCODE
                         ; 单元中的数读到A
```

注意：指令中采用“MOVC”作为助记符，说明是从程序存储器（CODE）中读取数据。而从XDATA中读取数据的指令为：

```
MOVX A,@DPTR             ; 把DPTR所指向的XDATA单元中的数读到A
MOVX A,@Ri               ; 把P2(高8位地址)和Ri(低8位地址)所指向的
                         ; XDATA单元中的数读到A
```

指令中采用“MOVX”作为助记符，说明是从外部数据存储器（XDATA）中读取数据

的。同样，写到 XDATA 的指令为

```
MOVX   @DPTR,A              ; 把 A 中的数写到 DPTR 所指向的 XDATA 单元
MOVX   @Ri,A                ; 把 A 中的数写到 P2(高 8 位地址)和 Ri(低 8 位地址)所指
                            ; 向的 XDATA 单元
```

只有 XDATA 才能与累加器互相传送数据。

⑥ 立即数、立即地址和累加器（ACC）作为数据源地址，是“O 型供血者”，他们有最多的接收数据的目的地。而外部数据存储器（XDATA）最“内向”，它只与 ACC 互传数据。

⑦ ACC 又是最大的数据接收者，这就意味着 ACC 处于单片机核心地位，是编程用得最多的寄存器。

⑧ 除 ACC 外，工作寄存器是交换数据最为方便、最为频繁的存储器。它们具有的寻址方式最多：

```
MOV   R6, #0FH              ; 写入立即数#0FH 到 R6(06H 单元)
```

与

```
MOV   06H, #0FH             ; 写入立即数#0FH 到 R6(06H 单元)
```

与

```
MOV   R0, #06H              ; 写入立即数#06H 到 R0
MOV   @R0, #0FH             ; 写入立即数#0FH 到 R0 所指向的单元(06H)
```

都是把数据写到 06H 单元。

P89V51 单片机具有两个 16 位数据指针 DPTR0/DPTR。可以通过辅助寄存器 AUXR1 中的 DPS 位进行选择，大大增加了程序编制的灵活性。

AUXR1 是设置、选择双数据指针的特殊功能寄存器。

	地址	7	6	5	4	3	2	1	0
AUXR1	A2H	—	—	—	—	GF2	—	—	DPS

GF2：通用功能用户自定义位

DPS：DPTR 寄存器选择位。DPS＝0，选择 DPTR0；DPS＝1，选择 DPTR。下面是一段通过 AUXR1 选择 DPTR 的例程。

```
AUXR1    DATA    0A2H       ;新增特殊功能寄存器定义
MOVAUXR1, #0                ;此时 DPS 为 0,DPTR0 有效
MOVDPTR, #1FFH              ;置 DPTR0 为 1FFH
MOV A, #55H
MOVX @DPTR, A               ;将 1FFH 单元置为 55H
```

3.3　数据传送指令说明

1. 寄存器内容送累加器

格式：MOV　A，Rn

代码：| 1110 | 1rrr | E8H ～ EFH

操作：(A)←(Rn)，$n=0\sim7$

说明：Rn 在内部数据存储器中的地址由当前的工作寄存器区选择位 RS1、RS0 确定，可以是 00H ～ 07H、08H ～ 0FH、10H ～ 17H 或 18H ～ 1FH。以后指令中对 Rn 不再重复说明。

2. 累加器内容送寄存器

格式：MOV　Rn，A

代码：

1111	1rrr

F8H ～ FFH

操作：(Rn)←(A)，$n=0\sim7$

说明：目的操作数采用寄存器寻址方式。

3. 内部 RAM 内容送累加器

格式：MOV　A，@ Ri

代码：

1110	011r

E6H ～ E7H

操作：(A)←((Ri))，$i=0, 1$

说明：Ri 在内部数据存储器中的地址由当前工作寄存器区选择位 RS1、RS0 确定，分别为 01H，02H，08H，09H，10H，11H 和 18H，19H。以后的指令中对 Ri 不再重复解释。该指令可以访问整个内部 RAM 空间（0 ～ 255 单元）。

4. 累加器内容送内部 RAM

格式：MOV　@ Ri，A

代码：

1111	011i

F6H ～ F7H

操作：((Ri))←(A)，$i=0,1$

5. 立即数送累加器

格式：MOV　A，#data

代码：

0111	0100
立即数	

74H

操作：(A) ← #data

说明：代码的第二字节为立即数，它与指令的操作码一起放在程序存储器中，执行该指令时，与操作码一起取到 CPU 中。

6. 内部 RAM 或专用寄存器内容送累加器

格式：MOV　A，direct

代码：

1110	0101
直接地址	

E5H

操作：(A) ← (direct)

说明：代码的第二字节为直接地址，可以指向专用寄存器及内部 RAM（0 ～ 127 单元）。它与指令一起放在程序存储器中，执行该指令时，与操作码一起送到 CPU，经地址译码访问指定单元。以后指令中对直接地址 direct 不再作解释。

7. 累加器内容送内部 RAM 或专用寄存器

格式：MOV　direct，A

代码：

1111	0101

F5H

直接地址

操作：(direct) ← (A)

8. 立即数送寄存器

格式：MOV　Rn，#data

代码：

0111	1rrr	78H ～ 7FH
立即数		

操作：(Rn)← # data，$n=0$ ～ 7

9. 立即数送内部

格式：MOV　@Ri，# data

代码：

1110	011i	76H ～ 77H
立即数		

操作：((Ri))← # data，$i=0$，1

10. 立即数送内部 RAM 或专用寄存器

格式：MOV　direct，#data

代码：

0111	0101	75H
直接地址		
立即数		

操作：(direct) ← # data

说明：这是一条 3 字节指令，代码的第二字节为直接地址，第 3 字节为立即数，在执行该指令时，它们与指令的操作码一起从程序存储器送到 CPU。

11. 寄存器内容送内部 RAM 或专用寄存器

格式：MOV　direct，Rn

代码：

1000	1rrr	88H ～ 8FH
直接地址		

操作：(direct) ← (Rn)，$n=0$ ～ 7

12. 内部 RAM 或专用寄存器内容送寄存器

格式：MOV　Rn，direct

代码：

1010	1rrr	A8H ～ AFH
直接地址		

操作：(Rn)←(direct)，$n=0$ ～ 7

13. 内部 RAM 内容送内部 RAM 或专用寄存器

格式：MOV　direct，@Rn

代码：

1000	011i	86H ～ 87H
直接地址		

操作：(direct)←((Rn)), $i=0,1$

14. 内部 RAM 或专用寄存器内容送内部 RAM

格式：MOV　@Ri, direct

代码：

1010	011i

A6H ～ A7H

直接地址

操作：((Ri))←(direct), $i=0,1$

15. 内部 RAM 和专用寄存器之间的直接传送

格式：MOV　direct, direct

代码：

1000	0101

85H

直接地址（源）

直接地址（目的）

操作：(direct)←(direct), $n=0$ ～ 7

说明：这是一条 3 字节指令，代码的第二、三字节分别为源操作数和目的绝对地址。指令的功能很强，它能实现内部 RAM 之间、专用寄存器之间或专用寄存器与内部 RAM 之间的直接数据传送。而执行时间为 2 个机器周期。

16. 16 位立即数送数据指针

格式：MOV　DPTR, #data16

代码：

1001	0000

90H

立即数高位

立即数低位

操作：(DPH)←#data 15 ～ data 8

　　　(DPH)←#data 7 ～ data 0

说明：这是整个指令系统中唯一的一条 16 位数据的传送指令，用来设置地址指针。

17. 外部数据存储器内容送累加器

格式：MOVX　A, @Ri

代码：

1110	001i

E2H ～ E3H

操作：(A)←((Ri)), $i=0,1$

说明：指令执行时，在 P3.7 引脚上出现 $\overline{\mathrm{RD}}$ 有效信号，用做外部数据存储器的读选通信号。P0 口上分时输出由 Ri 指定的 8 位地址信息及输入该单元的内容。

18. 累加器内容送外部数据存储器

格式：MOVX　@Ri , A

代码：

1111	001i

F2H ～ F3H

操作：((Ri))←(A), $i=0,1$

说明：指令执行时，在 P3.6 引脚上出现 $\overline{\mathrm{WR}}$ 有效信号，用做外部数据存储器的写选通信号。P0 口上分时输出由 Ri 指定的 8 位地址信息及输出到该单元的数据。

以上两条与外部数据存储器传送数据的指令可以访问 256B 的存储空间。

19. 累加器内容送外部数据存储器

格式：MOVX　@DPTR，A

代码：| 1111 | 0000 | F0H

操作：((DPTR))←(A)

说明：指令执行时，P3.6 经脚上输出 $\overline{WR}$ 有效信号，用做外部数据存储器的写选通信号。DPTR 所包含的 16 位地址信息由 P0（低 8 位）和 P2（高 8 位）输出，累加器的内容由 P0 输出，P0 口作分时复用的总线。

20. 外部数据存储器内容送累加器

格式：MOVX　A，@DPTR

代码：| 1110 | 0000 | E0H

说明：指令执行时，P3.7 引脚上输出 $\overline{RD}$ 有效信号，用做外部数据存储器的读选通信号。DPTR 所包含的 16 位地址信息由 P0（低 8 位）和（高 8 位）输出，选中单元的数据由 P0 输入到累加器，P0 口作为分时复用的总线。

以上两条与外部数据存储器间的数据传送指令可以访问 64KB 的存储空间。

21. 数据存储器内容送累加器

格式：MOVC　A，@A+DPTR

代码：| 1001 | 0011 | 93H

说明：指令首先执行 16 位无符号数的加法操作，获得基址与变址之和，低 8 位相加产生进位时，直接加到高位，并不影响标志。

22. 程序存储器内容送累加器

格式：MOVC　A，@A+PC

代码：| 1000 | 0011 | 83H

说明：指令首先将 PC 修正到下一条指令的地址上，然后执行 16 位无符号数的加法操作，获得基址与变址之和，低 8 位相加产生进位时，直接加到高位，并不影响标志。

以上两条 MOVC 是 64KB 存储空间内的查表指令，实现程序存储器到累加器的代码或常数传送，每次传送一个字节。源操作数采用基址加变址寻址方法，基址寄存器分别为 16 位的 DPTR 或程序计数器 PC，变址寄存器为累加器。

23. 寄存器内容与累加器内容交换

格式：XCH　A，Rn

代码：| 1100 | 1rrr | C8H ~ CFH

操作：(A) ⇌ (Rn)，$n=0\sim7$

24. 内部 RAM 内容与累加器内容交换

格式：XCH　A，@Ri

代码：| 1100 | 011i | C6H ~ C7H

操作：(A) ⇌ ((Ri))，$i=0, 1$

25. 内部 RAM 或专用寄存器内容与累加器内容交换

格式：XCH　A，direct

代码：

1100	0101	C5H
直接地址		

操作：(A) ⇌ (direct)

26. 内部 RAM 低 4 位内容与累加器低 4 位内容交换

格式：XCHD　A，@Ri

代码：

1100	011i	C6H ~ C7H

操作：$(A_{3\sim0})$ ⇌ $((Ri_{3\sim0}))$，$i=0$，1

27. 累加器低 4 位与高 4 位交换

格式：SWAP　A

代码：

1100	0100	C4H

操作：$(A_{3\sim0})$ ⇌ $(A_{7\sim4})$

28. 栈顶内容送内部 RAM 或专用寄存器

格式：POP　direct

代码：

1101	0000	D0H
直接地址		

操作：(direct) ← ((SP))

(SP) ← (SP) -1

说明：POP 为堆栈操作指令，由堆栈指针 SP 所寻址的内部 RAM 单元的内容传送到指令中直接寻址的一个单元中去。然后，堆栈指针减 1。一般而言，执行此指令不影响标志，若目标操作数为 PSW，则有可能使一些标志改变。这也是通过指令强行修改标志的一种方法。

29. 内部 RAM 或专用寄存器内容送栈顶

格式：PUSH　direct

代码：

1100	0000	C0H
直接地址		

操作：(SP) ← (SP) +1

((SP)) ← direct

说明：PUSH 也是堆栈操作指令，它把指令中直接寻址的一个字节压入到当前栈针加 1 的单元中去。指令不影响标志。

3.4　若干数据传送实验

下面通过几个数据传送实验来熟悉和掌握数据传送指令及其应用。

【实验 3-1】　外部数据块搬移（≤256B）。

把处于程序存储器（XCODE）中从 Data_TAB 开始的 256B 数据传送到外部数据存储器

中，从 B000H 开始的 256 个单元中去。

```
ORG   0000H                        ; 实验板开始执行的第一条指令所处的地址
LJMP   MAIN                        ; 跳转到主程序
ORG   0100H                        ; 主程序开始的地址;避开中断入口地址
MAIN:MOV   DPTR, #Data_TAB         ; 使 DPTR 指向 XCODE 中的 Data_TAB 开始的 256B 数据
MOV   P2, #0B0H                    ; 使 P2 口指向 XDATA 中的目的地址高 8 位
MOV   R0, #00H                     ; 使 R0 口指向 XDATA 中的目的地址低 8 位起始地址
MOVEDATA:MOV   A, #00H             ; 清除累加器,以便下一条指令能准确指向 XCODE 中的数据
MOVC   A, @A+DPTR                  ; 从 XCODE 中读取数据,请注意指令形式
MOVX   @R0, A                      ; 把数据写到 XDATA 中
INC   DPTR                         ; 修改源数据指针
INC   R0                           ; 修改目的数据指针 CJNE   R0, #00H, MOVEDATA
                                   ; 没有送完 256 个数据,跳转到 MOVEDATA 继续送数
    HALT:LJMP   HALT               ; 送完 256 个数据,在此死循环,实际程序中应为后续操作
                                   ; ++++++++ 以下为 XCODE 中的数据表 ++++++++
                                   ; 用以分隔程序,使程序清晰易懂
Data_TAB:                          ; 常数或数据表格前用标号表示其起始地址
DB   0, 1, 2, 3, 4, 5, 6, 7        ; 立即数可以用十进制数表示,也可以用十六进制数表示,后
                                   ; 者有后缀“H”
DB   8, 9, 0AH, 0BH, 0CH, 0DH, 0EH, 0FH
                                   ; 十六进制数中最高位数为 A ～ F 时,前面要补数字“0”
DB   10H, 11H, 12H, 13H, 14H, 15H, 16H, 17H
                                   ; 十六进制数中最高位数为 A ～ F 时,前面要补数字“0”
DB   18H, 19H, 1AH, 1BH, 1CH, 1DH, 1EH, 1FH
                                   ; 每行起始用伪指令“DB”定义数据,“DB”表示数据字节
……                                 ; 使用该程序时,需要去掉该省略号并补充完整数据
DB   0F8H, 0F9H, 0FAH, 0FBH, 0FCH, 0FDH, 0FEH, 0FFH
                                   ; 每个数据字节之间用英文逗号分隔
; +++++++   +++++ 表格结束 +++++++++++++++
                                   ; 用以分隔程序,使程序清晰易懂
END                                ; 程序结束,编译程序不理会 END 以后的内容
```

该实验的目的是重温开发环境的使用，汇编程序的格式，熟悉和掌握 XCODE、XDATA 和累加器之间转送数据指令。

【实验 3-2】　外部数据块搬移（65 280 > 数据字节数 > 256）。

把处于外部数据存储器从 Data_BLOCK 开始的 NUMB（65 280 > NUMB > 256）字节数据传送到串口数据缓冲器（SBUF）中去。

```
ORG   0000H                        ; 实验板开始执行的第一条指令所处的地址
LJMP   MAIN                        ; 跳转到主程序
ORG   0100H                        ; 主程序开始的地址;避开中断入口地址
MAIN:MOV   DPTR, #Data_BLOCK       ; 使 DPTR 指向 XDATA 中的 Data_BLOCK 开始数据块
MOV   R0, #NUMB_LOW                ; #NUMB_LOW 为#NUMB 的低位字节放到作为低位字节计
                                   ; 数器的 R0 中
MOV   R1, #NUMB_HIGH+1             ; #NUMB_HIGH 为#NUMB 的高位字节加 1 放到作为高位
                                   ; 字节计数器的 R1 中
MOVEDATA:MOVX   A, @ DPTR          ; 从 XDATA 中读取数据,请注意指令形式
MOV   SBUF, A                      ; 把数据写到 SBUF 中
```

```
INC   DPTR                           ; 修改源数据指针
DJNZ  R0, MOVEDATA                   ; 没有送完 NUMB 个数据,跳转到 MOVEDATA 继续送数
DJNZ  R1, MOVEDATA
HALT:LJMP   HALT                     ; 送完 NUMB 个数据,在此死循环,实际程序中应为后续操作
; ================================   ; 用以分隔程序,使程序清晰易懂
END                                  ; 程序结束,编译程序不理会 END 以后的内容
```

请自行给定地址（Data_BLOCK）和数据字节数（NUMB）并完成该实验。注意充分利用集成开发环境中的各项工具和窗口观察每条指令运行的结果。

注意：实验板中 Data_TAB2 地址应该在 8000H ～ FFFFH 之间，这是外部数据存储器 62 256的地址。

【实验 3-3】 外部数据块搬移（65 536 > 数据字节数 > 1）。

把处于外部数据存储器（XDATA）中从 Data_TAB1 开始的 NUMB 个字节数据传送到外部数据存储器从 Data_TAB2 开始的 NUMB 个单元中去。

```
ORG   0000H                          ; 实验板开始执行的第一条指令所处的地址
LJMP   MAIN                          ; 跳转到主程序
ORG   0100H                          ; 主程序开始的地址;避开中断入口地址
MAIN:MOV   DPTR, # Data_TAB1         ; 使 DPTR 指向 XDATA 中的 Data_TAB1 开始的数据块
MOV   R0, # Data_TAB2_LOW            ; # Data_TAB2 的低位字节放到 R0 中
MOV   P2, # Data_TAB2_HIGH           ; # Data_TAB2 的高位字节放到 P2 中
MOV   R2, #0                         ; R2 作为送数个数计数器的低位字节计数器
MOV   R3, #0                         ; R3 作为送数个数计数器的高位字节计数器
MOVEDATA:MOVX   A, @ DPTR            ; 从 XDATA 中的 Data_TAB1 开始的数据块读取数据
MOVX   @R0, A                        ; 把数据写到 XDATA 中的 Data_TAB2 开始的数据块中
INC   DPTR                           ; 修改源地址指针
INC   R0                             ; 修改目的地址指针低位字节
CJNE   R0, #0, MOVEDATA1             ; 目的地址指针低位字节是否有进位
INC   P2                             ; 目的地址指针低位字节有进位,高位字节加 1
MOVEDATA1:INC   R2                   ; 修改已传送数据个数计数指针低位字节
CJNE   R2, #0, MOVEDATA2             ; 已传送数据个数计数指针低位字节是否有进位
INC   P3                             ; 已传送数据个数计数指针低位字节有进位,高位字节加 1
MOVEDATA2:CJNE   R2, #NUMB_LOW, MOVEDATA
                                     ; 比较已传送数据个数计数指针低位字节,不等则继续送数
CJNE   R3, #NUMB_HIGH, MOVEDATA
                                     ; 低位字节相等,比较高位字节,不等则继续送数
HALT:LJMP   HALT                     ; 送完数据块搬移,在此死循环,实际程序中应为后续操作
; ================================   ; 用以分隔程序,使程序清晰易懂
END                                  ; 程序结束,编译程序不理会 END 以后的内容
```

注意：实验板中 Data_TAB2 地址应该在 8000H ～ FFFFH 之间，这是外部数据存储器 62 256 的地址。

【实验 3-4】 清除外部数据存储器（0000H ～ 7FFFH）。

清除外部数据存储器（XDATA）中 9000H ～ FEFFH 的所有单元。

```
ORG   0000H                          ; 实验板开始执行的第一条指令所处的地址
LJMP   MAIN                          ; 跳转到主程序
ORG   0100H                          ; 主程序开始的地址;避开中断入口地址
MAIN:MOV   DPTR, #9000H              ; 使 DPTR 指向 XDATA 中的起始地址 9000H
```

```
MOV  A, #0                         ; 清除累加器
CLR_RAM:MOVX  @ DPTR, A            ; 清除 DPTR 所指向的 XDATA 单元(即写入数据 00H)
INC  DPTR                          ; 修改地址指针
MOV  R0, DPH                       ; 把地址指针的高位字节送到 R0 中进行判断
CJNE  R0, #0FFH, CLR_RAM           ; 完成清除 XDATA?
HALT:LJMP  HALT                    ; 完成清除 XDATA,在此死循环,实际程序中应为后续操作
; ============================     ; 用以分隔程序,使程序清晰易懂
END                                ; 程序结束,编译程序不理会 END 以后的内容
```

【实验 3-5】 清除片内数据存储器（DATA + IDATA）。

清除片内数据存储器（DATA + IDATA），即片内从 00H 至 FFH 所有单元。（由于实验板的监控程序暂用了 IDATA 中高十几个字节的地址，直接在实验板上调试该实验程序会导致死机，请采用软件调试方式做该实验。）

```
ORG  0000H                         ; 实验板开始执行的第一条指令所处的地址
LJMP  MAIN                         ; 跳转到主程序
ORG  0100H                         ; 主程序开始的地址;避开中断入口地址
MAIN:MOV  R0, #0FFH                ; 使 R0 指向 IDATA 中的最大的地址 FFH
MOV  A, #0                         ; 清除累加器
CLR_RAM:MOV  @ R0, A               ; 清除 DPTR 所指向的 IDATA 单元(即写入数据 00H)
DJNZ  R0, CLR_RAM                  ; 完成清除 IDATA?
HALT:LJMP  HALT                    ; 完成清除 IDATA,在此死循环,实际程序中应为后续操作
; ==============================   ; 用以分隔程序,使程序清晰易懂
END                                ; 程序结束,编译程序不理会 END 以后的内容
```

思考题与习题

3-1　P89V51 单片机中的存储器有哪些种类？它们是如何分布的，起什么作用？

3-2　哪些存储器区的地址是重叠的？如何通过指令的寻址方式来区别？请具体说明

（1）XCODE 和 XDATA 的寻址区别；

（2）XDATA 与 IDATA 的寻址区别；

（3）IDATA 与 DATA 的寻址区别；

（4）SFR 与 IDATA 的寻址区别；

（5）XDATA 与 IDATA 的寻址区别；

（6）XDATA 与 DATA 的寻址区别；

（7）片内 XDATA 与片外 XDATA 的寻址区别；

（8）位地址与字节地址。

3-3　SFR 有哪些寻址方式？当前工作寄存器有哪些寻址方式？位可寻址 SFR 中的位有哪些寻址方式？

3-4　某专用寄存器地址为 98H，它可以按位寻址吗？

3-5　若 PSW 的内容为 18H（即 RS1 = RS0 = 1），则通用寄存器 R0 的地址是什么？

3-6　请总结位数据传送指令的特点。

3-7　在【实验 3-1】中，假设：

（1）传送的数据只有 100B，请修改程序并调试通过；

（2）传送的数据仍然为256B，但目的地址从0030H开始，请修改程序并调试通过；

（3）传送的数据为300B，目的地址仍然从0000H开始，请修改程序并调试通过；

（4）传送的数据为1000B，目的地址仍然从0100H开始，请修改程序并调试通过。

（5）如果XCODE中表格的数据少于传送程序中传送的个数，程序运行后会出现什么情况？（通过实验后说明）

3-8　在【实验3-2】中，为什么放入R1中的高位地址要加1？（请查阅《附录A　标准8051单片机指令说明》中的关于DJNZ Rn，rel的说明。）

3-9　在【实验3-2】中，假设：

（1）传送的数据字节数多于65 280，请修改程序并调试通过；

（2）传送的数据字节数少于256，请修改程序并调试通过；

（3）请采用其他方式对传送的数据字节数进行计数和判断，修改程序并调试通过。

3-10　在【实验3-3】中，请自行设计一些特殊的条件，如数据块的起始地址和大小，根据这些特殊条件优化或修改程序并调试通过。

3-11　如果把IDATA中80H～FFH中的数据送到外部XDATA中的0000H～7FFFH单元中（128B一循环），请设计程序并调试通过。

3-12　在【实验3-5】中，如果不用MOV　@R0，A这条指令，请修改程序并调试通过。

3-13　下列指令中哪些是非法指令？

MOV　A，R7	SETB　30H.0	MOV　R5，R2
MOV　A，@R0	MOV　SBUF，@R1	MOV　R7，@R1
MOV　@R2，#64H	MOVX　@R0，PSW	MOV　C，ACC.5
MOV　20H，21H	MOV　00H，#1	MOV　RS0，#1
MOV　RS1，ACC.5	MOVC　@A+DPTR，A	MOVC　A，@DPTR
MOVX　A，@A+DPTR	MOVX　A，@A+PC	MOVX　@DPTR，R2
MOVX　@DPTR，#7FH	MOVX　@DPTR，SBUF	MOVX　SBUF，@A+PC

3－14　对不可以位操作的寄存器如何对其中的一位置位或清零操作？又如何判断其中的某一位为0或为1？请用合适的指令或程序说明如何实现上述目的。

第 4 单元

输入/输出(I/O)接口与总线

本单元学习要点

(1) 四个 8 位 I/O 接口。各端口的结构、作用及其编程控制。

(2) 总线。数据总线、地址总线与控制总线。

(3) 访问外部存储器的操作时序。

(4) 各个口线的输入/输出特性。

4.1 I/O 接口

P89V51 上有四个 8 位 I/O 接口，每个都有不同特色的驱动/输入电路。所有的端口都与标准的 8051 双向功能为特色的驱动/输入电路相同。每个口都包含一个锁存器，即专用（特殊）寄存器 P0 ～ P3，输出驱动器和输入缓冲器。以后除非特别注明，我们把 4 个端口（引脚）和相应的专用寄存器，输出驱动器和输入缓冲器表示为 P0 ～ P3。

在有外部存储器时，P0 和 P2 口作为访问外部存储器的地址总线和数据总线，P2 口给出 16 位地址总线的高 8 位，P0 口给出地址总线的低 8 位，P0 口分时作为数据总线。P3 口中的 P3.6 和 P3.7 则分别作为控制总线中的数据写（$\overline{WR}$）和读（$\overline{RD}$）控制信号。控制总线中的程序（代码）读和锁存信号则有专门的引脚$\overline{PSEN}$和 ALE 提供。

4.1.1 P0 口

如图 4-1 所示为 P0 口中一位口线的结构，其中包括一个输出锁存器、两个三态缓冲器、一个由一对场效应管（FET）组成的输出驱动电路和一个输出控制电路。输出驱动电路由输出控制电路控制。输出控制电路包括一个与门、一个反相器和一个多路切换开关（MUX）。

P0 口有两种工作状态：作为地址/数据总线和作为通用输入/输出（I/O）接口。P0 的工作状态由 CPU 通过 MUX 来控制。

当 MUX 处于图 4-1 所示的位置时，P0 口作为通用输入/输出（I/O）接口，此时 P0 口的输出级中的上拉 FET 处于截止状态，因此输出级是漏极开路的开漏电路。当 CPU 向 P0 口

写数据时，数据由内部总线写到 P0 口锁存器，P0 口锁存器的输出（$\overline{Q}$）经过 MUX 驱动输出电路，而输出电路正好是反相输出，所以 P0 口引脚上出现的数据正好是内部总线的数据。由于 P0 口是开漏输出，驱动 TTL 电路时可以驱动 8 个 LS TTL 电路的输入端。但在驱动 NMOS 电路时一定要加上拉电阻。

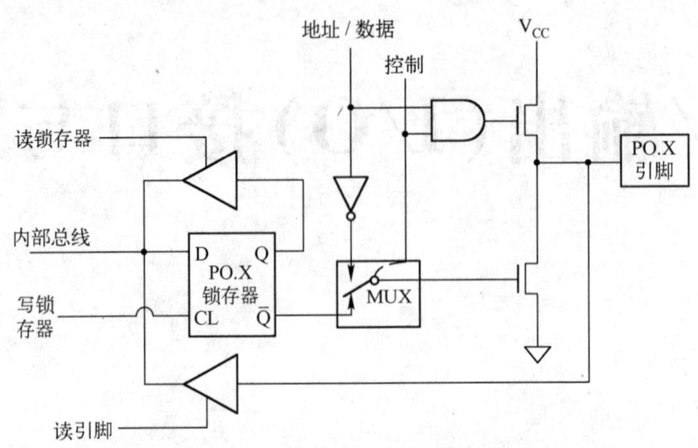

图 4-1　P0 口中一位口线的结构

（1）P0 口作为普通 I/O 接口使用时，输入数据有两条途径输入到 CPU

① CPU 通过图 4-1 中下方的缓冲器直接读 P0 口引脚的数据。完成直接 P0 口引脚数据读操作的指令有 MOV A，P0；MOV C，P0. n 等。

② 通过上方的缓冲器把 P0 口的锁存器的输出（Q）经过内部总线读到 CPU 中。这样设计的目的是为了实现“读—改—写”一类指令。这类指令的目的是在 I/O 接口原有的输出状态的基础上进行某种逻辑电平的修改，其操作的特点：先把锁存器的数据读入，然后根据具体指令的要求作相应地修改，再把修改后的数据写回锁存器并驱动口线。如 CPL P0. n；ANL P0，A 等指令就属于“读—改—写”指令。这些指令用于 P1、P2 和 P3 口时也是同样操作的。这一类指令有 ANL、XAL、CPL、DEC、DJNZ、INC、JBC，布尔操作指令 MOV PX. Y，C；CPL PX. Y；CLR PX. Y 和 SETB PX. Y。

与“读—改—写”有关的两点注意事项如下：

- “读—改—写”指令的操作特点可以避免错读口线的可能。如用口线驱动一枚三极管的基极时，假设先用“1”（高）电平驱动，然后要用反相的电平去驱动，如果不是读锁存器而是读口线，虽然已用高电平驱动口线，但口线已被三极管的基极拉到低电平，因而并没有读到单片机给出的状态，此时读锁存器就不会有此问题。
- 口线作为输入时，必须先向口线写“1”。如果前面已向端口写“0”或读入过“0”电平，此时输出级 FET 是导通的，引脚始终被钳位在低电平上，CPU 永远只能读到“0”电平，除非外部电路具有极强的驱动能力，把口线强行拉到高电平。由于此时输出级 FET 工作在开漏状态，在从口线输入信号前先写“1”电平，并不会对外部电路造成什么影响。如果外部电路驱动口线高电平，两者都是高电平，不会有任何影响；如果外部电路驱动口线低电平，而 P0 口的驱动电路虽然输出高电平，但其持续时间很短，不到 1μs，又是驱动能力很弱的开漏输出，在下一条指令执行前就被外部电路拉到低电平，甚至在写“1”电平时口线就压根儿没有上到高电平去。综上所述，在从口线输入信号前先写“1”电平是不会对外部电路造成任何影响的。

这两点对于 P1 ～ P3 同样适用。

（2）P0 口作为地址/数据总线时也可分为两种情况

① 从 P0 口输出低 8 位地址和数据。这时 CPU 给出工作信号使 MUX 切换到上端，内部的地址/数据总线通过反相器驱动输出级 FET，同时控制信号打开与门使驱动级上端的 FET 也受内部的地址/数据总线的驱动，不难得到，引脚上的状态与内部的地址/数据总线完全相同。

② 从 P0 口输入数据。口线上的数据通过下方的缓冲器输入到内部总线。

最后要指出的是：不论 P0 口是用做通用 I/O 接口线还是作为地址/数据总线，并不需要用专门的指令去设置。当单片机执行到具体的指令时会自动地产生控制信号使 MUX 切换到相应的位置，如执行 MOVX 指令时 MUX 自动切换到上方。不论是作为输入还是作为输出，单片机在执行到具体的指令时会自动地选择途径和执行相应的操作。仅仅作为通用 I/O 口线输入时，应向口线先写入“1”。这些同样适用于 P1 ～ P3 口。

4.1.2　P1 口

如图 4-2 所示为 P1 口中一位口线的结构，其中包括一个输出锁存器、两个三态缓冲器、一个由一枚场效应管（FET）和内部上拉电阻组成的输出驱动电路。与 P0 口不同的是，P1 口没有输出控制电路，但有特殊的内部上拉电阻。内部上拉电阻由两部分组成：固定部分和附加部分，它们都是由作为电阻的场效应管构成的，如图 4-3 所示。因而 P1 口是“准”双向口，而 P0 口是“真正”的双向口，这是由于 P0 作为输入时，输出级的两枚场效应管都处于截止状态，其引脚是“悬浮”的，而 P1 口（P2 和 P3 也是一样的）有内部上拉电阻，在作为输入时，虽然输出级的场效应管也处于截止状态，但有内部固定的上拉电阻使得管脚不会处于“悬浮”状态，而是具有微弱驱动能力（或对于外部驱动电路来说有一定的负载）。

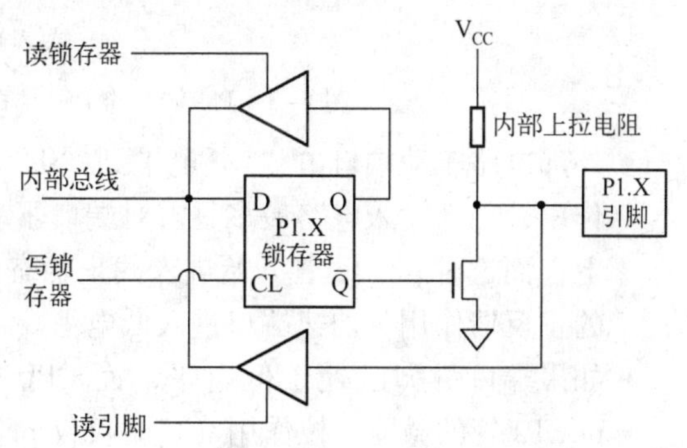

图 4-2　P1 口中一位口线的结构

由图 4-3 可知，上面 3 枚 FET 是 P 型沟道增强型管（pFET），下面一枚是 N 型沟道增强型管（nFET）。应该说明的是，当“1”电平加在 nFET 栅极时，nFET 管导通；而当“1”电平加在 pFET 栅极时，pFET 管截止。

如果起始状态端口的数据为“0”，这时锁存器的输出 $\overline{Q}$ 为“1”，nFET 管导通，pFET1 管和 pFET2 管截止，而 pFET3 管的栅极得到的是 $\overline{Q}$ 两次反相后的信号，所以 pFET3 管也截止。此时如果 CPU 向端口写数据“1”，则 $\overline{Q}$ 为“0”，nFET 管截止，pFET2 管导通，而由于延时线的作用，或门保持两个振荡周期的“0”电平，从而使 pFET1 管导通两个振荡周期。pFET2 管驱动能力较弱，但 pFET1 管比 pFET2 管的驱动能力要强得多，因而很快使端口引脚电平从低电平到 2V 以上，而端口引脚反过来又通过反相器驱动 pFET3 管导通，进一步加速把端口的引脚电平提高到“1”电平，同时反相器和 pFET3 管构成双稳态电路，把引

脚电平稳定在高电平。pFET1 管在两个振荡周期的导通后将回到截止状态。综上所述：pFET2 管和 pFET3 管构成上拉电阻的固定部分（图 4-3 中虚线框以外部分），其中 pFET3 管起主要作用，pFET2 管起次要作用。而 pFET1 管是内部上拉电阻的附加部分（包括图 4-3 中虚线框以里部分），在端口由“0”电平改写为“1”电平时起加速作用。

P1 ～ P3 口作为输入端口时，也要先向端口写入“1”。由于 pFET2 管和 pFET3 管的上拉作用，对外部的输入电路而言会产生一个不大的源电流。下面分两种情况讨论外部输入电路驱动端口的两种较特殊的情况。

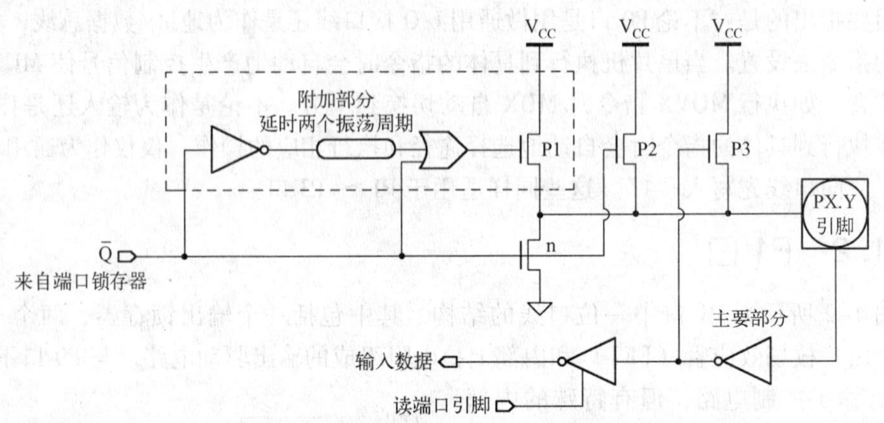

图 4-3　P89V51 的 P1 ～ P3 口内部上拉电阻的组成

- 外部电路驱动端口由“1”电平到“0”电平。由于 pFET2 管和 pFET3 管的微弱上拉作用，外部输入电路最多只需对端口驱动 5μA 的电流就能使端口引脚电平拉到 2V 以上，而这时 pFET3 管开始进入截止状态和由于 pFET3 管和反相器构成的双稳态电路的正反馈作用，加速端口进入低电平。
- 如果端口引脚已处于低电平，而 CPU 也没有向端口写“1”，此时如果仅仅依靠 pFET2 管的微弱上拉作用（这时仅仅 pFET2 管是导通的），而且外部电路也没有驱动端口的话（如作为按键输入且按键此时已断开），将需要很长的时间才能使端口自行回到高电平。在引脚上的电平回到 2V 以上时，由于 pFET3 管开始导通，它和反相器构成的双稳态电路的正反馈作用才会加速端口回到高电平。

P89V51 中的 P1 是多功能的。除作为一般的双向 I/O 端口外，P1.0 还作为定时器/计数器 2 的外部输入端（用 T2 表示其引脚）；P1.1 还作为定时器/计数器 2 的外部控制输入端（用 T2EX 表示其引脚）；P1.2 作为 PCA（Programmable Counter Array，可编程计数器阵列）的外部时钟输入端 ECI；P1.3 作为 PCA 模块 0 的捕捉/比较外部 I/O 接口 CEX0；P1.4 有两个特殊功能：作为 SPI（Serial Peripheral Interface，串行外设接口）从机选择端 $\overline{SS}$ 和 PCA 模块 1 的捕捉/比较外部 I/O 接口 CEX1；P1.5 也有两个特殊功能：作为 SPI 的主机输出/从机输入端 MOSI 和 PCA 模块 2 的捕捉/比较外部 I/O 接口 CEX2；P1.6 也有两个特殊功能：作为 SPI 的主机输入/从机输出端 MISO 和 PCA 模块 3 的捕捉/比较外部 I/O 接口 CEX3；P1.7 也有两个特殊功能：作为 SPI 的时钟输入/输出端 SPICLK 和 PCA 模块 4 的捕捉/比较外部 I/O 接口 CEX4。P1 口的特殊功能参见表 4-1。

表 4-1　P1 口的特殊功能

引　脚	特　殊　功　能
P1.0	T2：定时器/计数器 2 的计数输入端和时钟输出端
P1.1	T2EX：定时器/计数器 2 捕捉/重新加载触发和方向控制端
P1.2	ECI：可编程计数器阵列（Programmable Counter Array，PCA）的外部时钟输入端
P1.3	CEX0：PCA 模块 0 的捕捉/比较外部 I/O 接口。不用于此功能时可以作为普通 I/O 接口
P1.4	$\overline{SS}$：串行外设接口（Serial Peripheral Interface，SPI）从机选择端 CEX1：PCA 模块 1 的捕捉/比较外部 I/O 接口。不用于此功能时可以作为普通 I/O 接口
P1.5	MOSI：SPI 的主机输出/从机输入端 CEX2：PCA 模块 2 的捕捉/比较外部 I/O 接口。不用于此功能时可以作为普通 I/O 接口
P1.6	MISO：SPI 的主机输入/从机输出端 CEX3：PCA 模块 3 的捕捉/比较外部 I/O 接口。不用于此功能时可以作为普通 I/O 接口
P1.7	SPICLK：SPI 的时钟输入/输出端 CEX4：PCA 模块 4 的捕捉/比较外部 I/O 接口。不用于此功能时可以作为普通 I/O 接口

4.1.3　P2 口

如图 4-4 所示为 P2 口中一位口线的结构，其中包括一个输出锁存器、两个三态缓冲器、一个由一枚场效应管（FET）和内部上拉电阻组成的输出驱动电路，以及比 P1 口多的输出转换控制部分。当访问外部存储器时，MUX 切换到右边，P2 口用于输出高 8 位地址。而当作为通用 I/O 接口用时，MUX 切换到左边，P2 口作为准双向 I/O 接口。

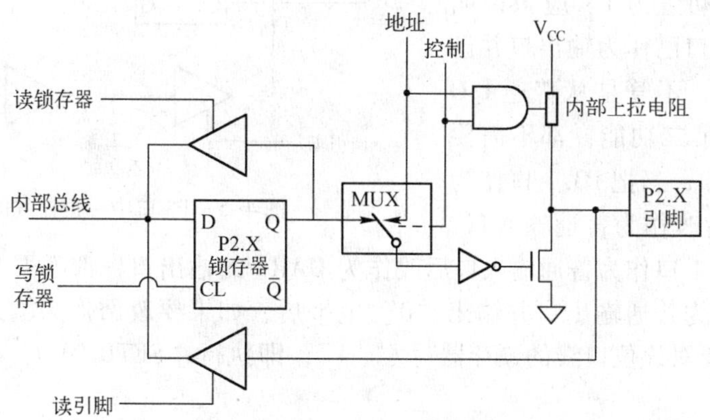

图 4-4　P2 口中一位口线的结构

在访问外部数据存储器时，执行 MOVX @ Ri 指令与执行 MOVX @ DPTR 指令有所不同，如果没有外接程序存储器（XCODE）：

① 执行 MOVX　@ Ri 指令时，由 P0 口给出低 8 位地址，而 P2 口不会发生改变，如果外部数据存储器的容量少于 256B，P2 口还有可能作为普通 I/O 接口使用。

② 执行 MOVX　@ DPTR 指令时，由 P0 口给出低 8 位地址，而 P2 口需要给出高 8 位地址且有可能改变，但由于 P2 口输出地址期间并不需要锁存器锁存“1”，因而锁存器的内容并不会在输出地址的过程中改变，所以 P2 口引脚在执行 MOVX　@ DPTR 指令结束后仍然出现锁存器的内容，因此，P2 口中的若干高位口线（视外部存储器大小不同而多少不同）也还有可能作为普通 I/O 接口使用。

应该指出的是，标准 P89V51 访问外部数据存储器只有 MOVX @Ri 指令与 MOVX@DPTR 两条指令，在许多情况下需要充分利用这两条指令。由于在访问外部数据存储器时 P2 口直接由 CPU 控制并根据指令输出 P2 锁存器给出的高位地址（MOVX @Ri 指令），或数据指针寄存器（DPTR）的高位字节寄存器（DPH）给出的高位地址（MOVX @DPTR 指令），轮流使用这两条指令并不会产生任何冲突。因此，在需要频繁访问外部数据存储器时轮流使用这两条指令可以避免频繁保护数据指针的麻烦和数据指针瓶颈的限制。

4.1.4 P3 口

如图 4-5 所示为 P3 口中一位口线的结构，其中包括一个输出锁存器、三个三态缓冲器、一个由一枚场效应管（FET）和内部上拉电阻组成的输出驱动电路，以及一个起控制作用的与非门。当 P3 口作为通用 I/O 接口使用时，第二输出功能为高电平，使与非门打开，从而锁存器可以直接控制输出级驱动电路。

除了作为通用 I/O 接口使用外，P3 口的所有口线都具有第二功能（特殊功能），P3 口的特殊功能参见表 4-2。

只有 P3 口锁存器中相应的位置为 1 时，其特殊功能才被激活，或可作为输入口用。单片机复位时 P3 口锁存器中所有的位自动置为 1。应该说明的是，除非某 P3 口已作为输出口并已写过“0”，否则，不管是从普通 I/O 接口，还是作为第二功能，都不需要专门去设置。例如，当把 P3.1 口作为 UART 的输出口后改作为普通输入口，或反过来，把 P3.1 口作为普通输入口后改作为 UART 的输出口，都不需要再进行设置。只有当把 P3.1 口作为普通输出口并输出“0”电平后，如果要改回作为输入口或作为 UART 的输出口，则需要对该位口线的锁存器写入“1”，即执行“SETB P3.1”或类似置 P3.1 为“1”的指令。

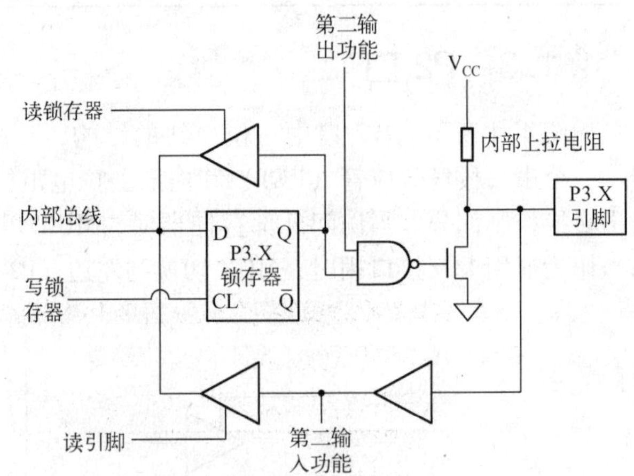

图 4-5 P3 口中一位口线的结构

表 4-2 P3 口的特殊功能

引 脚	特 殊 功 能
P3.0	RxD：UART 的输入口（模式 0 时作为串行数据 I/O）
P3.1	TxD：UART 的输出口（模式 0 时作为串行时钟输出）
P3.2	$\overline{\text{INT0}}$：外部中断 0
P3.3	$\overline{\text{INT1}}$：外部中断 1
P3.4	T0：定时器/计数器 0 的外部输入端
P3.5	T1：定时器/计数器 1 的外部输入端
P3.6	$\overline{\text{WR}}$：外部数据存储器写选通信号
P3.7	$\overline{\text{RD}}$：外部数据存储器读选通信号

4.1.5　端口的负载能力与接口要求

由于 P0 口与 P1 ～ P3 口的结构不同，所以它们的负载能力和接口要求各不相同。如表 4-3 所示，列出了它们之间的差异。

表 4-3　P0 ～ P3 口的接口特性与要求

		可 驱 动 负 载	对 输 入 要 求
P0	作为普通输出口	驱动 8 个 TTL 输入； 驱动 NMOS 或 CMOS 电路需加上拉电阻	—
	作为普通输入口	—	作为按键输入时需上拉电阻
	作为地址/数据总线	当负载超过 8 个输入端时需加总线驱动或降低时钟频率	—
P1	作为普通输出口	驱动 3 个 TTL 输入，驱动 MOS 的输入个数不限	
	作为普通输入口	—	作为按键输入时加上拉电阻可以提高可靠性
	特殊功能（P1.0，P1.1）	驱动 3 个 TTL 输入，驱动 MOS 的输入个数不限	—
P2	作为普通输出口	驱动 3 个 TTL 输入，驱动 MOS 的输入个数不限	
	作为普通输入口	—	作为按键输入时加上拉电阻可以提高可靠性
	作为地址总线	当负载超过 10 个输入端时需加总线驱动或降低时钟频率	—
P3	作为普通输出口	驱动 8 个 TTL 输入； 驱动 NMOS 或 CMOS 电路需加上拉电阻	—
	作为普通输入口	—	作为按键输入时加上拉电阻可以提高可靠性
	特殊功能	当负载超过 8 个输入端时需加总线驱动或降低时钟频率	—

4.2　访问外部存储器

P89V51 的程序存储器寻址空间和数据存储器寻址空间均为 64KB。其中 P89V51 片内有 8KB 的快速存储器。P89V51 的程序存储器寻址空间和数据存储器寻址空间是重叠的（51 系列单片机都是这样），即它们共用一套地址总线和数据总线，但通过不同的控制总线来区别访问程序存储器空间和数据存储器空间：即访问程序存储器空间读取指令时程序存储器输出使能信号 $\overline{PSEN}$ 有效，而访问数据序存储器空间时数据写（$\overline{WR}$）或读（$\overline{RD}$）信号有效。下面详细讨论访问外部存储器时的有关操作。

4.2.1　外部程序存储器取指操作

如图 4-6 所示为从外部程序存储器的取指操作时序图。图 4-6（a）是没有访问外部数据存储器，即没有执行 MOVX 一类指令情况下的时序；图 4-6（b）是有执行 MOVX 一类指令情况下的时序。在从外部程序存储器取指时，16 位地址中的低 8 位地址（PCL）由 P0 口

输出，高 8 位地址（PCH）由 P2 口输出，而指令由 P0 输入。

下面分两种情况讨论访问外部程序存储器的取指操作时序。

1. 没有执行 MOVX 一类指令

此时，P2 口专门用于输出 PCH，P2 口有锁存功能，可以把 P2 口直接接到外部存储器的地址端，不需再加锁存。而 P0 口分时复用，分别作为地址总线和数据总线：作为地址总线输出 PCL，作为数据总线输入指令。P0 口需要外接锁存器锁存它输出的低 8 位地址（PCL）。在这种情况下，每个机器周期中地址锁存允许信号 ALE 两次有效。在 ALE 由高变低时，有效地址 PCL 出现在 P0 口，ALE 信号使低 8 位地址锁存器把地址锁存起来。$\overline{\text{PSEN}}$在每个机器周期中也是两次有效。用于选通外部程序存储器，使指令加载到数据总线（P0 口）上，通过 P0 口输入到 CPU。图 4-6（a）所示为这种情况下的操作时序。由于每个机器周期中 ALE 两次有效，甚至在片内取指时也是这样，所以，ALE 以 1/6 振荡器频率的恒定速率、1/3 的占空比出现在引脚上。可以利用 ALE 作为外部时钟或定时时钟，也可以利用它来判断单片机的时钟是否工作正常。

2. 执行 MOVX 一类指令

当系统中接有外部数据存储器并执行 MOVX 一类指令时，其时序有所变化，图 4-6（B）所示为这种情况下的操作时序。从外部程序存储器取入的指令是 MOVX 一类指令时，在同一周期的 S5 状态（有关机器周期、指令周期和振荡周期等系统时钟的概念请参考第五单元）ALE 由高变低时，P0 口上出现的不再是有效地址 PCL 值，而是有效的数据存储器的低位地址。如果执行的是 MOVX @DPTR 指令，出现在 P0 口的低 8 位地址是 DPL（数据指针的低 8 位寄存器）的值，出现在 P2 口的高 8 位地址是 DPH（数据指针的高 8 位寄存器）的值。如果执行的是 MOVX @Ri 指令，出现在 P0 口的低 8 位地址是 Ri 的值，出现在 P2 口的高 8 位地址是 P2 口锁存器的值。在同一机器周期的 S6 状态将不再出现$\overline{\text{PSEN}}$有效信号，在下一个机器周期也不再出现 ALE 的有效信号。而当$\overline{\text{WR}}$或$\overline{\text{RD}}$信号有效时，在 P0 口（数据总线）上将出现有效的输出或输入数据。

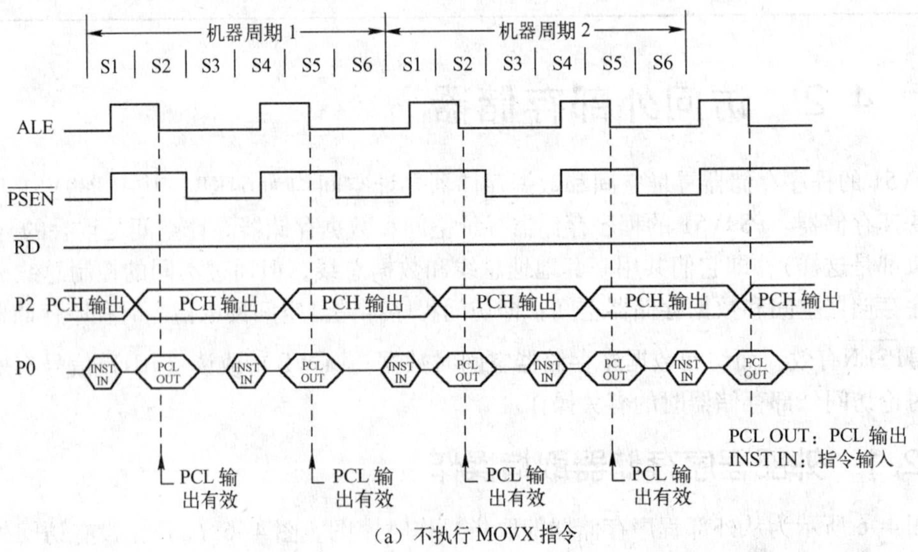

（a）不执行 MOVX 指令

图 4-6　外部程序存储器的取指操作时序图

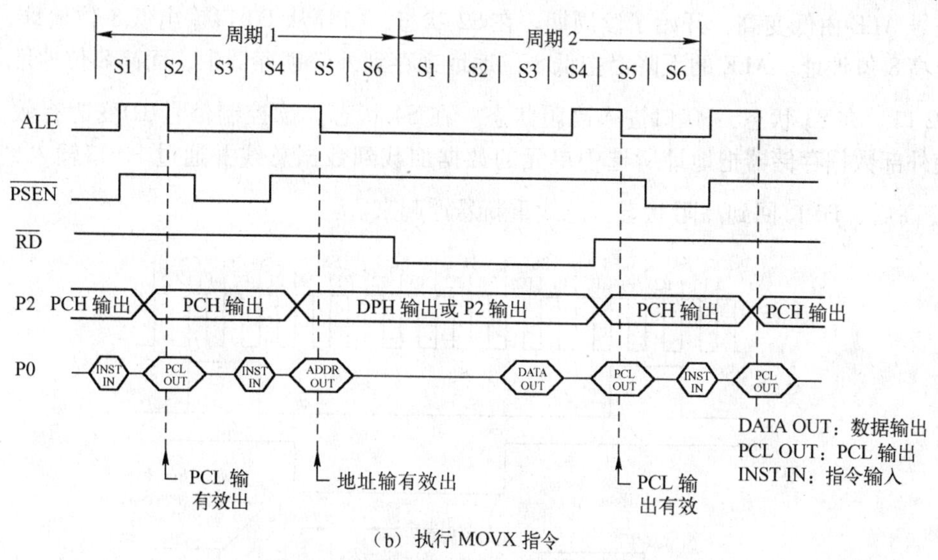

（b）执行 MOVX 指令

图 4-6　外部程序存储器的取指操作时序图（续）

4.2.2　外部程序存储器读取数据操作

在从外部程序存储器读取数据操作，即执行 MOVC 指令时的时序图如图 4-7 所示。每个机器周期中地址锁存允许信号 ALE 两次有效。在 ALE 由高变低时，有效地址出现在 P0 口，ALE 信号使低 8 位地址锁存器把地址锁存起来。PSEN在每个机器周期中也是两次有效。用于选通外部程序存储器，使数据加载到数据总线（P0 口）上，通过 P0 口输入到 CPU。P2 口专门用于输出高 8 位地址。而 P0 口分时复用，分别用作为地址总线和数据总线：作为地址总线输出低 8 位地址，作为数据总线输入数据。P0 口需要外接锁存器锁存它输出的低 8 位地址。

MOVC 指令有两条：MOVC　A，@ A + DPTR 和 MOVC　A，@ A + PC。前者由累加器和数据指针合成 16 位地址，后者由累加器和程序计数器合成 16 位地址。合成后的 16 位地址中的高 8 位地址由 P2 口输出，低 8 位地址由 P0 口输出。

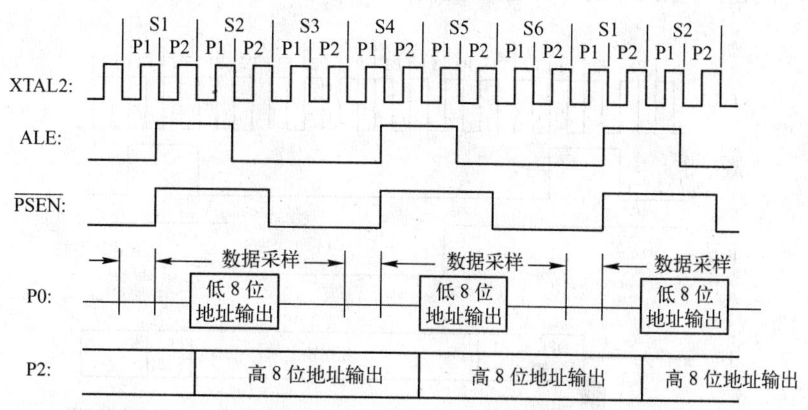

图 4-7　外部程序存储器的读数操作时序图

4.2.3　外部数据存储器读操作

外部数据存储器的读数操作时序图如图 4-8 所示。在第一个机器周期的 S1 状态，地址

锁存信号 ALE 由低变高，开始了读周期。在 S2 状态，CPU 从 P0 口输出低 8 位地址，从 P2 口输出高 8 位地址。ALE 的下降沿把低 8 位地址锁存到外部锁存器中，而高 8 位地址一直锁存在 P2 口。在 S3 状态，P0 口进入高阻状态。在 S4 状态，读控制信号$\overline{RD}$变为有效，它的作用使外部数据存储器把地址所选中单元的数据加载到数据总线并通过 P0 口输入到 CPU，当$\overline{RD}$变高后，P0 口回到高阻状态，总线重新悬浮起来。

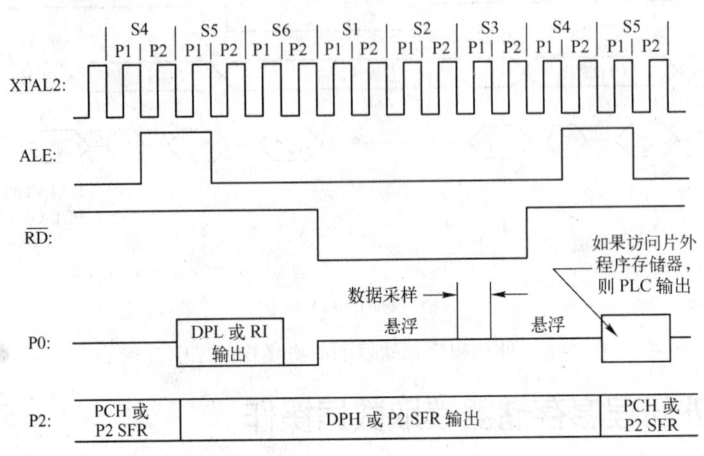

图 4-8　外部数据存储器的读数操作时序图

4.2.4　外部数据存储器写操作

外部数据存储器的写数操作时序图如图 4-9 所示。在第一个机器周期的 S4 状态，地址锁存信号 ALE 由低变高，开始了写周期。在 S5 状态，CPU 从 P0 口输出低 8 位地址，从 P2 口输出高 8 位地址。ALE 的下降沿把低 8 位地址锁存到外部锁存器中，而高 8 位地址一直锁存在 P2 口。在 S6 状态，CPU 通过 P0 口把数据加载到数据总线上。在第二个机器周期的 S1 状态，写控制信号$\overline{RD}$变为有效，它的作用使外部数据存储器把 CPU 已加载到数据总线的数据写入所选中单元中。在 S4 状态，当$\overline{RD}$变高后，外部数据存储器不再受数据总线的影响。

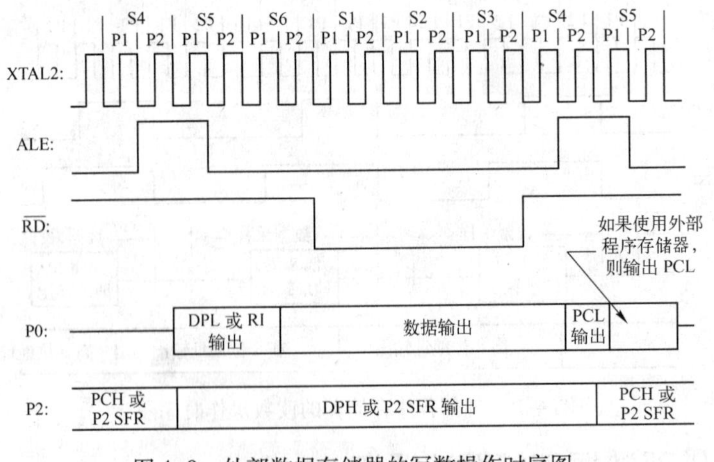

图 4-9　外部数据存储器的写数操作时序图

4.3　访问外部存储器的实验

【实验 4-1】　外部存储器控制信号的测试。

为了判断外部存储器和单片机的工作是否正常，可用示波器和万用表对外部存储器控制总线的信号进行测试。

（1）打开实验板的电源，分别用示波器和万用表（直流电压挡）测试单片机的 ALE 和 $\overline{\text{PSEN}}$信号。请分别记录测试结果并分析。

（2）输入下面的两个程序并全速运行，分别用示波器和万用表（直流电压挡）测试单片机的 ALE 和$\overline{\text{PSEN}}$、外部数据存储器的$\overline{\text{CE}}$（片选）、$\overline{\text{RD}}$（RAM 芯片上的输出使能引脚$\overline{\text{OE}}$）和$\overline{\text{WR}}$信号。请分别记录测试结果并分析。

程序一：测试单片机的 ALE 和$\overline{\text{PSEN}}$信号。

```
        ORG  0000H                              ; 实验板开始执行的第一条指令所处的地址
        LJMP  MAIN                              ; 跳转到主程序
        ORG  0100H                              ; 主程序开始的地址;避开中断入口地址
MAIN:   MOV  DPTR, #0000H                       ; 使 DPTR 指向 XCODE 中的 0000H
CHECK:  MOVC  A, @A+DPTR                        ; 从 XCODE 中的 0000H 单元读取数据到累加器
        LJMP  CHECK                             ; 循环
        ; ++++++++++++ 程序结束 ++++++++++++++++ ; 用以分隔程序,使程序清晰易懂
            END                                 ; 程序结束,编译程序不理会 END 以后的内容
```

程序二：测试单片机的 ALE、外部数据存储器的$\overline{\text{CE}}$（片选）、$\overline{\text{RD}}$（RAM 芯片上的输出使能引脚$\overline{\text{OE}}$）和$\overline{\text{WR}}$信号。

```
        ORG  0000H                              ; 实验板开始执行的第一条指令所处的地址
        LJMP  MAIN                              ; 跳转到主程序
        ORG  0100H                              ; 主程序开始的地址;避开中断入口地址
        MAIN:MOV  DPTR, #0000H                  ; 使 DPTR 指向 XDATA 中的 0000H
        MOV  A, #55H                            ; 送 55H 到累加器
        CHECK:MOVX  @DPTR, A                    ; 把累加器中的数据送 XDATA 中的 0000H
        MOVX  A, @ DPTR                         ; 从 XDATA 中的 0000H 单元读取数据到累加器
        LJMP  CHECK                             ; 循环
        ; ++++++++++++ 程序结束 ++++++++++++++++ ; 用以分隔程序,使程序清晰易懂
        END                                     ; 程序结束,编译程序不理会 END 以后的内容
```

【实验 4-2】　按键。

按键是单片机系统的人机接口中最常见的。本实验是为了让读者对按键接口及其防抖功能具有具体的印象。

程序一：测试按键的抖动。

```
        ORG  0000H                              ; 实验板开始执行的第一条指令所处的地址
        LJMP  MAIN                              ; 跳转到主程序
        ORG  0100H                              ; 主程序开始的地址;避开中断入口地址
MAIN:   MOV  R0, #0                             ; 清除 R0,用于对 P1.0 引脚出现低电平次数进行
                                                ; 计数
```

```
LOOP:    SETB  P1.0                    ; 使 P1.0 引脚作为按键输入
         JB  P1.0, $                   ; 没有低电平出现,等待
         JNB  P1.0, $                  ; 出现低电平,等待回到高电平
         INC  R0                       ; 出现一次低电平脉冲,计数一次
         CJNE  R0, #10, LOOP           ; 不到 10 次,继续
HALT:    LJMP  HALT                    ; 已记满 10 次,暂停
         ; ++++++++++++ 程序结束 ++++++++++++++++   ; 用以分隔程序,使程序清晰易懂
         END                           ; 程序结束,编译程序不理会 END 以后的内容
```

在实验本程序前，先在单片机的 P1.0 与地之间接上一个按键，如果没有按键可以直接用导线对 P1.0 与地短接来替代。在程序 HALT 标号处设置断点，然后全速运行程序，再按下一次按键（或用导线对 P1.0 与地短接一下），看看程序是否已经停止在 HALT 处，如果还没有的话可以再按动一下按键。

请思考，你按下了几次按键，而单片机检测出了几次按键，为什么？

实际上，在你按下一次按键时，并不是理想上的只出现一次“干净利落”的低电平脉冲，由于按键中弹性元件或使用导线替代按键时导线弹性、触点的接触电阻、电路的分布电容等影响，在按下按键或抬起按键时，脉冲前沿和后沿均会出现一系列尖毛刺，如图 4-10 所示。而单片机运行的速度特别快，结果在按下一次按键时单片机却检测为多次按键。为避免出现这种情况，通常：

① 根据按键抖动的频率和通常人们按键的速度，调用 100ms 左右的延时程序来跳过按键抖动的时间；

② 检测后沿（按键抬起）作为一次有效按键。因此，给出实用按键程序如下。

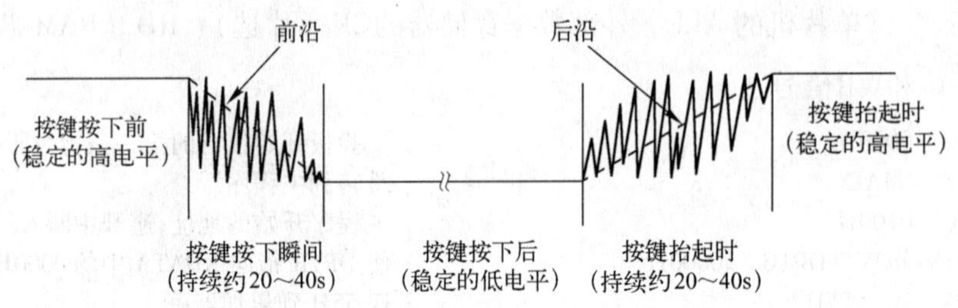

图 4-10　按键的抖动

程序二：实用按键程序。

```
         ORG  0000H                    ; 实验板开始执行的第一条指令所处的地址
         LJMP  MAIN                    ; 跳转到主程序
         ORG  0100H                    ; 主程序开始的地址;避开中断入口地址
MAIN:    MOV  R0, #0                   ; 清除 R0,用于对 P1.0 引脚出现低电平次数进行计数
LOOP:    SETB  P1.0                    ; 使 P1.0 引脚作为按键输入
         JB  P1.0, $                   ; 没有低电平出现,等待
FANDUO0: LCALL  DELAY                  ; 出现低电平,延时约 0.128s
         SETB  P1.0
         JB  P1.0, FANDUO0             ; 等待低电平稳定
FANDUO1: LCALL  DELAY                  ; 低电平稳定,延时约 0.128s
         SETB  P1.0
         JNB  P1.0, FANDUO1            ; 等待回到高电平
```

```
        INC   R0                    ; 出现一次低电平脉冲并后沿结束,计数一次
        CJNE  R0, #10, LOOP         ; 不到 10 次,继续
HALT:   LJMP  HALT                  ; 已记满 10 次,暂停
        ; -------以下是延时程序,延时约 0.128s -----------
                                    ; 用以分隔程序,使程序清晰易懂
DELAY:  MOV   R3, #00H              ; 给 R3 和 R4 赋初值,在 12Hz 晶振时延时时间为 256
                                    ;(R3 循环次数)×256(R4 循环次数)×2×10^-6
        MOV   R4, #00H              ; (DJNZ 指令耗时) =0.128s
DELAY1: DJNZ  R3, $                 ; R3 单元减 1,非 0 继续执行当前指令,"$"指当前指
                                    ; 令地址
        DJNZ  R4, DELAY1            ; R4 减 1,非 0 跳转到标号 DELAY1 处执行
        RET                         ; 延时子程序完成,返回调用处,子程序必须以"RET"
        指令结束
        ; ++++++++++++ 程序结束 ++++++++++++++ ; 用以分隔程序,使程序清晰易懂
            END                     ; 程序结束,编译程序不理会 END 以后的内容
```

思考题与习题

4-1　P89V51 有几个端口？各个端口有什么不同？

4-2　什么是总线？什么是 I/O 接口？请根据本章的内容自行总结总线和 I/O 接口的定义，并查找其他书籍上的定义加以对比。

4-3　在改变 P1 和 P3 口的功能时需要设置吗？

4-4　如果把 P0 口作为普通 I/O 接口驱动外围 MOS 电路，应该如何处理？

4-5　在 I/O 接口上外接按键，应该如何接？为什么要加上拉电阻？能否加下拉电阻，按键输入是低电平有效好还是高电平有效好？

4-6　如果用 I/O 接口驱动发光管，用哪个口比较合适？设计口线输出高电平有效（发光）好还是低电平有效好？为什么？请试试（注意一定要与发光管串联一只限流电阻，使最大电流不超过 10mA）。

4-7　如果需要 8 个按键，请设计相应的程序并调试通过。

4-8　如果要求按键：

(1) 如果按键持续时间短于 0.4s，则作为一次按键输入；

(2) 如果按键时间长于 0.4s，则每持续 0.2s 计为一次按键输入。

请设计相应的程序并调试通过。

4-9　请设计一程序：

(1) 每按下一次按键，不计时间长短，蜂鸣器鸣叫一次（持续 1s）；

(2) 按照题 4-8 的按键次数来确定蜂鸣器鸣叫次数。

请设计相应的程序并调试通过。

4-10　如果需要 8 个按键，请设计一程序使得：

(1) 每按下第一号键一次，DPTR 加 1；每按下第二号键一次，DPTR 加 2；……每按下第八号键一次，DPTR 加 8。

(2) 每按下第一号键一次，R0 加 1；每按下第二号键一次，R1 加 1；……；每按下第八号键一次，R7 加 1。请设计相应的程序并调试通过。

第 5 单元 时钟、时序与定时器/计数器

本单元学习要点

(1) 时钟在单片机中的作用？单片机有哪些时钟信号？

(2) 定时器/计数器的作用、结构及其控制。

(3) 三个定时器/计数器的异同。

(4) 定时器/计数器 0 和定时器/计数器 1 的工作模式及其设置。

(5) 定时器/计数器 2 的工作模式及其设置。

(6) 波特率的作用？其产生与设置？

5.1 振荡器、时钟电路和 CPU 时序

P89V51 内部有一个用于构成振荡器的高增益反相放大器，芯片引脚 XTAL1 和 XTAL2 分别与该放大器的输入端和输出端相连。这个放大器与作为反馈元件的外接晶体或陶瓷谐振器一起构成振荡器，为单片机提供最基本的时钟信号。该时钟信号的频率称为振荡频率，或时钟频率，或晶振频率。振荡频率的倒数称为振荡周期。

如图 5-1（a）所示为 P89V51 外接晶体或陶瓷谐振器时的电路。图中晶体或陶瓷谐振器的频率必须符合单片机数据手册的规定，C1 和 C2 的大小一般在 15 ～ 47pF 之间。

如果采用外部时钟时，对于 HMOS 型单片机，外部振荡器的信号接 XTAL2，即内部时钟发生器的输入端，而 XTAL1 端应该接地，如图 5-1（b）所示（采用 TTL 电平的时钟信号时应该加上拉电阻，对于 MOS 电平的信号可以不加上拉电阻）。

对于 CHMOS 型的单片机有所不同：一是 CHMOS 型的单片机内部的时钟信号取自反相放大器的输入端，而不像 HMOS 型的单片机那样取自反相放大器的输出端；二是 CHMOS 型的单片机的内部振荡器受软件控制，当对电源控制寄存器 PCON 的 PD 位置 1 时，可以停止振荡器工作，系统进入低功耗工作状态。所以，在接外部时钟信号时，如图 5-1（c）所示，不连接（Not Connect，NC）表示 XTAL2 端悬空，不与任何电路连接。

外接时钟信号是通过单片机内部一个 2 分频的触发器分频后成为内部时钟信号，所以对外接时钟信号的占空比没有什么要求，但对最短的高电平持续时间和低电平持续时间有要

求：>20ns。

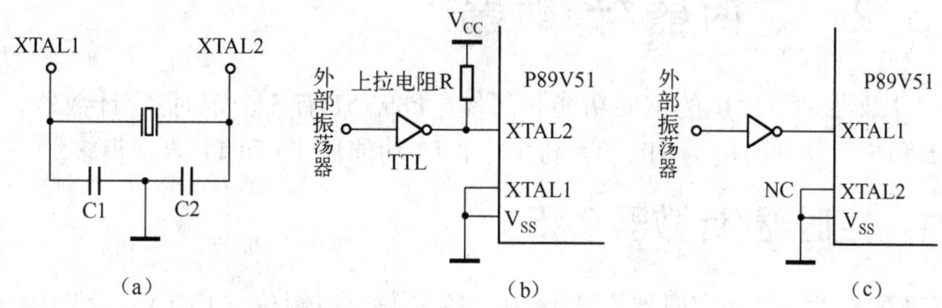

图 5-1　P89V51 的时钟电路

由于 P89V51 单片机系统中时钟电路的工作频率最高，为了避免高频振荡电路对其他电路或受其他电路的影响，晶振和电容等元件应该尽可能靠近单片机的 XTAL1 和 XTAL2 引脚安装。

P89V51 的每个机器周期包括 6 个状态周期（用字母 S 表示），每个状态周期划分为两个节拍，分别对应着两个节拍时钟的有效期间。因此，一个机器周期有 12 个振荡器周期，分别表示为 S1P1、S1P2、S2P1、…、S6P2，如图 5-2 所示。

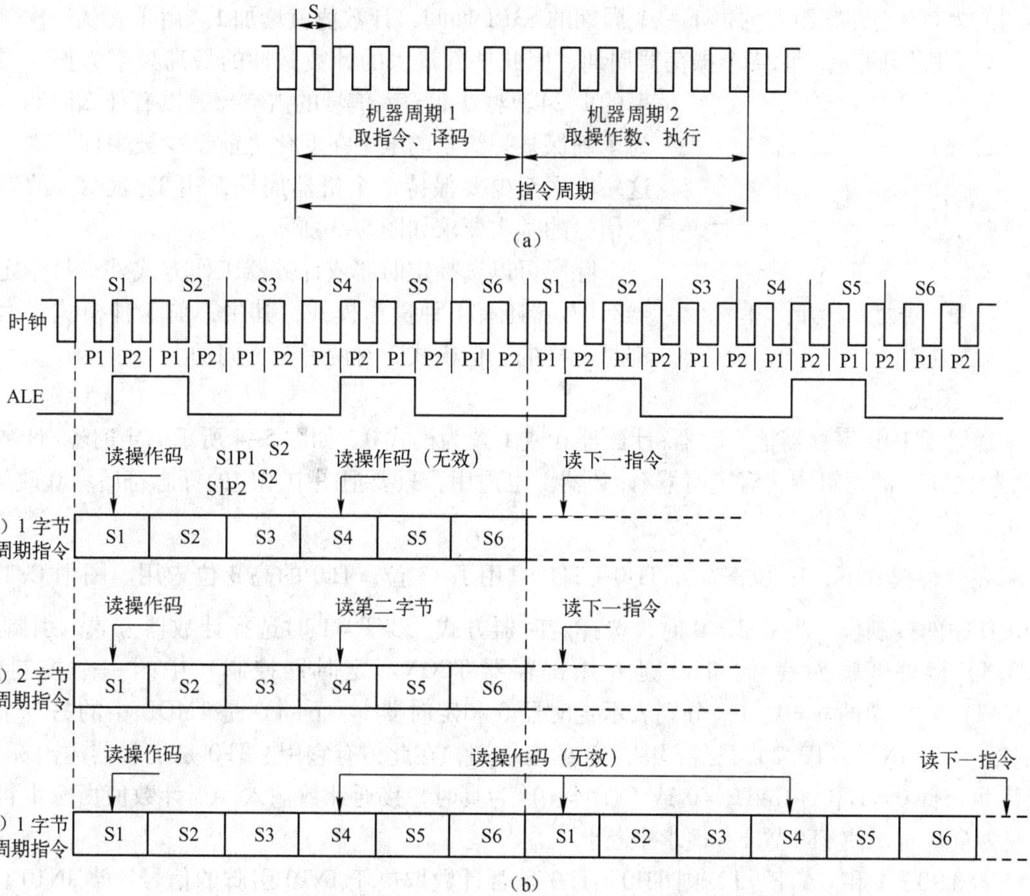

图 5-2　P89V51 的取指/执行时序图

5.2 定时器/计数器

定时器/计数器是单片机的重要功能和部件。P89V51 有 3 个定时器/计数器，即定时器/计数器 0、1 和 2（分别简记为 T0、T1 和 T2）。T2 功能比 T0 和 T1 要强得多。

5.2.1 定时器/计数器 0 和 1

在专用寄存器 TMOD（定时器方式）中，各有一个控制位（$C/\overline{T}$），分别用于控制定时器/计数器 0 和 1 是工作在定时器方式还是计数器方式。

选择定时器工作方式时，计数输入信号是内部时钟脉冲，每个时钟周期使寄存器的值增加 1。每个机器周期等于 6 个振荡器周期，故计数速率为振荡器频率的 1/6。当采用 12MHz 晶体时，计数速率为 2MHz。

选择计数器工作方式时，计数脉冲来自相应的外部输入引脚 T0 或 T1。当输入信号产生由 0 ～ 1 的跳变时，计数寄存器（TH0、TL0 或 TH1、TL1）的值增加 1。每个机器周期的 S5P2 期间，对外部输入进行采样。如在第一个周期中采得的值为加 1，而在下一个周期中采得的值为 0，则在紧跟着的再下一个周期的 S3P1 期间，计数值就增加 1。由于确认一次跳变要花 2 个机器周期，即 24 个振荡器周期，因此外部输入的计数脉冲的最高频率为振荡器频率的 1/24。对外部输入信号的占空比并没有什么限制，但为了确保某一给定的电平在变化之前至少被采样一次，则这一电平至少要保持一个机器周期，用 T_{cy} 表示。故对输入信号的基本要求如图 5-3 所示。

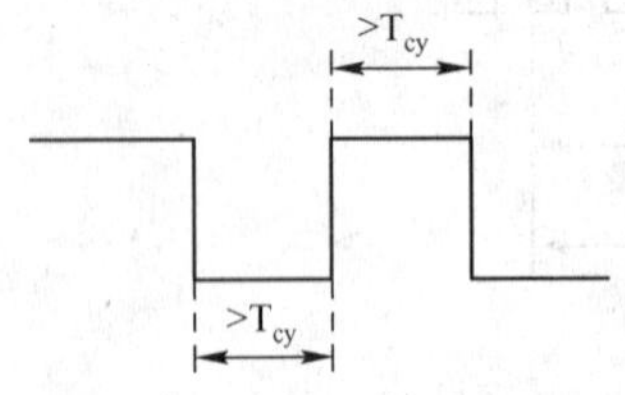

图 5-3　对输入信号的基本要求

除了可以选择定时器或计数器工作方式外，每个定时器/计数器还有 4 种操作模式，其中，前 3 种模式对两者都是一样的，但模式 3 对两者是不同的。

1. 模式 0

通过 TMOD 寄存器把定时器/计数器 0 或 1 置为模式 0。如图 5-4 所示为定时器/计数器 0 在模式 0 下的逻辑图，对定时器/计数器 1 也适用，只要把图中相应的标志符后缀 0 改为 1 就可以了。

在这种模式下，16 位寄存器 TH0 + TL0 只用了 13 位，TL0 的高 3 位未用。图中 $C/\overline{T}$ 是 TMOD 中的控制位，当 $C/\overline{T}=0$ 时，选择定时器方式，$C/\overline{T}=1$ 时选择计数器方式。引脚 T0（P3.4）接外部输入信号。TR0 是专用寄存器 TCON（定时器控制）中的一个控制位，TnGATE（Tn 中的 n = 0、1，分别表示定时器 0 和定时器 1。下同）是 TMOD 中的另一个控制位，引脚 INT0（P3.2）是外部中断 0 的输入端，在此另有它用。TF0 是定时器溢出标志。当满足条件 0 = 1 和（GATE = 0 或 INT0 = 1）为真时，接通计数输入。当计数值由全 1 再增 1 变为全 0 时，使 TF0 置 1，请求中断。

若 TR0 = 1 和 GATE = 1，则 TH0 + TL0 是否计数取决于 INT0 引脚的信号，当 INT0 由 0 变 1 时，开始计数，当 INT0 由 1 变 0 时，停止计数。这样就可以测量在 INT0 端出现的正脉冲的宽度。

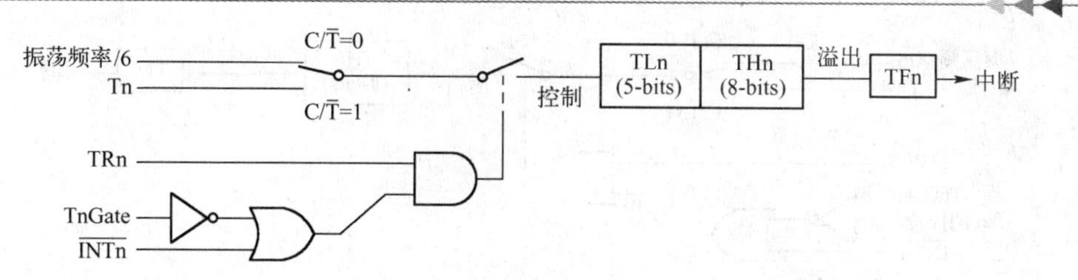

图 5-4　定时器/计数器 0 在操作模式 0 下的逻辑图

2. 模式 1

模式 1 和模式 0 几乎完全相同，唯一的差别是：模式 1 中，定时器寄存器 TH1 和 TL1 是以全 16 位参与操作的。

3. 模式 2

模式 2 把定时器寄存器 TL0（或 TL1）配置成一个可以自动重加载的 8 位计数器，如图 5-5 所示。TL0 计数溢出时，不仅使溢出标志 TF0 置 1，而且还自动把 TH0 中的内容重加载到 TL0 中。TH0 的内容可以靠软件预置，重加载后内容不变。

操作模式 2 对定时器控制特别有用。例如，我们希望利用定时器计数器每隔 250μs 产生一个定时控制脉冲，则可以采用 12MHz 的振荡器，把 TH0 预置为 6，并使 $C/\overline{T}=0$。模式 2 还特别适于把定时器/计数器作为串行口波特率发生器使用。

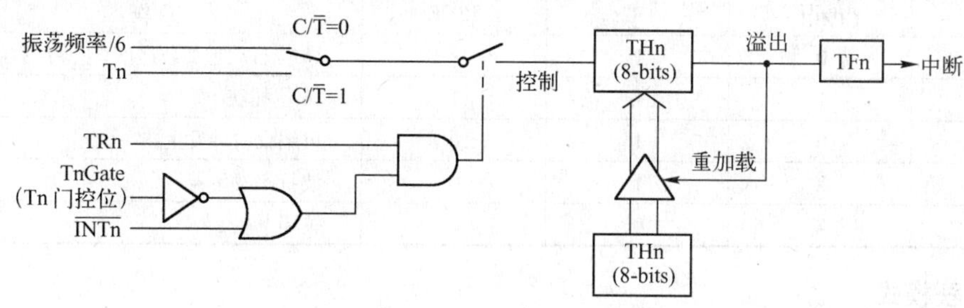

图 5-5　定时器/计数器 0 在操作模式 2

4. 模式 3

操作模式 3 对定时器/计数器 0 和定时器/计数器 1 是大不相同的。

① 对于定时器/计数器 1，设置为模式 3，将使它停止工作，保持原有的计数值，其作用如同使用 TR1 = 0。

② 对于定时器/计数器 0，设置为模式 3，将使 TL0 和 TH0 成为两个互相独立的 8 位计数器，如图 5-6 所示。其中 TL0 利用了对于定时器/计数器 0 本身的一些控制位：$C/\overline{T}$，TnGATE，TR0，INT0 和 TF0。它的操作情况与模式 0 和模式 1 类同。但 TH0 被规定只用作定时器，对机器周期计数，它借用了定时器 1 的控制位 TR1 和 TF1，故这时 TH0 控制了定时器 1 的中断。

模式 3 适用于要求增加一个额外的 8 位定时器的场合。把定时器/计数器 0 设置于操作模式 3，TH0 控制了定时器 1 的中断，而定时器/计数器 1 还可以设置于模式 0 ～ 2，用在任何不需要中断控制的场合。

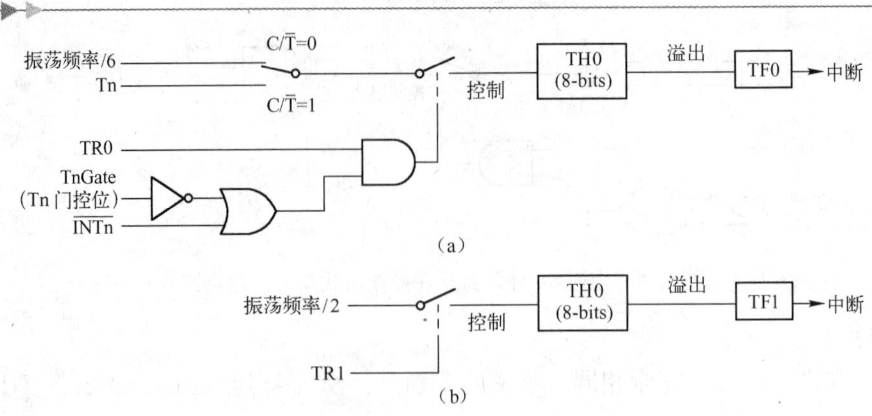

图 5-6　定时器/计数器 0 的模式 3：2 个独立的 8 位定时器

5.2.2　定时器/计数器 2

定时器/计数器 2 是一个具有 16 位自动重加载或捕获能力的定时器/计数器。专用寄存器 T2CON 和 T2MOD 是它的控制寄存器。它有四种工作模式：捕获、自动重加载递增/递减计数器、波特率发生器和可编程时钟发生器模式，参见表 5－1。

表 5－1　定时器/计数器 2 的工作模式

RCLK + TCLK	CP/$\overline{RL2}$	TR2	T2OE	工作模式
0	0	1	1	16 位自动重加载递增/递减计数器
0	1	1	1	16 位捕获
0	0	1	0	可编程时钟发生器
1	X	1	0	波特率发生器
X	X	0	0	关闭

1. 捕获模式

在捕获模式中，通过 T2CON 中的 EXEN2 设置，如图 5-7 所示。如果 EXEN2 = 0，定时器 2 作为一个 16 位定时器或计数器，由 T2CON 中 C/$\overline{T2}$ 位选择溢出时置位 TF2（定时器 2 溢出标志位），该位可用于产生中断（通过使能 IE 寄存器中的定时器 2 中断使能位）。如果 EXEN2 = 1，则为捕获模式，在外部输入 T2EX 由 1 变 0 时，将定时器 2 中 TL2 和 TH2 的当前值各自捕获到 RCAP2L 和 RCAP2H。

另外，T2EX 的负跳变使 T2CON 中的 EXF2 置位，EXF2 也像 TF2 一样能够产生中断，其向量与定时器 2 溢出中断地址相同。定时器 2 中断服务程序通过查询 TF2 和 EXF2 来确定引起中断的事件。在该模式中，TL2 和 TH2 并不重加载值，甚至当 T2EX 产生捕获事件时，计数器仍以 T2EX 的负跳变或振荡频率的 1/6 计数。

2. 自动重加载递增/递减计数器

16 位自动重加载递增/递减计数器模式中，定时器 2 可通过 C/$\overline{T2}$ 配置为定时器/计数器，编程控制递增/递减计数器是由 DCEN（递减计数使能位）确定，DCEN 位于 T2MOD 寄存器中。当 DCEN = 0 时，定时器 2 默认为递增计数。当 DCEN = 1 时，定时器 2 通过 T2EX 确定为递增或递减计数。

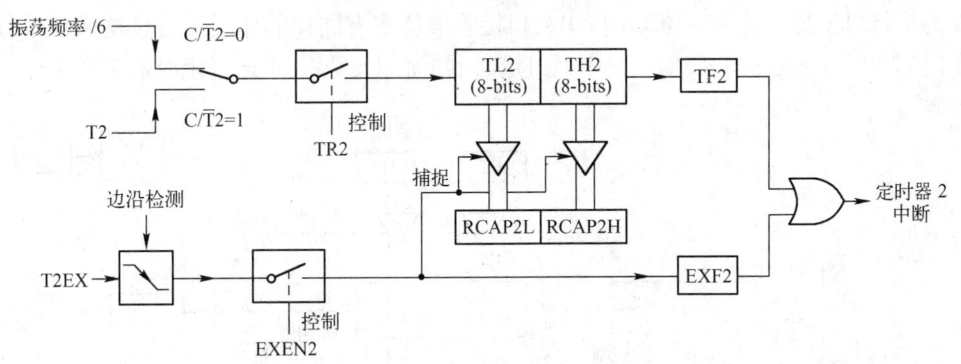

图 5-7　定时器/计数器 2 的捕获工作模式

如图 5-8 所示，当 DCEN =0 时，定时器 2 工作在自动重加载递增计数器模式。在该模式中，通过设置 EXEN2 位进行选择：如果 EXEN2 =0，定时器 2 递增计数到 0FFFFH，并在溢出后将 TF2 置位，然后将 RCAP2L 和 RCAP2H 中的 16 位值作为重加载装入定时器 2。RCAP2L 和 RCAP2H 的值是通过软件预设的。

如果 EXEN2 =1，RCAP2L 和 RCAP2H 中的 16 位值重加载可通过溢出或 T2EX 从 1 到 0 的负跳变实现，此负跳变同时将 EXF2 置位。如果定时器 2 中断被使能，则当 TF2 或 EXF2 置 1 时产生中断。

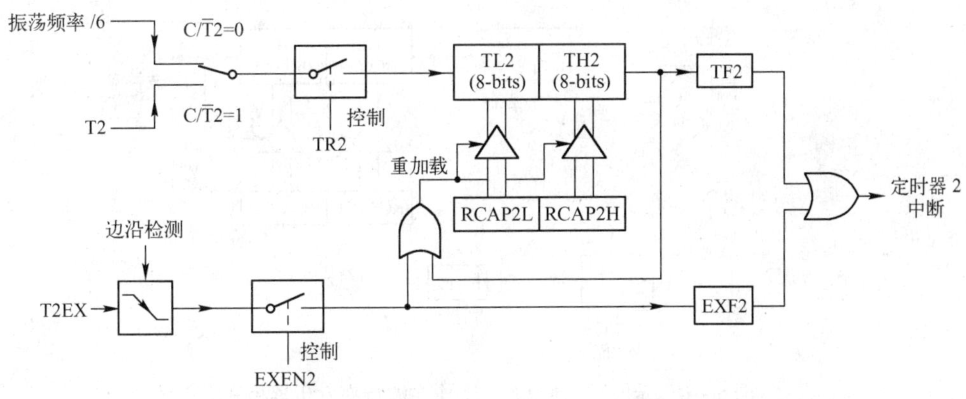

图 5-8　定时器 2 工作在自动重加载递增计数器模式（DCEN =0）

如图 5-9 所示，当 DCEN =1 时，定时器 2 工作在自动重加载递减计数器模式，此模式允许 T2EX 控制计数的方向。当 T2EX 置 1 时，定时器 2 递增计数计数到 0FFFFH 后溢出并置位 TF2，如果中断被使能还将产生中断。定时器 2 的溢出将使 RCAP2L 和 RCAP2H 中的 16 位值作为重加载值放入 TL2 和 TH2。

当 T2EX 置 0 时，将使定时器 2 递减计数。当 TL2 和 TH2 分别计数到等于 RCAP2L 和 RCAP2H 时，定时器产生溢出。定时器 2 溢出置位 TF2，并将 0FFFFH 重加载到 TL2 和 TH2。

当定时器 2 递增/递减产生溢出时，外部标志位 EXF2 翻转。如果需要，可将 EXF2 位作为第 17 位，在此模式中 EXF2 标志不会产生中断。

3. 波特率发生器模式

设置寄存器 T2CON 的 TCLK 和/或 RCLK 位可以允许从定时器 1 或定时器 2 获得串行口发送和接收的波特率。当 TCLK =0 时，定时器 1 作为串行口发送波特率，当 TCLK =1 时，定时

器 2 作为串行口发送波特率。RCLK 对串行口接收波特率有同样的作用。通过这两位串行口能得到不同的接收和发送的波特率：一个通过定时器 1 产生，另一个通过定时器 2 产生。

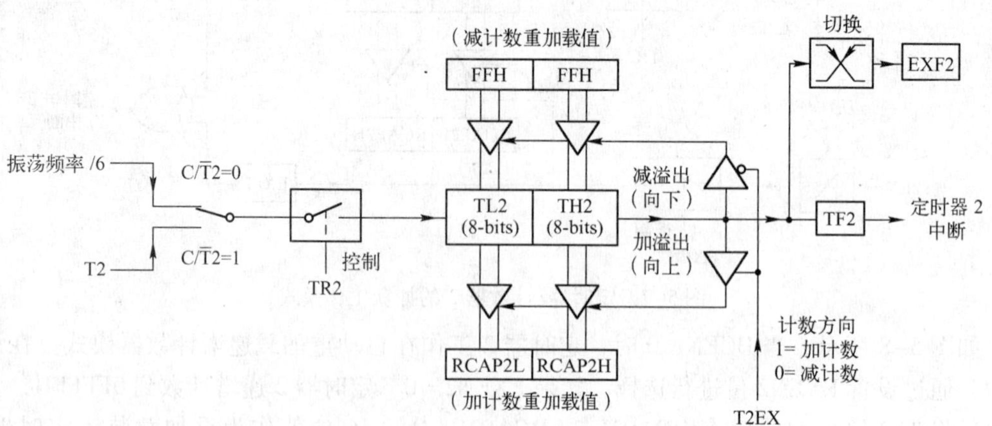

图 5-9　定时器 2 工作在自动重加载递减计数器模式（DCEN = 1）

如图 5-10 所示为定时器 2 工作在波特率发生器模式。与自动重加载模式相似，当 TH2 溢出时，波特率发生器模式使定时器 2 重加载来自寄存器 RCAP2H 和 RCAP2L 的 16 位的值。寄存器 RCAP2H 和 RCAP2L 的值由软件预置。

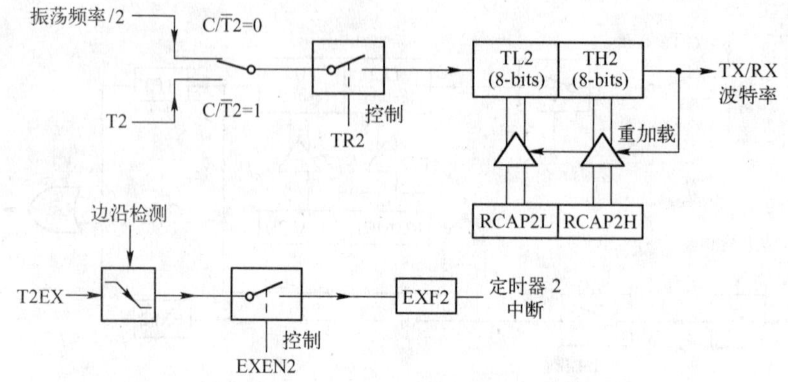

图 5-10　定时器/计数器 2 工作在波特率发生器模式

当工作于模式 1 和模式 3 时，波特率由下面给出的定时器 2 溢出率所决定。

$$\text{模式 1 和 3 的波特率} = \frac{\text{定时器 2 的溢出率}}{16} \tag{5-1}$$

定时器可配置成“定时”或“计数”方式。在许多应用上定时器被设置在定时方式（C/$\overline{T}$2 = 0）。

当定时器 2 作为定时器时，它的操作不同于波特率发生器。通常，定时器 2 作为定时器，它会在每个机器周期递增（加 1/12 振荡频率），当定时器 2 作为波特率发生器时，它会在每个状态周期递增（如 1/2 振荡频率）。这样，波特率公式为

$$\text{模式 1 和 3 的波特率} = \frac{\text{振荡器频率}}{32 \times [65\,536 - (\text{RCAP2H，RCAP2L})]} \tag{5-2}$$

式中，（RCAP2H，RCAP2L）是 RCAP2H 和 RCAP2L 的内容，为 16 位无符号整数。

如图 5-10 所示，仅当寄存器 T2CON 中的 RCLK 和或 TCLK = 1 时，定时器 2 作为波特

率发生器才有效。

注意：TH2 溢出并不置位 TF2（T2 的溢出标志，详见 5.2.3 定时器/计数器的控制和状态寄存器），也不产生中断。这样，当定时器 2 作为波特率发生器时，定时器 2 中断不必被禁止。如果 EXEN2（T2 外部使能标志）被置位，在 T2EX 中由 1 到 0 的跳变会置位 EXF2（T2 外部标志位），但并不导致 TH2 和 TL2 重加载 RCAP2H 和 RCAP2L。因此，当定时器 2 用作波特率发生器时，如果需要，T2EX 可用作附加的外部中断。当计时器工作在波特率发生器模式下，则不要对 TH2 和 TL2 进行读写。每隔一个状态时间（$f_{osc}/2$）或由 T2 进入的异步信号的周期，定时器 2 将加 1。在此情况下对 TH2 和 TH1 进行读写是不准确的。可对 RCAP2 寄存器进行读，但不要进行写，否则将导致自动重装错误。当对定时器 2 或寄存器 RCAP 进行访问时，应关闭定时器（清零 TR2）。表 5 - 2 列出了常用的波特率和如何使用定时器 2 得到这些波特率。

表 5-2　由定时器 2 产生的常用波特率

波特率	振荡器频率	定时器 2	
		RCAP2H	RCAP2L
750kHz	12MHz	FF	FF
19. 2kHz	12MHz	FF	D9
9. 6kHz	12MHz	FF	B2
4. 8kHz	12MHz	FF	64
2. 4kHz	12MHz	FE	C8
600kHz	12MHz	FB	1E
220kHz	12MHz	F2	AF
600kHz	6MHz	FD	8F
220kHz	6MHz	F9	57

4. 时钟发生器模式

如图 5-11 所示为定时器/计数器 2 工作在可编程时钟发生器模式。P1. 0 除了具有普通的 I/O 接口功能外，还具有两个额外的功能：作为 T2 的外部输入引脚和输出时钟脉冲，即从 122Hz ～ 8MHz（晶振频率为 16MHz 时）、50% 占空比的时钟脉冲。

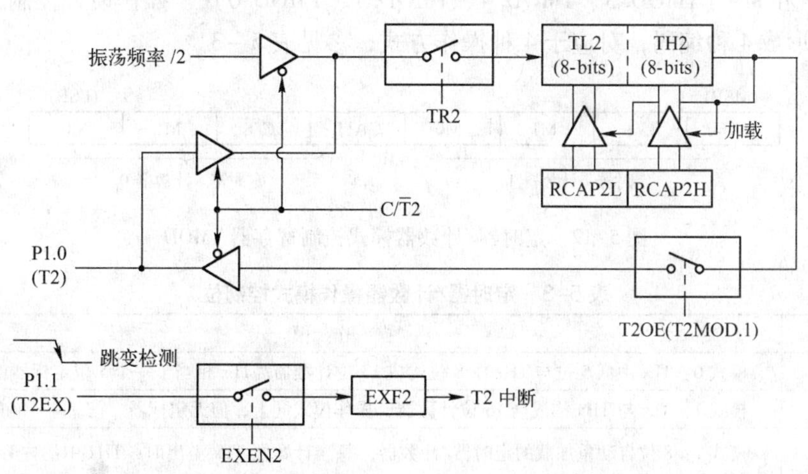

图 5-11　定时器/计数器 2 工作在可编程时钟发生器模式

使 $C/\overline{T2}$（T2CON.1）=0、T2OE（T2MOD.1）=1 可以设置 T2 工作在时钟发生器模式。设置 TR2=1 或 TR2=0 可以启动和停止从 P1.0 脚输出时钟脉冲。

输出时钟脉冲的频率由振荡器的频率和捕捉寄存器中的值（RCAP2H，RCAP2L）确定。计算公式为

$$\text{输出时钟脉冲频率} = \frac{\text{振荡器频率}}{2 \times [65\,536 - (\text{RCAP2H, RCAP2L})]} \tag{5-3}$$

在时钟发生器模式下，T2 的溢出不会引起中断，如工作在波特率发生器模式。有可能把 T2 同时作为时钟发生器和波特率发生器使用。但是，应该注意的是，由于都采用捕捉寄存器（RCAP2H，RCAP2L）确定时钟发生器和波特率发生器的频率，所以它们的频率是相互牵制的，不能独立地改变。

5.2.3　定时器/计数器的控制和状态寄存器

专用寄存器 TMOD、TCON 和 T2CON 用于控制和确定各种定时器/计数器的功能和操作模式。这些寄存器的内容靠软件设置。系统复位时，寄存器的所有位都被清零。

1. 模式控制寄存器 TMOD

TMOD 用于控制定时器/计数器 0 和 1 操作模式，其各位的定义如图 5-12 所示，其中低 4 位用于控制定时器 0，高 4 位用于控制定时器 1。各位的作用如下：

（1）GATE（TMOD.7、TMOD.3）　选通门

当 GATE=1 时，只有 INT0 或 INT1 引脚为高电平且 TR0 或 TR1 置 1 时，相应的定时器/计数器才被选通工作，这时可用于测量在 INTx 端出现的正脉冲的宽度。若 GATE=0，则只要 TR0 和 TR1 置 1，定时器/计数器就被选通，而不管 INT0 或 INT1 的电平是高还是低。

（2）$C/\overline{T}$（TMOD.6、TMOD.2）　计数器方式和定时器方式的选择位

$C/\overline{T}=0$，设置为定时器方式，内部计数器的输入是内部脉冲，其周期等于机器周期。$C/\overline{T}=1$，设置为计数器方式，内部计数器的输入来自 T0（P3.4）或（P3.5）端的外部脉冲。

（3）M0 和 M1（TMOD.5、TMOD.4、TMOD.1、TMOD.0）　操作模式控制位

两位可形成 4 种编码，对应于 4 种操作方式，参见表 5-3。

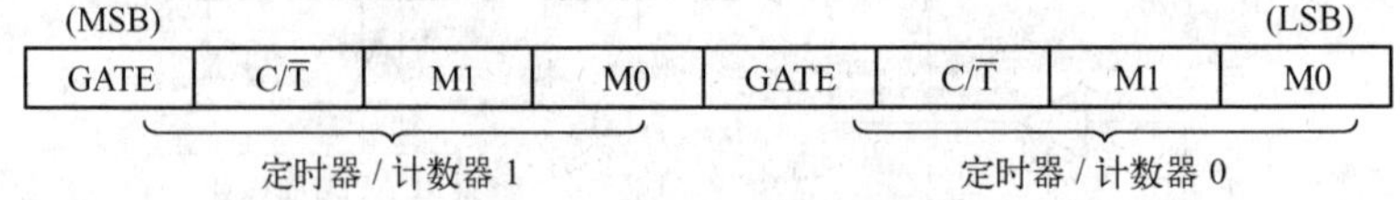

图 5-12　定时器/计数器模式控制寄存器 TMOD

表 5-3　定时器/计数器操作模式控制位

M1　M0	操　作　模　式
0　0	模式 0：TLx 中低 5 位与 THx 中 8 位构成 13 位计数器。TLx 相当于一个 5 位定标器（见图 5-4）
0　1	模式 1：TLx 与 THx 构成全 16 位计数器，操作模式同上，但无定标器
1　0	模式 2：8 位自动重加载的定时器/计数器，每当计数器 TLx 溢出时，THx 中的内容重加载到 TLx（见图 5-5）
1　1	模式 3：对于定时器 0，分成两个 8 位计数器（见图 5-6）。对于定时器 1，停止计数

2. 控制寄存器 TCON

如图 5-13 所示为 TCON 的各位定义。

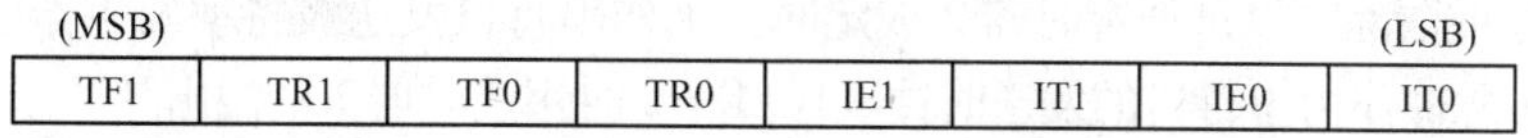

(MSB)							(LSB)
TF1	TR1	TF0	TR0	IE1	IT1	IE0	IT0

图 5-13　定时器/计数器控制寄存器 TCON

各位的作用如下：

(1) TF1 (TCON.7)　定时器 1 溢出标志

当定时器/计数器溢出时，由硬件置位，申请中断。进入中断服务后被硬件自动清除。

(2) TR1 (TCON.6)　定时器 1 运行控制位

靠软件置位或清除置位时，定时器/计数器接通工作，清除时停止工作。

(3) TF0 (TCON.5)　定时器 0 溢出标志

其功能和操作情况类同于 TF1。

(4) TR0 (TCON.4)　定时器 0 运行控制位

其功能和操作情况类同于 TR1。

(5) IE1 (TCON.3)　外部沿触发中断 1 请求标志

检测到在 INT1 引脚上出现的外部中断信号的下降沿时，由硬件置位，请求中断，进入中断服务后被硬件自动清除。

(6) IT1 (TCON.2)　外部中断 1 类型控制位

靠软件来设置或清除，以控制外部中断的触发类型。IT1 =1 时，是下降沿触发，IT1 =0 时，是低电平触发。

(7) IE0 (TCON.1)　外部沿触发中断 0 请求标志

其功能和操作情况类同于 IE1。

(8) IT0 (TCON.0)　外部中断 0 类型控制位

其功能和操作情况类同于 IT1。

3. 定时器/计数器 2 控制寄存器 T2CON

T2CON 的各位定义如图 5-14 所示。

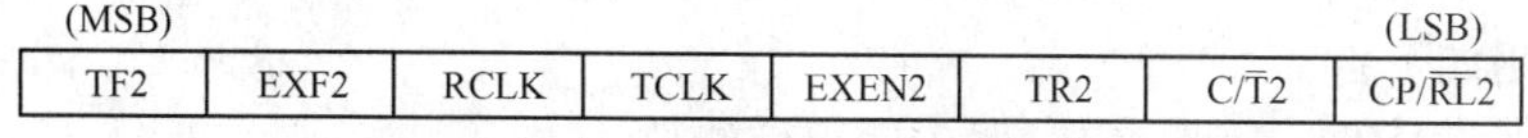

(MSB)							(LSB)
TF2	EXF2	RCLK	TCLK	EXEN2	TR2	$C/\overline{T2}$	$CP/\overline{RL2}$

图 5-14　定时器/计数器 2 控制寄存器 T2CON

各位的作用如下：

(1) TF2 (T2CON.7)　定时器 2 溢出标志

定时器 2 溢出时中置位，并申请中断。只能靠软件清除。但在波特率发生器方式下，也即 RCLK =1 或 TCLK =1 时，定时器溢出不对 TF2 置位。

(2) EXF2 (T2CON.6)　定时器 2 外部标志

当 EXEN2 =1，且 T2EX 引脚上出现负跳变而造成捕获或重加载时，EXF2 置位，申请中断。这时若已允许定时器 2 中断，CPU 将响应中断，转向中断服务程序。EXF2 要靠软件来清除。

(3) RCLK (T2CON.5)　接收时钟标志

靠软件置位或清除，用以选择定时器 2 或 1 作串行口接收波特率发生器。RCLK =1 时，用

定时器 2 溢出脉冲作为串行口的接收时钟；RCLK =0 时，用定时器 1 的溢出脉冲作接收时钟。

(4) TCLK (T2CON.4)　　发送时钟标志

靠软件置位或清除，以选择定时器 2 或定时器 1 作串行口发送波特率发生器。TCLK =1 时，用定时器 2 溢出脉冲作为串行口的发送时钟。TCLK =0 时用定时器 1 的溢出脉冲作发送时钟。

(5) EXEN2 (T2CON.3)　　定时器 2 外部允许标志

靠软件设置或清除，以允许或不允许用外部信号来触发捕获或重加载操作。当 EXEN2 =1 时，若定时器 2 未用于串行口的波特率发生器，则在 T2EX 端出现的信号负跳变时，将造成定时器 2 捕获或重加载，并置 EXF2 标志为 1，请求中断。EXEN2 =0 时，T2EX 端的外部信号不起作用。

(6) TR2 (T2CON.2)　　定时器 2 运行控制位

靠软件设置或清除，以决定定时器 2 是否运行。TR2 =1，启动定时器 2，否则停止。

(7) C/$\overline{T2}$ (T2CON.1)　　定时器方式或计数器方式选择位（对定时器/计数器 2）

靠软件设置或清除。C/$\overline{T2}$ =0，选择定时器工作方式，C/$\overline{T2}$ =1，选择计数器工作方式。

(8) CP/$\overline{RL2}$ (T2CON.0)　　捕获/重加载标志

用软件设置或清除。CP/$\overline{RL2}$ =1 选择捕获功能，这时若 EXEN2 =1，且 T2EX 端的信号负跳变时，发生捕获操作，即把 TH2 和 TL2 的内容传递给 RCAP2H 和 RCAP2L。CP/RL2 = 0，选择重加载功能，这时若定时器 2 溢出，或在 EXEN2 =1 条件下 T2EX 端信号负跳变，都会造成自动重加载操作，即把 RCAP2H 和 RCAP2L 的内容传送给 TH2 和 TL2。

专用寄存器 TMOD、TCON 和 T2CON 中的各位都是可位寻址的，因此这一小节叙述的所有标志或控制位都可以靠软件来设置或清除。

4. 定时器/计数器 2 模式控制寄存器 T2MOD

T2MOD 的各位定义如图 5-15 所示。

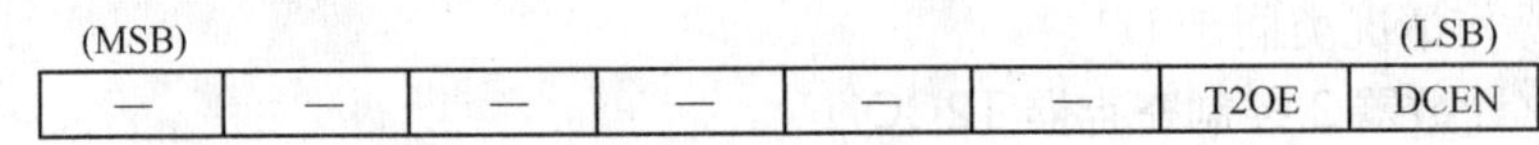

(MSB)							(LSB)
—	—	—	—	—	—	T2OE	DCEN

图 5-15　定时器/计数器 2 模式控制寄存器 T2MOD

各位的作用如下：

(1) T2OE (T2MOD.1)　　定时器 2 输出使能位

T2OE =1，在定时器 2 溢出时将使 P1.0 发生一次跳变，或者说 P1.0 将以定时器 2 溢出频率的一半输出方波信号。

(2) DCEN (T2MOD.0)　　向下计数使能位

可将定时器 2 配置成向上/向下计数器。

5.3　时钟与定时器/计数器实验

下面通过几个实验来巩固和掌握单片机的定时器/计数器编程应用。

【实验 5-1】　定时器方式 0 和方式 1 的应用。

选择方式 0 用于定时，在 P1.1 输出周期为 2ms 的方波，同时使蜂鸣器每 200ms 鸣响一次，持续时间为 200ms。

分析：在晶振 f_{osc} = 12MHz 时，只要使 P1.1 每隔 1ms 取反一次，即可得到 2ms 方波，因此，T0 的定时时间为 1ms。

机器周期：$T = 12/f_{osc} = 12/12 \times 10^6 = 1\mu s$

定时器的计数值：1ms/ 1μs = 1000 D = 3E8H

则定时器的初值：10000H - 3E8H = FC18H

TH0 应装入 FCH，TL0 应装入 18H。

程序清单如下：

```
        ORG   0000H                 ; 开始执行的第一条指令所处的地址
        LJMP   MAIN                 ; 跳转到主程序
        ORG   0100H                 ; 主程序开始的地址;避开中断入口地址
MAIN:   ORL   TMOD, #01H            ; 设置定时器 0 工作在模式 1,用 ORL 指令避免影响定时器 1。
        MOV R0, #0                  ; 清除 R0
        MOV   TH0, #0FCH            ; 给 TH0 置初值
        MOV   TL0, #18H             ; 给 TL0 置初值
        SETB TR0                    ; 启动定时器 0
; ----------------------------------------------------------------------------
LP1:    JBC   TF0, LP2              ; 定时器 0 溢出,跳转 LP2
        LJMP LP1                    ; 定时器 0 没有溢出,跳转 LP1,继续等待
; ==========================================================
LP2:    MOV   TH0, #0FCH            ; 定时器 0 溢出,重新给 TH0 置初值
        MOV   TL0, #18H             ; 重新给 TL0 置初值
        CPL   P1.1                  ; 输出 2ms 脉冲
        INC   R0                    ; 200ms 软件定时器/计数器
        CJNE   R0, #200, LP1        ; 不到 200ms,跳转 LP1 等待
        MOV   R0, #0                ; 到 200ms,清除 R0
        CPL   P3.4                  ; 切换蜂鸣器状态
        LJMP   LP1                  ; 继续
; +++++++++ 程序结束 +++++++++++++   ; 用以分隔程序,使程序清晰易懂
        END                         ; 程序结束,编译程序不理会 END 以后的内容
```

【实验 5-2】　门控位的应用。

利用 T0 门控位测试 INT0 引脚上出现的正脉冲的宽度（短于 65ms），并以机器周期数的形式保存在内部 RAM 30H ～ FFH 单元中（低位字节放前面，高位字节放后面）。

分析：外部正脉冲宽度测量采用如图 5-16 所示的方法，用 P3.2 作为门控信号，用 T0 来测量正脉冲的宽度。

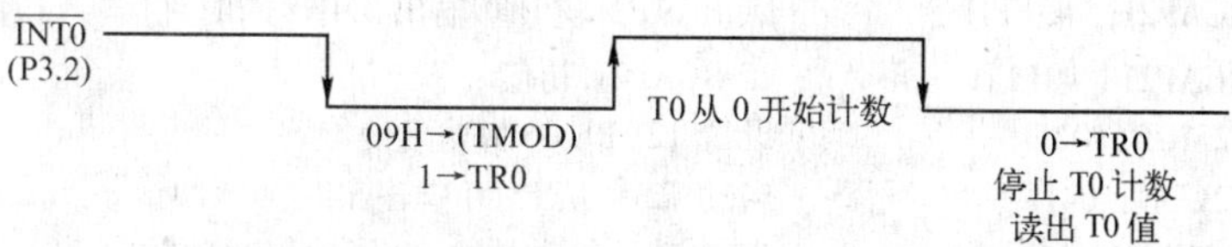

图 5-16　外部正脉冲宽度测量

源程序如下：

```
        ORG   0000H                 ; 开始执行的第一条指令所处的地址
        LJMP   MAIN                 ; 跳转到主程序
```

```
        ORG  0100H                  ; 主程序开始的地址;避开中断入口地址
MAIN:   MOV  TMOD, #09H             ; 设置定时器 0 工作在模式 1
        MOV R0, #30H                ; 测量结果存放初始地址
        MOV  TH0, #00H              ; 给 TH0 置初值
        MOV  TL0, #00H              ; 给 TL0 置初值
; ----------------------------------------------------------------------------
WAIT1:  JB   P3.2, WAIT1            ; 等待 P3.2 变低
        SETB TR0                    ; 启动定时器 0
WAIT2:  JNB  P3.2, WAIT2            ; 等待 P3.2 变高,开始测量
WAIT3:  JB   P3.2, WAIT3            ; 等待 P3.2 变低,测量中
        CLR  TR0                    ; 一个正脉冲测量结束,关闭定时器 0
        MOV  @R0, TL0               ; 保存测量结果低 8 位字节
        INC  R0                     ; 修改地址指针
        MOV  @R0, TH0               ; 保存测量结果高 8 位字节
        INC  R0                     ; 修改地址指针
        MOV  TH0, #00H              ; 给 TH0 置初值,准备下一个脉冲的测量
        MOV  TL0, #00H              ; 给 TL0 置初值
        CJNE  R0, #00H, WAIT1       ; 测量没有结束,继续测量
HALT:   LJMP  HALT                  ; 测量完毕
; ++++++++ 程序结束 +++++++++++++   ; 用以分隔程序,使程序清晰易懂
        END                         ; 程序结束,编译程序不理会 END 以后的内容
```

实验时，把信号发生器产生的脉冲信号加到 P3.2 引脚（别忘了把信号发生器的接地也要接到实验板的接地上，信号的幅值必须为 0 ～ 5V、频率在 20Hz ～ 400kHz 之间），然后在 HALT 处设置断点，全速运行程序后观察片内 RAM 中的数据，请计算测量结果与所给出的信号是否相符。

【实验 5-3】 T2 的应用：时钟发生器。

利用 T2 自动产生方波信号。其程序如下：

```
        RCAP2H   EQU   0CBH         ; 如果头文件中没有 P89V51 中特有的特殊寄存器,则需要定义
        RCAP2L   EQU 0CAH           ; 如果头文件中没有 P89V51 中特有的特殊寄存器,则需要定义
        T2MOD    EQU   0C9H         ; 如果头文件中没有 P89V51 中特有的特殊寄存器,则需要定义
        T2CON    EQU   0C8H         ; 如果头文件中没有 P89V51 中特有的特殊寄存器,则需要定义

        ORG   0000H                 ; 开始执行的第一条指令所处的地址
        LJMP   MAIN                 ; 跳转到主程序
        ORG   0100H                 ; 主程序开始的地址;避开中断入口地址
MAIN:   MOV   RCAP2H, #0FFH         ; 赋 RCAP2H 初值,输出 3MHz 的时钟信号(12MHz 的晶振频率)
        MOV   RCAP2L, #0FFH         ; 赋 RCAP2L 初值
        ORL   T2MOD,#02H            ; 设置 T2(P1.0)脚输出使能
        ORL   T2CON,#04H            ; 启动 T2 和从 P1.0 脚输出时钟脉冲
        HALT:LJMP   HALT            ; T2 自动运行和从 P1.0 脚输出时钟脉冲
        ; ++++++++ 程序结束 ++++++++ ; 用以分隔程序,使程序清晰易懂
        END                         ; 程序结束,编译程序不理会 END 以后的内容
```

注意：RCAP2H、RCAP2L 和 T2MOD 等不是 8051 默认的特殊寄存器，而是 P89V51 特有的特殊寄存器，程序编译时要注意器件选择设置。

思考题与习题

5-1　时钟在单片机中的作用？单片机有哪些时钟信号？

5-2　定时器/计数器 0 和定时器/计数器 1 有哪些专用寄存器，它们有几种工作模式？如何设置。

5-3　定时器/计数器 2 有哪些专用寄存器，它们有几种工作模式？如何设置。

5-4　在【实验 5-1】中，如果需要用按键来修改蜂鸣器鸣叫和停止的时间，每按一次按键时间延长一点。请设计程序并调试通过。

5-5　在【实验 5-2】中，请计算测量是否有误差，如果有误差，如何改进，最多能做到多小的误差？

5-6　请结合【实验 5-2】和【实验 5-3】进行实验：用 T2 产生脉冲并用 T0 来测量。请设计程序并调试通过。

5-7　模数转换器 ADC0809 需要不大于 640kHz 的时钟，请用 T2 产生和由 P1.0 引脚输出所需的时钟信号。

第 6 单元 外部数据存储器空间及系统扩展

本单元学习要点

(1) 外部数据存储器空间及在系统扩展时的空间分配。
(2) 数据存储器与单片机的接口方法。
(3) 并行接口芯片 (8255A) 与单片机的接口方法。
(4) 数模转换器 (DAC0832) 与单片机的接口方法。
(5) 模数转换器 (ADC0809) 与单片机的接口方法。

6.1 外部数据存储器空间与总线

在前面我们已经知道 P89V51 的外部数据存储器空间有 64KB，并且通过 P0 口（作为数据和低 8 位地址总线）、P2 口（作为高 8 位地址总线）和 P3 口中的$\overline{WR}$和$\overline{RD}$，以及 ALE 信号可以访问 64KB 的外部数据存储器空间。下面进一步讨论存储器空间与地址分配、I/O 接口与总线之间的关系与概念。

6.1.1 外部数据存储器空间与地址分配

P89V51 的外部数据存储器空间有 64KB，意味着 P89V51 在片外有 64KB（实际为 2^{16} = 65 536B）可以直接访问（用一条指令就可以进行读或写操作）。这每个字节的地址由 16 根地址线（P2 口和 P0 口分别提供高 8 位和低 8 位地址线）。就如同邮政编码一样，所以，16 根地址线可以有 16 位二进制的地址，因此，地址总数为 2^{16} = 65 536 个地址。

1. 地址的编码原则

(1) 每个存储单元至少有一个地址

如果这个单元没有地址，自然也就无法访问到这个单元。如果一个单元有两个或两个以上的地址，就如同前面讨论通用寄存器 R0 一样，R0 可以用 R0 本身来寻址，也可以用 00H（选择寄存器组 0 时）来寻址。

这个原则的推论：存储器单元的个数不能超出地址总数，换句话说，这意味着

① 存储器单元的个数只能少于或等于地址总数。在这种情况下，可以保证每个存储单

元（字节）有自己唯一的地址，或说任何一个单元都有一个与其他单元不同的地址，这样可以通过这个地址访问到这个单元，而不是别的单元。

② 如果存储器单元的个数超出地址总数，则不能直接访问，或说是特殊的设计方法。

（2）每个地址只能对应一个存储单元

这个原则是显然的，如果一个地址能对应两个或两个以上的存储单元的话，那就像班上有两个同名的同学，没办法区别了。如果收到一封信，仅仅靠收信人的名字和地址是无法分清这封信该给谁了。

2. P89V51 外接数据存储器

外部数据存储器的地址由 16 位二进制来表示，即 A_{15} A_{14} A_{13} A_{12} A_{11} A_{10} A_9 A_8 A_7 A_6 A_5 A_4 A_3 A_2 A_1 A_0，其中：A_i取值为 0 或 1。在 P89V51 外接数据存储器时，可以分为下面几种情况：

（1）外接 64KB（65 536B）数据存储器

这时，按照上述的两个原则，正好一个地址与一个存储器单元对应。如果要访问某个存储器单元，必须给出它的地址（这句话意味着：在硬件连接上每根地址线都必须与存储器相连接和指令中必须给出相应的地址：给 DPTR 或 P2、Ri 赋值），每个存储器单元必须给出全部的 16 位地址。

（2）如果外接数据存储器的单元个数少于 64KB（65 536B），但大于 32KB（32 768B）

虽然平均起来每个存储器单元的地址数大于 1，也只能一个存储器单元安排一个地址，而且，每个存储器单元必须给出全部的 16 位地址（即在硬件连接上每根地址线都必须与存储器相连接且指令中必须给出相应的地址，如给 DPTR 或 P2、Ri 赋值）。

（3）如果外接数据存储器的单元个数等于或少于 32KB（32 768B）

这种情况下可以有两种安排：

① 一个存储器单元安排一个地址，而且，每个存储器单元必须给出全部的 16 位地址。这种情况下有一半或一半以上的地址是空的，即没有对应的存储器单元。

② 一个存储器单元安排两个地址，此时，每个存储器单元只需给出全部的 15 位地址（即在硬件连接上数据存储器的每根地址线都必须与单片机的地址线相连接，但单片机比数据存储器多一根地址线，多余的地址线可以悬空）。原则上可以把单片机 16 根地址线中的任意一根地址线悬空。但一般情况下把 A15（最高位地址线）悬空，这样，只要低 15 根地址线就能确定一个存储器单元。例如，0000 0000 0000 0000 和 1000 0000 0000 0000 是同一个单元的地址。这时，用 X000 0000 0000 0000 表示这个单元的地址，X 表示任意值。如果把最低位地址线悬空，即 0000 0000 0000 000X。这两种安排有什么不同？前一种安排存储器单元的地址是连续的，一般情况下方便编程，而后一种情况下，存储器单元的地址是不连续的，每两个连续地址指向同一单元。除非特殊情况，一般不这样安排地址。

（4）如果外接数据存储器只有 64KB 的 1/4 或更少

如果外接数据存储器只有 64KB 的 1/4 或更少，则每个存储器单元最多可有 4 个地址，单片机可以有 2 根地址线悬空。依次类推，如果外接数据存储器只有一个单元，则该存储器没有地址线，所有的单片机地址线均可悬空，单片机访问这个外接数据存储器单元不需要给 DPTR 或 P2、Ri 赋值。

6.1.2 I/O 接口与总线

前面我们多次提到 I/O 接口与总线，又经常把 P0 称为 P0 口，又时常说它是数据总线和

地址总线。下面进一步说明 I/O 接口与总线的概念。

1. I/O 接口

所谓“I/O 接口”，是英文“Input/Output Port”的译名，即“输入/输出接口”的意思。顾名思义，是单片机输入和输出信号（数据）的“口岸”，单片机通过 I/O 接口与外部设备交换数据。如前面用按键输入信号，说明操作者按下了按键，又如通过 P1 口控制蜂鸣器鸣叫，即单片机输出信号给蜂鸣器。作为 I/O 接口，信号在口线上要保持一定的时间不变：输出最短为一个机器周期时间。而且通过 I/O 接口与外部设备连接时一般是一根口线与一个外设的一根线相连，而且要么作为输入，要么作为输出。特殊情况下单片机的 I/O 接口线也可能与多根线连接，但有这样的原则：任何时刻这些连接在一起的线中只能有一根是作为输出线输出信号（OC 或 OD 门除外），其他线只能作为输入。

2. 总线

总线的英文为“Bus”，大家都知道它的原意是“公共汽车”的意思。这也说明总线是一种“运输工具”，所“运输”的“乘客”是信号，而这些信号只能在“公共汽车”（Bus）总线上“待”很短的时间（Bus 不是长途汽车或火车什么的）。而且公共汽车来来往往的时间也比较短。所以，与 I/O 口线相同的是它们都是单片机与外设交换数据的通道。不同的是：

① 信号只在总线上保持很短的时间（数据总线上的信号只有几个振荡周期）。

② 数据传送的方向经常快速变化。

③ 总线可以很方便与多个外设相连接（俗称总线上挂多个外设），一般单片机系统中总线也是挂多个外设。

除 OC 或 OD 门外，一般电路上总是禁止 2 个以上的输出线短接在一起，但总线上挂多个外设时单片机和外设都可以在总线上加载信号，这又是为什么呢？这原来是，不论是单片机还是外设，连接在输出都必须是“三态”的，比普通 I/O 口线输出不是“高（1）电平”就是“低（0）电平”的两“态”多了一“态”——高阻态。在数据总线上，任何一个时刻只能有单片机或者挂在总线上的一个外设输出信号，挂在总线上的其他器件只能作为输入或处于“高阻态”。总线上的数据传送还有以下几个特点：

① 单片机是总线的控制者。单片机通过地址总线选择欲通过数据总线交换数据的器件。

② 单片机通过“$\overline{RD}$”和“$\overline{WR}$”两根控制信号确定总线上数据的流向和数据在总线上出现的时刻。

③ 总线上数据只能在单片机与外设之间交换，而不能在两个外设之间直接交换。

P89V51 的三总线如图 6-1 所示。对安排在数据存储器空间的外设都是通过这三种总线进行扩展的。

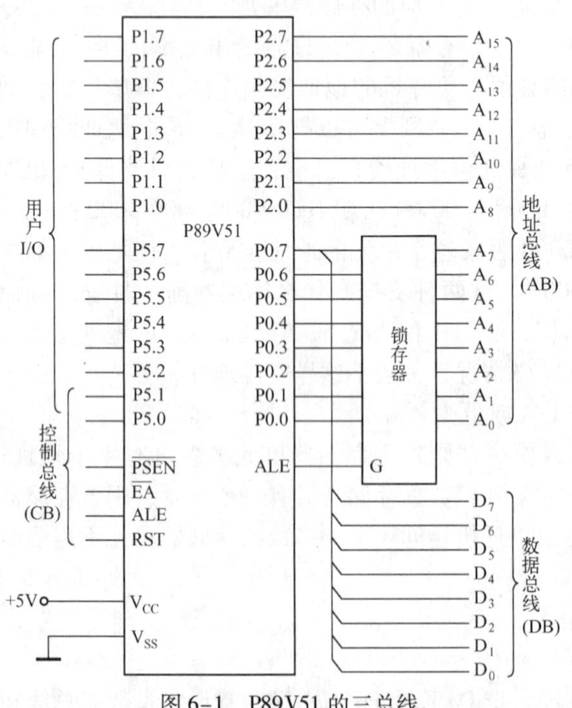

图 6-1 P89V51 的三总线

6.1.3　通过数据存储器空间的外设扩展

挂在总线上的外设并不限于是数据存储器，即外部数据存储器空间并不是只能安排数据存储器。实际上，单片机系统的扩展主要是通过外部数据存储器空间来实现的，如扩展 I/O 口线、A/DC（模数转换器）和 D/AC（数模转换器）等。

一般说来，A/DC 和 D/AC 各自只相当于一个存储器单元，因而它们各自只需要一个地址即可。这时，对像 A/DC 这样的外设，只需把它们当成一个存储器单元看待，一个外设分配一个地址即可。但这些外设器件本身一般只有一根片选信号（$\overline{CE}$），如果要分配给它唯一的一个 16 位地址，则需要 16 线输入的译码器，这将使得译码器过于复杂。为了简化译码器，通常在单片机的系统中采用两种分配地址的方法：线选和高位地址译码。

1. 线选

顾名思义，线选是每个外设用一根地址线去选择，即把单片机的一根地址线连接到外设的片选线（$\overline{CE}$）上。这样的好处是不需要任何译码器，但缺点是在有外部数据存储器的情况下，可连接的外设数量有限。下面分析两种不同的情况。

（1）没有外部数据存储器，只有外设

这是最适合线选方式的情况，在这种情况下，单片机的 16 根地址线可以安排 16 个外设。一般情况下，单片机所扩展的外设只有 3 ～ 5 个。如果出现外设超过 16 个，考虑到总线的驱动能力等问题，采用数据存储器空间扩展外设本身就不合理。

（2）有外部数据存储器

现在外部数据存储器的容量至少在 8KB 以上。再小的容量，现在既没有这么小容量的器件生产，也可以改用片内具有大容量 IDATA 的与 P89V51 完全兼容（引脚、指令和其他性能都兼容）的单片机。目前 RAM 的主流芯片的容量为 32KB 和 128KB。这里暂时不讨论 128KB 的 RAM 问题。只讨论 32KB 和 8KB 两种容量情况下的地址安排（寻址）问题。

① 如果外扩 32KB 的 RAM，则 32KB RAM 地址需要 15 根地址线，这时只能线选一个外设，这个外设占有 32K(32768) 个单元的地址，而 32KB RAM 的每个单元各自占用一个地址。为了保证 32KB RAM 的地址连续，一般把 A_{15} 作为片选信号，同时连接到外设和 RAM 的片选线上。

注意：一般外设只有一根片选信号$\overline{CE}$，低电平有效，而常用 32KB RAM 芯片的名称是 62256，它有两根片选信号：$\overline{CE}$和 CE。前者是低电平有效，而后者是高电平有效。把 62256 的片选信号$\overline{CE}$直接接地，而把 62256 的片选信号$\overline{CE}$与外设和片选信号$\overline{CE}$一起连接到单片机的最高位地址线 A_{15}上。当 $A_{15}=0$ 时选中外设，当 $A_{15}=1$ 时选中 RAM。

② 如果外扩 8KB 的 RAM，则 8KB RAM 地址需要 13 根地址线，这时只有 3 根线能够用于外设（包括 RAM 在内），即只可以外扩两个外设。

2. 高位地址译码

高位地址译码是指采用译码器对高位地址线译码给出外设的片选信号。与讨论线选方式类似，也分为两种情况讨论。

（1）没有外部数据存储器，只有外设

前面已有结论：这是最适合线选方式的情况。如果在这种情况下高位地址译码，外设少

时是画蛇添足，外设多时也超不过16个，何况输入、输出最多的译码器是4-16线（4输入16输出译码器，74HC154）。

（2）有外部数据存储器

只讨论32KB和8KB两种容量情况下的地址安排（寻址）问题。

① 如果外扩32KB的RAM。这时把译码器作为外设，用A_{15}同时连接到RAM的$\overline{CE}$和译码器的$\overline{CE}$端，而RAM的CE和译码器的CE端分别接Vcc（高电平）和GND（低电平）。这样，当$A_{15}=0$时选中RAM，当$A_{15}=1$时选中译码器（外设）。译码器（外设）占有32KB（32768）单元的地址，而32KB RAM的每个单元各自占用一个地址。根据外设的个数不同可以选择74HC139（两个2-4线译码器），74HC138（3-8线译码器）和74HC154（4-16线译码器），分别用次高的几根地址线A_{14}与A_{13}，A_{14}、A_{13}与A_{12}，A_{14}、A_{13}、A_{12}与A_{11}作为译码器输入，可以分别最多可片选4个、8个和16个外设，这三种情况下每个外设分别占用8K、4K和2K个单元地址。

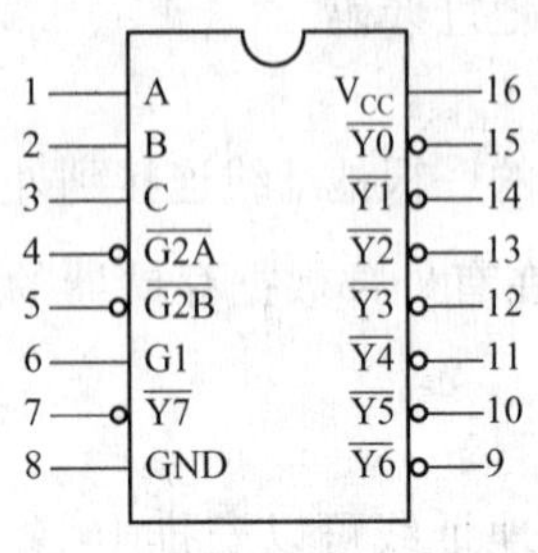

图6-2 74HC138的引脚图

② 如果外扩8KB的RAM，可以与外扩32KB RAM一样处理。这时每个RAM单元占用不连续的4个地址，但RAM自身的地址是连续的。

下面简单地介绍介绍74HC138的工作原理。如图6-2所示为74HC138的引脚图，真值表参见表6-1。

表6-1 74HC138的真值表

译码器输入						译码器输出							
控制端			编码端			$\overline{Y0}$	$\overline{Y1}$	$\overline{Y2}$	$\overline{Y3}$	$\overline{Y4}$	$\overline{Y5}$	$\overline{Y6}$	$\overline{Y7}$
G1	$\overline{G2A}$	$\overline{G2B}$	A	B	C								
1	0	0	0	0	0	0	1	1	1	1	1	1	1
			0	0	1	1	0	1	1	1	1	1	1
			0	1	0	1	1	0	1	1	1	1	1
			0	1	1	1	1	1	0	1	1	1	1
			1	0	0	1	1	1	1	0	1	1	1
			1	0	1	1	1	1	1	1	0	1	1
			1	1	0	1	1	1	1	1	1	0	1
			1	1	1	1	1	1	1	1	1	1	0
0	×	×											
×	1	×	×	×	×	$\overline{Y0}$～$\overline{Y7}$均为1							
×	×	1											

对照表和图，可以看出74HC138一共有6个输入端，其中G1、$\overline{G2A}$和$\overline{G2B}$用于选通芯片，相当于是74HC138的“片选端”，如果要74HC138起作用，G1必须接高电平，而$\overline{G2A}$和$\overline{G2B}$则必须接低电平，这三个引脚可以用做74HC138的级联，即在系统中可以有多个74HC138时的情况。另外的三个输入端是编码端A、B、C，它们的状态决定了译码器的输

出$\overline{Y0}$～$\overline{Y7}$的状态，三根线有 8 种状态（$2^3=8$），而输出也正好是 8 根线，因此，这 8 根线的状态就与这三根线的 8 种状态相对应。

注意：这里的关键是三根线可以是 0 和 1 的任意组合，而输出的 8 根线却是任意时刻只有一根线是 0，而其余都是 1。74HC138 被称为"3－8 线译码器"。

综上所述，没有外部数据存储器时，扩展外设宜采用线选方式，而有大容量 RAM 又有多个外设时，宜采用高位地址线译码（译码器）方式。

有了上面的讨论，下面分别给出在数据存储器空间扩展几种典型的外设的实例。

6.2　外部数据存储器接口

6.2.1　常用外部数据存储器

单片机中常用的数据存储器是静态 RAM 存储器（SRAM），如图 6-3 所示为几种常用的数据存储器的引脚图，其中 6264 的引脚说明参见表 6-2。

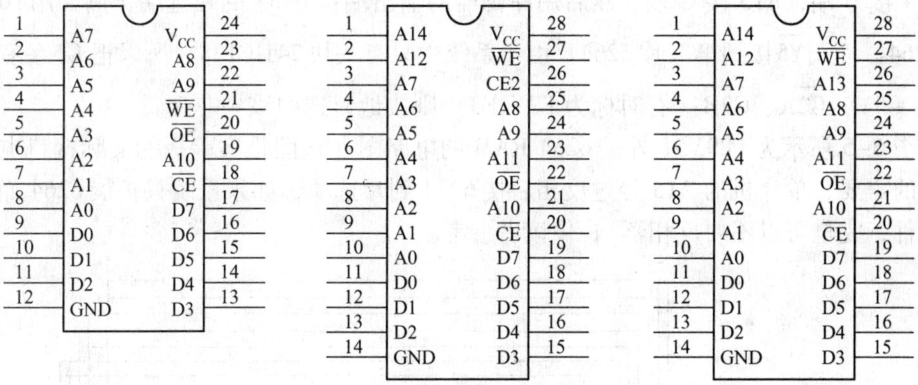

（a）6116　（b）6264　（c）62256

图 6-3　几种常用的数据存储器的引脚图

表 6-2　6264 的引脚说明

引　脚	说　明
A0 ～A12	地址输入线
D0 ～D7	数据线
$\overline{CE}$	选片信号输入线，低电平有效
$\overline{OE}$	读选通信号输入线，低电平有效
$\overline{WE}$	写选通信号输入线，低电平有效
CE2	6264 芯片的高电平有效选通端
V_{CC}	电源，一般接 +5V
GND	电源地

6.2.2　外部数据存储器接口实例

P89V51 的外部 RAM 的扩展方法如图 6-4 所示。下面假设单片机只外扩两块 6264RAM，我们来讨论扩展方法。

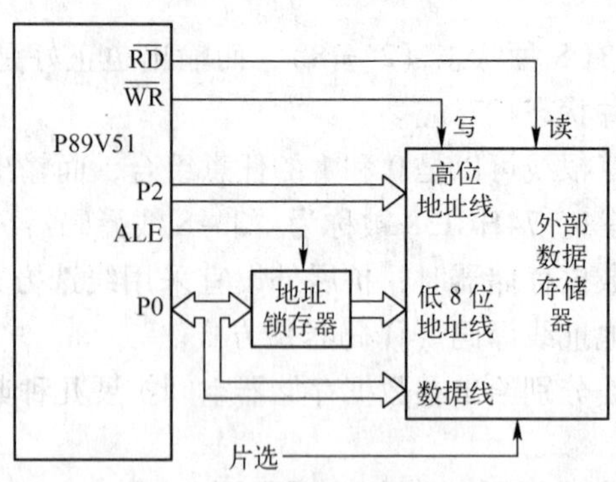

图 6-4　P89V15 外部 RAM 的扩展方法

6264 只有 13 根地址线，P89V51 还有三根口线富裕，显然，采用线选方式比较合适，P89V51 的高三根线就可以用来作为片选使用，将其中的 A13 接第一片 6264 的 $\overline{CE}$，而 A14 接第二片 6264 的 $\overline{CE}$。

而如果用译码法，就可以把这三根地址线分别接到 74HC138 的译码端，如将 A15 接 A 端，A14 接 B 端，A13 接 C 端，然后用译码器的输出端接 6264 的片选端，例如用 $\overline{Y0}$ 接到第一片 6264，而用 $\overline{Y5}$ 接到第二片 6264。由于系统中只有一块 74HC138，所以把 G1（有时标为 E1）接 +5V，$\overline{G2A}$、$\overline{G2B}$（有时标为 E2、E3）则接地以选中该块芯片。

如图 6-5 所示为 P89V51 外扩 6264 RAM 的电路图（该图是实验板的实际接口电路，由于系统的需要，单片机的 A15 经过反相后接 6264 到片选端，如果系统只扩展 6264 而不扩展其他器件，完全可以不要反相器），供读者参考。

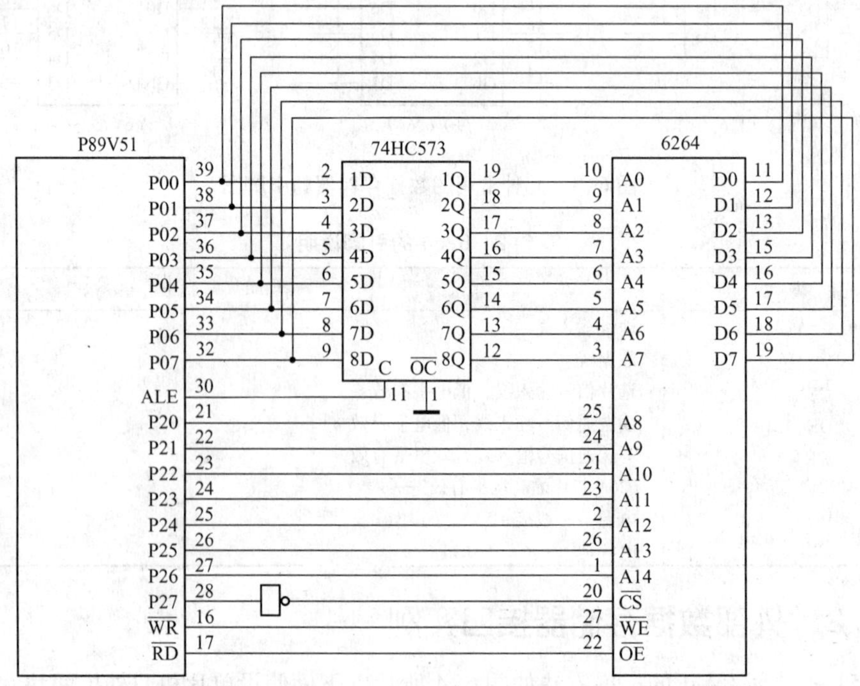

图 6-5　P89V51 外扩 6264 RAM 的电路图（高位地址译码方式）

【实验 6-1】　外部数据存储器填充数据。

把处于外部数据存储器 9000H ～ FFFFH 的所有单元依次填满 0、1、2、…、255。

```
PLACE:  MOV   DPTR,#9000H        ; 使 DPTR 指向 XDATA 中的开始地址,从本实验开始
        MOV   A,#0               ; 用程序段的方式给出示例,不再给出 ORG 地址
LOOP:   MOVX  @ DPTR,A           ; 从 XDATA 中读取数据,请注意指令形式
        INC   A
        INC   DPTR               ; 修改源数据指针
        MOV   R0,DPH
        CJNE  R0,#00H,LOOP       ; 没有送完数,继续
HALT:   LJMP  HALT               ; 送完,在此死循环,实际程序中应为后续操作
```

从该实验开始，为避免烦琐和节省篇幅，实验程序不再给出 ORG 定位伪指令和 END 等，而采用程序段或子程序的方式给出，读者在做实验时请自行补充必要的伪指令。

6.3　并行接口芯片 8255A

8255A 是 Intel 公司生产的一种可编程并行 I/O 接口芯片，是在单片机应用系统中十分常见的一种扩展并行 I/O 接口芯片。8255A 有 3 个并行接口，分别称为 PA、PB 和 PC，其中 PC 口有分为高 4 位口和低 4 位口两部分。可以通过软件编程来设置各 I/O 接口的工作方式。

6.3.1　8255A 的结构和功能

如图 6-6 和图 6-7 所示分别为 8255A 的内部结构和引脚图。由图 6-6 可以看出，8255A 由三部分组成。

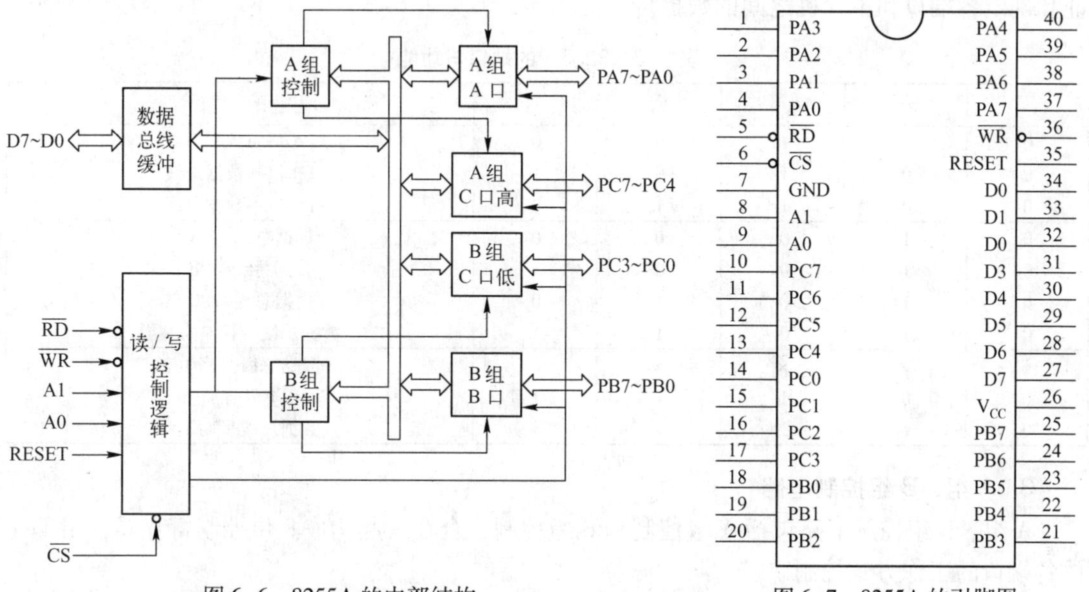

图 6-6　8255A 的内部结构　　　图 6-7　8255A 的引脚图

1. 并行端口 PA、PB 和 PC

这三个端口都为 8 位，都可被编程为输入或输出两种方式，但它们在功能上有差异。PA 口有一个 8 位数据输出锁存器/缓冲器和一个 8 位数据输入锁存器，可编程为输入/输出

或双向寄存器；PB 口有一个 8 位输入/输出锁存/缓冲器和一个 8 位数据输入缓冲器（不锁存），可编程为输入/输出；PC 口有一个 8 位数据输出锁存器/缓冲器和一个 8 位数据输入缓冲器，可分为两个 4 位口使用。PC 口除了作为输入/输出口使用外，还作为 PA、PB 口工作于选通方式时的状态控制信号。

2. 总线接口电路

该电路主要用于实现 8255A 与单片机芯片的信号连接，它由两部分组成：

(1) 数据总线缓冲器

数据总线缓冲器为 8 位双向三态缓冲器，可以直接与 P89V51 的系统总线相连。P89V51 进行 I/O 接口操作的有关数据、控制字和状态信息都是通过该缓冲器进行传递的。

(2) 读/写控制逻辑

这部分主要是与读、写有关的控制信号，主要包括：

① $\overline{CS}$，片选输入信号，低电平有效（8255A 被选中）。

② $\overline{RD}$，读信号，输入，低电平有效（允许 CPU 从 8255A 中读取数据或状态信息）。

③ $\overline{WR}$，写信号，输入，低电平有效（允许 CPU 写入数据或命令字到 8255A 中）。

④ RESET，复位信号，输入，高电平有效（复位 8255A，8255A 中的所有寄存器被清零，所有端口置为输入方式）。

⑤ A1 和 A0，端口选择信号，输入，8255A 的 PA、PB、PC 和一个控制寄存器（作为没有输入/输出的控制口），共有 4 个端口，根据 A1 和 A0 输入的地址信号来进行寻址，一般可将 A1 和 A0 与单片机的同名地址线（经过锁存器锁存后的 A1 和 A0）相连接。

读/写控制逻辑主要用于实现对 8255A 的硬件管理，其主要功能包括芯片选择、端口寻址和确定各端口和单片机之间的数据传送方向等，参见表 6-3。

表 6-3　8255A 的端口与功能

$\overline{CS}$	$\overline{RD}$	$\overline{WR}$	A_1	A_0	通道选择与操作功能
0	0	1	0	0	PA 口→数据总线
0	0	1	0	1	PB 口→数据总线
0	0	1	1	0	PC 口→数据总线
0	1	0	0	0	数据总线→PA 口
0	1	0	0	1	数据总线→PB 口
0	1	0	1	0	数据总线→PC 口
0	1	0	1	1	数据总线→控制寄存器
1	×	×	×	×	数据总线呈高阻态
0	0	1	1	1	非法条件
0	1	1	×	×	数据总线呈高阻态

3. A 组、B 组控制电路

A 组、B 组控制电路包括 A 组控制和 B 组控制，合在一起构成 8 位控制寄存器，用于存放各端口的工作方式控制字。

8255A 的 40 个引脚中，除上述已提及的引脚外，还有以下一些引脚需要介绍一下：

① GND，电源地；

② V_{CC}，+5V 电源；

③ D0 ～ D7，双向三态 8 位数据线；

④ PA0 ～ PA7，A 口 8 位双向数据线；

⑤ PB0 ～ PB7，B 口 8 位双向数据线；

⑥ PC0 ～ PC7，C 口 8 位双向数据线；当 8255A 工作于方式 0 时，PC0 ～ PC7 分为两组（每组 4 位）并行 I/O 接口数据线。当 8255A 工作于方式 1 或 2 时，PC0 ～ PC7 为 PA、PB 口提供联络和中断信号。这时 PC 口每根口线的功能定义参见表 6-4。

表 6-4　PC 口口线的功能定义

PC 口位线	方式 1		方式 2	
	输　入	输　出	输　入	输　出
PC7		$\overline{OBFA}$		$\overline{OBFA}$
PC6		$\overline{ACKA}$		$\overline{ACKA}$
PC5	IBFA		IBFA	
PC4	$\overline{STBA}$		$\overline{STBA}$	
PC3	INTRA	INTRA	INTRA	INTRA
PC2	$\overline{STBB}$	$\overline{ACKB}$		
PC1	IBFB	$\overline{OBFB}$		
PC0	INTRB	INTRB		

6.3.2　8255A 的工作方式及数据 I/O 接口操作

1. 8255A 的工作方式

8255A 共有三种工作方式：方式 0、方式 1 和方式 2。

（1）方式 0（基本输入/输出方式）

在这种工作方式中，PA 口、PB 口和 PC 口的两个 4 位口中的任何一个端口都可以被编程设定为输入或输出方式，但不能既作输入又作输出。在作为输入时，输入数据不被锁存，而作为输出时，数据被锁存。在方式 0 时，不需要任何选通信号或联络信号。方式 0 适合于数据的无条件传送，也可以指定某些位作为状态信息线，进行查询式传送。

（2）方式 1（选通输入/输出方式）

在这种工作方式中，PA 口和 PB 口分别用于数据的输入或输出，PC 口中的某些位作为 PA 口和 PB 口的联络信号，用于 8255A 与外设之间、或与单片机之间传送状态信息，以及作为中断请求信号。在方式 1 时，PA 口和 PB 口的数据输入、输出都具有锁存功能。

若 PA 口和 PB 口都工作于方式 1，则 PC 口中有 6 位固定的作为 PA 口和 PB 口的状态和控制信号，PC 口剩下的两位可以编程为输入或输出。若 PA 口和 PB 口中有一个工作在方式 0，而另一个工作在方式 1，则 PC 口中有 3 位固定的作为 PA 口和 PB 口的状态和控制信号，PC 口剩下的 5 位可以编程为输入或输出。方式 1 适用于查询中断方式的数据输入/输出。

（3）方式 2（选通输入/输出方式）

在这种工作方式中，PA 口和 PB 口分别用于数据的输入或输出，PC 口中的某些位作为 PA 口和 PB 口的联络信号，用于 8255A 与外设之间、或与单片机之间传送状态信息，以及作为中断请求信号。在方式 2 时，PA 口和 PB 口的数据输入、输出都具有锁存功能。

只有 PA 口才能有这种工作方式。此时，PA 口既能输入数据又能输出数据，PC 口的 PC3 ～ PC7 用做 PA 口的输入/输出同步控制信号。工作在方式 2 时，PC 口剩下的 3 位可以

编程为输入或输出。而 PB 口可以编程工作为方式 0 或方式 1。方式 2 适用于查询或中断方式的双向数据传送。

2. 数据输入操作

(1) 用于数据输入操作的联络信号

① $\overline{\text{STB}}$：选通脉冲输入信号，低电平有效。外设送来的下降沿将端口数据线上的输入数据锁存到端口锁存器。

② IBF：输出缓冲器满信号输出，高电平有效。此信号有效表示外设已将数据装入端口锁存器，但 CPU 尚未读取。在 CPU 读取端口数据后，IBF 将变为低电平，表示端口锁存器空。

③ INTR：中断请求信号，高电平有效。在 IBF 为高电平，STF 信号由低变高时，中断请求信号有效，向 CPU 发出中断请求。

④ INTE：8255A 端口内部的中断允许触发器。只有在 INTE 为高电平时才允许端口中断请求。INTEA 和 INTEB 分别由 PC4 和 PC2 的置位/复位来控制。

(2) 数据输入操作过程

当外设准备好输入数据后，发出$\overline{\text{STB}}$信号，输入的数据进入 8255A 的端口缓冲器，并使 IBF =1，如果单片机采用查询方式，此时 CPU 可以查询 IBF 的状态，以决定是否可以输入数据。如果采用中断方式，当信号由低变高且 INTE 为高时，中断请求信号 INTR 有效，向 CPU 发出中断请求信号（但 P89V51 需要将此信号反相变为低电平有效），单片机响应中断后，执行中断服务子程序读入数据，使得 INTR 信号变为低电平，同时也使 IBF 变为低电平，以通知外设 CPU 已取走数据，可以向 82C55 传送下一个数据。

3. 数据输出操作

(1) 用于数据输出操作的联络信号

8255A 的 PC 口用于数据输出操作的联络信号有：

① $\overline{\text{ACK}}$，外设响应输入信号，低电平有效。它是外设取走并且处理完 8255A 的数据后，向单片机发出的响应信号。

② $\overline{\text{OBF}}$，输出信号，低电平有效，输出缓冲器满信号。当 CPU 把数据写入 8255A 的锁存器后，该信号有效，用来通知外设开始接收数据。外设取走并且处理完 8255A 的数据后发回来的应答信号使之变为高电平。

③ INTR，中断请求信号，高电平有效。在 IBF 为高电平，STF 信号由低变高时，中断请求信号有效，向 CPU 发出中断请求。

④ INTE，8255A 端口内部的中断允许触发器。只有在 INTE 为高电平时才允许端口中断请求。INTEA 和 INTEB 分别由 PC4 和 PC2 的置位/复位来控制。

(2) 数据输出操作过程

当外设接收并处理完一个数据后，发出$\overline{\text{ACK}}$信号使$\overline{\text{OBF}}$变高，表示输出缓冲器已空。如果单片机采用查询方式，此时 CPU 可以查询$\overline{\text{OBF}}$的状态，以决定是否可以发送新的数据。如果采用中断方式，当信号$\overline{\text{ACK}}$由低变高且 INTE 为高时，中断请求信号 INTR 有效，向 CPU 发出中断请求信号，单片机响应中断后，执行中断服务子程序将下一个数据写入 8255A，使得$\overline{\text{OBF}}$信号有效，同时也使$\overline{\text{ACK}}$变为低电平，表示数据已送到，同时通知外设取走并处理 8255A 中的数据。

6.3.3　8255A 的控制字

8255A 有两种控制字，即控制 PA 口、PB 口和 PC 口工作方式的方式控制字；专门用于控制 PC 口各位置位/复位的控制字。这两种控制字都是写到控制寄存器中，利用控制字中的最高位来区别这两种控制字。

1. 方式控制字

如图 6-8 所示为 8255A 的工作方式控制字的格式，方式控制字用于确定各口的工作方式和数据传送方向，该控制字的特征是最高位为 1。

确定方式控制字时应注意以下两点：

① PA 口有三种工作方式（方式 0、方式 1 和方式 2），而 PB 口只有两种工作方式（方式 0 和方式 1）。

② 工作在方式 1 或方式 2 时，对 PC 口的定义（输入/输出）不影响作为联络线使用时 PC 口各位的功能。例如，将 PA 口设置为方式 0 输入，PB 口设置为方式 1 输出，PC4 ～ PC7 为输出，PC0 ～ PC3 为输入，据此可以写出方式控制字为 10010101B，即 95H，然后，将 95H 写入控制寄存器即可。

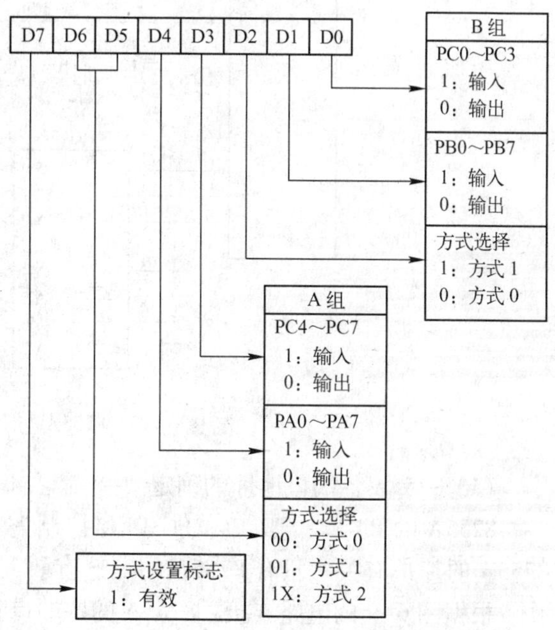

图 6-8　8255A 的工作方式控制字的格式

2. PC 口位控制字

应用中经常需要将 PC 口定义为控制信号和状态信号，即需要对 PC 口的某一位进行设置，因此，可以利用 PC 口所具有的位操作功能和 PC 口置位/复位控制字，对 PC 口的某一位进行置位或复位。如图 6-9 所示为 PC 口位控制字的格式及其功能。PC 口位控制字的特征是最高位为 0。

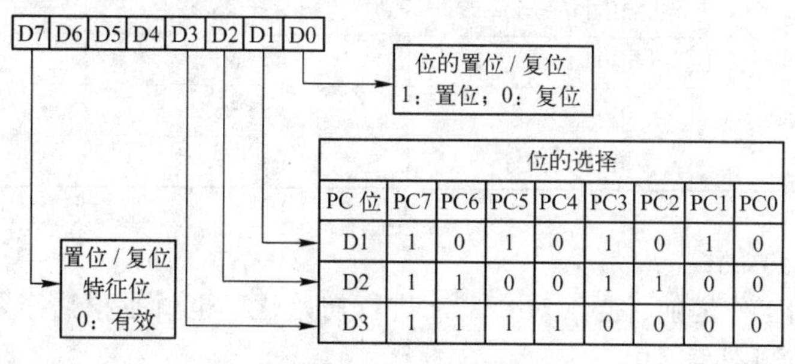

PC 位	PC7	PC6	PC5	PC4	PC3	PC2	PC1	PC0
D1	1	0	1	0	1	0	1	0
D2	1	1	0	0	1	1	0	0
D3	1	1	1	1	0	0	0	0

图 6-9　PC 口位控制字

6.3.4　8255A 与 P89V51 的接口

如图 6-10 所示为 8255A 与 P89V51 的接口电路。由图 6-10 可知，8255A 的数据总线与单片机的数据总线直接相连，$\overline{RD}$和$\overline{WR}$信号分别与单片机的$\overline{RD}$和$\overline{WR}$信号相连。

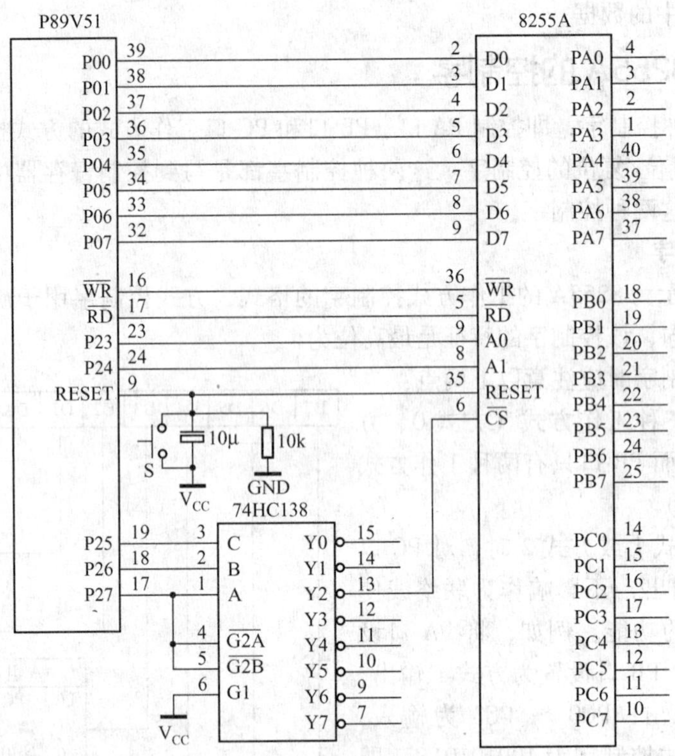

图 6-10　8255A 与 P89V51 的接口电路

(1) 8255A 各端口地址的确定

8255A 的 PA 口、PB 口、PC 口和控制寄存器的地址不仅与 A1 和 A0 有关，而且与 8255A 的片选有关。只有 8255A 的片选有效，才能对 8255A 的各端口和控制寄存器进行操作。根据图 6-9 的电路连接，8255A 的各端口和控制寄存器的地址参见表 6-5。

表 6-5　8255A 与控制寄存器的地址

端　口	P2	P0	地　址
PA	0100 0 ×××	×××× ××××	4000H
PB	0100 1 ×××	×××× ××××	4800H
PC	0101 0 ×××	×××× ××××	5000H
控制寄存器	0101 1 ×××	×××× ××××	5800H

(2) 8255A 的初始化

在 8255A 开始工作之前，必须对 8255A 进行初始化，也就是根据需要，将相应的控制字写入 8255A 的控制寄存器中。

【实验 6-2】　显示 0 ～ 9 十个数字。

在实验板的第一个数码管上轮流显示 0 ～ 9 十个数字。

```
BEGIN:   MOV  P2,#58H        ；使 P2 指向 8255A 的控制寄存器
         MOV  A,#80H         ；8255A 的控制字(80H),设置三个口均为输出
         MOVX @R0,A          ；送 8255A 控制字
```

```
          MOV   P2,#50H              ; 使 P2 指向 PC 口
          MOV   A,#7FH               ; 使 PC.7=0,选通第一个数码管
          MOVX  @R0,A
          MOV   P2,#40H              ; 使 P2 指向 PA 口
          MOV   R6,#00H              ; 显示第一个数"0"
          MOV   DPTR,#TAB            ; 指向 7 段显示码的表格
          MOV   A,R6                 ; 显示数字送 A
LOOP:     MOVC  A,@A+DPTR            ; 查显示码
          MOVX  @R0,A                ; 送显示码
          INC   R6                   ; 修改显示数字
          CJNE  R6,#10,LOOP1         ; 在 0 ~9 十个数字内循环
          MOV   R6,#00H              ; 重新赋 0
LOOP1:    MOV   A,R6                 ; 显示数字送 A
          LCALL DELAY1S              ; 延时约 1s
          LJMP  LOOP                 ; 循环
;-----以下是延时程序,延时约 1s----   ; 用以分隔程序,使程序清晰易懂
DELAY1S:  MOV   R0,#00H              ; 给 R0、R1 和 R2 赋初值,在 12Hz 晶振是延时时间为
          MOV   R1,#00H              ; 256(00H 循环次数)×256(01H 循环次数)×8(02H 循
          MOV   R2,#08H              ; 环次数)×2×10^-6(DJNZ 指令耗时)=1.048576s
DELAY1S1: DJNZ  R0,$                 ; R0 单元减 1,非 0 继续执行当前指令,"$"指当前
                                     ; 指令地址
          DJNZ  R1,DELAY1S1          ; R1 减 1,非 0 跳转到标号 DELAY1S1 处执行
          DJNZ  R2,DELAY1S1          ; R2 减 1,非 0 跳转到标号 DELAY1S1 处执行
          RET                        ; 延时子程序完成,返回调用处,子程序必须以
                                     ; "RET"指令结束
;-----------------------以下是 7 段显示码
TAB:      DB  0C0H,0F9H,0A4H,0B0H,99H ; 七段显示码
          DB  92H,82H,0F8H,80H,90H
          END
```

【实验 6-3】　在 8 位 LED 数码管显示 0 ～ 9 十个数字。

该程序在 8 位 LED 数码管上轮流显示 0 ～ 9 十个数字。

```
ORG   0000H                          ; 开始执行的第一条指令所处的地址
BEGIN:    MOV   P2,#58H              ; 使 P2 指向 8255A 的控制寄存器
          MOV   A,#80H               ; 8255A 的控制字(80H),设置三个口均为输出
          MOVX  @R0,A                ; 送 8255A 控制字
          MOV   R7,#7FH              ; 使 PC.7=0,选通第一个数码管,R7 保存位循环值
          MOV   R6,#00H              ; 显示第一个数"0"
LOOP:     MOV   P2,#50H              ; 使 P2 指向 PC 口
          MOV A,R7
          MOVX  @R0,A
          RR A                       ; 修改位循环值,指向下一位
          MOV R7,A                   ; R7 保存位循环值
          MOV   P2,#40H              ; 使 P2 指向 PA 口
          MOV   DPTR,#TAB            ; 指向 7 段显示码的表格
          MOV   A,R6                 ; 显示数字送 A
          MOVC  A,@A+DPTR            ; 查显示码
          MOVX  @R0,A                ; 送显示码
```

```
          INC   R6                        ; 修改显示数字
          CJNE  R6,#10,LOOP1              ; 在0 ~9 十个数字内循环
          MOV   R6,#00H                   ; 重新赋0
LOOP1:    MOV   A,R6                      ; 显示数字送A
          LCALL DELAY1S                   ; 延时约1s
          LJMP  LOOP                      ; 循环
; -----以下是延时程序,延时约1s ----         ; 用以分隔程序,使程序清晰易懂
DELAY1S:MOV   R0,#00H                     ; 给R0、R1和R2赋初值,在12Hz晶振是延时时间为
          MOV   R1,#00H                   ; 256(00H循环次数)×256(01H循环次数)×8(02H循
          MOV   R2,#08H                   ; 环次数)×2×10^-6(DJNZ指令耗时)=1.048576s
DELAY1S1:DJNZ  R0, $                      ; R0单元减1,非0继续执行当前指令,“$”指当前指
                                          ; 令地址
          DJNZ  R1,DELAY1S1               ; R1减1,非0跳转到标号DELAY1S1处执行
          DJNZ  R2,DELAY1S1               ; R2减1,非0跳转到标号DELAY1S1处执行
          RET                             ; 延时子程序完成,返回调用处,子程序必须以“RET”
                                          ; 指令结束
; ---------------------------以下是7段显示码
TAB:      DB  0C0H,0F9H,0A4H,0B0H,99H    ; 七段显示码
          DB  92H,82H,0F8H,80H,90H
END
```

【实验6-4】 在8位LED数码管轮流显示0～7八个数字。

该程序在8位LED数码管上轮流显示0～7八个数字，但与【实验6-3】不同的是其显示的速度在不断地改变，从中可以体会所谓的“动态”显示与“静态”显示及其编程，及如何改变“（速度）参数”及参数在程序中的传递。

```
          ORG   0000H                     ; 开始执行的第一条指令所处的地址
BEGIN:    MOV   P2,#58H                   ; 使P2指向8255A的控制寄存器
          MOV   A,#80H                    ; 8255A的控制字(80H),设置三个口均为输出
          MOVX  @R0,A                     ; 送8255A控制字
          MOV   R7,#7FH                   ; 使PC.7=0,选通第一个数码管,R7保存位循环值
          MOV   R6,#00H                   ; 显示第一个数“0”
          MOV   R2,#40
          MOV   R3,#64
LOOP:     MOV   P2,#50H                   ; 使P2指向PC口
          MOV A,R7
          MOVX  @R0,A
          RR A                            ; 修改位循环值,指向下一位
          MOV R7,A                        ; R7保存位循环值
          MOV   P2,#40H                   ; 使P2指向PA口
          MOV   DPTR,#TAB                 ; 指向7段显示码的表格
          MOV   A,R6                      ; 显示数字送A
          MOVC  A,@A+DPTR                 ; 查显示码
          MOVX  @R0,A                     ; 送显示码
          INC   R6                        ; 修改显示数字
          CJNE  R6,#8,LOOP1               ; 在0 ~7 八个数字内循环
          MOV   R6,#00H                   ; 重新赋0
LOOP1:    MOV   A,R6                      ; 显示数字送A
          LCALL DELAY1S                   ; 延时约1s
```

```
        DJNZ R3,LOOP                        ; 每 64 次位显示改变一次显示持续时间
        MOV R3,#64
        DJNZ R2,LOOP                        ; 每 64 次显示改变一次显示持续时间
        MOV R2,#1                           ; 维持显示最短时间
        LJMP  LOOP                          ; 循环
; ----- 以下是延时程序,延时约 1s ---         ; 用以分隔程序,使程序清晰易懂
DELAY1S: MOV   R0,#00H                      ; 给 R0、R1 和 R2 赋初值,在 12Hz 晶振是延时时间为
        MOV   01H,02H                       ; 256(00H 循环次数)×256(01H 循环次数)×8(02H 循
;       MOV   R2,#08H                       ; 环次数)×2×10^-6(DJNZ 指令耗时)=1.048576s
DELAY1S1:DJNZ  R0,$                         ; R0 单元减 1,非 0 继续执行当前指令,"$"指当
                                            ; 前指令地址
        DJNZ  R1,DELAY1S1                   ; R1 减 1,非 0 跳转到标号 DELAY1S1 处执行
;       DJNZ  R2,DELAY1S1                   ; R2 减 1,非 0 跳转到标号 DELAY1S1 处执行
        RET                                 ; 延时子程序完成,返回调用处,子程序必须以
                                            ; "RET"指令结束
; --------------------------------- 以下是 7 段显示码
TAB:    DB  0C0H,0F9H,0A4H,0B0H,99H         ; 七段显示码
        DB  92H,82H,0F8H,80H,90H
END
```

【实验 6-5】　在 8 位 LED 数码管滚动显示 0 ～ 9 十个数字。

该程序在 8 位 LED 数码管上轮流显示 0 ～ 9 十个数字，但与前面实验不同的是不仅速度在变，显示数字（或位置）也在变，可以体会其中的编程方法。请特别注意在扫描速度最高时显示的对比度下降了。

```
        ORG   0000H                         ; 开始执行的第一条指令所处的地址
BEGIN:  MOV   P2,#58H                       ; 使 P2 指向 8255A 的控制寄存器
        MOV   A,#80H                        ; 8255A 的控制字(80H),设置三个口均为输出
        MOVX  @R0,A                         ; 送 8255A 控制字
        MOV   R7,#7FH                       ; 使 PC.7=0,选通第一个数码管,R7 保存位循环值
        MOV   R6,#00H                       ; 显示第一个数"0"
        MOV   R2,#0
        MOV   R3,#0
        MOV   R4,#16
LOOP:   MOV   P2,#50H                       ; 使 P2 指向 PC 口
        MOV A,R7
        MOVX  @R0,A
        RR A                                ; 修改位循环值,指向下一位
        MOV R7,A                            ; R7 保存位循环值
        MOV   P2,#40H                       ; 使 P2 指向 PA 口
        MOV   DPTR,#TAB                     ; 指向 7 段显示码的表格
        MOV   A,R6                          ; 显示数字送 A
        MOVC  A,@A+DPTR                     ; 查显示码
        MOVX  @R0,A                         ; 送显示码
        INC   R6                            ; 修改显示数字
        CJNE  R6,#8,LOOP1                   ; 在 0 ~9 十个数字内循环
        MOV   R6,#0                         ; 重新赋起始值
LOOP1:  DJNZ  R0,$                          ; 延时
        DJNZ R3,LOOP                        ; 每 256 次位显示改变一次第一位的显示值
```

```
        DJNZ R4,LOOP
        MOV  R4,#4
        MOV  06H,02H
        INC R2
        CJNE R2,#8,LOOP                    ; 每 64 次显示改变一次显示持续时间
        MOV R2,#0
        LJMP  LOOP                         ; 循环
;------------------------------------以下是 7 段显示码
TAB:    DB  0C0H,0F9H,0A4H,0B0H,99H  ; 七段显示码
        DB  92H,82H,0F8H,80H,90H
END
```

【实验 6-6】 显示 R0 所指定缓冲区中的数据。

该程序体现了模块化编程中的“参数”传递，即由其他程序把需要显示的数据送往显示缓冲区，而该程序只负责把缓冲区中的内容送显示；另外，显示的速度采用了定时器来控制，也体现了初步模块化编程的思想。

```
            ORG   0000H              ; 实验板开始执行的第一条指令所处的地址
            LJMP   MAIN              ; 跳转到主程序
            ORG   000BH              ; 定时器 0 中断入口地址
            LJMP   TINT0             ; 跳转到定时器 0 中断服务子程序
            ORG   0100H              ; 主程序开始的地址;避开中断入口地址
MAIN:       MOV   SP,#0D0H           ; 设置堆栈起始地址
            LCALL   INI_8255         ; 初始化 CPU,注意用不同的子程序完成一定的功
                                     ; 能,这是模块化
            LCALL CLR_IN_RAM         ; 清除内部 RAM
            LCALL   INI_CPU          ; 编程技术之一,方便程序的开发、管理和维护
L1:         JNB F0,$                 ; F0 为 PSW 中用户标志,在中断中置 1 表示中
                                     ; 断过。在此用于显示与中断同步
            CLR F0                   ; 一次中断显示一位
            LCALL   LED              ; 调 LED 子程序
            LJMP   L1
;---------------------------
INI_8255:   MOV   P2,#58H            ; 使 89C52P2 指向 8255PA 的控制寄存器接口结
                                     ; 构,89C52P0 口地址应与低 8 位无关
            MOV   A,#82H             ; 8255A 的控制字(82H),8255PC 口输出 PB 口输
                                     ; 入,PA 口输出
            MOVX   @ R0,A            ; 送 8255A 控制字
            RET
;==========================
INI_CPU:    MOV R7,#0FEH             ; 显示位指针,从第一位开始显示
            MOV   50H,#8             ; 50H 开始为显示缓冲区
            MOV   51H,#9
            MOV   52H,#10
            MOV   53H,#11
            MOV   54H,#12
            MOV   55H,#13
            MOV   56H,#14
            MOV   57H,#15
```

```
; ---------------------------
          MOV   R0,#50H

; ---------------------------
          SETB  ET0              ; T0 开中断
          SETB  EA               ; CPU 开中断
          ORL   TMOD,#01H        ; 设置定时器 0 工作在模式 1
          MOV   TH0,#0FCH        ; 设定定时器初值,定时时间为 4ms。赋 TH0 初
          MOV   TL0,#67H         ; 值为#0FCH,赋 TL0 初值为#67H
          SETB  TR0              ; 启动 T0
          RET
; ================================
CLR_IN_RAM:  MOV R0,#0CFH
CLR_IN_RAM1: MOV @R0,#0
          DJNZ R0,CLR_IN_RAM1
          RET
; ====================================
TINT0:    MOV   TL0,#67H         ; 重赋定时器初值,先赋低位字节更精确
          MOV   TH0,#0FEH
          PUSH  PSW              ; 保护现场
          PUSH  ACC
                                 ; 可以加入其他需要定时操作的程序
RETURN:   POP   ACC              ; 恢复现场
          POP   PSW
          SETB F0                ; 设置用户标志以表示中断过一次,不能在"POP
          RETI;                  ; PSW"指令前设置
; ================================================
LED:      MOV   P2,#50H          ; 送位选码入 PC 口
          MOV A,R7
          MOVX  @R0,A
          RL A                   ; 指向下一显示位
          MOV R7,A               ; 保存显示位指针
          MOV A,@R0              ; 读出待显示值
          PUSH ACC               ; 保护 ACC
          CLR C                  ; 除非做多位减法,否则应清除 C 以保证计算准确
          SUBB A,#16             ; 比较是否大于 16
          POP ACC                ; 恢复 ACC
          JC LED1                ; 小于 16,直接送显示
          MOV A,#16              ; 大于 16,送"-"
LED1:     MOV DPTR,#TAB          ; 指向显示码查表区
          MOVC A,@A+DPTR         ; 得到显示码
          MOV P2,#40H            ; 指向 PA 口输出七段显示码
          MOVX @R0,A
          INC R0                 ; 修改显示缓冲区指针
          ANL 00H,#57H           ; 保证显示缓冲区指针在 50H ～57H 的范围内
          RET
; ====================================七段显示码的表格
TAB:      DB 0C0H,0F9H,0A4H,0B0H,99H,92H,82H,0F8H      ;0 ～F 的显示码
          DB 80H,90H,88H,83H,0C6H,0A1H,86H,8EH,0BFH
```

```
END
```

【实验 6-7】 显示按键的键值。

在动态扫描按键方式中，每个按键都会以一定的方式得到一个编码——键值，按键处理程序就可以根据键值判断哪个按键被按下，同时根据所设定的按键功能执行一定的程序。该程序实现了初步的人机对话功能。并为检查按键和编写有关按键的程序做好了准备。

```
            ORG  0000H          ；实验板开始执行的第一条指令所处的地址
            LJMP  MAIN          ；跳转到主程序
            ORG  000BH          ；定时器0中断入口地址
            LJMP  TINT0         ；跳转到定时器0中断服务子程序
            ORG  0100H          ；主程序开始的地址;避开中断入口地址
MAIN：      MOV  SP,#0D0H       ；设置堆栈起始地址
            LCALL  INI_8255     ；初始化CPU,注意用不同的子程序完成一定的功
                                ；能,这是模块化编程
            LCALL CLR_IN_RAM    ；清除内部RAM
            LCALL  INI_CPU      ；编程技术之一,方便程序的开发、管理和维护
L1：        JNB F0,$            ；F0为PSW中用户标志,在中断中置1表示中
                                ；断过。在此用于显示与中断同步
            CLR F0              ；一次中断显示一位
            LCALL  LED          ；调LED子程序
            LCALL KEY_VALUME    ；调用读键值程序
            LJMP  L1
;-----------------------------
KEY_VALUME：MOV P2,#48H         ；读取PB口的反馈值
            MOVX A,@R0
            ORL A,#0F8H         ；只有PB.0～PB.3有效
            MOV B,07H           ；保护扫描码,以免不同步造成错误
            CPL A
            JNZ KEY_VALUME0     ；不为0,说明有键按下
            RET                 ；无键按下,返回
KEY_VALUME0：CPL A              ；恢复扫描值
            PUSH ACC            ；暂存
            ANL A,#0FH          ；取低位
            MOV 50H,A           ；送显示缓冲区
            POP ACC
            ANL A,#0F0H         ；取高位
            SWAP A
            MOV 51H,A           ；送显示缓冲区
            MOV A,B
            ANL A,#0F0H         ；取高位
            SWAP A
            MOV 57H,A           ；送显示缓冲区
            ANL B,#0FH          ；取低位
            MOV 56H,B           ；送显示缓冲区
            RET
;--------------------------
INI_8255：  MOV  P2,#58H        ；使89C52P2指向8255PA的控制寄存器接口结
```

```
                                  ; 构,89C52P0 口地址应与低 8 位无关
            MOV   A,#82H          ; 8255A 的控制字(82H),8255PC 口输出 PB 口输
                                  ; 入,PA 口输出
            MOVX  @ R0,A          ; 送 8255A 控制字
            RET
; ==============================
INI_CPU:    MOV R7,#0FEH          ; 显示位指针,从第一位开始显示
            MOV   50H,#17         ; 50H 开始为显示缓冲区
            MOV   51H,#17
            MOV   52H,#17
            MOV   53H,#17
            MOV   54H,#17
            MOV   55H,#17
            MOV   56H,#17
            MOV   57H,#17
; --------------------------
            MOV   R0,#50H         ; 显示缓冲区指针

; --------------------------
            SETB  ET0             ; T0 开中断
            SETB  EA              ; CPU 开中断
            ORL   TMOD,#01H       ; 设置定时器 0 工作在模式 1
            MOV   TH0,#0FCH       ; 设定定时器初值,定时时间为 4ms。赋 TH0 初
            MOV   TL0,#67H        ; 值为#0FCH,赋 TL0 初值为#67H
            SETB  TR0             ; 启动 T0
            RET
; ===============================
CLR_IN_RAM: MOV R0,#0CFH
CLR_IN_RAM1:MOV @ R0,#0
            DJNZ R0,CLR_IN_RAM1
            RET
; =================================
TINT0:      MOV   TL0,#67H        ; 重赋定时器初值,先赋低位字节更精确
            MOV   TH0,#0FEH
            PUSH  PSW             ; 保护现场
            PUSH  ACC
                                  ; 可以加入其他需要定时操作的程序
RETURN:     POP   ACC             ; 恢复现场
            POP   PSW
            SETB F0               ; 设置用户标志以表示中断过一次,不能在"POP
            RETI                  ; PSW"指令前设置
; ============================================
LED:        MOV   P2,#50H         ; 送位选码入 PC 口
            MOV A,R7
            MOVX  @ R0,A
            RL A                  ; 指向下一显示位
            MOV R7,A              ; 保存显示位指针
; ——————————————————————
            MOV A,@ R0            ; 读出待显示值
```

```
            PUSH ACC              ; 保护 ACC
            CLR C                 ; 除非做多位减法,否则应清除 C 以保证计算准确
            SUBB A,#16            ; 比较是否大于 16
            POP ACC               ; 恢复 ACC
            JC LED1               ; 小于 16,直接送显示
            MOV A,#16             ; 大于 16,送“-”
LED1:       MOV DPTR,#TAB         ; 指向显示码查表区
            MOVC A,@A+DPTR        ; 得到显示码
            MOV P2,#40H           ; 指向 PA 口输出七段显示码
            MOVX @R0,A
            INC R0                ; 修改显示缓冲区指针
            ANL 00H,#57H          ; 保证显示缓冲区指针在 50H ~57H 的范围内
            RET
;======================================== 七段显示码的表格
TAB:        DB 0C0H,0F9H,0A4H,0B0H,99H,92H,82H,0F8H      ; 0 ~F 的显示码
            DB 80H,90H,88H,83H,0C6H,0A1H,86H,8EH,0BFH    ; 最后为“-”
END
```

【实验 6-8】 采用十六进制数显示按键的键值。

与【实验6-7】基本相同，但采用十六进制数显示键值，这样更符合实际需要。该程序实现了初步的人机对话功能。并为检查按键和编写有关按键的程序做好了准备。

```
            ORG   0000H           ; 实验板开始执行的第一条指令所处的地址
            LJMP  MAIN            ; 跳转到主程序
            ORG   000BH           ; 定时器 0 中断入口地址
            LJMP  TINT0           ; 跳转到定时器 0 中断服务子程序
            ORG   0100H           ; 主程序开始的地址;避开中断入口地址
MAIN:       MOV   SP,#0D0H        ; 设置堆栈起始地址
            LCALL  INI_8255       ; 初始化 CPU,注意用不同的子程序完成一定的功
                                  ; 能,这是模块化
            LCALL CLR_IN_RAM      ; 清除内部 RAM
            LCALL  INI_CPU        ; 编程技术之一,方便程序的开发、管理和维护
L1:         JNB F0, $             ; F0 为 PSW 中用户标志,在中断中置 1 表示中
                                  ; 断过。在此用于显示与中断同步
            CLR F0                ; 一次中断显示一位
            LCALL  LED            ; 调 LED 子程序
            LCALL KEY_VALUME      ; 调用读键值程序
            LJMP  L1
;------------------------------
KEY_VALUME:   MOV B,07H           ; 保护扫描码,以免不同步造成错误
              MOV P2,#48H         ; 读取 PB 口的反馈值
              MOVX A,@R0
              ORL A,#0F8H         ; 只有 PB.0 ~PB.3 有效
              CPL A
              JNZ KEY_VALUME0     ; 不为 0,说明有键按下
              RET                 ; 无键按下,返回
KEY_VALUME0:  CPL A               ; 恢复扫描值
              CJNE A,#0FEH,KEY2
              MOV A,B
```

```
                CJNE A,#0EFH,KEY10
                MOV 50H,#0
                LJMP KEY_END
                ; -------
KEY10:          CJNE A,#0F7H,KEY11
                MOV 50H,#1
                LJMP KEY_END
                ; --------
KEY11:          CJNE A,#0FBH,KEY12
                MOV 50H,#2
                LJMP KEY_END
                ; --------
KEY12:          MOV 50H,#3
                LJMP KEY_END
                ; ===============
KEY2:           CJNE A,#0FDH,KEY3
                MOV A,B
                CJNE A,#0EFH,KEY20
                MOV 50H,#4
                LJMP KEY_END
                ; -----
KEY20:          CJNE A,#0F7H,KEY21
                MOV 50H,#5
                LJMP KEY_END
                ; -----------
KEY21:          CJNE A,#0FBH,KEY22
                MOV 50H,#6
                LJMP KEY_END
                ; -----------
KEY22:          MOV 50H,#7
                LJMP KEY_END
                ; ==============
KEY3:           MOV A,B
                CJNE A,#0EFH,KEY30
                MOV 50H,#8
                LJMP KEY_END
                ; -----
KEY30:          CJNE A,#0F7H,KEY31
                MOV 50H,#9
                LJMP KEY_END
                ; ------------
KEY31:          CJNE A,#0FBH,KEY32
                MOV 50H,#10
                LJMP KEY_END
                ; ------------
KEY32:          CJNE A,#0FDH,KEY34
                MOV 50H,#11
                LJMP KEY_END
                ; ------------
```

```
KEY34:          CJNE A,#0DFH,KEY35
                MOV 50H,#12
                LJMP KEY_END
                ;------
KEY35:          CJNE A,#0BFH,KEY36
                MOV 50H,#13
                LJMP KEY_END
                ;-------------
KEY36:          CJNE A,#7FH,KEY37
                MOV 50H,#14
                LJMP KEY_END
                ;-------------
KEY37:          MOV 50H,#15
KEY_END:        RET
;--------------------------------
INI_8255:       MOV  P2,#58H          ;使89C52P2指向8255  PA的控制寄存器接口结
                                      ;构,89C52P0口地址应与低8位无关
                MOV  A,#82H           ;8255A的控制字(82H),8255PC口输出PB口输
                                      ;入,PA口输出
                MOVX  @R0,A           ;送8255A控制字
                RET
;================================
INI_CPU:        MOV R7,#0FEH          ;显示位指针,从第一位开始显示
                MOV  50H,#17          ;50H开始为显示缓冲区
                MOV  51H,#17
                MOV  52H,#17
                MOV  53H,#17
                MOV  54H,#17
                MOV  55H,#17
                MOV  56H,#17
                MOV  57H,#17
;---------------------------
                MOV  R0,#50H          ;显示缓冲区指针
;---------------------------
            SETB  ET0                 ;T0开中断
            SETB  EA                  ;CPU开中断
            ORL  TMOD,#01H            ;设置定时器0工作在模式1
            MOV  TH0,#0FCH            ;设定定时器初值,定时时间为4ms。赋TH0初
            MOV  TL0,#67H             ;值为#0FCH,赋TL0初值为#67H
            SETB  TR0                 ;启动T0
            RET
;================================
CLR_IN_RAM:        MOV R0,#0CFH
CLR_IN_RAM1:       MOV @R0,#0
                   DJNZ R0,CLR_IN_RAM1
                   RET
;==================================
TINT0:          MOV  TL0,#67H         ;重赋定时器初值,先赋低位字节更精确
                MOV  TH0,#0FEH
```

```
            PUSH  PSW              ; 保护现场
            PUSH  ACC
                                   ; 可以加入其他需要定时操作的程序
RETURN:     POP   ACC              ; 恢复现场
            POP   PSW
            SETB F0                ; 设置用户标志以表示中断过一次,不能在"POP
            RETI                   ; PSW"指令前设置
; ==========================================
LED:        MOV   P2,#50H          ; 送位选码入 PC 口
            MOV A,R7
              MOVX   @R0,A
              RL A                 ; 指向下一显示位
              MOV R7,A             ; 保存显示位指针
              MOV A,@R0            ; 读出待显示值
              PUSH ACC             ; 保护 ACC
              CLR C                ; 除非做多位减法,否则应清除 C 以保证计算准确
              SUBB A,#16           ; 比较是否大于 16
              POP ACC              ; 恢复 ACC
              JC LED1              ; 小于 16,直接送显示
              MOV A,#16            ; 大于 16,送"-"
LED1:         MOV DPTR,#TAB        ; 指向显示码查表区
              MOVC A,@A+DPTR       ; 得到显示码
              MOV P2,#40H          ; 指向 PA 口输出七段显示码
              MOVX @R0,A
              INC R0               ; 修改显示缓冲区指针
              ANL 00H,#57H         ; 保证显示缓冲区指针在 50H ~57H 的范围内
            RET
; ====================================七段显示码的表格
TAB:        DB 0C0H,0F9H,0A4H,0B0H,99H,92H,82H,0F8H       ; 0 ~F 的显示码
            DB 80H,90H,88H,83H,0C6H,0A1H,86H,8EH,0BFH
END
```

6.4　数模转换器 DAC0832

6.4.1　DAC 的原理

数字/模拟转换器（DAC）用来将数字量转变为模拟量。DAC 按照输入信号的形式可分为并行 DAC 和串行 DAC 两种，如图 6-11 所示为并行数字/模拟转换器组成方框可用来说明 DAC 的工作原理。二进制的数字信号 D 并行输入并控制模拟开关。模拟开关将电阻网络与基准电源 V_R 接通，电阻网络根据模拟开关的通断，将相应的数字转换成模拟电压输出，相加器将电阻网络的各输出分量求和，得到模拟输出信号 A（电压 v_O），从而实现了数字量（D）向模拟量（A）的转换。

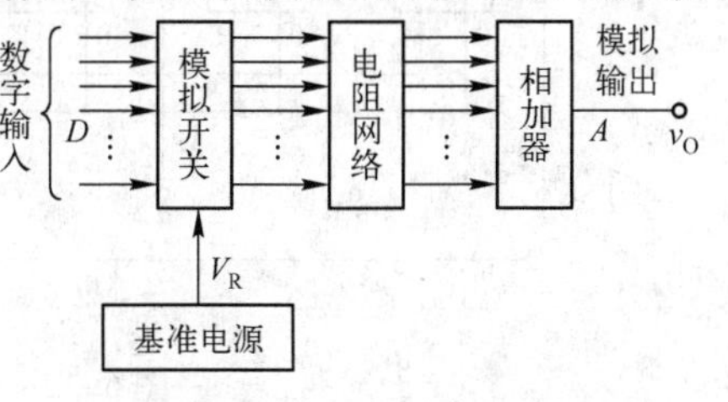

图 6-11　DAC 工作原理

数字/模拟转换器的输入和输出关系可写成

$$v_O = V_R(a_1 \times 2^{-1} + a_2 \times 2^{-2} + a_3 \times 2^{-3} + \cdots + a_n \times 2^{-n}) = V_R \sum^{n} a_i \times 2^{-i} \qquad (6\text{-}1)$$

式中　V_R——基准电压；

a_i——第 i 位状态的系数或称数字代码（a_i 为 0 或 1）；

2^{-1}，2^{-2}，…，2^{-n}——代表二进制中相应数码的位置，也代表该码位的加权值。

式（6-1）表明，数/模转器的输出电压 v_O 是二进制分量 $a_i \times 2^{-i} V_R$ 的总和。该式也可以改写为

$$v_O = \frac{V_R}{2^n}(a_n \times 2^0 + a_{n-1} \times 2^1 + \cdots + a_1 \times 2^{n-1}) \qquad (6\text{-}2)$$

或改写成另一种形式

$$v_O = \frac{V_R}{2^n}(a_n \times 2^0 + a_1 \times 2^1 + \cdots + a_{n-1} \times 2^{n-1}) = \frac{V_R}{2^n} \sum_{i=0}^{n=1} a_i \times 2^i \qquad (6\text{-}3)$$

式中　$\frac{V_R}{2^n}$——数/模转换器的量化单位。

由式（6-3）可知，当 $a_1 = a_2 = a_3 = \cdots = a_n = 1$ 时，有

$$v_O = V_R(1 - 2^{-n})$$

当位数 $n \to \infty$ 时，$v_O = V_R$。

当 n 为有限值时，

$$v_O = V_R - \frac{V_R}{2^n} \qquad (6\text{-}4)$$

式中　$\frac{V_R}{2^n}$——n 为有限值时出现的误差，它决定于最低位的权值。位数 n 越小，误差越大。

DAC 的电阻网络有多种形式，常见的有权电阻网络、T 型电阻（R-2R）网络和它们的变型电阻网络。

如图 6-12 所示为一个采用权电阻网络的 DAC 电路。在权电阻网络中，每一位的电阻值与这一位的权值相对应，权值越大，对应的电阻越小，如最高位（MSB）的权值为 2^n，对

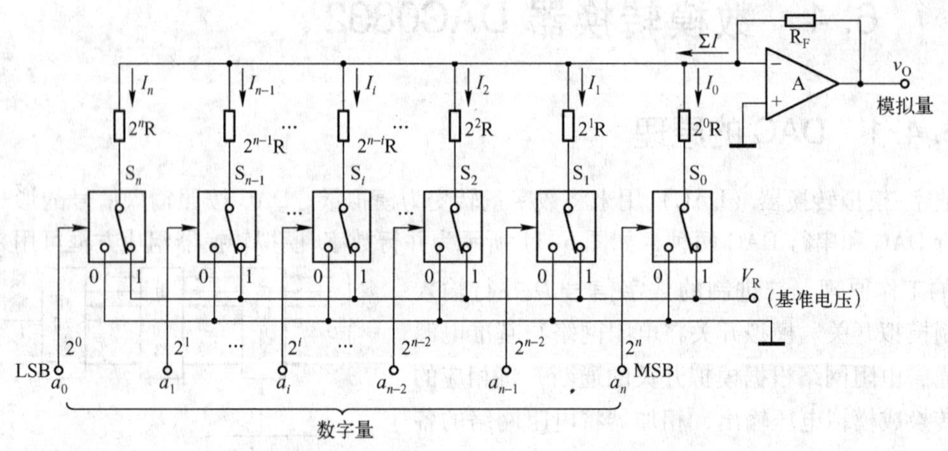

图 6-12　采用权电阻网络的 DAC 电路

应的电阻值最小，即 2^0R。权是二进制的，所以电阻网络中的电阻值也是二进制，这就是权电阻网络的由来。模拟开关 S 的个数决定数码信号的位数，数码信号的每一位输入信号控制一个开关，使开关将基准电压 V_R 与权电阻接通（当码元为 1 时），或将地与权电阻接通（当码元为 0 时）。当码元为 1 时，权电阻中产生电流，其电流决定权电阻值与基准电压；当码元为 0 时，权电阻中的电流为 0。各位所产生的电流在放大器中求和，得 $\sum I$，并通过电流－电压变换器（CVC）变换成模拟电压输出 v_O。

由图 6-11 可以看出 DAC 的输出电压为

$$v_O = -\sum IR_F$$

而

$$\begin{aligned}\sum I &= I_0 + I_1 + I_2 + \cdots + I_i + \cdots + I_{n-1} + I_n + \cdots + \frac{a_0V_R}{2^nR} = \frac{V_R}{2^nR} \\ &= \frac{a_nV_R}{2^0R} + \frac{a_{n-1}V_R}{2^1R} + \frac{a_{n-2}V_R}{2^2R} + \cdots \frac{a_iV_R}{2^{n-i}R} + \cdots + \frac{a_0V_R}{2^nR} \\ &= \frac{V_R}{2^nR}(a_n \times 2^n + a_{n-1} \times 2^{n-1} + a_{n-2} \times 2^{n-2} + \cdots + a_i \times 2^i + \cdots + a_0 \times 2^0) \\ &= \frac{V_R}{2^nR}\sum_{i=0}^{n} a_i \times 2^i \qquad (i = 0,1,2,3,\cdots,n)\end{aligned}$$

故 DAC 的输出电压可写为

$$v_O = -\frac{V_RR_F}{2^nR}\sum_{i=0}^{n} a_i \times 2^i \tag{6-5}$$

由此可知，权电阻网络 DAC 的模拟输出电压 v_O 与输入二进制码的数值 $\sum_{i=0}^{n} a_i \times 2^i$ 成正比。

当输入二进制码的数值最大时，即 $a_1 = a_2 = \cdots = a_n = 1$ 时，表示所有开关均接基准电压 V_R，这时流入 CVC 的电流值将是最大值，即

$$\sum I = I_{max} = \frac{V_R}{2^nR}\sum_{i=0}^{n} a_i \times 2^i = \frac{V_R}{2^nR}(2^{n+1} - 1)$$

此时输出的幅值也最大，即

$$v_O = v_{Omax} = -\sum IR_F = -I_{max}R_F = \frac{-V_RR_F}{2^nR}(2^{n+1} - 1)$$

由此可见，在原理上，只要位数足够多，权电阻网络 DAC 输出电压就会有较高的精度，但实际上，由于电阻值总有一定误差，而且受温度的影响，况且模拟开关 S 不可能是理想开关，也会造成误差，所以原理上的误差只是实际误差中很小的一部分。

权电阻网络中的各个电阻值是不相同的，阻值分散性很大，若 $R = 10\text{k}\Omega$，$n = 11$ 时，最大的电阻值将是 $2^{11}R = 20\text{M}\Omega$，故难以实现集成和保证精度。为了保证输出电压的精度，阻值的精度要求很高，这给制造带来较大的困难。为了克服权电阻网络 DAC 的上述缺点，通常采用 T 型（R-2R）电阻网络。

T 型（R-2R）电阻网络中电阻只有 R 和 2R 两种，整个网络是由相同的电路环节组成。如图 6-13 所示为 T 型电阻网络组成的 DAC 电路。T 型电阻网络的每一节有两个电阻和一个

模拟开关，开并由该位的代码所控制，由于电阻接成T型，故称T型电阻网络。

由图6-13可知，当最高位（MSB）开关S_{n-1}接通V_R，而其余各位接地时（即a_{n-1}为1，而其余位为0时,）其相应的等效电路如图6-13（b）所示。节点①的电压为$\frac{V_R R}{2R+R}=\frac{1}{3}V_R$，考虑到反相放大器的增益为$A_f=\frac{-R_F}{2R}=\frac{-3R}{2R}=-\frac{3}{2}$，故最高位在输出端的电压为$-\frac{1}{2}V_R$。当次高位开关$S_{n-2}$将$V_R$接入T型网络，而其余各位接地时，其等效电路如图6-13（c）所示，节点②的电压为$-\frac{1}{3}V_R$，经电阻分压衰减一次，节点①的电压为$\left(\frac{1}{2}\right)\frac{V_R}{3}=\frac{V_R}{6}$，故次高位在输出端的电压为$-\frac{V_R}{4}=\frac{-V_R}{2^2}$。以此类推，当最低位（LSB）的开关$S_0$接通$V_R$，而其余各位接地时，节点$n$的电压为$\frac{V_R}{3}$，经逐级分压衰减$n-1$次，在节点①的电压为$\left(\frac{1}{2}\right)^{n-1}\frac{V_R}{3}$，运算放大器输出的电压为$-\frac{V_R}{2^n}$。当任意开关$S_i$接$V_R$，而其余均接地时，运算放大器的输出为

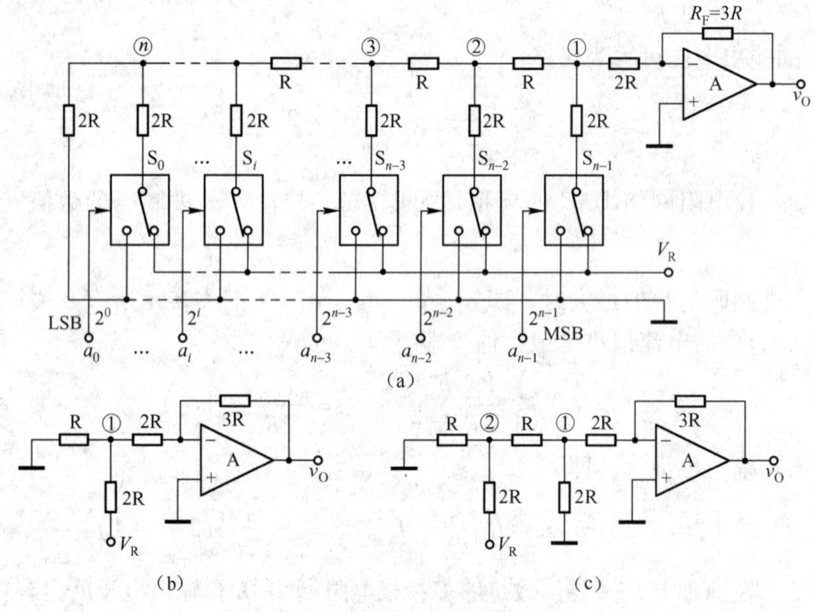

图6-13　T型电阻网络DAC电路

$$v_{Oi}=\frac{V_R}{3}\left(\frac{1}{2}\right)^{(n-1)-i}A_f$$

由于$A_f=-\frac{3}{2}$，故有

$$v_{Oi}=2^i\left(-\frac{V_R}{2^n}\right)$$

考虑到一般情况，即某些开关接 V_R，而某些开关接地，则利用迭加原理，可得模拟输出电压 v_O 为

$$v_O = \sum_{i=0}^{n-1} a_i \times 2^i \left(-\frac{V_R}{2^\pi}\right) = -\frac{V_R}{2^n}\sum_{i=0}^{n-1} a_i \times 2^i \tag{6-6}$$

由式（6-6）表明，T 型（R-2R）网络 DAC 的输出电压 v_O 与输入的二进制码的数值 $\sum_{i=0}^{n-1} a_i \times 2^i$ 成正比。

当所有开关均接 V_R，即 $a_0 = a_1 = a_2 = \cdots = a_{n-1} = 1$ 时，输出电压 v_O 到达最大值，即

$$\begin{aligned} v_O = v_{Omax} &= -\frac{V_R}{2^n}\sum_{i=0}^{n-1} a_i \times 2^i \\ &= -\frac{V_R}{2^n}(2^0 + 2^1 + 2^2 + \cdots + 2^{n-1}) \\ &= -\frac{V_R}{2^n}(2^n - 1) \end{aligned} \tag{6-7}$$

由式（6-7）可知，只要位数 n 值足够大，$v_O \approx V_R$。

与权电阻网络相比，T 型电阻网络中采用 R-2R 的 T 型电阻结构，每一节的分压衰减均为$\frac{1}{2}$，从而产生二进制的标准电压输出。T 型网络中的电阻类别少（R 和 2R 两种），制作方便，而且各位的模拟开关均在同一工作电流下工作，电子开关容易设计。权电阻网络的电阻类别多，各位开关的电流有很大的差别，在电阻上产生的功耗也相差十分悬殊。所以目前在集成 DAC 电路中广泛地采用 T 型电阻网络结构。

对 T 型网络来说，模拟开关所带来的误差，取决于 T 型网络中的电阻值。电阻值越大，开关误差越小，但电阻值选择过大将使流进运算放大器的电流越小，放大器的偏移影响就越大，而且电阻值过大还将影响 DAC 的转换速度。

若将 T 型电阻网络与模拟开关的顺序倒过来，将模拟开关安置在电阻网络和运算放大器之间，如图 6-14 所示，则可构成反 T 型 DAC 电路。显然，只作电阻网络与模拟开关在顺序上的变更，不会改变 DAC 的工作状态。由图 6-14 可知，反 T 型 DAC 中，开关的切换是在地和“虚地”之间进行，进入 T 型电阻网络的电流是恒定的，不随输入的数码变更而变化。

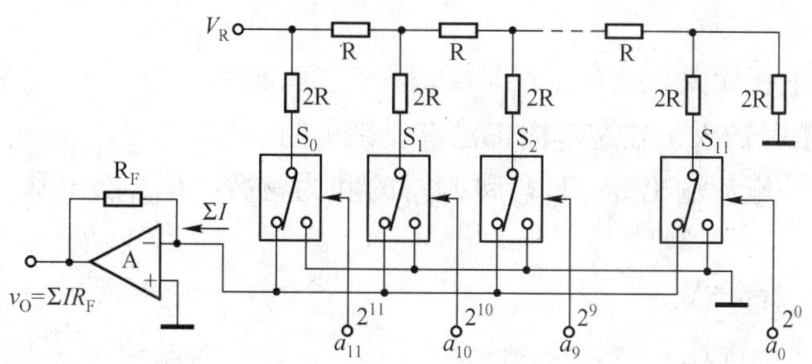

图 6-14　反 T 型 DAC 电路

并行方式的 DAC 只能用来转换并行输入的数码信号，在有些场合，如 PCM 调制信号则是串行数码信号，若将串行数码信号转换成相应的模拟量输出，可采用加接串并缓冲器，将串行数码转换成并行数码，然后再送到并行方式的 DAC 中进行 D/A 转换，也可直接采用串

行方式的 DAC 电路。

但新近生产的 DAC 器件又采用了新的原理——开关电容来实现。采用开关电容实现的 DAC 器件集成度更高、体积更小、功耗更低。

6.4.2 DAC0832 简介

DAC0832 是 CMOS 工艺制造的 8 位单片模拟/数字（D/A）转换器，其内部结构和引脚图分别如图 6-15 和图 6-16 所示。

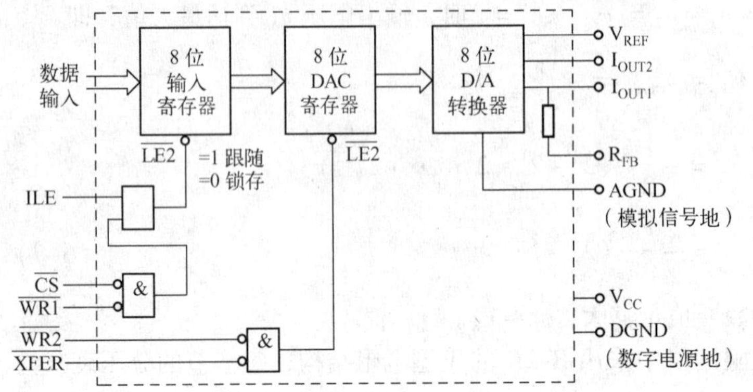

图 6-15 DAC0832 的内部结构

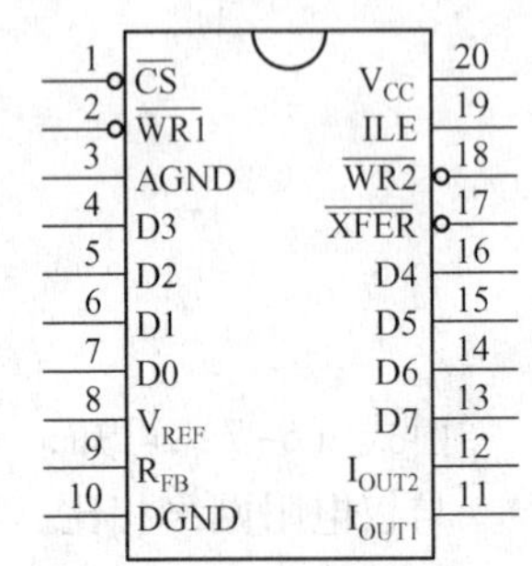

图 6-16 DAC0832 的引脚图

DAC0832 主要由两个 8 位寄存器和一个 8 位数模转换器组成。使用两个寄存器是为了更方便、简化在应用电路中的设计。

DAC0832 的各引脚定义如下：

① ILE，数据锁存允许信号，高电平有效。

② $\overline{CS}$，输入寄存器选择信号，低电平有效。

③ $\overline{WR1}$，输入寄存器写选通信号 1，低电平有效。和 ILE、$\overline{CS}$信号配合，完成第一级输入寄存器的锁存操作。

④ $\overline{WR2}$，输入寄存器写选通信号 2，低电平有效。

⑤ $\overline{XFER}$，数据转移控制信号，低电平有效。和信号$\overline{WR2}$配合完成数据从第一级寄存器转移到第二级寄存器。

⑥ V_{REF}，基准电压输入。

⑦ R_{FB}，反馈信号输入，在芯片内部已有反馈电阻。

⑧ I_{OUT1} 和 I_{OUT2}，电流输出线，I_{OUT1} 和 I_{OUT2} 的和为常数。I_{OUT1} 随 DAC 寄存器的内容线形变化。

⑨ V_{CC}，电源，接 +5V。

⑩ DGND，数字电源地。

⑪ AGND，模拟信号地。

数模转换器芯片输入的是数字量，输出为模拟量，模拟信号容易受到干扰（特别是数字部分的干扰），因此，芯片采用高精度的基准电源和独立的地，以获得最好的效果。DGND 和 AGND 最终在系统电源端以一点接地的方式连接在一起。

DAC0832 是电流型输出数模转换器，一般需要外接运放使之成为电压型输出。

6.4.3 DAC0832 与 P89V51 的接口电路

DAC0832 可以有两种缓冲方式接口电路：单缓冲方式和双缓冲方式。

1. 单缓冲方式

如图 6-17 所示为 DAC0832 与 P89V51 的单缓冲方式接口电路。在这种方式中，与二级寄存器的控制信号连接在一起，输入数据在控制信号的作用下，直接进入 DAC0832 的 DAC 寄存器。

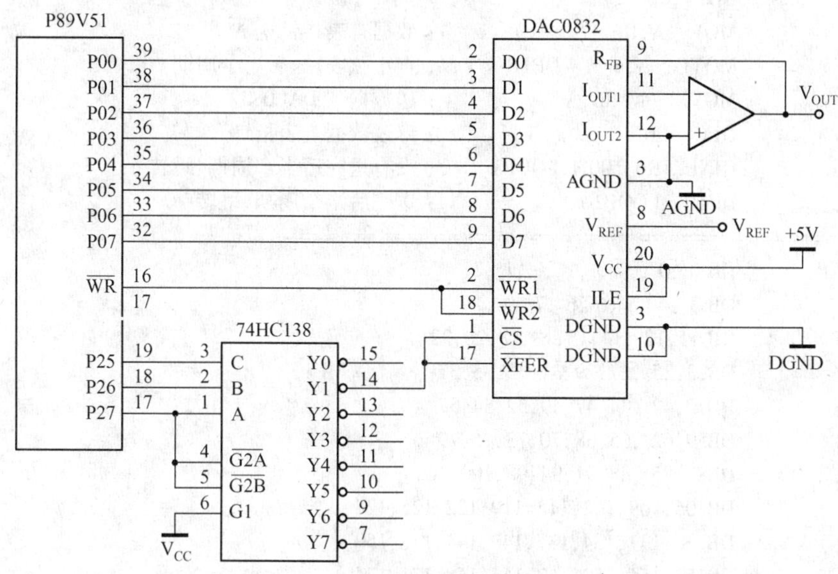

图 6-17　DAC0832 与 P89V51 的单缓冲方式接口电路

在图 6-15 中，ILE 接 +5V，片选信号 $\overline{CS}$ 和数据转移控制信号 $\overline{XFER}$ 连接到地址译码信号 Y1，这样，输入寄存器和 DAC 寄存器将同时被选中，写输入信号 $\overline{WR1}$ 和 $\overline{WR2}$ 都与单片机的写信号 $\overline{WR}$ 相连。单片机对 DAC0832 执行一次写操作，则把数据直接写入 DAC 寄存器，DAC0832 的输出模拟信号随之发生变化。这种方式适用于系统中只有一片 DAC0832 和不需与其他信号同步的场合。

【实验 6-9】　产生锯齿波。

通过 DAC0832 输出锯齿波的程序如下：

```
DACOUT:  MOV   P2,#20H        ；使 P2 指向 DAC0832
LOOP:    MOVX  @ R0,A         ；送数据到 DAC0832
         INC   A              ；产生锯齿波数据
         DJNZ  R0,$           ；延时
         LJMP  LOOP           ；循环
```

【实验 6-10】　输出正弦波。

通过 DAC0832 输出正弦波的程序如下：

```
DACOUT:  MOV   P2,#20H        ；使 P2 指向 DAC0832
         MOV   DPTR,#TAB      ；指向 7 段显示码的表格
         MOV   R6,#00H        ；数据查表指针
```

```
LOOP1:    NOP                         ; 平衡 LJMP 指令,使送数间隔均匀
          NOP
LOOP2:    MOV   A,R6                  ; 数据查表指针送 A,送前半个周期
          MOVC   A,@ A + DPTR         ; 查正弦表
          MOVX   @ R0,A               ; 送数据到 DAC0832
          INC   R6                    ; 修改数据查表指针
          CJNE   R6,#127,LOOP1        ; 没有送完前半个周期,跳转
LOOP3:    NOP                         ; 平衡 LJMP 指令,使送数间隔均匀
          NOP
          MOV   A,R6                  ; 数据查表指针送 A
          MOVC   A,@ A + DPTR         ; 查正弦表,送后半个周期
          MOVX   @ R0,A               ; 送数据到 DAC0832
          DEC   R6                    ; 修改数据查表指针
          CJNE   R6,#00H,LOOP3        ; 没有送完后半个周期,跳转
          LJMP   LOOP2                ; 送完后半个周期,跳转
; ==========================================
TAB:      DB 0 ,0 ,0 ,0 ,1 ,1 ,1 ,2
          DB 3 ,4 ,5 ,6 ,6 ,7 ,9 ,10
          DB 11,12 ,14,15,18,18,20,22
          DB23,25 ,27,29,31,33,35,37
          DB40,42 ,44,47,49,52,54,57
          DB59,62 ,65,68,70,73,76,79
          DB82,85 ,88,91,94,98,100,103
          DB106,109,112,115,119,122,125,128
          DB128,131,134,137,140,144,147,150
          DB153,156,159,162,165,168,171,174
          DB 177,180,183,186,188,191,194,196
          DB 99,202,204,207,209,212,214,216
          DB 218,221,223,225,227,229,231,233
          DB 234,236,238,239,241,242,244,245
          DB 246,247,248,250,250,251,252,253
          DB 253,254,254,254,255,255,255,255
```

2. 双缓冲方式

这种方式适用于系统中有多片 DAC0832，并且需要它们的输出信号同步变化，或者是只有一片 DAC0832，但需要 DAC0832 与其他信号同步的场合。这种方式中，只需把需要同步的 DAC0832 的$\overline{XFER}$连接在一起，并与单片机的地址译码信号相连。单片机先把数据分别写入各片 DAC0832 中，然后选通$\overline{XFER}$（执行一条 MOVX 指令，但地址为$\overline{XFER}$所连接的地址），则这些 DAC0832 同步输出模拟信号。

6.5　模数转换器 ADC0809

任何模数转换器（ADC）都包括三个基本功能：抽样、量化和编码。抽样过程是将模拟信号在时间上离散化使之成为抽样信号；量化是将抽样信号的幅度离散化使之成为数字信号；编码则是将数字信号最终表示成数字系统所能接受的形式。如何实现这三个功能，就决定了 ADC 的形式和性能。同时，ADC 的分辨率越高，需要的转换时间就越长，转换速度就越低，故 ADC 的分辨率和转换速度两者总是相互制约的。因而，在发展高分辨率 ADC 的同时要兼顾高速，在发展高速 ADC 的同时要兼顾高分辨率，在此基础上还要考虑功耗、体积、便捷、多功能、与计算机及通信网络的兼容性，以及应用领域的特殊要求等问题，这样也使得 ADC 的结构和分类错综复杂。现有的模数转换技术主要包括：并行比较型、逐次逼近比较型、积分型、压频变换型、流水线型和∑－△型。限于篇幅，下面分别介绍前三种相对更为常用的模数转换技术。

6.5.1　并行比较型模数转换器

并行比较 ADC 是现今速度最快的模数转换器，采样速率可达 1GSPS（每秒采样），通常称之为“闪烁式”（Flash）。它由电阻分压器、比较器、缓冲器及编码器四部分组成。这种结构的 ADC 所有位的转换同时完成，其转换时间主要取决于比较器的开关速度、编码器的传输时间延迟等。随着分辨率的提高，需要高密度的模拟设计以实现转换必需的数量很大的精密电阻分压和比较器电路。输出数字增加一位，精密电阻数量就要增加一倍，比较器也近似增加一倍。

并行比较型 ADC 的分辨率受管芯尺寸、过大的输入电容、大量比较器所产生的功率消耗的限制。结构重复的并联比较器如果精度不匹配，还会造成静态误差。这类 ADC 的优点：具有较高的转换速度。缺点：分辨率不高；功耗大；成本高。

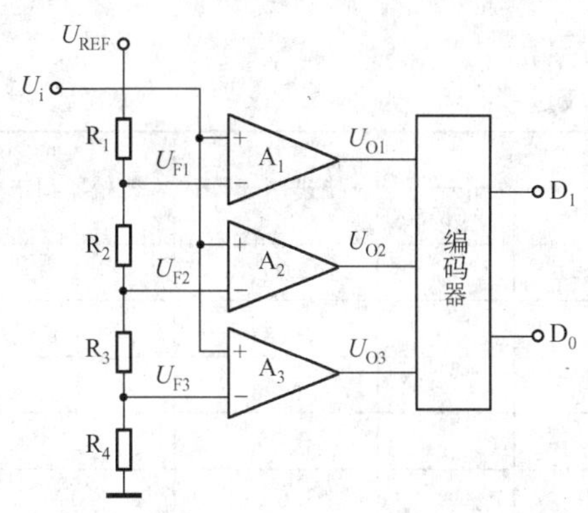

图 6-18　并行比较型模数转换器原理图

下面以两位分辨率的并行比较型模数转换器来说明其工作原理，如图 6-18 所示。参考电压（基准电压）U_{REF} 由电阻 R_1、R_2、R_3 和 R_4 分压后输入到比较器 A_1、A_2 和 A_3 的负输入端，而被转换的信号 U_i 则输入到三个比较器的正输入端。如果使 $R_1 = R_2 = R_3 = R_4 = R$，则 $U_{F1} = \frac{3}{4}U_{REF}$，$U_{F2} = \frac{2}{4}U_{REF}$，$U_{F3} = \frac{1}{4}U_{REF}$。当输入信号 U_i 为不同的值时，比较器和编码器（也就是并行比较型模数转换器）的输出数字量参见表 6-6。

表 6-6　两位分辨率的并行比较型模数转换器输入信号 U_i 与比较器、编码器的输出关系

U_i 幅值	比较器输出			编码器输出	
	U_{O1}	U_{O2}	U_{O3}	D_1	D_0
$0 < U_i < \frac{1}{4}U_{REF}$	低电平（0）	低电平（0）	低电平（0）	0	0
$\frac{1}{4}U_{REF}0 < U_i < \frac{2}{4}U_{REF}$	高电平（1）	低电平（0）	低电平（0）	0	1
$\frac{2}{4}U_{REF} < U_i < \frac{3}{4}U_{REF}$	高电平（1）	高电平（1）	低电平（0）	1	0
$\frac{3}{4}U_{REF}0 < U_i$	高电平（1）	高电平（1）	高电平（1）	1	1

由于并行比较型模数转换器从输入模拟信号到输出数字信号只有比较器和编码器的延时时间，所以，比较型模数转换器的速度非常快，在所有的模数转换器中速度是最高的。但对于 n 位的并行比较型模数转换器，需要（2^n-1）个比较器。所以，并行比较型模数转换器的结构是最复杂的。例如，一个 8 位的并行比较型模数转换器其内部需要 255 个比较器。因此，并行比较型模数转换器的分辨率最高不会超过 8 位。商品的并行比较型模数转换器的分辨率常常为 6 位。

6.5.2 逐次逼近比较型模数转换器

逐次逼近比较型 ADC 是应用非常广泛的模数转换技术，它由比较器、D/A 转换器、比较寄存器 SAR、时钟发生器及控制逻辑电路组成，它对采样输入信号与已知电压不断进行比较，然后转换成二进制数。

逐次逼近比较型 ADC 的原理可由天平称重原理来说明。采用天平称重时，某一未知重量（模拟量）将与一组标准二进制重量砝码进行逐次比较，每比较一次，重量砝码的总值更进一步逼近被测重量。例如，采用一组六种二进制砝码（2g、1g、0.5g、0.25g、0.125g、0.0625g，两相邻砝码的重量比为 2，即可称为二进制）来测量被测量，其方法是将被测量（如 $W=3.5627$g）放在天平的一侧，而将二进制标准砝码由大至小顺序逐个投入天平的另一侧，两侧逐次比较，若被测量大于标准砝码的总重量，则保留刚加入的砝码，并记以代码 1，若被测量小于标准砝码的总重量，则取出刚投入的砝码，并记以代码 0。整个比较的过程参见表 6-7。

表 6-7　天平称重的比较过程

比较步骤	标准二进制砝码（权重）						十进制读数	比较器判定
	2g	1g	0.5g	0.25g	0.125g	0.0625g		
1	1						2g	1
2	1	1					3g	1
3	1	1	1				3.5g	1
4	1	1	1	0			3.75g	0
5	1	1	1	0	0		3.625g	0
6	1	1	1	0	0	1	3.5625g	1
比较结果	1	1	1	0	0	1	3.5625g	

由表 6-7 可以看出，六次比较的结果，该物重的二进制代码为 111001，显然二进制的砝码数量越多，比较的结果越逼近被测模拟量，也就是说误差越小。

逐次逼近比较型 ADC 的工作过程与上述称重过程完全类同，即用被转换的模拟电压与一系列基准电压相比较，由高位至低位逐次确定各位数码是 1 还是 0，如图 6-19 所示，可用来说明逐次逼近比较型 ADC 的原理。当被测模拟电压 V_{REF} 输入至 ADC 时，它将与参考（标准）电压 V_{REF} 相比较，参考电压是一个标准二进制电压砝码，当 $V_{REF}>V$x 时，逻辑控制系统将刚加上去的“码”舍去，而若 $V_{REF}>V$x 时，则将刚加去的“码”保留。如此逐次比较逼近，最终使 $V_{REF}\approx V$x（相差一个量化误差），这时 ADC 所输出的数字量对应于最终参考电压 V_{REF} 值，也就代表了被测模拟量 V_{REF} 值。

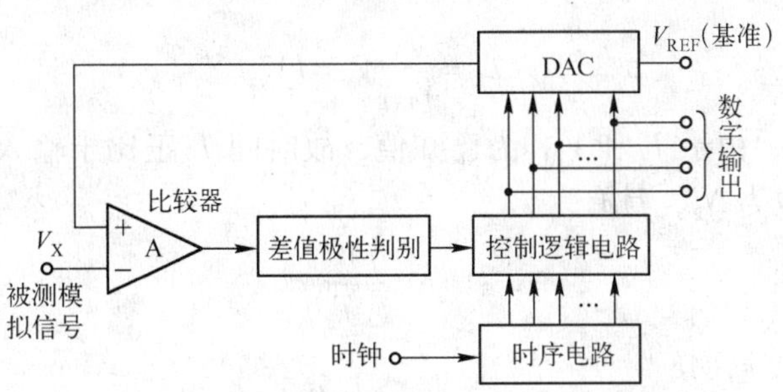

图 6-19　逐次逼近比较型模数转换器的原理图

由于逐次逼近比较型 ADC 同时具有较高的速度和较高的分辨率，因而应用最广、品种最多。分辨率从 8 位到 16 位，采样速度从几万赫兹到几十兆赫兹。

6.5.3　积分型模数转换器

间接变换型模数转换器也是常用的一类模数转换器。所谓间接变换型是把模拟量先转换成一个中间量，然后再把中间量转换成数字量。常见的间接变换型模数转换器按中间量来分有两大类：时间和频率。中间量为时间的间接变换型模数转换器又称为积分型。而积分型数模转换器又分为单积分、双积分和多（重）积分型，有时又被相应地称为单斜率、双斜率和多斜率数模转换器。积分型中双积分模数转换器是应用比较广泛的一类转换器类型。双积分模数转换器通过两次积分将输入的模拟电压转换成与其平均值成正比的时间间隔。与此同时，在此时间间隔内利用计数器对时钟脉冲进行计数，从而实现 D/A 转换。

双积分式 ADC 的原理框图如图 6-18 所示。工作开始时，控制逻辑电路给出清零脉冲，使积分器和二进位计数器输出为零，在启动脉冲作用下，计数器对时钟脉冲进行计数，同时开关 S_1 闭合，S_4 断开，输入的模拟电压 v_x（幅度为 V_x）加到积分器的输入端进行反向积分，积分器的输出电压为

$$v_{O1}(t) = -\frac{1}{RC}\int_0^t V_x \mathrm{d}t$$

$t = t_1$ 时，计数器计满 N_1 个数后自动复零，并溢出脉冲，该溢出脉冲作用于控制逻辑电路，使 S_1 断开，此时积分器的输出电压为

$$v_{O1}\ (t_1) = -\frac{V_x}{RC}t_1 = -\frac{V_x}{RC}T_1$$

与此同时，积分器输出 v_{O1} 经检零比较器给控制逻辑电路一个指令。例如，若 $V_x < 0$ 时，v_{O1} 为正，比较器输出高电平，在高电平的作用下，控制逻辑电路发出一个执行指令，使开关 S_2 闭合（当 $V_x > 0$ 时，比较器输出为低电平，使开关 S_3 闭合），基准电压 $+V_{REF}$ 对积分器中的电容进行反方向充电，积分器输出不断减小直至零值，检零比较器翻转，翻转时所产生的跳变电压经控制逻辑电路使计数器停止计数，同时使开关 S_4 闭合，为下一次转换做好准备。

显然，时间 $t = t_2$ 时，积分器的输出为零值，即有

$$v_O(t_2) = v_{O1}(t_1) + \frac{1}{RC}\int_{t_1}^{t_2} V_{REF}\mathrm{d}t = -\frac{Vx}{RC}T_1 + \frac{V_{REF}}{RC}T_2 = 0$$

所以有

$$T_2 = \frac{T_1}{V_{REF}} V_x = kV_x \tag{6-8}$$

式（6-8）表明，由于 T_1 和 V_{REF} 为已知值，故时间 T_2 正比于输入模拟电压的幅值 V_X，在 T_2 期间计数脉冲数为 N_2，且有

$$N_2 = \frac{T_2}{T}$$

式中　T——时钟脉冲周期。

式（6-8）可改写为

$$\frac{T_2}{T_1} = \frac{N_2}{N_1} = \frac{V_x}{V_R} \tag{6-9}$$

式中　N_1——T_1 期间的计数脉冲数。

脉冲数 N_2 经缓冲寄存器输出，即为所转换的数字量，该数字量就反映输入的模拟电压值 V_x（因 N_1 和 V_{REF} 是已知值）。

因此，双积分型 ADC 的转换过程，共有两个节拍，如图 6-20 所示。在第一拍（t_0～t_1）时，ADC 将模拟量 V_x 转换成时间 T_1（相应的脉冲数 N_1），这一时期常称为采样期。第二节拍（t_1～t_2）时，输入基准电压 V_{REF} 进行比较，到 T_2 时刻，比较完毕，这一时期称为比较期。

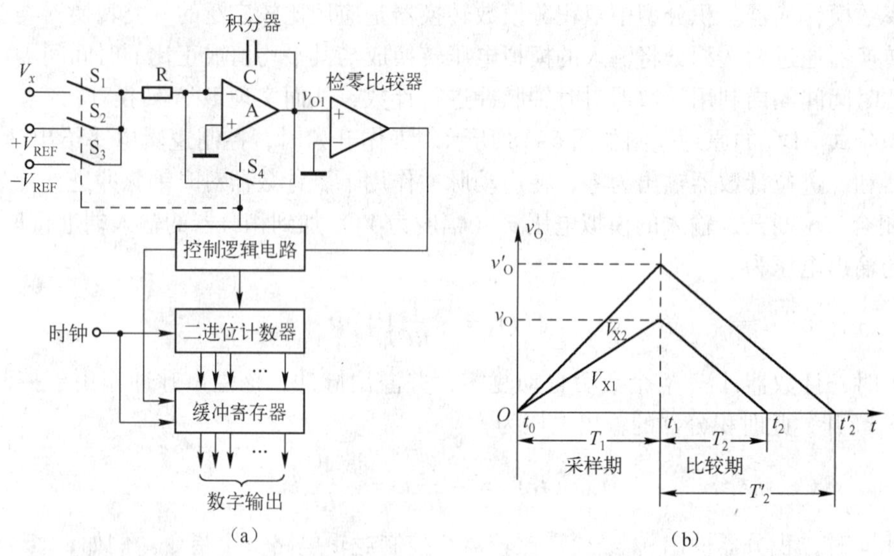

图 6-20　双积分型 ADC 的原理图与工作过程

不同的输入电压幅度 V_x，积分器输出的电压斜率不同，V_x 越大，斜率越大。但采样期 T_1 不因 V_x 值不同而改变，因为 T_1 是反映满刻度值 N_1，它应是确定的数。V_x 越大，积分器在 T_1 时的输出电压值 v_{O1} 越大，在比较器，将需更长的时间（t_1～t'_2），t'_2 相应的计数脉冲数 N'_2 也就越大。

积分型 ADC 主要应用于低速、精密测量等领域，如数字电压表。其优点：分辨率较高，可达 16 位；功耗低，成本低。缺点：转换速度低，转换速度在 12 位时为 100 ～ 300SPS。常用的商品有 ICL7106/7107：3 位半（十进制，最大值为 1999）带 LED/LCD 显示器驱动输出的双积分模数转换器。ICL7135：4 位半（十进制，最大值为 19999）带 BCD 码输出的双积分模数转换器。

6.5.4　模数转换器与 P89V51 接口实例

1. 模数转换器 ADC0809 简介

ADC0809 是最常用的 8 位模数转换器，属于逐次逼近型。ADC0809 采用单一 +5V 供电，片内有带锁存功能的 8 路模拟开关，可对 0 ～ 5V、8 路模拟信号分时进行转换，完成一次转换的时间约需 100μs，数字输出信号具有 TTL 三态锁存器，可以直接与 P89V51 的总线相连。

如图 6-21 和图 6-22 所示分别为 ADC0809 的内部结构和引脚图。由图 6-20 可以看出，ADC0809 芯片由 4 部分组成：8 路模拟多路开关、地址锁存器与译码、8 位模数转换器和三态输出锁存器。ADC0809 的各引脚定义如下：

① D0 ～ D7：8 位二进制数字量输出端口。

② IN0 ～ IN7：8 路模拟量输入端口。

③ V_{CC}：电源，接 +5V。

④ GND：电源地。

⑤ $V_{REF}(+)$和 $V_{REF}(-)$：基准电压输入端，决定了输入模拟量的量程范围。

⑥ CLK：时钟信号输入端。时钟频率决定了转换速度，完成一次转换需要 64 个时钟周期。

⑦ START：模数转换启动信号输入端，高电平有效。

⑧ ALE：地址锁存允许信号，在 ALE 的下降沿将模拟输入的通道地址打入锁存器。

⑨ EOC：模数转换结束信号输出端口。模数转换器在开始转换时该信号为低电平，转换结束后立即变为高电平。该信号用于单片机查询或中断信号。

⑩ A、B、C：模拟输入通道地址的输入端口。通过三位二进制编码选择 8 个模拟输入通道之一。A、B、C 三位地址与模拟输入通道的关系参见表 6-8。

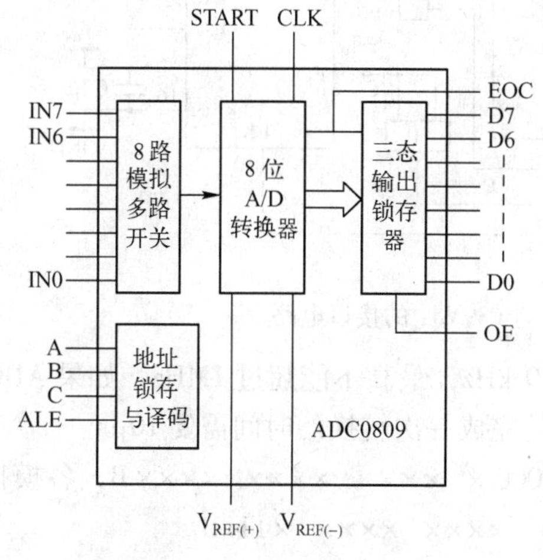

图 6-21　ADC0809 的内部结构

引脚	名称	名称	引脚
1	IN3	IN2	28
2	IN4	IN1	27
3	IN5	IN0	26
4	IN6	ADDA	25
5	IN7	ADDB	24
6	START	ADDC	23
7	EOC	ALE	22
8	D2	D7	21
9	OE	D6	20
10	CLK	D5	19
11	V_{CC}	D4	18
12	$V_{REF(+)}$	D0	17
13	GND	$V_{REF(-)}$	16
14	D1	D3	15

图 6-22　ADC0809 的引脚图

表 6-8 A、B、C 三位地址与模拟输入通道的关系

地址编码	C	0	0	0	0	1	1	1	1
	B	0	0	1	1	0	0	1	1
	A	0	1	0	1	0	1	0	1
选中通道		IN0	IN1	IN2	IN3	IN4	IN5	IN6	IN7

2. 模数转换器 ADC0809 与 P89V51 的接口

如图 6-23 所示为 ADC0809 与 P89V51 的接口电路。ADC0809 的数据输入 D0 ～ D7 直接与单片机的数据总线相连，地址译码器的 Y0 与写信号 $\overline{WR}$ 通过或非门控制 ADC0809 的地址锁存信号 ALE 和转换启动信号 START，而 Y0 与读信号 $\overline{RD}$ 通过或非门控制 ADC0809 的数据输出使能信号 OE，ADDA、ADDB 和 ADDC 分别与地址线 A0、A1、A2 相连，单片机的 ALE 信号由单片机的定时器 2 产生。

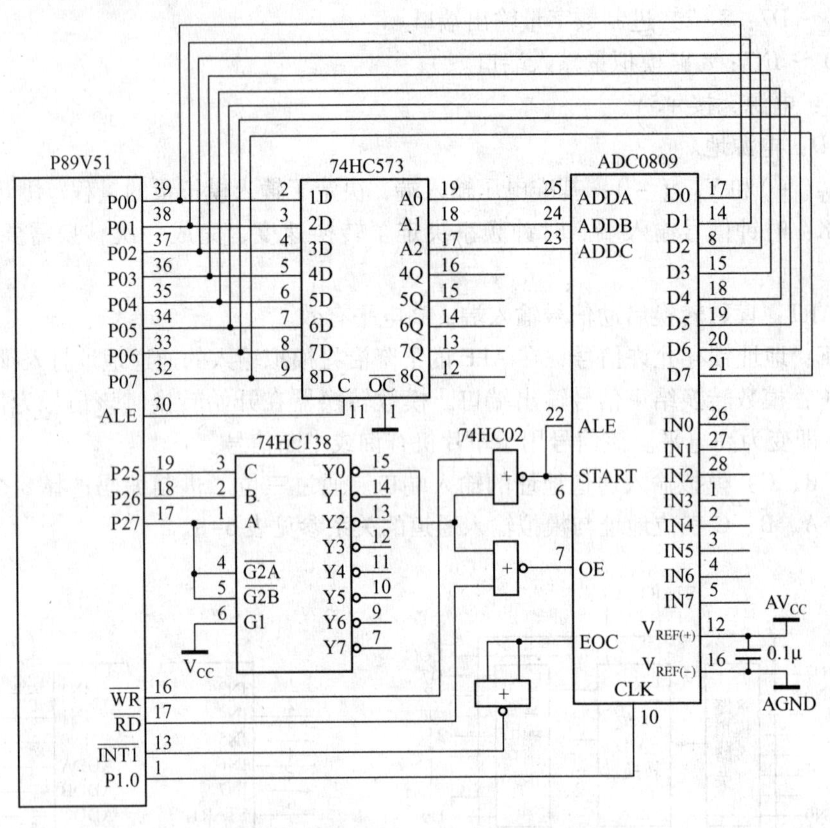

图 6-23　ADC0809 与 P89V51 的接口电路

注意：ADC0809 的时钟一般不要超过 640 kHz，最高不能超过 1MHz。如果 ADC0809 实际得到的时钟频率为 640 kHz，则 ADC0809 的完成一次转换的时间需要 10μs。

从图 6-23 可以得到 ADC0809 的地址为 000× ×××× ×××× ××××B，各模拟通道的地址为 000× ×××× ×××× ×000B ～ 000× ×××× ×××× ×111B。

【实验 6-11】 模数转换之一。

在 ADC0809 的 0 通道输入 0 ～ 5V 的模拟信号（正弦波或锯齿波等），通过 ADC0809 采样其 0 通道的模拟信号后，再通过 DAC0832 输出信号。采用延时方式等待 ADC0809 完成转换后读取 ADC0809 中的转换结果。程序清单如下。

```
ADCTEST:  MOV   RCAP2H,#0F6H    ; 赋 RCAP2H 初值,输出 600kHz 的时钟信号(12MHz 的晶振)
          MOV   RCAP2L,#0F6H    ; 赋 RCAP2L 初值
          ORL   T2MOD,#02H      ; 设置 T2 为定时器模式,设置 T2(P1.0)引脚输出使能
          ORL T2CON,#04H        ; 启动 T2 和从 P1.0 脚输出时钟脉冲
          MOV   DPTR,#0000H     ; 使 DPTR 指向 ADC0809 的 0 通道
          MOV   P2,#20H         ; 使 P2 指向 DAC0832
LOOP:     MOVX  @DPTR,A         ; 启动 ADC0809 转换
          MOV   30H,#54         ; 用 30H 作为软件延时计数器,ADC0809 需要 107μs,107 个机
                                ; 器周期
          DJNZ  30H,$           ; 12MHz 的晶振时,DJNZ 指令需循环 54 次
          MOVX  A,@DPTR         ; 读取 ADC0809 的转换结果
          MOVX  @R0,A           ; 送数据到 DAC0832
          LJMP  LOOP            ; 循环
```

注意：RCAP2H、RCAP2L 和 T2MOD 等不是 8051 默认的特殊寄存器，而是 P89V51 特有的特殊寄存器，程序编译时要注意器件选择设置。

【实验 6-12】　模数转换器之二。

实验内容同【实验 6-10】。但采用查询方式，在 ADC0809 完成转换后读取 ADC0809 中的转换结果。程序清单如下：

```
ADCTEST:  MOV   RCAP2H,#0F6H    ; 赋 RCAP2H 初值,输出 600kHz 的时钟信号(12MHz 的; 晶
                                振)
          MOV   RCAP2L,#0F6H    ; 赋 RCAP2L 初值
          ORL   T2MOD,#02H      ; 设置 T2 为定时器模式,设置 T2(P1.0)引脚输出使能
          ORL T2CON,#04H        ; 启动 T2 和从 P1.0 脚输出时钟脉冲
          MOV   DPTR,#0000H     ; 使 DPTR 指向 ADC0809 的 0 通道
          MOV   P2,#20H         ; 使 P2 指向 DAC0832
LOOP:     MOVX  @DPTR,A         ; 启动 ADC0809 转换
          JB  P3.3,$            ; 等待 ADC0809 转换结束
          MOVX  A,@DPTR         ; 读取 ADC0809 的转换结果
          MOVX  @R0,A           ; 送数据到 DAC0832
          LJMP  LOOP            ; 循环
```

注意：RCAP2H、RCAP2L 和 T2MOD 等不是 8051 默认的特殊寄存器，而是 P89V51 特有的特殊寄存器，程序编译时要注意器件选择设置。

思考题与习题

6-1　P89V51 单片机的外部数据空间有多大？在外部数据空间扩展数据存储器和其他接口器件时如何分配地址？

6-2　如果在外部数据空间扩展一个 ROM 芯片（如 27C256），是否可以？为什么？如果可

以，应该如何与单片机连接？可能的应用是什么？

6-3 可否将单片机的地址线与 RAM 的地址线打乱连接（如单片机的 A0 接 RAM 的 A1，而单片机的 A1 接 RAM 的 A0）？可否将单片机的数据线与 RAM 的数据线打乱连接？为什么？

6-4 请参考【实验 6-2】，在第一支数码管上显示 0，隔 1s 后在第二支数码管上显示，……，最后在第八支数码管上显示 7，然后再在第一支数码管上显示 0，依次循环下去。

6-5 同 6-4 题，但间隔时间分别为 100ms、10ms、5ms 和 2ms。请观察显示效果并分析。

6-6 以 P1.1 作为按键输入，在数码管上显示按键的次数，请设计程序并调试通过。

6-7 以 P1.1 作为按键输入，每按键一次，使 DAC0832 的输出增加相当于数字量 1 LSB 的模拟电压输出。

6-8 如何能够确定【实验 6-11】和【实验 6-12】中 ADC0809 的实际采样速度？有什么办法在保证 ADC0809 的其他性能的情况下使其采样速度提高？

6-9 如果有一枚模数转换器只需要 10μs 的转换时间，应该如何设计程序以得到最高的采样速度？如果该器件的引脚功能与 ADC0809 一样（但只需要 12 个时钟周期），应该如何设计接口电路以得到最高的采样速度？

6-10 数字存储示波器中的滚动（卷动）是这样实现的：通过模数转换器采集模拟信号并循序、循环存放到外部数据存储器的一个固定区域中，“同时”通过数模转换器按照采集数据的先后循序，先采先送，后采后送，最新采集到的数据最后送出。请设计程序并调试通过。

提示：将 0 ～ 5V、1Hz 的正弦或方波信号加载到 ADC0809 的一个模拟通道上，DAC0832 的输出接示波器输入，P1.1 接示波器的外部输入端，每采 N 个样（视给 DAC0832 的送数速度而定，注意保证所有的采样间隔都是相同的），在 P1.1 输出一个最短的脉冲触发示波器的场扫描，接着以最快的速度（速度是关键）将 512 个数据送到 DAC0832 输出，其时序如图 6-24 所示。

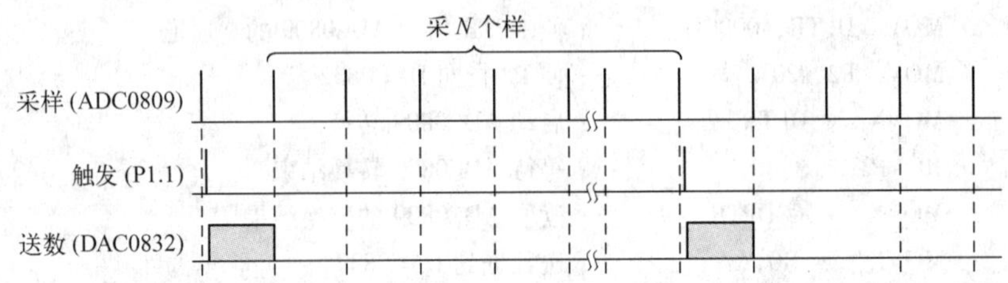

图 6-24 数字存储示波器中的滚动显示的操作时序图

6-11 数字存储示波器中的滚动方式中，如果有按键按下，除了不再采样外，从最后一次送数的首地址开始，以原来的速度送数，在示波器上显示的波形保持不变，这就是所谓的“冻结”显示。请以 P3.2 引脚作为按键输入，实现滚动和冻结显示功能。

6-12 数字存储示波器中的刷新是这样实现的：通过模数转换器采集模拟信号并循序、循环存放到外部数据存储器的一个固定区域中，同时通过数模转换器从该区域的第一个单元开始，把所有的数据送出。请设计程序并调试通过。

6-13 请以 P3.2 引脚作为按键输入，实现刷新和冻结显示功能。

6-14　请以 P3.2 引脚作为按键输入，实现在滚动、刷新和冻结显示功能之间的切换。

6-15　从习题 6-10 ～ 6-12 的练习中，你肯定能得到以下的结论：限制数字存储示波器性能的第一难点（也是关系到能否实现的关键）是提高送数的速度（程序效率），第二难点是提高采样速度（程序效率）。现在能实现的帧频（每秒送数的场数）和采样速度是多少？试一试，能提高多少。

6-16　请设计一个信号发生器：通过按键可以改变 DAC 输出的波形，如正弦波、三角波、锯齿波、方波等。

6-17　请设计一个信号发生器：可以通过按键改变输出正弦波信号的频率。

6-18　请设计一个信号发生器：既可以通过按键改变信号的波形和频率，还能在数码管上显示相应的信息。

6-19　请设计一个电压表程序：把 ADC 采集到的数据在数码管上进行显示。如果出现显示数据不稳定，可以采用多次测量求平均值的方式来解决。

6-20　在习题 6-19 基础上，如何运用定时器实现 10SPS（Sample Per Second，次采样/s）的固定速度采样和显示？

第 7 单元 复位、中断与程序控制

本单元学习要点

(1) 单片机为什么要复位？如何能可靠地复位？复位对单片机片内存储器的影响如何？

(2) 为何要有程序流向控制？怎样实现程序流向控制？有哪几种方法？

(3) 程序为何要中断？中断过程如何？如何开放和响应中断？

(4) 改变程序流向的指令及其应用。

(5) 中断服务子程序与一般的子程序的异同点。如何编写中断服务子程序？如何编写一般的子程序？

7.1 复位

7.1.1 复位的意义

单片机开始工作时，必须处于一种确定的状态，否则，不知哪里是第一条程序，如何开始运行程序？口线的电平和输入/输出状态的不确定，可能使外围设备的误动作，导致严重事故的发生；内部一些控制寄存器（专用寄存器）的内容不确定，可能导致定时器溢出、程序尚未开始就要中断，串口胡乱向外设传送数据等。因此，任何单片机在开始工作前，都必须进行一次复位过程，使单片机处于一种确定的状态。

单片机进入复位过程有三种途径：上电（开机）复位、手动复位和监控电路（看门狗或电源监控等）复位。顾名思义，上电复位就是开机给单片机系统加电时单片机进行复位操作。手动复位就是人为地强行使单片机进行复位操作。而为了提高系统的可靠性，在单片机应用系统中专门设计了一些电路用以监控系统的电源（如电源电压过低可能导致单片机执行错误的指令与程序）和单片机的状态，如果出现异常，这些电路将强制单片机复位。

7.1.2 复位电路

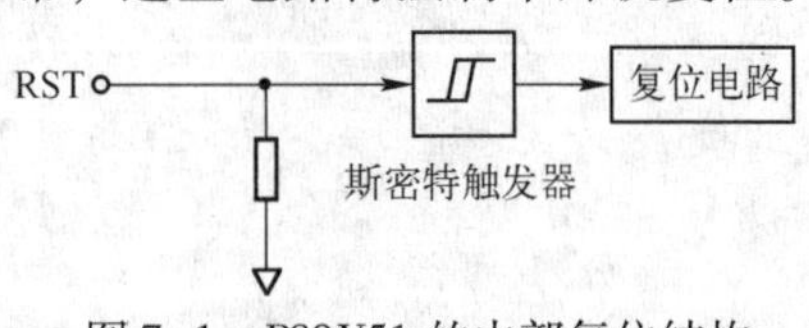

图 7-1 P89V51 的内部复位结构

P89V51 的内部复位结构如图 7-1 所示，此处复位引脚称为 RST。复位引脚 RST（它还是掉电方式下内部 RAM 的供电端 V_{PD}）通过一个斯密特触发器与复位电路相连。斯密特触发器用来抑制噪声，它的输出在每个机器周期的 S5P2，由复位电路采样一次。

上电复位电路如图 7-2（a）所示。上电瞬间 RST 端的电位与 V_{CC} 相同，随着充电电流的减小，RST 的电位逐渐下降。由图 7-2（a）可知，电路参数中 8.2kΩ 是斯密特触发器输入端的一个下拉电阻，时间常数为 $10\times10^{-6}\times8.2\times10^{3}=82\times10^{-3}\text{s}=82\text{ms}$，只要 V_{CC} 的上升时间不超过 1ms，振荡器建立时间不超过 10ms，这个时间常数足以保证完成复位操作。上电复位所需的最短时间是振荡器建立时间加上 2 个机器周期，在这段时间内，RST 端的电平应维持高于斯密特触发器的下阈值。

如图 7-2（b）和（c）所示为外部复位电路的可能方案。由图 7-2（b）可知，外部复位电路的第一方案，由外部提供一个复位脉冲，此复位脉冲应保持宽于 2 个机器周期。复位脉冲过后，由内部下拉电阻保证 RST 端为低电平。由图 7-2（c）可知，外部复位电路的第二方案是上电复位与手动复位相结合的方案。上电复位的工作过程与图 7-2（b）的相似。手动复位时，按下复位按键，电容 C 通过电阻 R1 迅速放电，使 RST 迅速变为高电平，复位按钮松开后，电容通过 R2 和内部下拉电阻充电，逐渐使 RST 端恢复低电平。

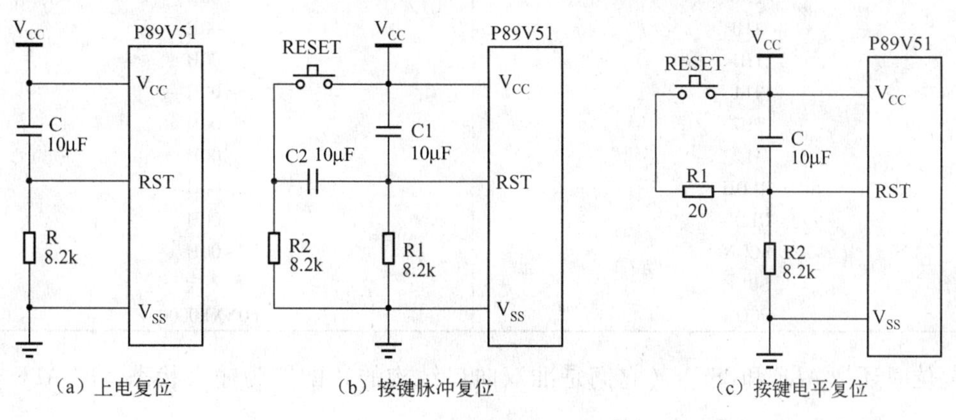

图 7-2　复位电路

用户应用程序在运行过程当中，有时会有特殊需求，如本书配套实验板的高性价比调试功能，需要实现单片机系统软复位（热启动之一），传统的 8051 单片机由于硬件上未支持此功能，用户必须用软件模拟实现，实现起来较麻烦。NXP 推出的增强型 P89V51 具备软件复位功能。

当把寄存器 FCF 中的 SWR 位从“0”变为“1”时，单片机将执行软件复位：把程序计数器（Progam Counter，PC），又称为程序计数器指针，复位为“0000H”（即程序从 0000H 处开始执行），并使 SWR 和 BSEL 位（分别为寄存器 FCF 中的位 1 和位 0）分别为“1”和“0”，即把低 8KB 的用户程序存储器映象到用户程序存储空间，这样，单片机从 0000H 开始执行用户的程序。软件复位并不改变 WDTC. 2 或 RAM 中的数据，但其他特殊寄存器将复位到他们的默认值（复位值）。

7.1.3　单片机复位后的状态

在振荡器正在运行的情况下，复位是靠在 RST 引脚处至少保持 2 个机器周期（24 个振

荡器周期）的高电平而实现的。在 RST 端出现高电平后的第 2 个周期，执行内部复位，以后每个周期重复一次，直至 RST 端变低。复位后，各内部寄存器的状态参见表 7-1。

表 7-1　P89V51 复位后各内部寄存器的状态

寄 存 器	内 容
PC	0000H
ACC	00H
B	00H
PSW	00H
SP	07H
DPTR	0000H
P0 ～P3	0FFH
IP	(XX000000)
IE	(0X000000)
TMOD	00H
TCON	00H
T2CON	00H
TH0	00H
TL0	00H
TH1	00H
TL1	00H
TH2	00H
TL2	00H
RLDH	00H
RLDL	00H
SCON	00H
SBUF	不定
PCON	(0XXX0000)

复位时还把 ALE 和$\overline{PSEN}$（它们是准双向口结构的）配置为输入状态，即 ALE = 1 和$\overline{PSEN}$ = 1。内部 RAM 不受复位的影响。

V_{CC}通电时，RAM 内容是不定的，除非 RAM 是由低功耗操作方式下返回的。

7.2　程序控制

单片机的工作原则绝对地是“一心一意”，只能按照程序的流向一步步地执行下去。为了使单片机具有“智能”，也就是使单片机根据所检测到的外接状况、或人们给它的命令，以及某种运算、判断的结果来改变程序的流向。可以说，单片机能处理上述情况的种类越多和作出的改变越复杂，说明单片机的“智能”越高。

控制程序流向的方式有两大类：硬件和软件。

① 硬件的方式有复位和中断等，对于 P89V51 来说，硬件使程序流向固定的入口地址。如复位的入口地址是 0000H，各个中断都有各自固定的入口地址。

② 软件的方式是调用（CALL）指令、跳转（JMP）指令、判断跳转（条件转移，J、CJ 和 DJ)、布尔量判断跳转（条件转移，J）和子程序返回（RET、RETI）指令。程序的流向不是固定的：子程序返回（RET、RETI）由堆栈中保存的返回地址来确定，而其他则由

指令中的操作数来指定。

软件的方式又可以分为两类：转移类和调用子程序类。

转移类又分为条件转移和无条件转移两类。

程序流向控制的分类参见表 7-2。

表 7-2　程序流向控制的分类

硬　件	软件（指令）		
	调 用 子 程 序	转　移	
		条　件	无 条 件
复位，中断	LCALL，ACALL RET，RETI	JB，JNB，CJNE，DJNZ， JZ，JNZ，JC，JNC	LJMP，AJMP

7.3　程序流向控制的指令

控制程序转移类指令共有 17 条，布尔变量控制程序转移的指令有 5 条，总共 22 条。其中有全存储空间的长调用、长转移和按 2KB 分块的程序空间内的绝对调用和绝对转移；全空间和长相对转移及一页范围内的短相对转移；还有不少条件转移指令。这类指令用到的助记符有 ACALL、AJMP、LCALL、LJMP、SJMP、JMP、JZ、JNZ、CJNE、DJNZ、JC、JNC、JB、JNB 和 JBC。

1. 绝对调用

格式：ACALL　addr　11

代码：

$a_{10}a_9a_8 1$	0001
$a_7a_6a_5a_4$	$a_3a_2a_1a_0$

操作：$(PC)\leftarrow(PC)+2$

$(SP)\leftarrow(SP)+1$

$((SP))\leftarrow(PC_{7\sim0})$

$(SP)\leftarrow(SP)+1$

$((SP))\leftarrow(PC_{15\sim8})$

$(PC_{10\sim0})\leftarrow$指令中的 2KB 区内地址 $a_{10\sim0}$

说明：指令的操作码与被调用子程序的入口地址的页面号有关。每一种操作码可分别对应 32 个页面号，参见表 7-3。指令中指定的 $a_{10\sim0}$为区内地址。

表 7-3　ACALL 和 AJMP 指令操作码与页面的关系

子程序入口转移地址页面号	操 作 码	
	ACALL	AJMP
00 08 10 18 20 28 30 38 40 48 50 58 60 68 70 78 80 88 90 98 A0 A8 B0 B8 C0 C8 D0 D8 E0 E8 F0 F8	11	01
01 09 11 19 21 29 31 39 41 49 51 59 61 69 71 79 81 89 91 99 A1 A9 B1 B9 C1 C9 D1 D9 E1 E8 F1 F9	31	21

续表

子程序入口转移地址页面号	操作码	
	ACALL	AJMP
02 0A 12 1A 22 2A 32 3A 42 4A 52 5A 62 6A 72 7A 82 8A 92 9A A2 AA B2 BA C2 CA D2 DA E2 EA F2 FA	51	41
03 0B 13 1B 23 2B 33 3B 43 4B 53 5B 63 6B 73 7B 83 8B 93 9B A3 AB B3 BB C3 CB D3 DB E3 EB F3 FB	71	61
04 0C 14 1C 24 2C 34 3C 44 4C 54 5C 64 6C 74 7C 84 8C 94 9C A4 AC B4 BC C4 CC D4 DC E4 EC F4 FC	91	81
05 0D 15 1D 25 2D 35 3D 45 4D 55 5D 65 6D 75 7D 85 8D 95 9D A5 AD B5 BD C5 CD D5 DD E5 ED F5 FD	B1	A1
06 0E 16 1E 26 2E 36 3E 46 4E 66 6E 66 6E 76 7E 86 8E 96 9E A6 AE B6 BE C6 CE E6 EE E6 EE F6 FE	D1	C1
07 0F 17 1F 27 2F 37 3F 47 4F 77 7F 67 6F 77 7F 87 8F 97 9F A7 AF B7 BF C7 CF F7 FF E7 EF F7 FF	F1	E1

例如，当调用入口地址为0475H 或0AC75H 的一个子程序时，操作码都为91H。被调用的子程序入口地址必须与调用指令 ACALL 后一条指令的第一个字节在相同的2KB 存储器区之内。ACALL 把 MCS-51 子程序存储空间划分为32 个区，每个区为2KB。调用指令 ACALL 的下一条指令第一个字节与子程序的入口地址必须在同一区内，否则将引起程序转移混乱。如果 ACALL 指令正好落在区底的两个单元内，如 07FEH 和 07FFH 单元或 0AFFEH 和 0AFFFH 单元，程序就转移到下一个区中去了。因为在执行调用操作之前 PC 先加了 2。指令的执行不影响标志。

2. 绝对转移

格式：AJMP　addr 11

代码：

$a_{10}a_9a_8$1	0000
$a_7a_6a_5a_4$	$a_3a_2a_1a_0$

操作：(PC)←(PC) +2

(PC)←指令中的 $a_{10\sim0}$

说明：指令的操作码与转移目标地址所在页号有关，每一种操作码可分别对应32 个页号，参见表7-3。指令中的 $a_{10\sim0}$为区内地址。转移目标地址必须与 AJMP 下一休指令的第一个字节在同一个 2KB 存储器区内。很明显这条指令与 ACALL 指令相类似，是为了与 MCS－48 中的 JMP 指令兼容而设计的，同样，当 ALMP 指令正好放在区底时，转移目标将移至下一区中。因为在执行转移操作之前 PC 先加了 2。

指令的执行不影响标志。

3. 长调用

格式：LCALL　addr 16

代码：

0001	0010	12H
$Addr_{15\sim8}$		
$Addr_{7\sim0}$		

操作：$(PC) \leftarrow (PC)+3$

$(SP) \leftarrow (SP)+1$

$((SP)) \leftarrow (PC_{7\sim0})$

$(SP) \leftarrow (SP)+1$

$((SP)) \leftarrow (PC_{15\sim8})$

$(PC) \leftarrow$ 指令中的 $addr_{15\sim0}$

说明：这条调用指令允许子程序放在 64KB 空间的任何地方。指令的执行不影响标志。

4. 长转移

格式：LJMP　addr 16

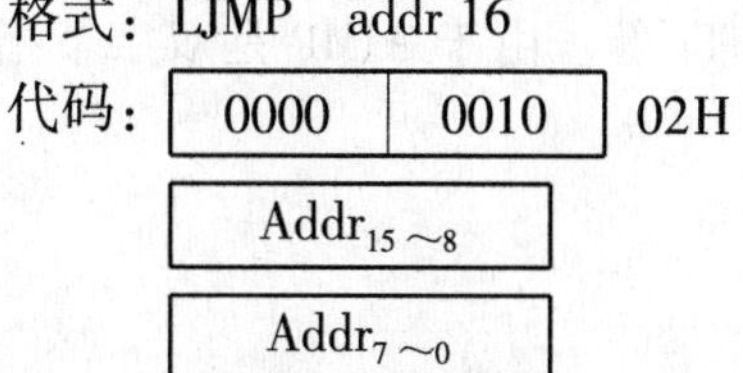

操作：$(PC) \leftarrow$ 指令中的 $addr_{15\sim0}$

说明：这条指令允许转移的目标地址在 64KB 空间的任意单元。指令的执行不影响标志。

5. 短转移

格式：SJMP　rel

代码：

1000	0000	80H
相对地址		

操作：$(PC) \leftarrow (PC)+2$

$(PC) \leftarrow (PC)+$ 相对地址

说明：指令中的相对地址是一个带符号（2 的补码）的偏移字节数，其范围为 $-128 \sim +127$。负数表示向后转移，正数表示向前转移。CPU 根据偏移字节数计算出转移的目的地址。例如，在 0100H 单元有一条 SJMP 指令，若其相对地址为 21H（正数）则将转移到 0102H + 21H = 0123H 地址上。若相对地址为 F0H（负数），则将转移到 0102H + FFF0H = 00F2H 地址上。在用汇编语言编写程序时，rel 往往是一个标号，由汇编程序在汇编过程中自动计算偏移字节数，并填入指令代码中。若手工汇编时，则根据该标号的地址按上述方法进行计算。以后的指令中有关 rdl 不再重复说明。

当偏移字节数为 FEH 时，SJMP 指令将实现“原地”转圈的运行状态。如例 16 所示在 60H 地址处有 SJMP 指令，标号 HERE 相当于 60H。根据偏移字节数计算得转移目的地址为 0062H + FFFEH = 0060H。故代码为 80H、0FEH 的短相对转移指令执行“原地”转圈操作。

6. 间接长转移

格式：JMP　@A + DPTR

代码：

0111	0011	73H

操作：$(PC) \leftarrow (A)+(DPTR)$

说明：转移地址由数据指针 DPTR 和累加器 A 的内容相加形成。16 位的模 2^{16} 加法运算，既不修改 A 也不修改 DPTR，而是把加的结果直接送 PC 寄存器。指令的执行不影响

标志。

【实验 7-1】 根据累加器的数值设计散转表程序。

程序清单如下：

```
          MOV   DPTR,#TABLE          ; 散转表入口地址送 DPTR
          JMP   @A + DPTR            ; 散转到 A 中数据所确定的程序
TABLE:    AJMP  RORT0                ; 散转到 RORT0
          AJMP  RORT1                ; 散转到 RORT1
          AJMP  RORT2                ; 散转到 RORT2
          ……
```

当 A 为 0 时，散转到 ROUT0，A 为 2 时散转到 ROUT1 等。由于 AJMP 是双字节指令，所以，A 中必须是偶数。

7. 子程序返回

格式：RET

代码：| 0010 | 0010 | 22H

操作：$(PC_{15\sim8})\leftarrow((SP))$

$(SP)\leftarrow(SP)-1$

$(PC_{7\sim0})\leftarrow((SP))$

$(SP)\leftarrow(SP)-1$

说明：子程序返回指令把栈顶的内容送到 PC 寄存器中。不影响标志。通常用在由 ACALL 或 LCALL 调用的子程序末尾。

8. 中断返回

格式：RETI

代码：| 0011 | 0010 | 32H

操作：$(PC_{15\sim8})\leftarrow((SP))$

$(SP)\leftarrow(SP)-1$

$(PC_{7\sim0})\leftarrow((SP))$

$(SP)\leftarrow(SP)-1$

说明：中断返回指令把栈顶的内容送到 PC 寄存器中，同时释放中断逻辑使之能接收同级的另一个中断请求。PSW 并不自动地恢复到中断前的状态。如果在执行 RETI 指令的时候，有一个较低级的或同级的中断已挂起，则 CPU 在至少执行了中断返回后的一条指令之后才去响应被挂起的中断。

9. 累加器为零转移

格式：JZ rel

代码：| 0110 | 0000 | 60H

| 相对地址 |

操作：若$(A)\neq0$，则$(PC)\leftarrow(PC)+2$；

若$(A)=0$，则$(PC)\leftarrow(PC)+2+$相对地址。不影响标志。

10. 累加器为非零转移

格式：JNZ rel

代码：

0111	0000	70H
相对地址		

操作：若(A)=0，则(PC)←(PC)+2；

若(A)≠0，则(PC)←(PC)+2+相对地址。

11. 累加器内容与立即数不等转移

格式：CJNE　A，#data，rel

代码：

1011	0100	B4H
立即数		
相对地址		

操作：若#data=(A)，则(PC)←(PC)+3，(C)←0

若#data<(A)，则(PC)←(PC)+3+相对地址，(C)←0

若#data>(A)，则(PC)←(PC)+3+相对地址，(C)←1

说明：这是 3 字节 3 操作数指令。指令首先对前 2 个无符号操作数进行比较，根据比较的结果设置进位标志 C，并确定是否按第 3 个操作数转移。MCS－54 虽没有单独的比较指令，但设计了多条比较转移指令，既有比较功能，又能根据比较结果使程序转移，是很有用的一类指令。

12. 累加器内容与内部 RAM 或专用寄存器内容不等转移

格式：CJNE　A，direct，rel

代码：

1011	0101	B5H
直接地址		
相对地址		

操作：若(direct)=(A)，则(PC)←(PC)+3，(C)←0

若(direct)<(A)，则(PC)←(PC)+3+rel，(C)←0

若(direct)>(A)，则(PC)←(PC)+3+ rel，(C)←1

13. 寄存器内容与立即数不等转移

格式：CJNE　@Ri，#rel

代码：

1011	011i	B6H ～B7H
立即数		
相对地址		

操作：若#data=((Ri))，则(PC)←(PC)+3，(C)←0

若#data<((Ri))，则(PC)←(PC)+3+rel，(C)←0

若#data>((Ri))，则(PC)←(PC)+3+ rel，(C)←1

14. 寄存器内容减 1 不为零转移

格式：DJNE　Rn，rel

代码：

1101	1rrr

D8H ～DFH

相对地址

操作：(Rn)←(Rn) -1

若 Rn =0，则(PC)←(PC) +2

若 Rn≠0，则(PC)←(PC) +2 + rel，

15. 内容 RAM 或专用寄存器内容减 1 不为零转移

格式：CJNZ direct，rel

代码：

1101	0101

D5H

直接地址
相对地址

操作：若(direct)←(direct) -1

若(direct) =0，则(PC)←(PC) +2

若(direct)≠0，则(PC)←(PC) +2 + rel。

说明：当 direct 为端口地址 P0 ～ P3 时，这是一条"读—修改—写"指令。

16. 空操作

格式：NOP

代码：

0000	0000

00H

操作：(PC)←(PC) +1

说明：空操作是对 CPU 的控制指令，并没有使程序转移的功能，但仅此一条指令，故不单分类，在此节中一并介绍。

17. 进位标志值转移

格式：JC rel

代码：

0100	0000

40H

相对地址

操作：若(C) =1，则(PC)←(PC) +2 + rel

若(C) =0，则(PC)←(PC) +2

【实验 7-2】 内部 RAM 单元中的两个数据比较。

比较内部 RAM NUMB_ 1，NUMB_ 2 中的两个无符号数的大小，大数存入单元 M，小数存入单元 N，若两数相等使内部 RAM 的位 127 置 1。程序以子程序方式给出，清单如下：

```
COMP:    MOV   A,NUMB_1
         CJNE  A,NUMB_2,BIC
         SETB  127                  ;两数相等
         RET
BIG:     JC  LESS                   ;若 C 置位则 NUMB_1 小
         MOV   M,A
         MOV   N,NUMB_2
         RET
LESS:    MOV   N,A
```

```
MOV   M,NUMB_2
RET
```

18. 进位标志为零转移

格式：JNC　rel

代码：

0101	0000	50H

相对地址

操作：若(C)=0，则(PC)←(PC)+2+rel

　　　若(C)=1，则(PC)←(PC)+2

19. 直接寻址位置位转移

格式：JB　bit，rel

代码：

0010	0000	20H

位地址
相对地址

操作：若(bit)=1，则(PC)←(PC)+3+rel

　　　若(bit)=0，则(PC)←(PC)+3

说明：被测试的直接寻址位在执行了该指令后，内容不改变。

20. 直接寻址位为零转移

格式：JNB　bit，rel

代码：

0011	0000	30H

位地址
相对地址

操作：若(bit)=0，则(PC)←(PC)+3+rel

　　　若(bit)=1，则(PC)←(PC)+3

21. 直接寻址位置位转移并将该位复位

格式：JBC　bit，rel

代码：

0001	0000	10H

位地址
相对地址

操作：若(bit)=0，则(PC)←(PC)+3

　　　若(bit)=1，则(PC)←(PC)+3+rel，(bit)←0

说明：若直接寻址位为输出端口，对片内定时器/计数器的溢出标志 TF0 ～ TF2 进行检测以控制程序流向时，采用 JBC TFX，rel 比采用 JBC TFX 更为合适。因为 JBC 指令不仅能完成对 TF0 ～ TF2 状态的检测，同时当满足转移条件（即 TFX = 1）时，能自动将其复位，而用 JB 指令，就要另用 1 条 CLR TFX 指令来复位，指令中 X 为 0 ～ 2。

7.4 中断

请设想下面三个场景。

场景之一：第二天凌晨要去赶火车，但你没有闹钟，只有一个挂钟，估摸到了半夜你已经醒来，但你担心误车，只能不时地看挂钟，这一夜你肯定没能睡好，到点后疲惫不堪地起床，背起行囊去赶火车。

场景之二：第二天凌晨要去赶火车，你有精确、可靠的闹钟，你只需设定好闹钟，放心、安稳地睡觉。第二天凌晨，温柔的钟声唤醒了你，你精神饱满地起床，背起行囊去赶火车。

场景之三：当你在读书时，可能电话铃声响了，你“中断”正在读的书，将正在读的这一页折一个角，拿起电话与你的亲友通话，通完话后，又津津有味地从已折好角的那页接着读下去。

在场景之一，由于你只能“一心一意”、“一心一用”，结果，要看挂钟就不能睡觉，要睡觉就不能看挂钟，时间利用效果很差，你（作为 CPU）只能不断地去看（查询）挂钟，……

在场景之二，你也只能“一心一意”、“一心一用”，但有闹钟帮助你“看”时间，到时候闹钟自动地“中断”你的正常工作——睡觉，结果你休息好了，也不会误车。

在场景之三，你仍然是“一心一意”、“一心一用”，但电话铃声“中断”你的正常工作（主程序）——读书，你折好这页书角（保护现场），去接电话（响应中断，执行中断子程序），接完电话，“返回”正常工作——读书（主程序），接着“中断”的地方继续读书。

这三个场景与单片机的工作十分类似，第一个场景相当于单片机采用查询方式；第二个场景采用了中断方式；第三个场景不仅采用了中断，还有中断现场保护。显然，第二个场景效率比第一个高；而第三个场景效率最高，工作有条理。

与上述举例一样，现在几乎所有的单片机都具备中断系统和功能，而且中断功能的强弱、中断源的多少，也是单片机性能强弱的重要指标。P89V51 有 6 个中断源，可分为 4 个优先级，其中每一个中断源的优先级都可以由程序排定。

7.4.1 中断源

P89V51 提供 6 个中断源如图 7-3 所示。

外部中断 INT0 和 INT1 可根据寄存器 TCON 中的 IT0 和 IT1 位状态，分别设置为电平或者边沿触发。实际产生的中断标志是 TCON 中的位 IE0 和 IE1，当产生外部中断时，如果是边沿触发，进入中断服务程序后由硬件清除中断标志位；如果中断是电平触发，由外部请求源（而不是由片内硬件）控制请求标志。

定时器 0 和定时器 1 中断由 TF0 和 TF1（分别由各自的定时器/计数寄存器控制，定时器 0 工作在模式 3 时除外）产生。当产生定时器中断进入中断服务程序后，由片内硬件清除标志位。

串口中断由 SPIF、RI 和 TI 的逻辑或产生。进入中断服务程序后，这些标志均不能被硬件清除。实际上，中断服务程序通常需要确定是由 SPIF，或 RI 还是 TI 产生的中断，然后由软件清除中断标志，所以这些产生中断的位都可通过软件置位或清零，与通过硬件置位或清零的效果相同，简而言之中断可由软件产生推迟或取消。

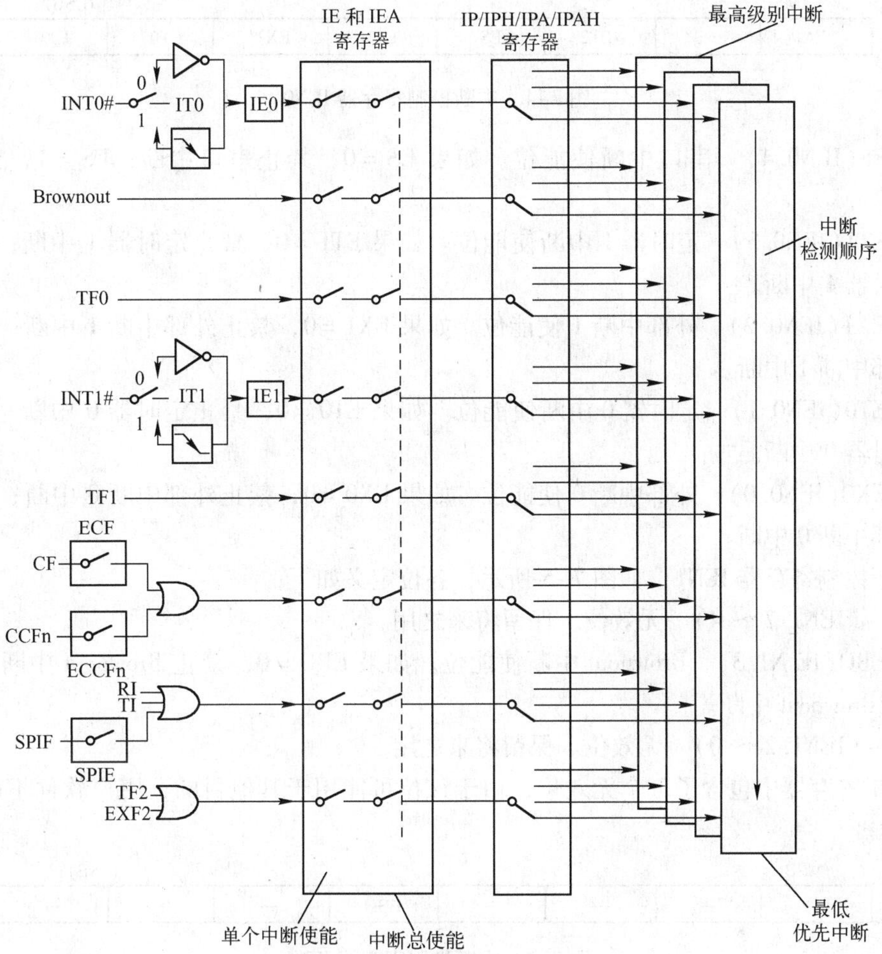

图 7-3　P89V51 提供的 6 个中断源

STCP89V51 单片机的中断与普通 8052 完全兼容，优先级可设为四级，另外增加两个外部中断源电源电压低落（Brownout）和可编程计数器阵列（Programmable Counter Array，PCA）中断。

7.4.2　中断控制寄存器

1. 中断使能寄存器 IEN0 和 IEN1

每个中断源可通过置位或清零中断控制寄存器 IEN0 和 IEN1 中的相应位，分别使能或禁止对应中断源的中断。IE 中还包含一个全局禁止位 EA，可以立即禁止所有的中断。

中断控制寄存器 IEN0，如图 7-4 所示，各位定义如下：

① EA(IEN0.7)　全局中断禁止位。如果 EA = 0，所有的中断都被禁止；EA = 1，所有的中断都可通过设置/清零各自的使能位单独使能或禁止。

② EC(IEN0.6)　PCA 中断使能位。如果 EA = 0，禁止 PCA 中断；EA = 1，允许 PCA 中断。

③ ET2(IEN0.5)　定时器 2 中断使能位。如果 ET2 = 0，禁止定时器 2 中断；ET2 = 1，允许定时器 2 中断。

(MSB) (LSB)

EA	—	ET2	ES	ET1	EX1	ET0	EX0

图 7-4　中断控制寄存器 IEN0

④ ES(IEN0.4)　串口中断使能位。如果 ES=0，禁止串口中断；ES=1，允许串口中断。

⑤ ET1(IEN0.3)　定时器 1 中断使能位。如果 ET1=0，禁止定时器 1 中断；ET1=1，允许定时器 1 中断。

⑥ EX1(IEN0.2)　外部中断 1 使能位。如果 EX1=0，禁止外部中断 1 中断；EX1=1，允许外部中断 1 中断。

⑦ ET0(IEN0.1)　定时器 0 中断使能位。如果 ET0=0，禁止定时器 0 中断；ET0=1，允许定时器 0 中断。

⑧ EX0(IEN0.0)　外部中断 0 使能位。如果 EX0=0，禁止外部中断 0 中断；EX0=1，允许外部中断 0 中断。

中断控制寄存器 IEN1，如图 7-5 所示，各位定义如下：

① -(IEN1.7～4)　无效位。保留将来之用。

② EBO(IE N1.3)　Brownout 中断使能位。如果 EBO=0，禁止 Brownout 中断；EBO=1，允许 Brownout 中断。

③ -(IEN1.2～0)　无效位。保留将来之用。

IEN1 寄存器中包含了 7 个无效位，由于该位可能用于其他目的，用户软件不应将这些位写入 1。

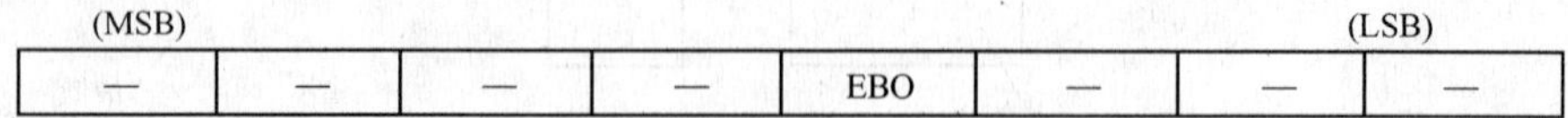

图 7-5　中断控制寄存器 IEN1

2. 中断优先级寄存器 IP0、IP0H、IP1 和 IP1H

每个中断源可通过置位或清零中断优先级寄存器 IP0（低位字节）、IP0H（高位字节）、IP1（低位字节）、IP1H（高位字节）中的相应位设置中断优先级。这 4 个寄存器共同决定各个中断的优先级别，参见表 7-4。

表 7-4　中断的优先级

优先级位		中断优先级
IPnH. x	IPn. x	
0	0	0（最低优先级）
0	1	1
1	0	2
1	1	3（最高优先级）

中断优先级寄存器 IP0，如图 7-6 所示。各位定义如下：

① —(IP0.7)　无效位。保留将来之用。

② PPC(IP0.6)　PCA 中断优先级低位。

③ PT2(IP0.5)　定时器 2 中断优先级低位。

④ PS(IP0.4)　　　串口中断使能低位。

⑤ PT1(IP0.3)　　　定时器 1 中断优先级低位。

⑥ PX1(IP0.2)　　　外部中断 1 优先级低位。

⑦ PT0(IP0.1)　　　定时器 0 中断优先级低位。

⑧ PX0(IP0.0)　　　外部中断 0 优先级低位。

IP0 寄存器中包含了一个无效位，由于该位可能用于其他目的，用户软件不应将这些位写入 1。

(MSB)　　　　　　　　　　　　　　　　　　　　(LSB)

—	PPC	PT2	PS	PT1	PX1	PT0	PX0

图 7-6　中断优先级寄存器 IP0

中断优先级寄存器 IP0H，如图 7-7 所示，各位定义如下：

① —(IP0H.7)　　　无效位。保留将来之用。

② PPCH(IP0H.6)　　PCA 中断优先级高位。

③ PT2H(IP0H.5)　　定时器 2 中断优先级高位。

④ PSH(IP0H.4)　　　串口中断使能高位。

⑤ PT1H(IP0H.3)　　定时器 1 中断优先级高位。

⑥ PX1H(IP0H.2)　　外部中断 1 优先级高位。

⑦ PT0H(IP0H.1)　　定时器 0 中断优先级高位。

⑧ PX0H(IP0H.0)　　外部中断 0 优先级高位。

IP0H 寄存器中包含了一个无效位，由于该位可能用于其他目的，用户软件不应将这些位写入 1。

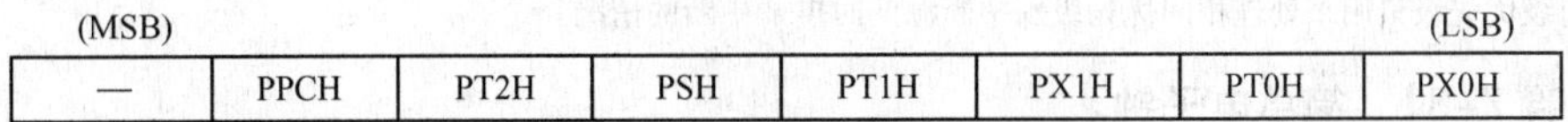

图 7-7　中断优先级寄存器 IP0H

中断优先级寄存器 IP1，如图 7-8 所示，各位定义如下：

① —(IP1.7 ~ 4)　　无效位。保留将来之用。

② PBO(IP1.3)　　　Brownout 中断中断优先级低位。

③ —(IP1.2 ~ 0)　　无效位。保留将来之用。

IP1 寄存器中包含了 7 个无效位，由于这些位可能用于其他目的，用户软件不应将这些位写入 1。

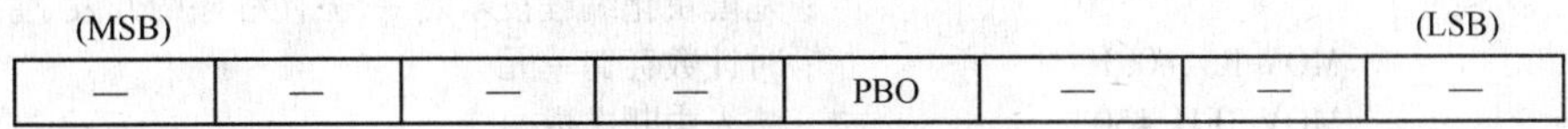

图 7-8　中断优先级寄存器 IP1

中断优先级寄存器 IP1H，如图 7-9 所示，各位定义如下：

① —(IP1H.7 ~ 4)　无效位。保留将来之用。

② PBOH(IP1H.3)　Brownout 中断中断优先级低位。

③ —(IP1H.2 ~ 0)　无效位。保留将来之用。

IP1H 寄存器中包含了一些无效位，由于这些位可能用于其他目的，用户软件不应将这

些位写入1。

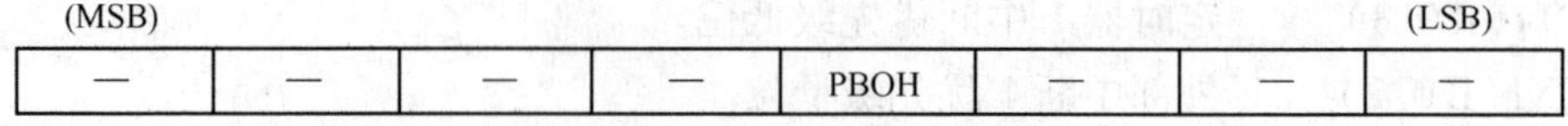

(MSB)							(LSB)
—	—	—	—	PBOH	—	—	—

图7-9　中断优先级寄存器IP1H

7.4.3　中断优先级结构

每个中断源都可通过编程中断优先级寄存器IPn和IPnH单独设置优先级。一个中断服务程序可响应更高级的中断，但不能响应同优先级或低级中断。最高级中断服务程序不响应其他任何中断。如果两个不同中断优先级的中断源同时申请中断时，响应较高优先级的中断申请。如果两个同优先级的中断源同时申请中断，内部查询顺序将确定首先响应哪一个中断，请求查询顺序参见表7-5。

表7-5　同级中断优先级的请求查询顺序

中断源	中断标志	中断向量	中断使能位	中断优先级设置位	同优先级时的中断顺序	能否从低功耗模式中唤醒
INT0	IE0	0003H	EX0	PX0/H	1（highest）	是
Brownout	—	004BH	EBO	PBO/H	2	否
T0	TF0	000BH	ET0	PT0/H	3	否
INT1	IE1	0013H	EX1	PX1/H	4	是
T1	TF1	001BH	ET1	PT1/H	5	否
PCA	CF/CCFn	0033H	EC	PPCH	6	否
UART/SPI	TI/RI/SPIF	0023H	ES	PS/H	7	否
T2	TF2，EXF2	002BH	ET2	PT2/H	8	否

注：同级优先级只用来处理相同优先级别中断源同时申请中断的情况。

【实验7-3】　简单电子钟。

下面是一个显示时、分、秒的电子钟程序。

```
          ORG   0000H          ；实验板开始执行的第一条指令所处的地址
          LJMP  MAIN           ；跳转到主程序
          ORG   000BH          ；定时器0中断入口地址
          LJMP  TINT0          ；跳转到定时器0中断服务子程序
          ORG   0200H          ；主程序开始的地址；避开中断入口地址
MAIN：    MOV   SP,#0D0H       ；设置堆栈起始地址
          LCALL INT8255        ；初始化CPU,注意用不同的子程序完成一定的功能,这
                               ；是模块化编程技术之一,方便程序的开发、管理和维护
          MOV R3,#00H          ；时计数存储单元
          MOV 3FH,#50          ；装入中断次数
          MOV 40H,#00H         ；秒低位存储单元
          MOV 41H,#00H         ；秒高位存储单元
          MOV 42H,#0FFH        ；分、秒间显示符号“-”
          MOV 43H,#00H         ；分低位
          MOV 44H,#00H         ；分高位
          MOV 45H,#0FFH        ；时、分间显示符号“-”
          MOV 46H,#00H         ；时低位
          MOV 47H,#00H         ；时高位
```

```
        SETB ET0                    ; T0 开中断
        SETB EA                     ; CPU 开中断
        ORL TMOD,#01H               ; 设置定时器 0 工作在模式 1
        MOV   TH0,#0B8H             ; 设定定时器初值,定时时间为 20ms。赋 TH0 初值
                                    ; 为 0B8H
        MOV   TL0,#00H              ; 赋 TL0 初值为 00H
        SETB  TR0                   ; 启动 T0
L1:     LCALL LED                   ; 调 LED 子程序
        LJMP L1
;---------------------------------主程序结束
;---------------------------------以下为 8255 初始化程序
INT8255: MOV   P2,#58H              ; 使 P89V51P2 指向 8255PA 的控制寄存器接口结构,
                                    ; P89V51P0 口地址应与低 8 位无关
        MOV A,#82H                  ; 8255A 的控制字(82H),8255PC 口输出 PB 口输入,PA
                                    ; 口输出
        MOVX   @ R0,A               ; 送 8255A 控制字
        RET
;-----------------------------以下为定时器 0 中断服务子程序
TINT0:  MOV   TH0,#0B8H             ; 重赋定时器初值
        MOV   TL0,#00H
        PUSH PSW                    ; 保护现场
        PUSH ACC
        DJNZ 3FH,RETURN             ; 1s 未到返回
        MOV 3FH,#50                 ; 重置中断次数
        INC 40H                     ; 秒低位加 1
        MOV A,40H
        CJNE A,#0AH,RETURN          ; 未满 10s 返回
        MOV 40H,#00H                ; 计满 10s,秒低位清零
        INC 41H                     ; 秒高位加 1
        MOV A,41H
        CJNE A,#06H,RETURN          ; 未满 60s 返回
        MOV 41H,#00H                ; 计满 60s,秒高位清零
        INC 43H                     ; 分低位加 1
        MOV A,43H
        CJNE A,#0AH,RETURN          ; 未满 10min 返回
        MOV 43H,#00H                ; 计满 10min,分低位清零
        INC 44H                     ; 分高位加 1
        MOV A,44H
        CJNE A,#06H,RETURN          ; 未满 60min 返回
        MOV 44H,#00H                ; 计满 60min,分高位清零
        INC 46H
        INC R3
        CJNE R3,#24,H1              ; 未满 24h 跳转
        MOV 47H,#00H
        MOV 46H,#00H
        LJMP RETURN                 ; 满 24h,时高低位均清零
H1:     MOV A,46H
        CJNE A,#0AH,RETURN          ; 未满 10h 返回
        MOV 46H,#00H                ; 计满 10h,时低位清零
```

```
        INC 47H                   ; 时高位加 1
RETURN: POP ACC                   ; 恢复现场
        POP PSW
        RETI
; --------------------------------以下为 LED 数码管显示程序
LED:    MOV R2,#04H               ; 从右到左 LED 的位码依次为 7F,BF,DF,EF,FE,FD,
                                  ; FB,F7
        MOV   R5,#07FH            ; R5 作为位选寄存器
        MOV R1,#40H
DISPLAY1:MOV 36H,@R1
        LCALL  LED1
        MOV A,R5
        MOV   P2,#50H
        MOVX @R0,A                ; 送位选码入 PC 口
        LCALL TMS                 ; 延时 1.024ms
        INC R1
        MOV A,R5
        RR A
        MOV R5,A
        DJNZ R2,DISPLAY1
        MOV R2,#04H
        MOV R5,#0FEH              ; 使左四位 LED 亮
        MOV R1,#44H
DISPLAY2: MOV 36H,@R1
        LCALL   LED1
        MOV A,R5
        MOV   P2,#050H
        MOVX   @R0,A
        LCALL TMS
        MOV A,R5
        RL A
        MOV R5,A
        INC R1
        DJNZ R2,DISPLAY2
OU1:    RET
    ; ----------------------------------------------
LED1:   MOV   P2,#040H            ; 送段码子程序
        MOV DPTR,#TAB
        MOV A,36H
AAA:    CJNE A,#0FFH,BBB
        MOVX A,@DPTR
        MOVX @R0,A
        RET
BBB:    DEC A
        INC DPTR
        LJMP AAA
        ; -----------------------延时子程序,约 1ms
TMS:    PUSH 06H                  ; 保护 R6 等可能用到的寄存器，这样程序移植性好,不
                                  ; 易发生冲突
```

```
            PUSH 07H                ; 注意保护寄存器所用的“名称”
; ------
            MOV   R6,#00H           ; 给R6和R7赋初值,在12Hz晶振时延时时间为2(R7循环次数)×
            MOV   R7,#02H           ; 256(R6循环次数)×2×10-6(DJNZ指令耗时)=1.024ms
DELAY01:    DJNZ   R6,$             ; R6单元减1,非0继续执行当前指令,“$”指当前指令
                                    ; 地址
            DJNZ   R7,DELAY01       ; R7减1,非0跳转到标号DELAY01处执行
; -------------
            POP 07H                 ; 一定要记得恢复被保护的寄存器,注意恢复的前后顺序
            POP 06H
            RET
; -------------LED显示码
TAB:        DB 0BFH,0C0H,0F9H,0A4H,0B0H,99H,92H,82H,0F8H,80H,90H
END
```

该实验的目的是为了掌握中断、定时器的编程和调试。

【实验7-4】 可以报时的电子钟。

下面的电子钟程序不仅显示时、分、秒，还能每10min报时一次，且报时的次数与十分位数相同。为了快速演示，可以将程序改为每6s向分钟进位。

```
            ORG   0000H             ; 实验板开始执行的第一条指令所处的地址
            LJMP   MAIN             ; 跳转到主程序
            ORG   000BH             ; 定时器0中断入口地址
            LJMP   TINT0            ; 跳转到定时器0中断服务子程序
            ORG   0200H             ; 主程序开始的地址;避开中断入口地址
MAIN:       MOV   SP,#0D0H          ; 设置堆栈起始地址
            LCALL   INI_8288        ; 初始化CPU,注意用不同的子程序完成一定的功
                                    ; 能,这是模块化
            LCALL CLR_IN_RAM        ; 清除内部RAM
            LCALL   INI_CPU         ; 编程技术之一,方便程序的开发、管理和维护
L1:         JNB F0,$                ; F0为PSW中用户标志,在中断中置1表示中
                                    ; 断过。在此用于显示与中断同步
            CLR F0                  ; 一次中断显示一位
            LCALL   LED             ; 调LED子程序
            LCALL   ALARM           ; 调报时程序
            LJMP   L1
; ----------------------------报时程序
ALARM:      JNB 00H,ALARM1          ; 00H为1,继续报时,为0则继续判断是否到时
            MOV A,09H               ; 提取十分位
            CJNE A,#0,ALARM0        ; 如果十分位为0,则报6次
            MOV A,#6
            LJMP ALARM4
ALARM0:     MOV B,#10
            DIV AB                  ; 得到十分位
ALARM4:     RL A
            CJNE A,08H,ALARM2       ; 报时次数不到则跳转
            CLR 00H                 ; 关闭报时
            SETB P3.4
ALARM1:     RET
```

```
ALARM2: MOV A,08H              ; 利用秒的最低位控制报时与否与时间长短
        MOV C,ACC.0
        MOV P3.4,C
        RET                    ; 返回
; -------------------------------
INI_8288: MOV  P2,#58H         ; 使 P89V51P2 指向 8255PA 的控制寄存器接口结
                               ; 构,P89V51P0 口地址应与低 8 位无关
        MOV  A,#82H            ; 8255A 的控制字(82H),8255PC 口输出 PB 口输
                               ; 入,PA 口输出
        MOVX  @ R0,A           ; 送 8255A 控制字
        RET
; ===============================
INI_CPU: MOV R7,#0FEH          ; 显示位指针,从第一位开始显示
        MOV R6,#40H            ; 指向显示缓冲区
        MOV  3FH,#150          ; 装入中断次数,对 1ms 计数
        MOV  3EH,#4
        MOV  08H,#1
        MOV  09H,#9
        MOV  0BH,#9
; -------------------------------
        SETB  ET0              ; T0 开中断
        SETB  EA               ; CPU 开中断
        ORL  TMOD,  #01H       ; 设置定时器 0 工作在模式 1
        MOV  TH0,#0FCH         ; 设定定时器初值,定时时间为 4ms。赋 TH0 初
        MOV  TL0,#67H          ; 值为#0FCH,赋 TL0 初值为#67H
        SETB  TR0              ; 启动 T0
        RET
; ===============================
CLR_IN_RAM:    MOV R0,#0CFH
CLR_IN_RAM1:   MOV @ R0,#0
               DJNZ R0,CLR_IN_RAM1
               RET
; ===================================
TINT0:   MOV  TL0,#67H         ; 重赋定时器初值,先赋低位字节更精确
         MOV  TH0,#0FEH
         PUSH  PSW             ; 保护现场
         PUSH  ACC
         DJNZ  3FH,RETURN      ; 1s 未到返回
         MOV  3FH,#150         ; 重置中断次数,4ms 中断一次时:1s = 1ms ×
         DJNZ  3EH,RETURN      ; 250 ×4
         MOV  3EH,#4
         SETB RS0              ; 选择工作寄存器组 1
         INC  R0               ; 秒加 1
         CJNE  R0,#10,RETURN   ; 未满 60s 返回
         MOV  R0,#00H          ; 计满 60s,秒低位清零
         INC  R1               ; 分加 1
         INC  R3               ; 用 R3 来判断分十位是否有进位
         CJNE R3,#10,NEXT
         MOV  R3,#0
```

```
            SETB 00H                     ; 十位是否有进位
NEXT:       CJNE  R1,#60,RETURN          ; 未满 60min 返回
            MOV   R1,#00H                ; 计满 60min,分位清零
            INC   R2                     ; 时加 1
            CJNE   R2,#24,RETURN         ; 未满 24h 返回
            MOV   R2,#00H                ; 计满 60min,分高位清零
RETURN:     POP   ACC                    ; 恢复现场
            POP   PSW
            SETB F0                      ; 设置用户标志以表示中断过一次,不能在"POP
            RETI                         ; PSW"指令前设置
; ==============================将十六进制数转换为显示码并送显示缓冲区
H_TO_B:     MOV R0,#08                   ; 指向待转换数据区
            MOV R1,#40H                  ; 指向转换后存放显示数据缓冲区
H_TO_B1:    MOV A,@R0
            MOV B,#10
            DIV AB
            MOV @R1,B                    ; 送十位
            INC R1
            MOV @R1,A                    ; 送个位
            INC R1
            MOV @R1,#0AH                 ; 送"-"
            INC R1
            INC R0
            CJNE R0,#0BH,H_TO_B1         ; 判断是否变换完成
            RET
; ================================================
LED:        LCALL H_TO_B                 ; 将十六进制数转换为显示码并送显示缓冲区
            MOV   P2,#50H                ; 送位选码入 PC 口
            MOV A,R7
            MOVX   @R0,A
            RL A                         ; 指向下一显示位
            MOV R7,A                     ; 保存显示位指针
;————————————————————————————————
            MOV 00H,06H                  ; 指向显示缓冲区
            MOV A,@R0                    ; 读出待显示值
            MOV DPTR,#TAB                ; 指向显示码查表区
            MOVC A,@A+DPTR               ; 得到显示码
            MOV P2,#40H                  ; 指向 PA 口输出七段显示码
            MOVX @R0,A
            INC R6                       ; 修改显示缓冲区指针
            ANL 06H,#47H                 ; 保证显示缓冲区指针在 40H ~47H 的范围内
;————————————————————————
            RET
; ===================================七段显示码的表格
TAB:        DB 0C0H,0F9H,0A4H,0B0H,99H,92H,82H,0F8H,80H,90H,0BFH
END
```

7.4.4 中断的处理

中断系统在每个机器周期的 S5P2 时采样中断标志，在下一个机器周期查询该采样，如

果在 S5P2 周期时有一个标志置位，在查询周期将发现它，然后中断系统产生一个 LCALL 调用对应的服务程序。在下面任意一种情况下都会推迟执行由硬件产生的 LCALL：

① 同级或更高级的中断已在处理中。

② 当前的周期不是正在执行指令的最后一个周期。

③ 正在处理的指令是 RETI 或任何写 IE 或 IP 寄存器的指令。

情况 2 确保正在处理的指令在进入任何中断服务程序前可以执行完毕。情况 3 确保了如果正在处理的指令是 RETI，或任何访问 IE 或 IP 寄存器的指令，那么在进入任何中断服务程序之前至少再执行一条指令。

查询周期在每个机器周期都会重复所查询的值，是在前一个机器周期的 S5P2 出现的值。需要注意的是，如果一个中断标志位有效，但仍然没有被响应是因为出现上面所述的情况。如果当阻碍的条件撤除时，中断标志不再有效，中断将不再响应。换句话说，如果中断标志有效时没有响应，中断之后将不再保持该标志，每次查询周期都会更新中断标志。

中断的查询周期和 LCALL 时序如图 7-10 所示。需要注意的是，如果一个更高优先级的中断在 S5P2 之前的 C3 有效，然后根据上面的规则，它会在 C5、C6 响应中断，不执行任何低优先级中断的指令。

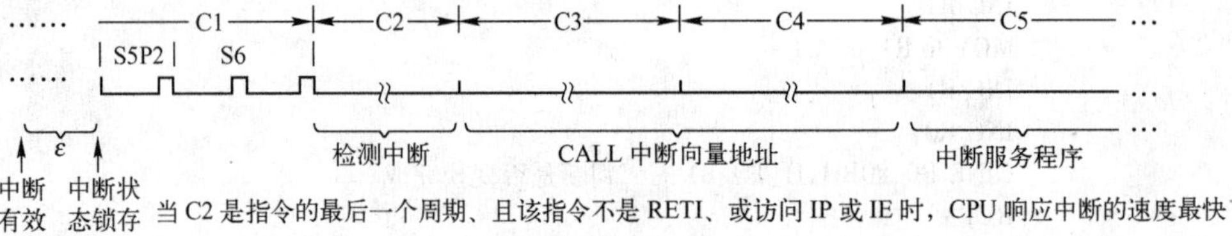

图 7-10　中断的查询周期和 LCALL 时序图

单片机通过执行硬件产生的 LCALL 调用相应的服务程序来应答中断。在有些情况下它清零中断标志位，另一些情况不清零。它永远不会清零串口中断标志，这需要用户软件来完成。如果外部中断是边沿触发，中断标志（IE0 或 IE1）会被硬件清零，硬件产生的 LCALL 将程序指针的内容压入堆栈（但不会保护程序状态字寄存器 PSW），并根据响应的中断源重新将一个地址装入 PC（参见表 7-5）。

当中断服务程序执行到 RETI 指令时通知处理器中断程序已执行完毕，然后从堆栈弹出两个字节（程序中断处的地址）重新装入 PC，继续执行被中断的程序。

注意：RET 指令也可以返回被中断的程序，但这样会使中断系统认为中断仍在执行，后面的中断再也无法响应。

7.4.5　外部中断

外部中断源可配置为电平触发或边沿触发。通过将寄存器 TCON 中的位 IT1 或 IT0 置位或清零实现。如果 ITx = 0，外部中断 x 通过 INTx 脚的低电平触发；如果 ITx = 1，外部中断 x 为边沿触发。该模式下对 INTx 脚连续采样，如果在一个周期为高电平而下一个周期为低电平，中断请求标志 IEx 将置位，然后通过 IEx 请求中断。

由于每个机器周期采样一次外部中断引脚，输入高或低电平都应当保持至少 12 个振荡周期，以确保能够采样到。如果外部中断为边沿触发，外部中断源应当将中断引脚至少保持 1 个机器周期高电平，然后至少保持 1 个机器周期低电平，这样就确保了边沿能够被检测到，以使 IEx 置位。当调用中断服务程序后，CPU 自动将 IEx 清零。如果外部中断为电平触发，外部中断源必须一直保持请求有效直到产生所请求的中断，然后在中断程序结束之前撤除请求，否则将产生另一次中断。

7.4.6　中断响应时间

INT0 和 INT1 电平在每个机器周期的 S5P2 取反并锁存到 IE0 和 IE1，在下个周期之前，该值不会被电路查询。如果请求有效且应答的条件正确，下个执行的指令就是硬件子程序调用请求中断。CALL 指令本身占用两个周期，因此，从中断请求有效到开始执行中断服务程序的第一条指令需要至少 3 个完整的机器周期。

如果中断被前面所述的 3 个条件之一所阻滞，中断就需要更长的响应时间。如果同级或高优先级的中断已经在处理，额外的等待时间就取决于其他中断服务程序所耗的时间。如果正在执行的指令不是它的最后一个周期，额外的等待时间不会超过 3 个周期，因为最长的指令 MUL 和 DIV 为 4 个周期。如果正在处理的是 RETI、或者任何访问 IE 或 IP 的指令，额外的等待时间不会超过 5 个周期。完成正在处理的指令需要一个周期，再加最多 4 个周期完成下一条指令（如果指令为 MUL 或 DIV）。因此，在一个单中断系统中，响应时间总是大于 3 个周期，小于 9 个周期。

如前面所述，具有 4 个中断优先级结构的单片机对应的中断控制寄存器为 IE、IP 和 IPH。IPH 寄存器的功能很简单，它与 IP 寄存器组合使用时决定每个中断的优先级，参见表 7-4。

思考题与习题

7-1　单片机为什么要复位？如何能可靠地复位？复位对单片机片内存储器的影响如何？

7-2　程序为何要中断，中断过程，如何开放和响应中断？

7-3　怎样实现程序流向控制？有哪几种方法？

7-4　如何编写中断服务子程序？中断服务子程序的入口地址在什么地方？

7-5　为什么要在中断服务子程序中保护现场？如何保护现场？请针对实验中的程序分析和体会中断服务子程序中的保护现场的指令？

7-6　请在【实验 7-3】的电子钟的基础上，增加校时功能。

7-7　请在习题 7-6 电子钟的基础上，增加报时功能（即到整点时，蜂鸣器断、续响若干声，次数与小时数相同）。

7-8　请在习题 7-7 电子钟的基础上，增加定时功能（即到设定时间时，蜂鸣器断、续响若干声）。

7-9　在习题 7-6 ～ 7-8 中，可以按照【实验 7-3】所提示的方法来快速演示或方便调试外，还可以改变定时时间来达到类似的效果。请编程试一试，并分析可能出现的问题，解决之。

7-10　不同的中断服务子程序（如定时中断和外部中断）的编写有何不同的考虑和编写？

7-11　以 $\overline{\text{INT0}}$（P3.2）作为按键输入，以中断的方式可以修改正弦波发生器的频率，并且在数码管上显示所输出的频率。

7-12　以 $\overline{\text{INT0}}$（P3.2）作为按键输入，以中断的方式可以修改 ADC 的采样通道，并在数码管上显示采样通道和被采样信号的幅值。

第 8 单元

串行接口

本单元学习要点

(1) P89V51 的通用串行接口 UART 的工作原理和工作模式。

(2) UART 的控制寄存器 SCON。

(3) UART 的发送/接收数据缓冲器 SBUF。

(4) P89V51 的 UART 的增强功能：UART 帧错误检测与自动地址识别。

(5) P89V51 的 SPI 串口的功能与应用。

8.1 引言

单片机与外部交换数据可以分为两种方式：并行方式和串行方式。并行方式是同时传送多位（通常是 8 位或 16 位）数据。如前面已经介绍过的通过总线与在外部数据存储器空间扩展的外设交换（传送或接收）数据、或直接通过单片机 I/O 接口交换数据。并行接口的特点是速度快，但需要较多的连线和占用较多的口线。串行接口则是一位一位地传送数据，显然，如果传送一个字节的数据则至少需要 8 次操作才能完成，比并行方式要慢得多。但串行方式也有其突出的优点：连线少，占用口线少。对于单片机而言，单片机常常用于控制领域，口线有限，而常常需要控制或传送数据给有一定距离的外设，因此，串口是单片机与外设交换数据的重要方式。

P89V51 有两种串口：通用异步接收/发送装置（Universal Asynchronous Receiver/Transmitter，UART）和串行外围接口（Serial Peripheral Interface，SPI）。本章介绍这两种串口的接口技术。

8.2 标准 UART 操作

所谓全双工串口是指可以同时发送和接收数据。P89V51 串口还是增强型的：

① 具有接收缓冲。在第一个字节从寄存器读出之前可以开始接收第二个字节。但是，如果第二个字节接收完毕时第一个字节仍未读出，其中一个字节将会丢失。

② 成帧错误检测。当接收的数据帧出现错误时自动设置标志位。

③ 自动地址检测。用于多机通信中主机自动与指定从机进行通信。

串口的发送和接收寄存器都是通过专用寄存器 SBUF（串口数据缓冲寄存器）进行访问的。写入 SBUF 的数据装入发送寄存器，对 SBUF 的读操作则是从接收寄存器读出数据。虽然读/写都是对“同一”SBUF 进行操作，实际上，单片机在物理上有两个各自独立的缓冲寄存器。

串口有 4 种操作模式。

1. 模式 0

串行数据通过引脚 RxD 进出，TxD 输出时钟，每次发送或接收以 LSB 最低位作首位，每次 8 位，波特率固定为 MCU 时钟频率的 1/6。

2. 模式 1

TxD 脚发送，RxD 脚接收，每次数据为 10 位：一个起始位 0，8 个数据位（LSB 在前）及一个停止位 1。当接收数据时，停止位存于 SCON 的 RB8 内。波特率可变，由定时器 1 溢出速率决定，等于定时器 1 溢出速率的 1/2。

3. 模式 2

TxD 脚发送，RxD 脚接收。每次数据为 11 位：一个起始位 0，8 个数据位（LSB 在前），一个可编程第 9 位数据及一个停止位 1。发送时，第 9 个数据位（SCON 内 TB8 位）可置为 0 或 1。例如，将奇偶位 PSW 内 P 位移至 TB8。接收时，第 9 位数据存入 SCON 的 RB8 位，停止位忽略，波特率可编程为 MCU 时钟频率的 1/16 或 1/32，由 PCON 内 SMOD1 位决定。

4. 模式 3

TxD 脚发送，RxD 脚接收。每次数据为 11 位：一个起始位 0，8 个数据位（LSB 在前）一可编程的第 9 位数据及一个停止位 1。实际上，模式 3 除了波特率外均与模式 2 相同，其波特率可变并由定时器 1 溢出率决定。

在上述 4 种模式中，发送过程是以任意一条写 SBUF 作为目标寄存器的指令开始的。模式 0 时，接收通过设置 R1 = 0 及 REN = 1 初始化。其他模式下，如若 REN = 1 则通过起始位初始化。波特率可变，由定时器 1 溢出速率决定，等于定时器 1 溢出速率的 1/2。

8.3　多机通信

UART 模式 2 及模式 3 有一个专门的应用领域，即多机通信。在这些模式时，接收为 9 位数据，第 9 位存入 RB8，接下来为停止位。UART 可编程为接收到停止位时，仅当 RB8 = 1 时串口中断才有效。可通过置位 SCON 内 SM2 位来选择这一特性。下述为多机系统利用这一特性的一种方法。

当主机需要发送一数据块给数台从机之一时，首先发送出一个地址字节对目标从机进行识别。地址与数据字节通过第 9 位数据区别。其中地址字节的第 9 位为 1 而数据字节为 0。SM2 = 1 时，数据字节不会使各从机产生中断，而地址字节则令所有从机中断，这样各从机可以检查接收到的数据判断是否被寻址。被寻址的从机即可清除 SM2 位，以准备接收随后数据内容，未被寻址的从机的 SM2 位仍为 1，不理睬随后数据，继续各自的工作。

模式 0 时 SM2 无效，模式 1 时 SM2 用于检验停止位是否有效。在模式 1 时，如果SM2 =

1，那么只有接收到有效的结束位才可产生接收中断。

8.4 串行端口控制寄存器 SCON

串行端口控制及状态寄存器 SCON，如图 8-1 所示。SCON 的各位定义如下：

(MSB)							(LSB)
SM0/FE	SM1	SM2	REN	TB8	RB8	TI	RI

图 8-1　串行端口控制及状态寄存器 SCON

① SM0/FE（SCON.7）帧错误位：当检测到一个无效停止位时通过 UART 接收器设置该位但它必须由软件清零要使该位有效 PCON 寄存器中的 SMOD0 位必须置 1。

② SM1（SCON.6）定义串口操作模式要使该位有效 PCON 寄存器中的 SMOD0 必须置 0。

SM1 和 SM0 定义串行口操作模式参见表 8-1。

③ SM2（SCON.5）在模式 2 和 3 中多处理机通信使能位。在模式 2 或 3 中，若 SM2 = 1 且接收到的第 9 位数据 RB8 是 0，则 RI 接收中断标志不会被激活。在模式 1 中，若 SM2 = 1 且没有接收到有效的停止位，则 RI 不会被激活。在模式 0 中 SM2 必须是 0。

④ REN（SCON.4）允许接收位。由软件置位或清除。REN = 1 时，允许接收。REN = 0，时禁止接收。

⑤ TB8（SCON.3）模式 2 和 3 中发送的第 9 位数据，可以按需要由软件置位或清除。

⑥ RB8（SCON.2）模式 2 和 3 中已接收的第 9 位数据，在模式 1 中或 SM2 = 0，RB8 是已接收的停止位。在模式 0 中 RB8 未用。

⑦ TI（SCON.1）发送中断标志。模式 0 中，在发送完第 8 位数据时由硬件置位。其他模式中，在发送停止位之初由硬件置位。在任何模式中都必须由软件来清除 TI。

⑧ RI（SCON.0）接收中断标志。模式 0 中，接收第 8 位结束时由硬件置位。其他模式中，在接收停止位的中间时刻由硬件置位。在任何模式（SM2 所述情况除外）必须由软件清除 RI。

表 8-1　SM1 和 SM0 定义的串行口操作模式

SM0	SM1	UART 模式	波　特　率
0	0	0：同步移位寄存器	$f_{OSC}/6$
1	1	1：8 位 UART	可变
1	0	2：9 位 UART	$f_{OSC}/32$ 或 $f_{OSC}/16$
1	1	3：11 位 UART	可变

8.5 波特率

操作模式 0 的波特率是固定的，为 $f_{osc}/6$。模式 2 的波特率是 MCU 时钟/32，或 MCU 时钟/16，取决于 PCON 寄存器中的 SMOD1 位的值。若 SMOD1 = 0（复位值），波特率为 MCU 时钟/32，若 SMOD1 = 1，波特率为 MCU 时钟/16。模式 1 和模式 3 的波特率由定时器 1 的溢出速率决定，为定时器 1 的溢出速率的 1/2。

8.6 UART 的工作模式

8.6.1 UART 的工作模式 0

串行数据由 RxD 端出入，TxD 输出同步移位时钟。发送或接收的是 8 位数据（低位在先）。其波特率固定为 MCU 时钟的 1/12。如图 8-2 所示为串行口模式 0 的功能简图及相关的时序图。执行任何一条把 SBUF 作为目的寄存器的指令时就开始发送数据，S6P2 时刻的“写 SBUF”信号将 1 装入发送移位寄存器的第 9 位，并通知发送控制部分开始发送数据。写 SBUF 信号有效后的一个完整的机器周期后 SEND 端有效。

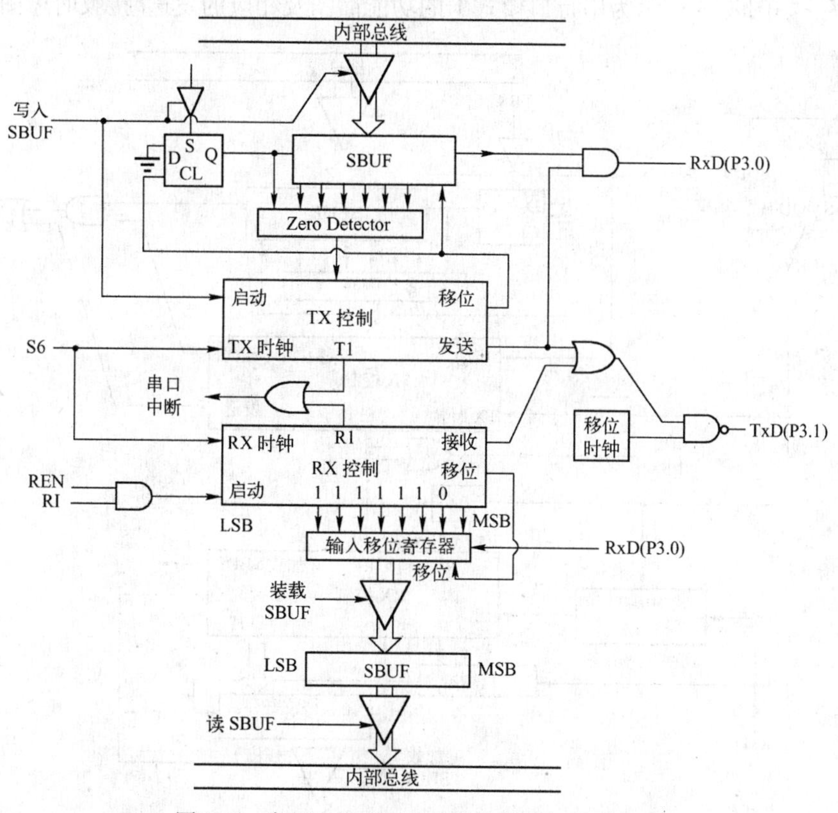

图 8-2　串行口模式 0 的功能简图及相关时序图

SEND 使能 RxD（P3.0）端送出数据，TxD（P3.1）输出移位时钟。每个机器周期的 S3、S4 及 S5 状态内移位时钟为低电平，而 S6S1 及 S2 状态内为高。在 SEND 有效时，每一机器周期的 S6P2 时刻发送数据，移位寄存器的内容右移一位。

数据位向右移时，左边添加零。当数据字节最高位 MSB 移到移位寄存器的输出端时，其左边是装入 1 的第 9 位，再左边的内容均为 0，此时通知 Tx 控制模块进行最后一位移位处理后，禁止 SEND 并置位 T1，所有这些步骤均在写入 SBUF 后的第 10 个机器周期的 S1P1 时进行。接收初始化条件是 REN＝1 及 RI＝0。下一机器周期的 S6P2 时，RX 控制单元向接收

移位寄存器写入 11111110，并在下一个时钟使 RECEIVE 端有效。

RECEIVE 使能移位时钟转换 P3.1 脚的功能。移位时钟在每个机器周期的 S3P1 及 S6P1 跳变，在 RECEIVE 有效时，每一机器周期的 S6P2 时刻接收移位寄存器内容并向左移一位。从右移位进来的值是该机器周期 S5P2 时刻从 P3.0 脚上采样得来的。数据从右边移入时，左边移出为 1。当初始时置入最右端的 0 移至最左端时，通知 RX 控制时钟作最后一次移位后装入 SBUF。在写入 SCON 清除 R1 后的第 10 个机器周期 RECEIVE 端被清除且置位 RI。

8.6.2 UART 的工作模式 1

串行口工作于模式 1 时传输 10 位数据：1 位起始位 0，8 位数据（低位在先）及 1 位停止位 1。

由 RxD 接收，TxD 发送。接收时停止位存入 SCON 内 RB8。通信波特率取决于定时器 1 的溢出速率。如图 8-3 所示为串行口模式 1 的功能简图及相应的发送/接收时序图。

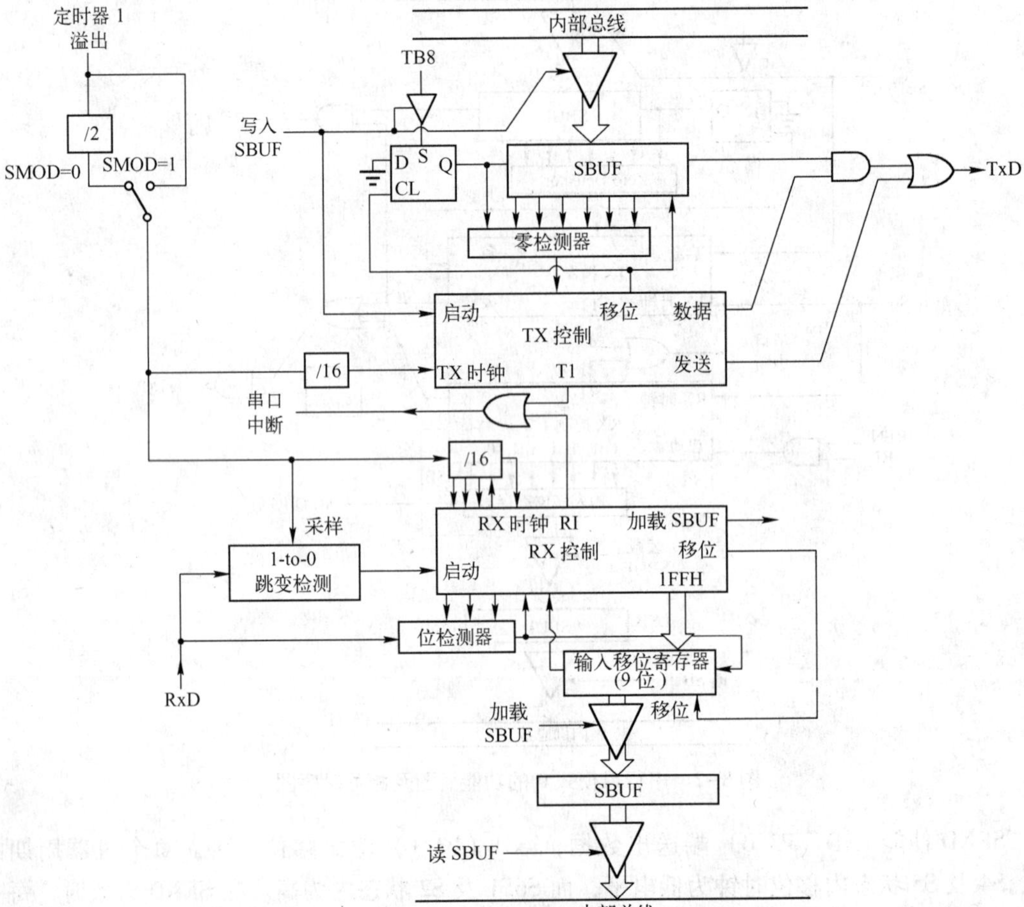

图 8-3　串行口模式 1 的功能简图及相关发送/接收时序图

发送过程是由执行一条以 SBUF 为目的寄存器的指令启动的，写 SBUF 信号还把 1（TB8）装入发送移位寄存器的第 9 位，同时通知发送控制器进行发送数据。实际上，发送过程开始于 16 分频计数器下次翻转后的那个机器周期的 S1P1 时刻。每位的发送时序与 16

分频计数器同步，而并不与写 SBUF 信号同步。

发送以激活 SEND 端开始，向 TxD 发送一起始位，1 位（时间）以后 DATA 端有效，使输出移位寄存器中数据得以送至 TxD，再过一位（时间），产生第一个移位脉冲。

数据向右移出，左边不断填以 0，当数据字节的最高位移到移位寄存器的输出位置时，其左边是装入"1"的第 9 位，再左的内容均为 0。此时，通知 TX 控制器作最后一次移位，然后禁止 SEND 端，并置位 TI。这些都发生在写 SBUF 后 16 分频计时器的第 10 次翻转时刻。

接收在 RxD 端检测到负跳变时启动，为此，MCU 对 RxD 不断采样，采速率为波特率的 16 倍。当检测到负跳变时，16 分频计数器立即复位，同时将 1FFH 写入输入移位寄存器。复位 16 分频计时器确保计时器翻转时位与输入数据位时间同步。

计数器的 16 个状态将每个位时间分为 16 份，在第 7、8、9 状态时位检测器对 RxD 端的值采样。取值为三个采样值中取多数（至少 2 个）作为读入值，这样可以抑制噪声。如果所接收的第一位不为 0，说明它不是一帧数据的起始位，该位被摒弃，接收电路被复位，等待另一个负跳变的到来。这用来防止错误的起始位。如果起始位有效，则被移入输入移位寄存器，并开始接收这一帧中的其他位。

当数据位逐一由右边移入时，1 从左边被移出。当起始位 0 移到最左边时（模式 1 为 9 位寄存器），通知接收控制器进行最后一次移位，将移位寄存器内容 9 位分别装入 SBUF 及 RB8，并置 RI = 1。仅当最后一位移位脉冲产生时，同时满足下述 2 个条件：

① RI = 0；② SM2 = 0 或接收到的停止位 = 1，才会装载 SBUF 和 RB8 并且置位 RI。

上述两个条件任意不满足，所接收到的数据帧就会丢失，不再恢复。两者都满足时，停止位就进入 RB8，8 位数据进入 SBUF，RI = 1。这时，无论上述条件满足与否，接收控制单元都会重新等待 RxD 的负跳变。

【实验 8-1】　串口发送程序。

```
ORG      0000H                  ;复位后单片机入口
         LJMP   MAIN
         ORG    0100H
MAIN:    MOV SCON, #50H         ; 设置串口工作在方式 1,允许接受控制
         MOV PCON,#00H          ; SMOD = 0
         ORL TMOD, #20H         ; 设置定时器 1 工作在模式 2
         MOV   TH1, #0FDH       ; 设定定时器 1 初值,使波特率为 9600b/s
         MOV   TL1, #0FDH
         CLR   TI
         SETB TR1               ; 启动定时
         MOV R1,#00H
L1:      MOV SBUF,R1
         CLR TI
         LCALL DELAY
         INC R1
         CJNE R1,#0AH,L1
         LJMP MAIN
DELAY:   MOV   R4,#0FFH
DELAY2:  MOV   R5,#0FFH
DELAY1:  DJNZ   R5,DELAY1
         DJNZ   R4,DELAY2
```

```
        RET
    END
```

【实验 8-2】 串口接收程序。

```
        ORG    0000H              ;复位后单片机入口
        LJMP   MAIN
        ORG    0100H
MAIN：  MOV SCON, #50H            ; 设置串口工作在方式 1,允许接受控制
        MOV PCON,#00H             ; SMOD = 0
        ORL TMOD, #20H            ; 设置定时器 1 工作在模式 2
        MOV    TH1, #0FDH         ; 设定定时器初值,使波特率为 9600b/s
        MOV    TL1, #0FDH
        SETB   TR1                ; 启动定时
        CLR RI
        MOV R1,SBUF
        LCALL DELAY
        MOV SBUF,R1
        CLR    TI
        LJMP MAIN
DELAY：  MOV    R4,#0FFH
DELAY2：MOV    R5,#0FFH
DELAY1：DJNZ   R5,DELAY1
        DJNZ   R4,DELAY2
        RET
    END
```

【实验 8-3】 串口调试程序。

该实验可以实现单片机与计算机通过 RS232 串口相互通信：在单片机上按键可以把键值传送到计算机（由计算机上运行的调试串口小程序显示在接收窗口中），也可把计算机上运行的调试串口小程序在发送窗口中输入的数字或字符用 ASCII 码的方式传送到单片机中（计算机上运行的调试串口小程序可以从网上下载）。

下面数据为按键的键值或定义：

7	8	9	
4	5	6	
1	2	3	
0	FF	FE	FD
	（单片机向计算机传输数据）	（单片机从计算机接收数据）	（置单片机于串口调试状态）

实验时，先通过下载软件把程序下载到单片机中，然后打开调试串口小程序调试串口程序。

```
        ORG   0000H         ; 实验板开始执行的第一条指令所处的地址
        LJMP MAIN           ; 跳转到主程序
        ORG   0100H         ; 主程序开始的地址;避开中断入口地址
MAIN：  MOV    SP, #0D0H     ; 设置堆栈起始地址
        LCALL INT8255       ; 调 8255 初始化程序
        MOV 38H,#7FH        ; 单片机向计算机传输数字的位选码,即最右位
```

```
        MOV 39H,#0F7H          ; 串口调试状态显示位的位码,即最左位
        MOV 3AH,#0FBH          ; 单片机从计算机接收数据功能键显示位的位码
        MOV 3BH,#0FBH          ; 单片机向计算机传输数字功能键显示位的位码
        MOV 3CH,#0FCH          ; 单片机向计算机传输数字的初值
        MOV 3DH,#00H           ; 若(3DH) = FD,则置单片机于串口调试状态,并显示字符 S
        MOV 3EH,#00H           ; 若(3EH) = FE,则单片机从计算机接收数据,并显示字符 R
        MOV 3FH,#00H           ; 若(3FH) = FF,则单片机向计算机传输数据,并显示字符 T 和数字
        MOV 41H,#0FDH
        MOV 42H,#0FEH
        MOV 43H,#0FFH
ELSE1:  LCALL KEY              ; 注意用不同的子程序完成一定的功能,这是模块化
        LCALL LED              ; 编程技术之一,方便程序的开发、管理和维护
        LJMP ELSE1
 ; ==================================8255 初始化程序
INT8255:MOV P2, #58H           ; 使 89C52P2 指向 8255PA 的控制寄存器接口结构,89C52P0 口地
                               ; 址应与低 8 位无关
        MOV    A, #82H         ; 8255A 的控制字(82H),8255PC 口输出,PB 口输入,PA 口输出
        MOVX   @ R0, A         ; 送 8255A 控制字
        RET
 ; ===================================键盘程序
KEY:    MOV    P2, #040H       ; 键盘程序与 8255PA 口无关
        MOV  A, #0FFH          ; 写#0FFH 入 PA 口,灭 LED 显示
        MOVX   @ R0,A
        LCALL   KS1            ; 判断有无键按下子程序
        JNZ  LK1               ; 有键按下时,(A)不为全零,转消抖延时
        RET                    ; 无键按下返回
LK1:    LCALL   T256MS         ; 调延时 256ms 子程序
        LCALL   KS1            ; 查有无键按下,若有
        JNZ     LK2            ; 键按下,(A)不为零,转逐列扫描
        RET                    ; 无键按下则返回
LK2:    MOV     R2,#0FDH       ; 第 1 列扫描字入 R2
        MOV     R4,#00H        ; 第 1 列号入 R4
LK4:    MOV     P2,#50H        ; 列扫描字送至 8255PC 口
        MOV     A,R2           ; 第一次列扫描
        MOVX    @ R0,A         ; 使第 1 列线为 0
        MOV     P2,#48H        ; 指向 8255PB 口
        MOVX    A,@ R0         ; 8255PB 口读入行状态
        JB      ACC.0,LONE     ; 第 0 行无键按下,转查第 1 行,ACC.0 =0 时为有键按下
        MOV     A,#09H         ; 第 0 行有键按下,该行首键号#09H 送入 A
        LJMP    LKP            ; 转求键号
LONE:   JB      ACC.1,LTWO     ; 第 1 行无键按下,转查第 2 行
        MOV     A,#06H         ; 第 1 行有键按下,该行首键号#06H 送入 A
        LJMP    LKP
LTWO:   JB      ACC.2,NEXT     ; 第 2 行无键按下,改查下一列
        MOV     A,#03H         ; 第 2 行有键按下,该行首键号#03H 送入 A
LKP:    CLR     C
        SUBB    A,R4           ; 键号 = 行首键号 - 列号
        PUSH    ACC
LK3:    LCALL   KS1            ; 等待键释放
```

```
        JNZ     LK3      ; 未释放,等待
        POP     ACC      ; 键释放,键号送入 A
        LJMP    UU       ; 键扫描结束,出口状态:(A) = 键?
NEXT:   MOV     A,R2     ; 判断 8 列扫描完没有
        JNB     ACC.7,KND ; 7 列扫描完,返回
        RL      A        ; 扫描字左移一位,转变为下一列扫描
        MOV     R2,A
        INC     R4       ; 指向下一列,列号加 1
        AJMP    LK4      ; 转下列扫描
KND:    RET
KS1:    MOV     P2,#50H  ; 指向 8255PC 口
        MOV     A,#00H   ; 全扫描字#00H
        MOVX    @R0,A    ; 全扫描字入 PC 口
        MOV     P2,#48H  ; 指向 PB 口
        MOVX    A,@R0    ; 读入 PB 口
        CPL     A
        ANL A,#07H       ; 屏蔽高 5 位, A 为 0 时无键按下
        RET
T256MS: MOV R4,#02H
        MOV     R6, #00H ; 给 R4,R6 和 R7 赋初值,在 12Hz 晶振时延时时间为 256(R6 循环次数)
        MOV     R7, #00H ; ×256(R7 循环次数)×2(R4 循环次数)×2×10^-6(DJNZ 指令耗时)=0.256s
DELAY1: DJNZ    R6, $    ; R6 单元减 1,非 0 继续执行当前指令,“$”指当前指令地址
        DJNZ    R7, DELAY1
        DJNZ R4,DELAY1
        RET
UU:     CJNE A,#0FDH,K1
        MOV 3DH,A        ; 设置单片机于串口调试状态
        MOV 3CH,#0FCH    ; 恢复单片机向计算机传输的数字存储单元的初值
        MOV 3EH,#00H     ; 恢复单片机从计算机接收数据功能键存储单元的初值
        MOV 3FH,#00H     ; 恢复单片机向计算机传输数字功能键存储单元的初值
        MOV SCON, #5CH   ; 设置串口工作在方式 1,允许接受控制
        MOV PCON,#00H    ; SMOD = 0
        ORL TMOD, #02H   ; 设置定时器 0 工作在模式 2
        MOV     TH0, #0FDH; 设定定时器初值,使波特率为 9600b/s
        SETB    TR0      ; 启动定时
        RET
K1:     CJNE A,#0FEH,K2
        MOV 3EH,A
        MOV A,3DH
        CJNE A,#0FDH,K11; 若设置单片机于串口调试状态,则设置单片机从计算机接收数据,
        MOV 3CH,#0FCH    ; 否则返回
        MOV 3FH,#00H
        MOV A,SBUF       ; 单片机从计算机读入数据
        MOV SBUF,A       ; 单片机向计算机传输数据
        RET
K11:    MOV 3EH,#00H
        RET
K2:     CJNE A,#0FFH,K3
        MOV 3FH,A
```

```
        MOV A,3DH
        CJNE A,#0FDH,K21 ; 若设置单片机于串口调试状态,则设置单片机向计算机传输数据,
                         ; 否则返回
        MOV 3EH,#00H
        MOV 3CH,#0FCH
        RET
K21:    MOV 3FH,#00H
        RET
K3:     MOV 3CH,A
        MOV A,3DH
        CJNE A,#0FDH,K31
        MOV A,3FH
        CJNE A,#0FFH,K31
        MOV 3EH,#00H     ; 若设置单片机于串口调试状态,并设置单片机向计算机传输数据
        MOV A,3CH
        MOV SBUF,A       ; 则单片机向计算机传输数据,否则返回
        RET
K31:    MOV 3CH,#0FCH
        RET
; ===================================LED 程序
     /* 在最右显示(3CH)数字
        若(3DH) = FDH,则在最左显示 S
        若(3EH) = FEH,则紧挨 S 显示 R
        若(3FH) = FFH,则紧挨 S 显示 T */
LED:    MOV R3,#04H
        MOV R1,#3CH
        MOV R0,#40H

L1:     MOV  P2, #040H
        MOV A,#0FFH
        MOVX @R0,A
        MOV A,@R1
        MOV 36H,A
        LCALL LED1
        MOV  P2, #050H
        DEC R1
        DEC R1
        DEC R1
        DEC R1
        MOV A,@R1
        MOVX  @R0,A
        LCALL TMS
        INC R1
        INC R1
        INC R1
        INC R1
L2:     INC R1
        INC R0
        DJNZ R3,L3
```

```
            RET
L3:         MOV A,@R0
            MOV 49H,A
            MOV A,@R1
            CJNE A,49H,L2
            LJMP L1
LED1:       MOV   P2, #040H       ; 送段码子程序
            MOV DPTR,#TAB
            MOV A,36H
AAA:        CJNE A,#0FCH,BBB
            MOVX A,@DPTR
            MOVX @R0,A
            RET
BBB:        DEC A
            INC DPTR
            LJMP AAA
; ====================================
TMS:        MOV   R6, #0FFH       ; 给 R6 和 R7 赋初值,在 12Hz 晶振时延时时间为 2(R7 循环次数)×
            MOV   R7, #02H        ; 256(R6 循环次数)×2×10^-6(DJNZ 指令耗时)=1.024ms
DELAY01:    DJNZ  R6, $           ; R6 单元减 1,非 0 继续执行当前指令,"$"指当前指令地址
            DJNZ  R7, DELAY01     ; R7 减 1,非 0 跳转到标号 DELAY01 处执行
            RET
; ====================================
TAB:        DB 0FFH,92H,88H,0CEH,0C0H,0F9H,0A4H,0B0H,99H,92H,82H,0F8H,80H,90H
; ====================================
            END
```

8.6.3 UART 的工作模式 2 和模式 3

在模式 2 和 3 中，发送通过 TxD 和接收通过 RxD，数据都是 11 位：包括 1 位起始位 0，8 位数据位（LSB 在先），1 位可编程数据位（第 9 位）及一位停止位 1。发送时第 9 位数据位（TB8）可置为 0 或 1。接收时第 9 位存入 SCON 的 RB8。模式 2 时波特率可编程选为 MCU 时钟频率的 1/16 或 1/32。模式 3 时可由定时器 1 获取可变的波特率。如图 8-4 和图 8-5 所示分别为模式 2 和模式 3 时串行口的功能简图。接收部分与模式 1 相同；发送部分仅发送移位寄存器内第 9 位，和模式 1 有所不同。

发送过程是由执行一条以 SBUF 为目的寄存器的指令启动的。“写 SBUF” 同时将 TB8 装入发送移位寄存器的第 9 位位置上，并通知发送控制器进行一次发送操作。发送过程由 16 分频计数器下一次翻转后，机器周期的 S1P1 时刻开始。

发送过程由使能 SEND 有效开始，将一个起始位送到 TxD 端一位时间后，DATA 有效，数据由移位寄存器送入 TxD 端，再过一位后产生第一个移位脉冲。第一个移位时钟将 1 停止位送入移位寄存器的第 9 位。此后每次移位只把 0 送入第 9 位，所以当数据位向右移出时，0 从左边移入。当 TB8 移至输出位置上时，它左边就是停止位，其余位均为“0”，此时将通知发送控制器作最后一次移位，然后使 SEND 无效，并置位 TI。这些均发生在写 SBUF 后第 11 次计数器翻转时刻。MCU 以 16 倍波特率对 RxD 脚进行采样，一旦检测到负跳变，16 分频计数器立即复位，同时将 1FFH 写入输出移位寄存器。

在每一位的第 7、8、9 状态时，位检测器对 RxD 端的值进行采样，对三个采样值取多数（至少 2 次）为确定值以抑制噪声。如若所接收的第一位不为 0，接收电路复位，等待下一个负跳变的出现。如果起始位有效，则被移入输入移位寄存器，并开始接收这一帧中的其他位。

数据位从右边移入，1 从左边移出。当起始位移至寄存器（模式 2 或模式 3 时为 9 位寄存器）的最左端时，通知接收控制器进行最后一次移位，并装入 SBUF 及 RB8，置位 RI。仅当产生最后一位移位脉冲时且同时满足下列 2 个条件：

① RI = 0；

② SM2 = 0 或接收到的第 9 位数据为 1 时，才装载 SBUF 和 RB8，并置位 RI。

上述两个条件任意不满足，所接收到的数据帧就会丢失不再恢复，RI 仍为 0。当两者都满足时，第 9 位数据位就装入 RB8，前 8 位数据则装入 SBUF，一个位时间后，无论上述条件满足与否，接收控制单元都会重新等待 RxD 端的负跳变。

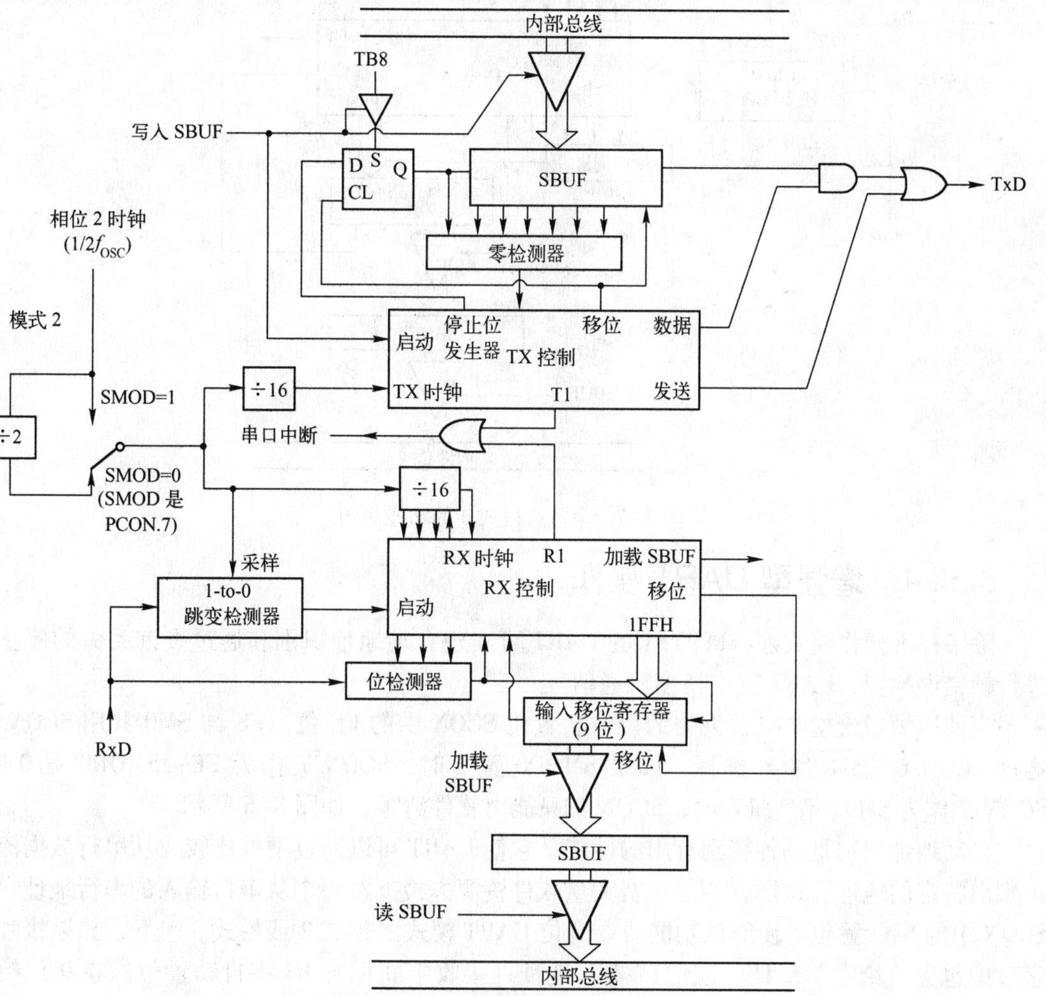

图 8-4　串行口模式 2 的功能简图

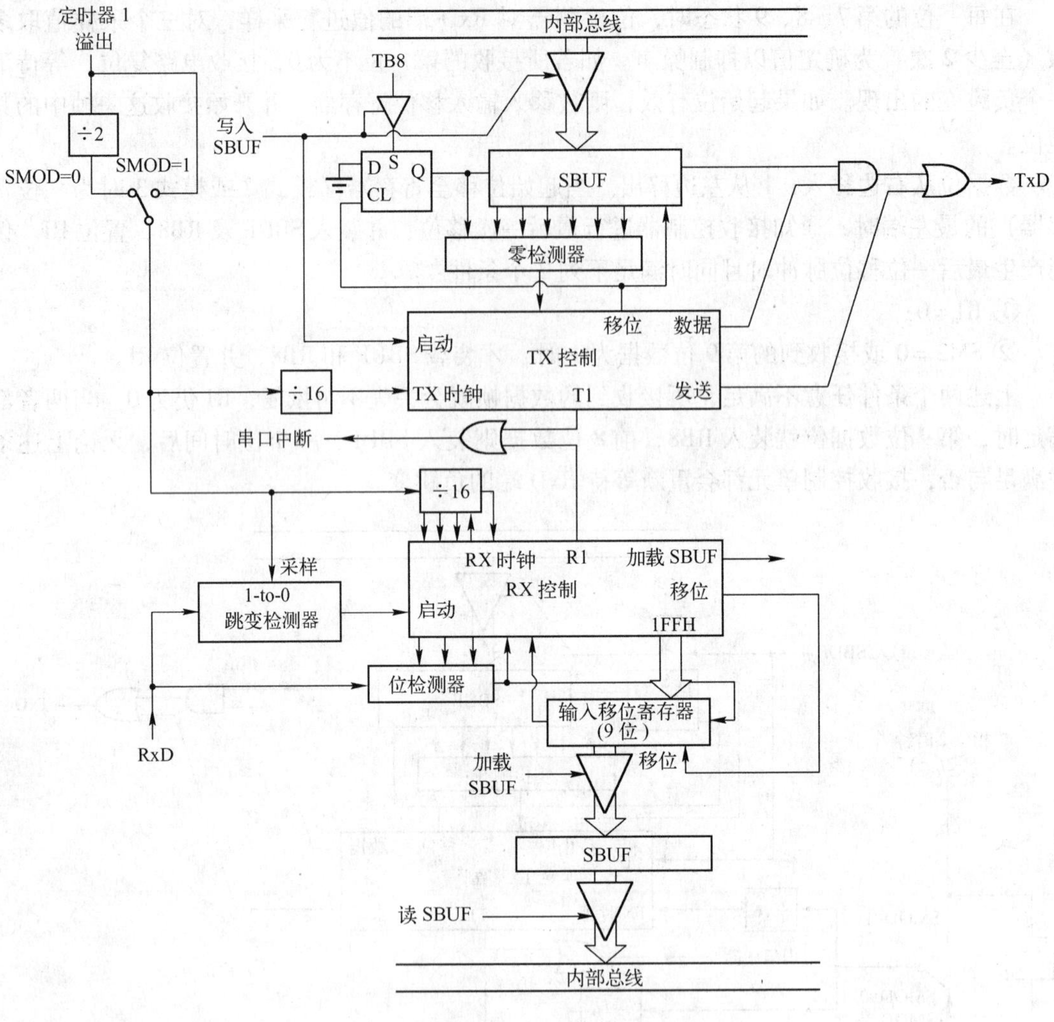

图 8-5　串行口模式 3 的功能简图

8.6.4　增强型 UART 操作

除了标准操作模式外，P89V51 的 UART 可实现自动地址识别和通过查询丢失的停止位进行帧错误检测，UART 还支持多机通信。

当使用帧错误检测时，丢失的位将会置位 SCON 中的 FE 位。FE 与 SM0 共用 SCON. 7，通过 PCON. 6（SMOD0）选择。如果 SMOD0 置 1 时，SCON. 7 作为 FE；SMOD0 置 0 时，SCON. 7 作为 SM0。作为 FE 时，SCON. 7 只能由软件清零，如图 8-6 所示。

自动地址识别是一种特别有用的性能，它使 UART 可以通过硬件比较，从串行数据流中识别出特定的地址，这样就不必花费大量软件资源去检查每一个从串口输入的串行地址。将 SCON 中的 SM2 置位可使能该功能。在 9 位 UART 模式（模式 2 或模式 3）下，如果接收的字节中包含“给定”地址、或“广播”地址，接收中断标志 RI 将自动置位。在 9 位模式下，要求第 9 个信息位为 1，以表明该信息内容是地址而非数据。

使用自动地址识别功能时，主机通过调用特定从机地址，选择与一个或多个从机通信。使用广播地址时，所有从机都被联系。此时，从机置 SCON. 5 位（SM2）为 1，使能自动地

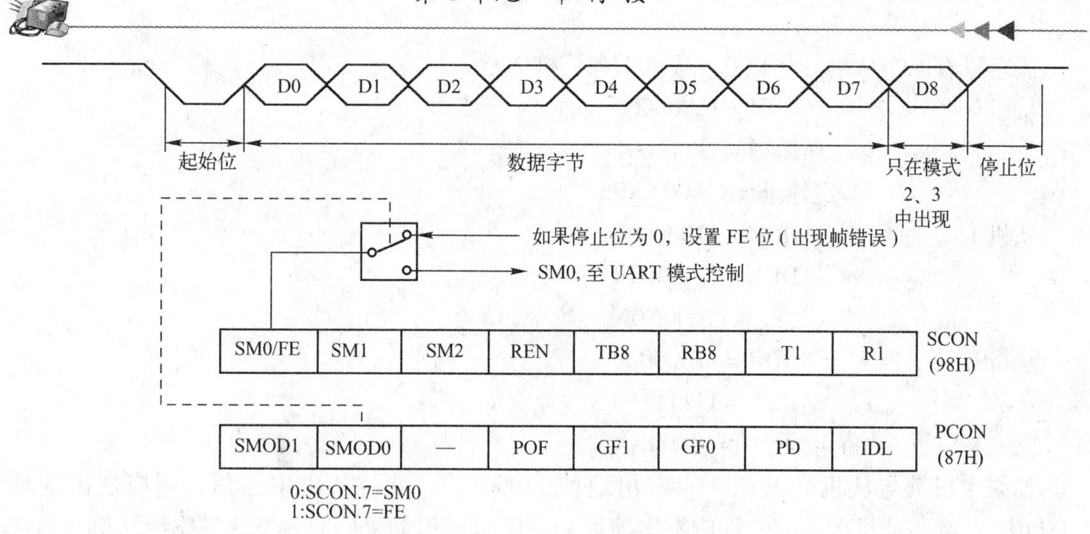

图 8-6　UART 帧错误检测

址识别功能，并使用了两个特殊功能寄存器来自动识别地址：SADDR 表示从机地址，SADEN 表示地址屏蔽。SADEN 用于定义 SADDR 内哪几位需使用，而哪几位不予考虑，SADEN 可以与 SADDR 逻辑与得出给定的地址，用于对每一从机进行寻址，如图 8-7 所示。

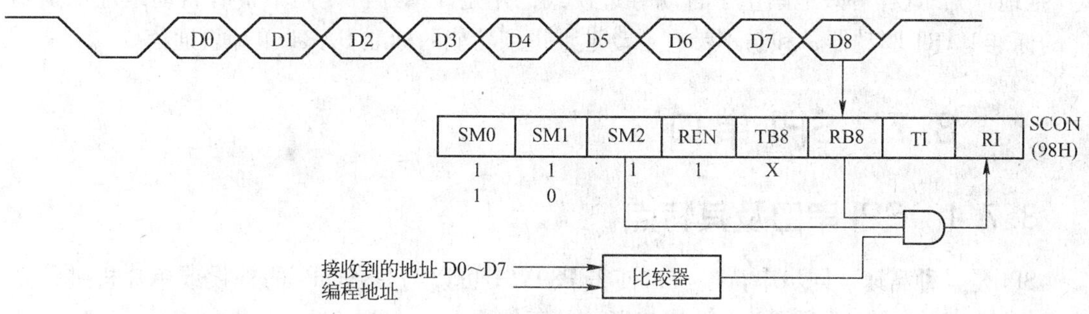

图 8-7　UART 多机通信中的自动地址识别原理图

例如，假定只有两个从机：从机 0 和从机 1：

从机 0　　SADDR = 11000000

　　　　　SADEN = 11111101

　　　　特定地址 = 110000X0

从机 1　　SADDR = 11000000

　　　　　SADEN = 11111110

　　　　特定地址 = 1100000X

两个从机中 SADDR 相同，但 SADEN 不同，在地址上就可以区分两个从机：从机 0 要求 0 位（最低位）为 0 而忽略 1 位（次最低位）；从机 1 则要求 1 位为 0 而忽略 0 位。如果主机欲与从机 0 通信，应发出地址 11000010。而欲与从机 1 通信，则应发出地址 11000001。但如果同时要发送数据给从机 0 和从机 1，则应发出地址 11000000。此例中，11000010 是从机 0 的“给定”地址（或称为特定地址），11000001 是从机 0 的“给定”地址，而 11000000 是“广播”地址。

假定只有两个从机：从机 0、从机 1 和从机 2：

从机 0　　SADDR = 11000000
　　　　　SADEN = 11111001
　　　特定地址 = 11000XX0

从机 1　　SADDR = 11000000
　　　　　SADEN = 11111010
　　　特定地址 = 11000X0X

从机 2　　SADDR = 11000000
　　　　　SADEN = 11111100
　　　特定地址 = 110000XX

如果主机欲与从机 0 通信，应发出地址 11000110；欲与从机 1 通信，则应发出地址 11000101；欲与从机 2 通信，则应发出地址 11000011。但如果同时要发送数据给从机 0 和从机 1，则应发出地址 11000100。同时要发送数据给从机 0 和从机 2，则应发出地址 11000010。同时要发送数据给从机 1 和从机 2，则应发出地址 11000001。如果同时要向三个从机同时发送数据，则应给出地址 11000000。

复位时 SADDR 和 SADEN 均为 00H，此时产生了一个所有位都是无关位的给定地址（广播地址），这样有效地禁止了自动寻址模式，并允许单片机使用不带有自动地址识别功能的标准 UART 驱动器，和与不带有自动地址识别功能的标准 UART 单片机通信。

8.7 SPI 串口

8.7.1 SPI 串口及其特点

SPI 是一种高速、同步串行接口，使得 P89V51 可以与具备 SPI 的外设或单片机进行高速数据传输。如图 8-8 所示为 SPI 串口通信的工作原理。

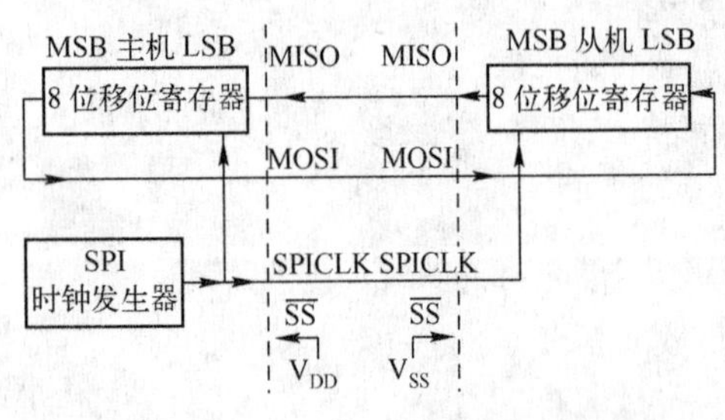

图 8-8　SPI 串口通信的工作原理

P89V51 的 SPI 具有以下特点：

① 可设置主机或从机模式；

② 高达 10Mb/s 的通信速率；

③ 可选最低有效位（Least Significant Bit，LSB）或最高有效位（Most Significant Bit，MSB），两种模式可选；

④ 4 种可编程波特率；

⑤ 自动设置传输结束标志 SPIF；

⑥ 具有防治写（发送）数据冲突的标志 WCOL；

⑦ 从闲置（省电）模式中唤醒。

8.7.2 SPI 工作原理及其编程

图 8-8 中左边是主机，因而其从机选择端 $\overline{SS}$（P1.4）接 V_{DD}。右边是从机，因而其从机选择端 $\overline{SS}$ 接 V_{SS}。主机的 SPI 时钟发生器产生通信用时钟，由 SPICLK 引脚输出并接到从机

的 SPICLK 引脚，该信号在主机中对需要发送的数据在 8 位移位寄存器中移位，并从 MOSI 引脚输出到从机的 MOSI 引脚，同时也由该信号将主机发送的数据逐位移入到从机的 8 位移位寄存器中。而从机 8 位移位寄存器中的数据也在 SPICLK 的作用下，由 MISO 引脚输出并逐位移入到主机的 8 位移位寄存器中。

一个字节的数据传输完成后，主机的时钟发生器停止工作，设置 SPIF 标志，如果允许中断（即主机中 SPIE 位和 ES 位都被置 1），主机将产生 SPIE 中断（与 UART 共用中断优先级和向量地址）。

如果$\overline{SS}$不用于 SPI 通信，则该引脚仍旧可以作为普通 I/O 接口使用。

（1）SPI 控制寄存器为 SPCR，如图 8-9 所示。其中的 CPHA 和 CPOL 用于设置 SPI 的时钟及其相位。

SPIE (MSB)	SPE	DORD	MSTR	CPOL	CPHA	SPR1	SPR0 (LSB)

图 8-9　SPI 控制寄存器 SPCR

SPCR 中的各位定义如下：

① SPIE（SPCR. 7）　SPI 中断使能位，当该位和 ES 都置 1 时，允许 SPI 中断。

② SPE（SPCR. 6）　SPI 使能位，当该位置 1 时，使能 SPI 通信。

③ DORD（SPCR. 5）　数据顺序设置位，DORD = 0，数据传输时 MSB 在前；DORD = 1，数据传输时 LSB 在前。

④ MSTR（SPCR. 4）　主机/从机设置位，MSTR = 0，设置为从机；MSTR = 1，设置为主机。

⑤ CPOL（SPCR. 3）　时钟极性设置位，CPOL = 0，SPI 不工作时 SPICLK 引脚输出高电平，通信时变低电平；CPOL = 1，SPI 不工作时 SPICLK 引脚输出低电平，通信时变高电平。

⑥ CPHA（SPCR. 2）　时钟相位设置位，CPHA = 0，时钟的上升沿触发数据移动；CPHA = 1，时钟的下降沿触发数据移动。

⑦ SPR1（SPCR. 1）　时钟速率设置位，与 SPR0 一起确定 SPICLK 的速率。SPICLK 速率的确定参见表 8-2。在从机模式该位不起作用。

⑧ SPR0（SPCR. 0）　时钟速率设置位，与 SPR1 一起确定 SPICLK 的速率。在从机模式该位不起作用。

表 8-2　SPICLK 速率的设置

SPR1	SPR0	SPICLK = f_{OSC} 的分频数
0	0	4
0	1	16
1	0	64
1	1	128

（2）SPSR 是 SPI 的状态寄存器，其各位的分布如图 8-10 所示。

SPSR 中的各位定义如下：

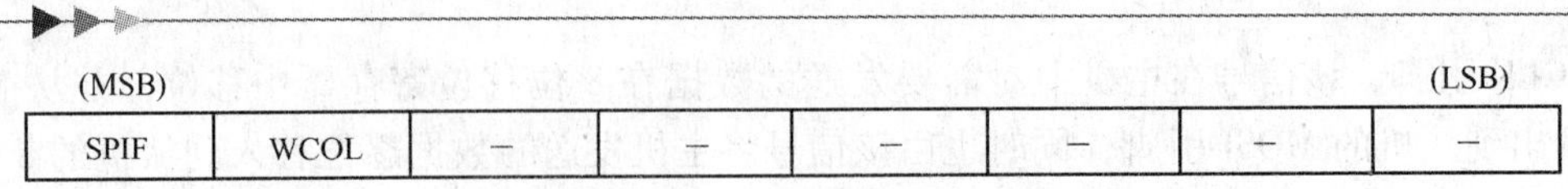

图 8-10　SPI 状态寄存器 SPSR

① SPIF（SPSR.7）　SPI 中断标志位，当完成 SPI 通信时该位被置 1，如果 SPIE 和 ES 都置 1，允许 SPI 中断时将产生 SPI 中断。该位由软件清零。

② WCOL（SPSR.6）　写冲突标志位，如果在 SPI 数据传输完成前写入新的数据，该位被置 1。该位由软件清零。

③ –（SPSR.5–0）　保留位。

如图 8-11 所示为不同极性和相位时 SPI 信号的波形与时序图。

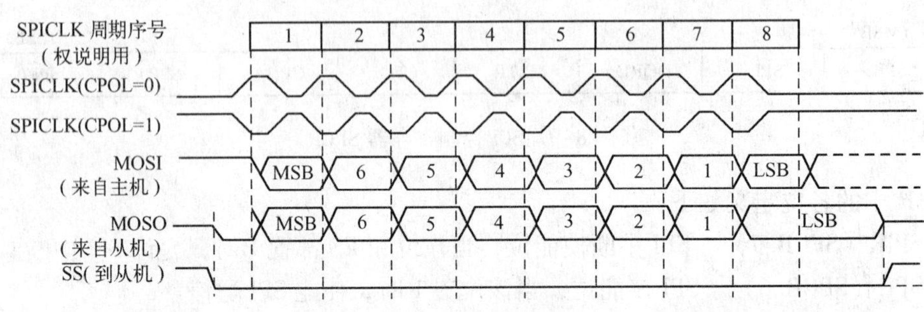

图 8-11　不同极性和相位时 SPI 信号的波形与时序图

【实验 8-4】　利用 SPI 串口通信的母子电子钟。

如图 8-12 所示，将两块 P89V51 实验板连接好。下载程序后先运行从机（子钟）程序，后运行主机（主钟）程序。仔细观察子钟的显示变化。在调试程序时，请注意通信没有纠错（容错）措施所造成的影响。

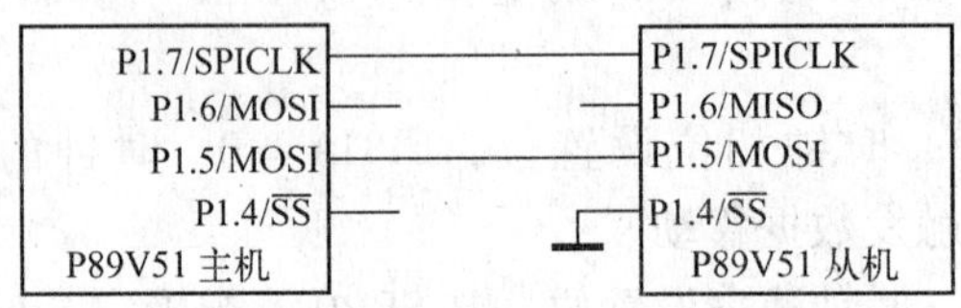

图 8-12　SPI 串口通信的母子电子钟的硬件连接

主机程序：

```
        ORG   0000H          ; 实验板开始执行的第一条指令所处的地址
        LJMP  MAIN           ; 跳转到主程序
        ORG   000BH          ; 定时器 0 中断入口地址
        LJMP  TINT0          ; 跳转到定时器 0 中断服务子程序
        ORG   0200H          ; 主程序开始的地址;避开中断入口地址
MAIN:   MOV   SP, #0D0H      ; 设置堆栈起始地址
        LCALL  INT8255       ; 初始化 CPU,注意用不同的子程序完成一定的功能,这是模块化
                             ; 编程技术之一,方便程序的开发、管理和维护
        MOV R3, #00H         ; 时计数存储单元
        MOV 3FH, #50         ; 装入中断次数
        MOV 40H, #00H        ; 秒低位存储单元
```

```
            MOV 41H, #00H       ; 秒高位存储单元
            MOV 42H, #0FFH      ; 分、秒间显示符号“ - ”
            MOV 43H, #00H       ; 分低位
            MOV 44H, #00H       ; 分高位
            MOV 45H, #0FFH      ; 时、分间显示符号“ - ”
            MOV 46H, #00H       ; 时低位
            MOV 47H, #00H       ; 时高位
; ------------------------------------------------以下是主机的 SPI 口设置
            MOV SPCR, #55H      ; =#01010101B。其设置理由如下:
    ; SPIE(SPCR.7) =0,不允许 SPI 中断
    ; SPE(SPCR.6) =1,使能 SPI 通信
    ; DORD(SPCR.5) =0,数据传输时 MSB 在前
    ; MSTR(SPCR.4) =1,设置为主机
    ; CPOL(SPCR.3) =0,SPI 不工作时,SPICLK 引脚输出高电平,通信时变低电平
    ; CPHA(SPCR.2)CPHA =1,时钟的下升沿触发数据移动
    ; SPR1(SPCR.1) =0,与 SPR0 一起确定 SPICLK 的速率
    ; SPR0(SPCR.0) =1,与 SPR1 一起确定 SPICLK 的速率。设置稍慢一点的通信波特率,既有
    ; 较高的可靠性,又不至于太慢影响效果
; ------------------------------------------------主机的 SPI 口设置程序结束
            SETB ET0            ; T0 开中断
            SETB EA             ; CPU 开中断
            ORL TMOD, #01H      ; 设置定时器 0 工作在模式 1
            MOV   TH0, #0B8H    ; 设定定时器初值,定时时间为 20ms。赋 TH0 初值为 0B8H
            MOV   TL0, #00H     ; 赋 TL0 初值为 00H
            SETB   TR0          ; 启动 T0
L1:         LCALL LED           ; 调 LED 子程序
            LCALL SPI_SENT
            LJMP L1
; ----------------------------------------------------------主程序结束
; --------------------------------------------以下是 SPI_SENT
SPI_SENT:   PUSH 00H            ; 保护 R0 等可能用到的寄存器, 这样程序移植性好,不易发生冲突
            PUSH ACC            ; 注意保护寄存器所用的“名称”
            MOV R0, #40H        ; 指向秒、分、时数据存储区
SPI_SENT:   MOV A, @ R0         ; 读取数据
            MOV SPDAT, A        ; 送 SPI 数据存储器
            JNB SPIF, $         ; 数据没有发送完毕,等待
            CLR SPIF            ; 清除 SPI 数据发送完毕标志
            INC R0              ; 修改数据指针
            CJNE R0, #48H, SPI_SENT     ; 判断 R0 是否已超出数据存储区
            POP ACC             ; 一定要记得恢复被保护的寄存器,注意恢复的前后顺序
            POP 00H
            RET                 ; 返回
; ------------------------------------以下为 8255 初始化程序
INT8255:    MOV   P2, #58H      ; 使 89C52P2 指向 8255PA 的控制寄存器接口结构,89C52P0 口地
                                ; 址应与低 8 位无关
            MOV A, #82H         ; 8255A 的控制字(82H),8255PC 口输出 PB 口输入,PA 口输出
            MOVX  @ R0, A       ; 送 8255A 控制字
            RET
; ------------------------------------以下为定时器 0 中断服务子程序
```

```
TINT0:   MOV   TH0, #0B8H          ; 重赋定时器初值
         MOV   TL0, #00H
         PUSH PSW                  ; 保护现场
         PUSH ACC
         DJNZ 3FH, RETURN          ; 1s 未到返回
         MOV 3FH, #50              ; 重置中断次数
         INC 40H                   ; 秒低位加 1
         MOV A, 40H
         CJNE A, #0AH, RETURN      ; 未满 10s 返回
         MOV 40H, #00H             ; 计满 10s,秒低位清零
         INC 41H                   ; 秒高位加 1
         MOV A, 41H
         CJNE A, #06H, RETURN      ; 未满 60s 返回
         MOV 41H, #00H             ; 计满 60s,秒高位清零
         INC 43H                   ; 分低位加 1
         MOV A, 43H
         CJNE A, #0AH, RETURN      ; 未满 10min 返回
         MOV 43H, #00H             ; 计满 10min,分低位清零
         INC 44H                   ; 分高位加 1
         MOV A, 44H
         CJNE A, #06H, RETURN      ; 未满 60min 返回
         MOV 44H, #00H             ; 计满 60min,分高位清零
         INC 46H
         INC R3
           CJNE R3, #24, H1          ; 未满 24h 跳转
           MOV 47H, #00H
           MOV 46H, #00H
           LJMP RETURN               ; 满 24h,时高低位均清零
H1:        MOV A, 46H
           CJNE A, #0AH, RETURN      ; 未满 10h 返回
           MOV 46H, #00H             ; 计满 10h,时低位清零
           INC 47H                   ; 时高位加 1
RETURN:    POP ACC                   ; 恢复现场
           POP PSW
           RETI
; ----------------------------------以下为 LED 数码管显示程序
LED:       MOV R2, #04H          ; 从右到左 LED 的位码依次为 7F,BF,DF,EF,FE,FD,FB,F7
           MOV   R5, #07FH       ; R5 作为位选寄存器
           MOV R1, #40H
DISPLAY1:  MOV 36H, @R1
           LCALL   LED1
           MOV A, R5
           MOV   P2, #50H
           MOVX @R0, A           ; 送位选码入 PC 口
           LCALL TMS             ; 延时 1.024ms
           INC R1
           MOV A, R5
           RR A
           MOV R5, A
```

```
          DJNZ R2, DISPLAY1
          MOV R2, #04H
          MOV R5, #0FEH        ; 使左四位 LED 亮
          MOV R1, #44H
DISPLAY2: MOV 36H, @R1
          LCALL  LED1
          MOV A, R5
          MOV  P2, #050H
          MOVX  @R0, A
          LCALL TMS
          MOV A, R5
          RL A
          MOV R5, A
          INC R1
          DJNZ R2, DISPLAY2
OU1:      RET
; ----------------------------------------------------------------------------
LED1:     MOV  P2, #040H       ; 送段码子程序
          MOV DPTR, #TAB
          MOV A, 36H
AAA:      CJNE A, #0FFH, BBB
          MOVX A, @DPTR
          MOVX @R0,A
          RET
BBB:      DEC A
          INC DPTR
          LJMP AAA
; ------------------------------------以下为延时子程序,约 1ms
TMS:      PUSH 06H             ; 保护 R6 等可能用到的寄存器, 这样程序移植性好,不易发生冲突
          PUSH 07H             ; 注意保护寄存器所用的“名称”
; ----------
          MOV  R6, #00H        ; 给 R6 和 R7 赋初值,在 12Hz 晶振时延时时间为 2(R7 循环次数) ×
          MOV  R7, #02H        ; 256(R6 循环次数) × 2 × 10^-6 (DJNZ 指令耗时) = 1.024ms
DELAY01:  DJNZ  R6, $          ; R6 单元减 1,非 0 继续执行当前指令,“ $ ”指当前指令地址
          DJNZ  R7, DELAY01    ; R7 减 1,非 0 跳转到标号 DELAY01 处执行
; -----------------------
          PUSH 07H             ; 一定要记得恢复被保护的寄存器,注意恢复的前后顺序
          PUSH 06H
          RET
; -----------------LED 显示码
TAB:      DB 0BFH, 0C0H, 0F9H, 0A4H, 0B0H, 99H, 92H, 82H, 0F8H, 80H, 90H
END                            ; 程序结束
```

从机程序:

```
          ORG  0000H           ; 实验板开始执行的第一条指令所处的地址
          LJMP  MAIN           ; 跳转到主程序
          ORG  0023H           ; SPI 中断入口地址
          LJMPSPI_RECEIVE      ; 跳转到定时器 0 中断服务子程序
          ORG  0200H           ; 主程序开始的地址;避开中断入口地址
```

```
MAIN:     MOV   SP, #0D0H       ; 设置堆栈起始地址
          LCALL  INT8255        ; 初始化 CPU,注意用不同的子程序完成一定的功能,这是模块化
                                ; 编程技术之一,方便程序的开发、管理和维护
          MOV R3, #00H          ; 时计数存储单元
          MOV 3FH, #50          ; 装入中断次数
          MOV 40H, #00H         ; 秒低位存储单元
          MOV 41H, #00H         ; 秒高位存储单元
          MOV 42H, #0FFH        ; 分、秒间显示符号"—"
          MOV 43H, #00H         ; 分低位
          MOV 44H, #00H         ; 分高位
          MOV 45H, #0FFH        ; 时、分间显示符号"—"
          MOV 46H, #00H         ; 时低位
          MOV 47H, #00H         ; 时高位
; ----------------------------------------------------以下是从机的 SPI 口设置
          MOV SPCR, #55H        ;  =#11000101B。其设置理由如下:
    ; SPIE(SPCR.7)=1,允许 SPI 中断
    ; SPE(SPCR.6)=1,使能 SPI 通信
    ; DORD(SPCR.5)=0,数据传输时 MSB 在前
    ; MSTR(SPCR.4)=0,设置为主机
    ; CPOL(SPCR.3)=0,SPI 不工作时 SPICLK 引脚输出高电平,通信时变低电平
    ; CPHA(SPCR.2)CPHA=1,时钟的下升沿触发数据移动
    ; SPR1(SPCR.1)=0,与 SPR0 一起确定 SPICLK 的速率
    ; SPR0(SPCR.0)=1,与 SPR1 一起确定 SPICLK 的速率。设置稍慢一点的通信波特率,既有
较高的可靠性,又不至于太慢影响效果
; ------------------------------------------------主机的 SPI 口设置程序结束
          MOV 00H, #40H         ; 设置接收数据缓冲区的地址指针
          SETB ES               ; 开放 SPI(串口)中断
          SETB EA               ; CPU 开中断
L1:       LCALL LED             ; 调 LED 子程序
          LCALL TMS             ; 调延时 1ms 程序
          LJMP L1
; ------------------------------------------------主程序结束
; -------------------------------------------以下是 SPI_SENT
          SPI_ SPI_RECEIVE:
          PUSH ACC                      ; 保护寄存器
          MOV R0, #40H                  ; 指向秒、分、时数据存储区
SPI_SENT: MOV A,SPDAT                   ; 读 SPI 数据存储器
          MOV @R0, A                    ; 送数据到
          CLR SPIF                      ; 清除 SPI 中断标志
          INC R0                        ; 修改数据指针
          CJNE R0, #48H, SPI_SENT       ; 判断 R0 是否已超出数据存储区
          MOV R0, #40H                  ; 恢复数据指针初值
          POP ACC                       ; 一定要记得恢复被保护的寄存器,注意恢复的前后顺序
          RET                           ; 返回
; -----------------------------------以下为 8255 初始化程序
INT8255:  MOV   P2, #58H        ; 使 89C52P2 指向 8255PA 的控制寄存器接口结构,89C52P0 口
                                ; 地址应与低 8 位无关
          MOV A, #82H           ; 8255A 的控制字(82H),8255PC 口输出,PB 口输入,PA 口输出
          MOVX  @R0, A          ; 送 8255A 控制字
```

```
            RET
;-----------------------------------以下为 LED 数码管显示程序
LED:        MOV R2, #04H         ; 从右到左 LED 的位码依次为 7F,BF,DF,EF,FE,FD,FB,F7
            MOV   R5, #07FH      ; R5 作为位选寄存器
            MOV R1, #40H
DISPLAY1:   MOV 36H, @R1
            LCALL  LED1
            MOV A, R5
            MOV   P2, #50H
            MOVX @R0, A          ; 送位选码入 PC 口
            LCALL TMS            ; 延时 1.024ms
            INC R1
            MOV A, R5
            RR A
            MOV R5, A
            DJNZ R2, DISPLAY1
            MOV R2, #04H
            MOV R5, #0FEH        ; 使左四位 LED 亮
            MOV R1, #44H
DISPLAY2:   MOV 36H, @R1
            LCALL   LED1
            MOV A, R5
            MOV   P2, #050H
            MOVX   @R0, A
            LCALL TMS
            MOV A, R5
            RL A
            MOV R5, A
            INC R1
            DJNZ R2, DISPLAY2
OU1:        RET
;-------------------------------------------------------------------
LED1:       MOV   P2, #040H      ; 送段码子程序
            MOV DPTR, #TAB
            MOV A, 36H
AAA:        CJNE A, #0FFH, BBB
            MOVX A, @DPTR
            MOVX @R0,A
            RET
BBB:        DEC A
            INC DPTR
            LJMP AAA
;-----------------------------------以下为延时子程序,约 1ms
TMS:        PUSH 06H             ; 保护 R6 等可能用到的寄存器,这样程序移植性好,不易发生冲突
            PUSH 07H             ; 注意保护寄存器所用的“名称”
;----------
            MOV   R6, #00H       ; 给 R6 和 R7 赋初值,在 12Hz 晶振时延时时间为 2(R7 循环次数)×
            MOV   R7, #02H       ; 256(R6 循环次数)×2×10^-6(DJNZ 指令耗时)=1.024ms
DELAY01:    DJNZ   R6, $         ; R6 单元减 1,非 0 继续执行当前指令,“$”指当前指令地址
```

```
        DJNZ   R7, DELAY01  ; R7 减 1,非 0 跳转到标号 DELAY01 处执行
; -------------------------
        PUSH 07H            ; 一定要记得恢复被保护的寄存器,注意恢复的前后顺序
        PUSH 06H
        RET
; -----------------LED 显示码
TAB:    DB 0BFH, 0C0H, 0F9H, 0A4H, 0B0H, 99H, 92H, 82H, 0F8H, 80H, 90H
END                         ; 程序结束
```

思考题与习题

8-1 请说明串口与并口的异同。

8-2 请说明 P89V51 的通用串行接口 UART 的工作原理，它有几种工作模式？如何设置控制寄存器 SCON？

8-3 在 P89V51 的串口通信中，发送和接收 UART 的发送/接收数据缓冲器 SBUF，能够同时发送和接收数据吗？为什么？

8-4 P89V51 的 UART 的增强功能是什么？

8-5 增强 UART 是怎样实现帧错误检测的？

8-6 增强 UART 是怎样实现自动地址识别的？一个主机最多能实现与多少个从机中任意一个或若干个从机通信。请给出各个从机的寄存器 SADDR 和 SADEN 应赋的值及其给定地址。

8-7 SPI 的工作原理及其如何设置？

8-8 在【实验 8-4】中，如果先运行主机程序，后运行从机程序，会出现什么情况？如何避免？请编写一个程序调试通过（提示：如何解决传输一组数据的顺序与其起始位置的问题，如定义一个特殊的字节作为起始标志来同步数据的发送和接收）。

8-9 采用 UART 或 SPI 通信连接两个实验板，在乙机上显示甲机上按键的键值。

8-10 采用 UART 或 SPI 通信连接两个实验板，在乙机上显示甲机上 ADC 对信号的采样值。

8-11 采用 UART 或 SPI 通信连接两个实验板，由甲机控制乙机输出不同频率的正弦波，并同时在两机上显示信号的频率。

8-12 采用 UART 或 SPI 通信连接两个实验板，由甲机采样而在乙机输出相应的采集波形。

8-13 采用 UART 或 SPI 通信连接两个实验板，由甲机测量方波信号的周期和占空比，在乙机上显示。

8-14 在习题 8-9 ～习题 8-13 的实验中，将调试好的程序烧写到单片机中并脱机运行。

第9单元 PCA与看门狗定时器

本单元学习要点

(1) P89V51的可编程计数器阵列 (Program Counter Array, PCA) 的构成、工作原理、功能和编程应用。

(2) 看门狗定时器的作用。

9.1 PCA的构成

P89V51的PCA是一个特殊的16位定时器/计数器，总共由5个16位的捕捉/比较模块构成，如图9-1所示。每一个模块可以编程实现下列4种功能之一：上升和/或下降沿捕捉、软件定时器、高速输出和脉冲宽度调制（Pulse Width Modulation，PWM）。每个模块有一个相关引脚，这些引脚是P1口引脚的特殊功能：模块0的相关引脚是P1.3（CEX0），模块2的相关引脚是P1.4（CEX1）等。16位PCA的高位字节寄存器和低位字节寄存器分别是CH和CL，其中的数据是自动加1计数。PCA的5个模块共用1个时基计数器，其时钟来源为下列4种之一：振荡器的1/6分频、振荡器的1/2分频、定时器0的溢出和ECI（P1.2）引脚的输入。由用户对PCA控制寄存器CMOD中的位CPS1和CPS0编程来决定。

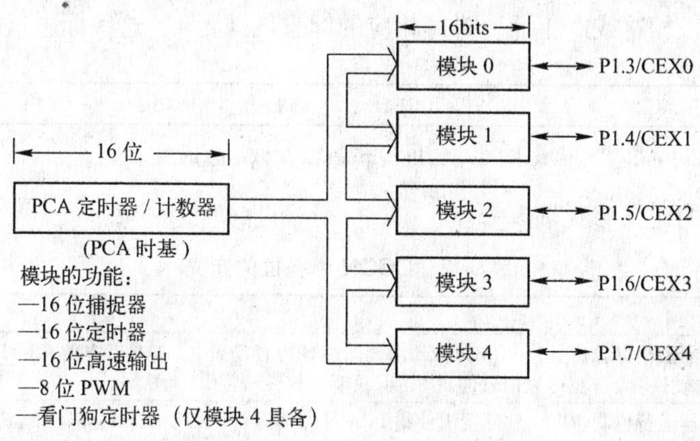

图9-1 PCA的功能模块框图

9.2 PCA的工作原理

1. PCA 模式寄存器 CMOD

在 PCA 模式寄存器 CMOD 中另有 3 个位用来设置 PCA：CIDL 用于在单片机休眠模式中停止运行，WDTE 用来使能模块 4 的看门狗功能，ECF 用以在 PCA 定时器溢出时使能允许中断和设置特殊寄存器 CCON 中的 PCA 溢出标志 CF，如图 9-2 所示。

(MSB)							(LSB)
CIDL	WDTE	—	—	—	CPS1	CPS0	ECF

图 9-2　PCA 模式寄存器

PCA 模式寄存器 CMOD 中各位的定义参见表 9-1。

表 9-1　CMOD 中各位的定义

位	符　号	说　　明
7	CIDL	计数器休眠控制： CIDL = 0，PCA 在单片机休眠时继续运行 CIDL = 1，PCA 在单片机休眠时停止运行
6	WDTE	看门狗定时器使能位： WDTE = 0，禁止看门狗定时器 WDTE = 1，使能看门狗定时器
5～3	—	保留位。在用户程序中应该写入 0
2	CPS1	PCA 计数脉冲（时钟脉冲）源选择位，与 CPS0 一起决定 PCA 的计数脉冲（时钟脉冲）源
1	CPS0	PCA 计数脉冲（时钟脉冲）源选择位，与 CPS1 一起决定 PCA 的计数脉冲（时钟脉冲）源
0	ECF	PCA 溢出中断使能位： ECF = 1，使能 CCON 中的 CF 位产生 PCA 溢出中断 ECF = 0，禁止 CCON 中的 CF 位产生 PCA 溢出中断

2. PCA 控制寄存器 CCON

如图 9-3 所示为 PCA 控制寄存器 CCON 中的各位的分布情况。CCON 中的 CR 用以控制 PCA 的计数器的运行，CF 是 PCA 的溢出标志，CCF4 ～ CCF0 是每个模块的标志。用户必需设置 CR 才能让 PCA 运行，该位清零则停止 PCA 运行。当 PCA 溢出时 CF 置 1 并触发中断（当 CMOD 中的 ECF 被置 1 时），CF 位只能用软件清除。CCON 中的 0 ～ 4 位是模块 0 ～ 4 的标志：当某个模块比较相符或产生捕捉时，相应的标志位被置 1，这些标志只能用软件清除。

(MSB)							(LSB)
CF	CR	—	CCF4	CCF3	CCF2	CCF1	CCF0

图 9-3　PCA 控制寄存器 CCON

CCON 中各位的定义参见表 9-2。

表 9-2　CCON 中各位的定义

位	符号	说　　明
7	CF	PCA 计数器溢出标志位。当 PCA 计数器溢出时由硬件自动置 1，如果 CMOD 中的 ECF = 1 则 CF 触发中断。CF 既可以由硬件置 1，也可以由软件置 1，但只能由软件清零
6	CR	PCA 计数器运行控制位。由软件置 1 使得 PCA 计数器运行，必须由软件清除该位，才能停止 PCA 计数器的运行

续表

位	符号	说　明
5	—	保留位。在用户程序中应该写入0
4	CCF4	模块4的中断标志位。当该模块比较相符或产生捕捉时，由硬件自动置1，必须由软件才能清除该标志位
3	CCF3	模块3的中断标志位。当该模块比较相符或产生捕捉时，由硬件自动置1，必须由软件才能清除该标志位
2	CCF2	模块2的中断标志位。当该模块比较相符或产生捕捉时，由硬件自动置1，必须由软件才能清除该标志位
1	CCF1	模块1的中断标志位。当该模块比较相符或产生捕捉时，由硬件自动置1，必须由软件才能清除该标志位
0	CCF0	模块0的中断标志位。当该模块比较相符或产生捕捉时，由硬件自动置1，必须由软件才能清除该标志位

PCA的中断系统如图9-4所示。

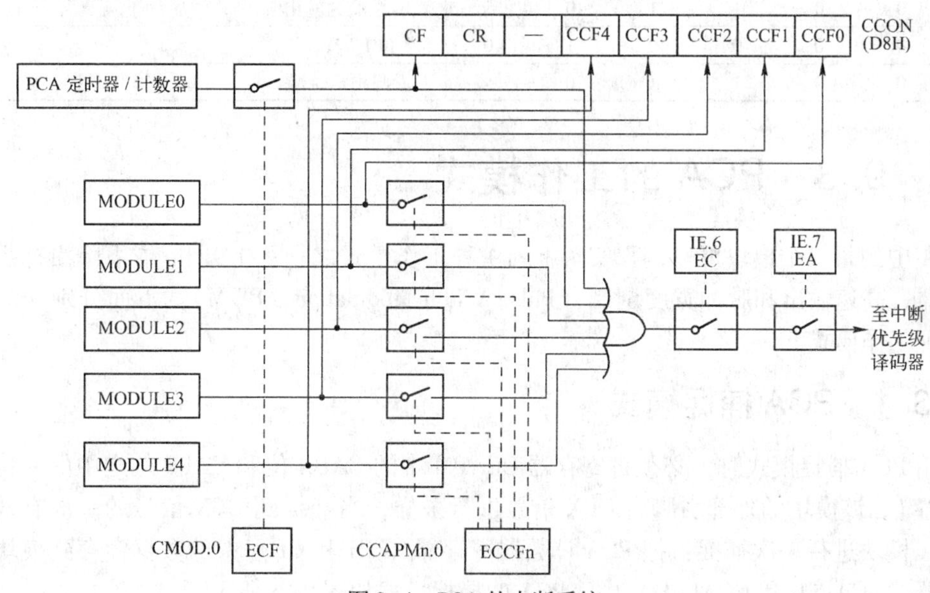

图9-4　PCA的中断系统

PCA的每个模块都有一个控制寄存器——比较/捕捉控制寄存器CCAPMn。CCAPM4用于模块4，CCAPM3用于模块3，……，CCAPM0用于模块0。CCAPMn的分布如图9-5所示。

(MSB)							(LSB)
—	ECOMn	CAPPn	CAPNn	MATn	TOGn	PWMn	ECCFn

图9-5　比较/捕捉控制寄存器CCAPMn

CCAPMn中各位的定义参见表9-3。

表9-3　CCAPMn中各位的定义

位	符号	说　明
7	—	保留位。在用户程序中应该写入0
6	ECOMn	使能比较功能设置位。ECOMn＝1使能模块的比较功能
5	CAPPn	捕捉正极性设置位。CAPPn＝1在正极性（上升沿）进行捕捉
4	CAPNn	捕捉负极性设置位。CAPPn＝1在负极性（下降沿）进行捕捉
3	MATn	比较相符中断设置位。MATn＝1，PCA计数器与该模块中的比较/捕捉寄存器中的数据相同时，设置CCON中的CCFn位并产生中断
2	TOGn	翻转控制位。TOGn＝1，PCA中的数字与该模块中的比较/捕捉寄存器中的数据相同时，在相应的引脚CEXn的电平将翻转一次
1	PWMn	PWM使能位。PWMn＝1，使能在相应的引脚CEXn输出PWM信号
0	ECCFn	使能CCF中断设置位。ECCFn＝1，使能CCON寄存器中的CCF位产生中断

PCA 工作模式的设置方法参见表 9-4。

表 9-4　PCA 工作模式的设置方法

ECOMn	CAPPn	CAPNn	MATn	TOGn	PWMn	ECCFn	工作模式
0	0	0	0	0	0	0	无操作
×	1	0	0	0	0	×	CEXn 引脚正沿触发 16 位捕捉
×	0	1	0	0	0	×	CEXn 引脚负沿触发 16 位捕捉
×	1	1	0	0	0	×	CEXn 引脚跳变触发 16 位捕捉
1	0	0	1	0	0	×	16 位软件定时器
1	0	0	1	1	0	×	16 位高速输出
1	0	0	0	0	1	0	8 位 PWM
1	0	0	1	x	0	×	看门狗定时器

9.3　PCA 的工作模式

PCA 中的每一个模块可以编程实现下列 4 种工作模式之一：上升和/或下降沿捕捉、软件定时器、高速输出和脉冲宽度调制（Pulse Width Modulation，PWM）。下面分别介绍 PCA 的这 4 种工作模式。

9.3.1　PCA 捕捉模式

使用 PCA 捕捉模式时，必须将寄存器 CCAPM 中的 CAPN 位和 CAPP 位之中的一位或两位同时置 1。该模块的外部引脚对 CEX 信号进行采样，当捕捉到 CEX 信号的一次有效跳变时，PCA 模块进行一次捕捉：把 PCA 计数器寄存器（CH 和 CL）中的数据锁存到模块的捕捉寄存器（CCAPnL 和 CCAPnH）中。PCA 的捕捉模式如图 9-6 所示。

如果 CCAPMn 中的 ECCFn 位被置 1 且产生了一次有效的捕捉时，则 CCON 中的 CCFn 位被置 1 同时产生一次 PCA 中断。

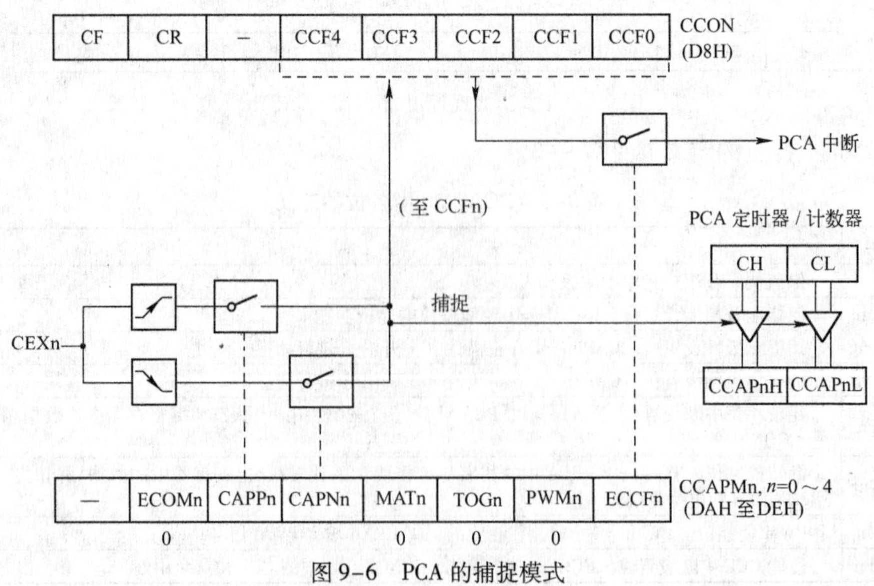

图 9-6　PCA 的捕捉模式

9.3.2　16 位软件定时器模式

如果将 CCAPMn 中的 ECOM 和 MAT 位全部置 1，则 PCA 工作在 16 位软件定时器模式。此时 PCA 定时器中的数据将与模块中的捕捉寄存器相比较，如果相同且 CCON 中的 CCFn 位和 CCAPMn 中的 ECCFn 位都被置 1 时，将产生一次中断。PCA 的 16 位软件定时器模式如图 9-7 所示。

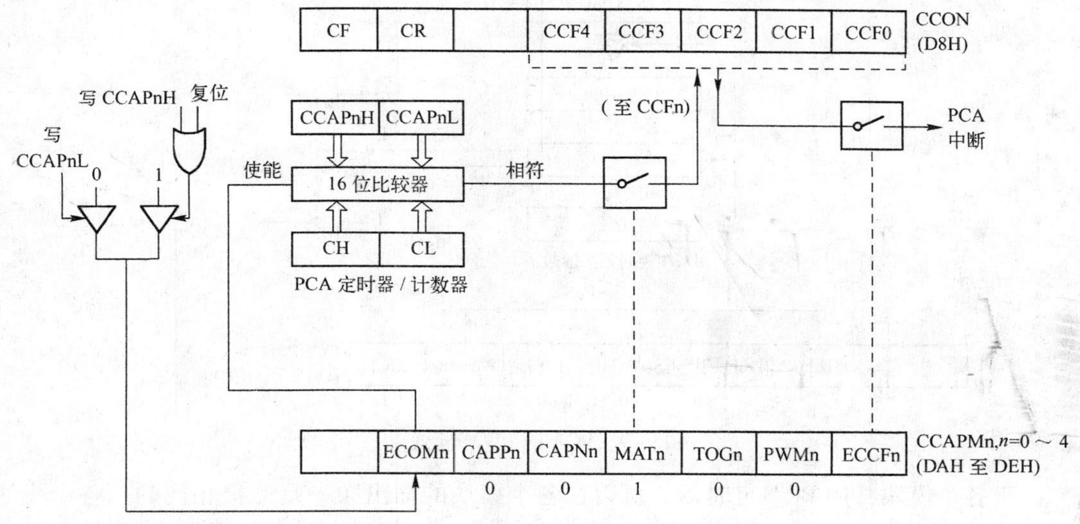

图 9-7　PCA 的 16 位软件定时器模式

9.3.3　高速输出模式

如图 9-8 所示为 PCA 的高速输出模式。将 CCAPMn 中的 TOG、MAT 和 ECOM 位置 1，可使 PCA 工作在高速输出模式。在这种模式，每当 PCA 计数器和模块中捕捉寄存器中的数据相同时，在该模块的输出引脚 CEXn 的电平将翻转一次。

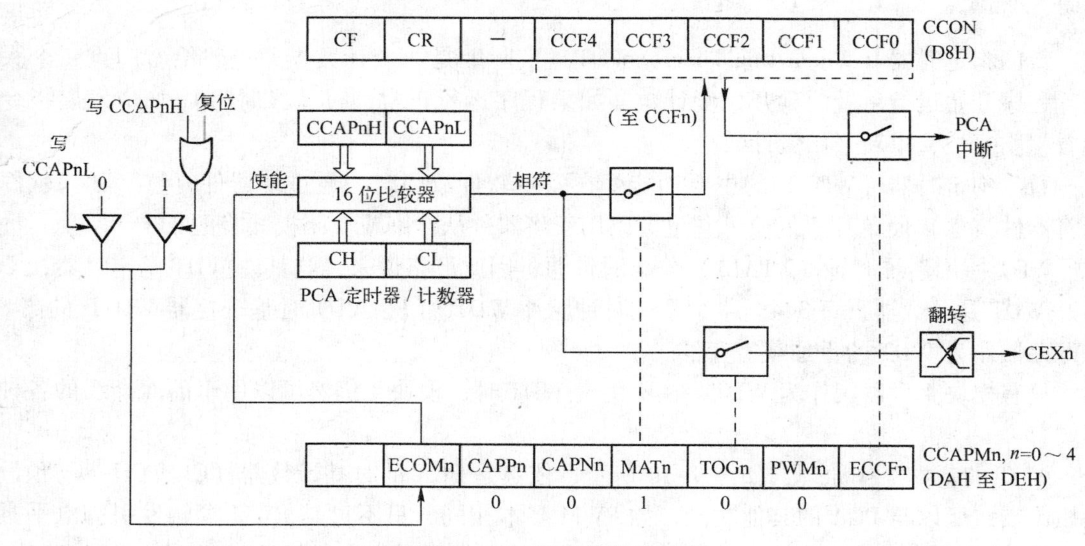

图 9-8　PCA 的高速输出模式

9.3.4 PWM 模式

PWM 是在功率控制中最常使用的一种技术，如在 DC/DC 变换、电动机驱动等场合。PCA 中的所有的 5 个模块都可以用于 PWM 模式。如图 9-9 所示为 PCA 的 PWM 模式，在该模式中，输出频率取决于 PcAnywhere 定时器。

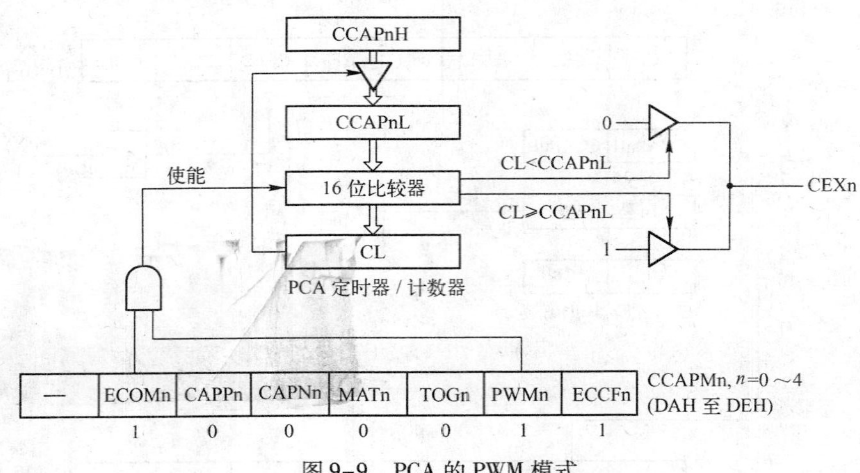

图 9-9 PCA 的 PWM 模式

由于各个模块共用 PCA 定时器，所以，各个模块的输出频率是完全相同的。各个模块输出的占空比取决于模块中的捕捉寄存器 CCAPnL。如果 PCA 的计数器 CL 中的数字小于 CCAPnL 中的数字，则相应模块的输出引脚 CEXn 将输出低电平，反之则输出高电平。当 CL 中的数字由 FF 溢出回到 00 时，CCAPnL 中的数字将自动加载到 CCAPnH 中。设置 PCA 的 PWM 模式需要将 CCAPMn 中的 PWM 和 ECOM 位置 1。

9.4 看门狗定时器 WDT

看门狗定时器（Watch Dog Timer，WDT）实际上是一个计数器，一般给看门狗一个大数，程序开始运行后看门狗开始倒计数。如果程序运行正常，过一段时间 CPU 应发出指令让看门狗复位，重新开始倒计数。

看门狗定时器（WDT）的主要功能是在发生软件故障时，通过使器件复位（如果软件未将器件清零）使单片机复位。它也可以用于将器件从休眠或空闲模式唤醒。

WDT 使用系统时钟（XTAL1）作为时钟源，因此严格说来，与其说 WDT 是定时器，不如说 WDT 是计数器。每 344 064 个系统时钟脉冲 WDT 加 1，WDT 时基寄存器 WDTD 的高 8 位寄存器作为 WDT 的重加载寄存器。

只有模块 4 可以用作为 WDT，在不用于 WDT 时，模块 4 仍然可以用于前面介绍的各种模式。

WDT 的基本工作原理，如图 9-10 所示，依然是 PCA 的时基计数器（CL、CH）与预设值相比较，所以与 PCA 的其他功能，如 PWM 基本相同，只不过是 PWM 等触发引脚电平翻转，而 WDT 则触发内部复位。所以，可以用 PCA 的 PWM 模式来介绍 WDT 的工作原理。

用户事先将 16 位的预设值放到比较寄存器，与 PCA 的其他需要比较的模式一样，这个预设值与 PCA 计数器中的值进行比较，一旦这两个值相等，就会在 P89V51 内部产生中断，而该中断并不会使 RST 引脚电平变高。

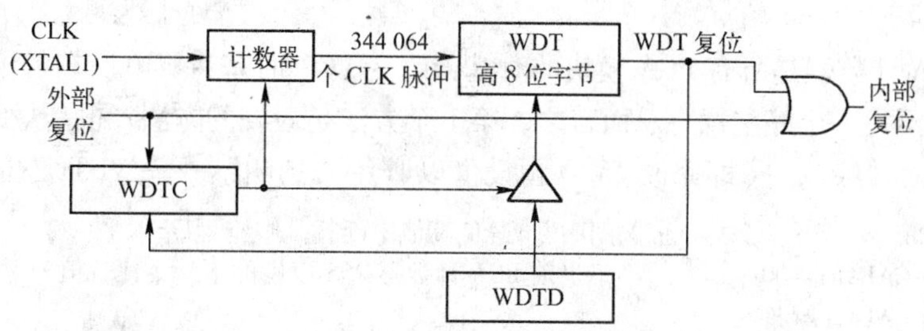

图 9-10　看门狗定时器的工作原理图

WDTC 的分布如图 9-11 所示，各位定义参见表 9-5。

(MSB)							(LSB)
—	—	—	WDOUT	WDRE	WDTS	WDT	SWT

图 9-11　WDT 控制寄存器 WDTC

WDT 的溢出时间的计算公式为

$$溢出时间=(255-\mathrm{WDTD})\times 344\,064/f_{\mathrm{clk}}(\mathrm{XTAL1})$$

式中　WDTD——写入寄存器 WDTD 中的值；

f_{clk}（XTAL1）——单片机的振荡器频率。

表 9-5　WDTC 中各位的定义

位	符　号	说　　明
7	—	保留位。在用户程序中应该写入 0
6	—	保留位。在用户程序中应该写入 0
5	—	保留位。在用户程序中应该写入 0
4	WDOUT	WDT 输出使能位。当该位和 WDRE 都被置 1 和 WDT 复位时，在 RST 引脚将出现程序 32 个振荡器周期的高电平
3	WDRE	WDT 定时器使能位。WDRE = 1，允许 WDT 定时器产生复位
2	WDTS	WDT 定时器复位标志位。WDTS = 1 说明产生了 WDT 复位。用软件清除
1	WDT	WDT 定时器刷新位。当用软件置 1 时产生 WDT 复位。实质是产生软件中断
0	SWDT	WDT 启动位。软件置 1 启动 WDT；软件清除停止 WDT 运行

用户软件必须周期性地改变 CCAP4H 和 CCAP4L 中的预设值以避免与 PCA 计数器 CH 和 CL 中的值相同，这样才可以避免 WDT 中断（复位）的发生。

为避免 WDT 中断（复位）的发生，可以有以下 3 种方法：

① 用户软件周期性地改变 CCAP4H 和 CCAP4L 中的预设值以避免与 PCA 计数器 CH 和 CL 中的值相同；

② 用户软件周期性地改变 PCA 计数器 CH 和 CL 中的值以避免与 CCAP4H 和 CCAP4L 中的预设值相同；

③ 在 CCAP4H 和 CCAP4L 中的预设值与 PCA 计数器 CH 和 CL 中的值相符之前，通过清

除 WDTE 位来避免两个数字相等的情况出现，过后再设置 WDTE 位重新使能 WDT。

前两种方法可靠性高一些，因为第 3 种方法并不会永久地关闭 WDT，一旦程序“误入歧途”（即进入没有预期的程序段、或进入“死循环”等），结果还是比较成功并导致内部复位的发生。

注意：PCA 计数器是所有 PCA 模块的时基，改变 PCA 时基将影响所有的模块，因而，改变 PCA 时基并不是一个好主意。总而言之，第 1 个方法是最好的方法，也是最常用的方法。

下面是一段“喂狗”（即修改 TWD 预设值以避免“狗叫”——WDT 复位）程序。

```
CLR EA               ; 关闭中断,避免其他中断扰乱喂狗程序
MOV CCAP4L, #00      ; 小于当前 PCA 计数器 255 以内的下一个比较值
MOV CCAP4H, CH
SETB EA              ; 重新使能中断
RET
```

上述程序不能作为中断服务子程序，由于即使程序“误入歧途”或掉进“死循环”，中断服务子程序仍然可以得到进行并阻止了 WDT 复位的发生，也就是 WDT 不能发挥应有的作用。

9.5 PCA 例程

可以说，PCA 的基本功能是定时器/计数器，在此基础上增加了捕捉/比较功能，因而衍生各种在应用中特别高效的功能。下面给出 PCA 的若干十分基本的例程，以供用户学习用。

【例程 9-1】 PCA 的基本功能，即作为普通定时器使用，其初始化程序。

```
           MOV CH, #data           ; 设置定时时间
           MOV CL, #data
           MOV CMOD, #81H          ; 如果单片机处于闲置(IDLE)模式时希望 PCA 也停
                                   ; 止运行则需要将 CMOD 中的 CIDL 位置 1
                                   ; 选择时钟源为 f_clk(XTAL1)/12
                                   ; 选择 ECI 作为时钟源时需要从 ECI 引脚加时钟信号
                                   ; ECF = 1,允许计数器溢出中断
           ORLIE, #0C0H            ; 允许 PCA 中断(EC = 1)和开启总中断(EA = 1)
           MOV CCON, #40H          ; 清除所有中断标志,启动 PCA 计数
           ……                      ; 相应的 PCA 中断服务子程序
INT_CCF0:  MOV CH, #data           ; 设置定时时间
           MOV CL, #data
           MOV CCON, #40H          ; 清除所有中断标志,启动 PCA 计数
           ……                      ; 相应的 PCA 中断服务子程序
           RETI                    ; 从中断服务子程序中返回
```

【例程 9-2】 设置 PCA 的捕捉模式，以模块 0 为例的初始化程序。

```
           MOV CH, #0              ; 设置定时时间
           MOV CL, #0
           MOV CMOD, #80H          ; 如果单片机处于闲置(IDLE)模式时希望 PCA 也停
                                   ; 止运行,则需要将 CMOD 中的 CIDL 位置 1
                                   ; 选择时钟源为 f_clk(XTAL1)/12
           MOV CCAPM0, #31H        ; 选择触发沿和使能 CCF0 中断
```

```
        ORL  IE, #0C0H          ; 允许 PCA 中断(EC =1)和开启总中断(EA =1)
        MOV CCON, #40H          ; 清除所有中断标志,启动 PCA 计数
        ……
        ;相应的 PCA 捕捉模式中断服务子程序
INT_CCF0: MOV CH, #data          ; 设置定时时间,但注意对其他模块的影响
        MOV CL, #data
        MOV CCON, #40H          ; 清除所有中断标志,启动 PCA 计数
        MOV 40H, CCAP0H         ; 保护捕获的高 8 位值到 40H
        MOV 41H, CCAP0L         ; 保护捕获的低 8 位值到 41H
        ……                      ; 完成预定的中断服务子程序工作其他内容
        RETI                    ; 从中断服务子程序中返回
```

【例程 9-3】　设置 PCA 的软件定时器模式，以模块 0 为例的初始化程序。

```
        MOV CH, #0              ; 设置 PCA 计数器初值
        MOV CL, #0
        MOV CCAP0H, #data       ; 设置定时时间高 8 位值
        MOV CCAP0L, #data       ; 设置定时时间低 8 位值
        MOV CMOD, #80H          ; 如果单片机处于闲置(IDLE)模式时希望 PCA 也停
                                ; 止运行,则需要将 CMOD 中的 CIDL 位置 1
                                ; 选择时钟源为 f_clk(XTAL1)/12
        MOV CCAPM0, #49H        ; 使能比较器和 CCF0 中断
        ORL IE, #0C0H           ; 允许 PCA 中断(EC =1)和开启总中断(EA =1)
        MOV CCON, #40H          ; 清除所有中断标志,启动 PCA 计数
        ……
        ;相应的 PCA 软定时器模式中断服务子程序
INT_CCF0: MOV CH, #0             ; 设置定时时间,但注意对其他模块的影响
        MOV CL, #0
        MOV CCON, #40H          ; 清除所有中断标志,启动 PCA 计数
        MOV CCAP0H, #data       ; 设置定时时间高 8 位值
        MOV CCAP0L, #data       ; 设置定时时间低 8 位值
        ……                      ; 完成预订的中断服务子程序工作其他内容
        RETI                    ; 从中断服务子程序中返回
```

【例程 9-4】　设置 PCA 的高速输出模式，以模块 0 为例的初始化程序。

```
        MOV CH, #0              ; 设置 PCA 计数器初值
        MOV CL, #0
        MOV CCAP0H, R6          ; 设置紧接着半个周期的高 8 位值(存放在 R6 中)
        MOV CCAP0L, R7          ; 设置紧接着半个周期的低 8 位值 (存放在 R7 中)
        MOV CMOD, #80H          ; 如果单片机处于闲置(IDLE)模式时希望 PCA 也停
                                ; 止运行,则需要将 CMOD 中的 CIDL 位置 1
                                ; 选择时钟源为 f_clk(XTAL1)/12
        MOV CCAPM0, #4DH        ; 使能比较信号输出到 CEX0,使能比较器相等和
;                               ; CCF0 中断
        ORL  IE, #0C0H          ; 允许 PCA 中断(EC =1)和开启总中断(EA =1)
        MOV CCON, #40H          ; 清除所有中断标志,启动 PCA 计数
        ……                      ; 相应的 PCA 高速输出模式中断服务子程序
INT_CCF0: MOV CH, #0             ; 设置定时时间,但注意对其他模块的影响
        MOV CL, #0
        MOV CCON, #40H          ; 清除所有中断标志,启动 PCA 计数
```

```
        MOV CCAP0H, R6          ; 设置紧接着半个周期的高 8 位值(存放在 R6 中)
        MOV CCAP0L, R7          ; 设置紧接着下半个周期的低 8 位值 (存放在 R7 中)
        ……                      ; 完成预订的中断服务子程序工作其他内容
        RETI                    ; 从中断服务子程序中返回
```

【例程 9-5】 设置 PCA 的 PWM 输出模式，以模块 0 为例的初始化程序。

```
MOV CCAP0H, R6      ; 设置占空比的高 8 位值(存放在 R6 中)
MOV CCAP0L, R7      ; 设置占空比的低 8 位值 (存放在 R7 中)
MOV CMOD, #82H      ; 如果单片机处于闲置(IDLE)模式时希望 PCA 也停止运行,则需要将
                    ; CMOD 中的 CIDL 位置 1
                    ; 选择时钟源为 f_clk (XTAL1)/4
MOV CCAPM0, #42H    ; 使能 PCA 比较器和 PWM 功能
SETBCR              ; 启动 PWM
……
```

【例程 9-6】 由于 PCA 各个模块中断使用同一个中断向量，下面的程序用以判断中断来源并进行相应的处理。

```
        JBC CF, INT_CF
CF0:    JBC CCF0, INT_CCF0      ; 模块 0 中断,转入模块 0 的中断服务子程序
CF1:    JBC CCF1, INT_CCF1      ; 模块 1 中断,转入模块 1 的中断服务子程序
CF2:    JBC CCF2, INT_CCF2      ; 模块 2 中断,转入模块 2 的中断服务子程序
CF3:    JBC CCF3, INT_CCF3      ; 模块 3 中断,转入模块 3 的中断服务子程序
CF4:    JBC CCF4, INT_CCF4      ; 模块 4 中断,转入模块 4 的中断服务子程序
        RETI
; ------------------------------------------
INT_CF:……                       ; PCA 计数器溢出的中断服务程序
        LJMPCF0;                ; 有可能其他模块也产生中断,继续查询
INT_CCF0:……                     ; 模块 0 的中断服务程序
        LJMP   CF1 ;            ; 有可能其他模块也产生中断,继续查询
INT_CCF1:……                     ; 模块 1 的中断服务程序
        LJMP   CF2 ;            ; 有可能其他模块也产生中断,继续查询
INT_CCF2:……                     ; 模块 2 的中断服务程序
        LJMP   CF3 ;            ; 有可能其他模块也产生中断,继续查询
INT_CCF3:……                     ; 模块 3 的中断服务程序
        LJMP   CF4 ;            ; 有可能其他模块也产生中断,继续查询
INT_CCF4:……                     ; 模块 4 的中断服务程序
        RETI
```

思考题与习题

9-1 PCA 的特殊寄存器和外部引脚有哪些？

9-2 PCA 有哪些功能和工作模式？这些模式可能有些什么样的应用？

9-3 如何设置 PCA 的工作模式？

9-4 在 PCA 的各种工作模式中，都可以改变 PCA 的计数器初值，这可能引起什么问题？

9-5 与定时器 0 和定时器 1 的门控方式测量脉冲宽度或周期相比，用 PCA 有何优势？

9-6 什么是 PWM？举例说明其应用。

9-7　捕捉与比较有何异同，各可能有什么样的应用？

9-8　软件定时器与硬件定时器有何不同？

9-9　什么是 WDT？为什么需要 WDT？

9-10　应用 WDT 有何注意事项？如果违反这些注意事项会导致什么样的后果？

9-11　请利用 PCA 的捕捉模式测量脉冲信号的宽度、占空比和周期（频率）并调试通过。

9-12　请利用 PCA 的 PWM 模式产生不同占空比的脉冲信号。

9-13　采用 UART 或 SPI 通信连接两个实验板，由甲机采用 PCA 模块测量方波信号的周期和占空比，在甲机和乙机上同时显示并在乙机上用 PCA 的高速输出模式输出同样的方波。

9-14　设计一个方波发生器的程序：通过按键可以设置方波的周期和占空比，并在数码管上显示所设置的值。

9-15　采用 UART 或 SPI 通信连接两个实验板，通过按键可以设置甲机用 PCA 模块的高速输出模式发出方波信号的周期和占空比，在乙机上用 PCA 测量甲机发出的波形并在数码管上显示相应的测量结果。

9-16　采用 UART 或 SPI 通信连接两个实验板，由甲机通过 ADC 对乙机 PWM 的输出（通过低通滤波）进行采样，在甲机上显示采样值；在乙机可以设置 PWM 的输出幅值（$V_{OUT} = V_{DD} \times \rho$，$\rho$ 为占空比）并根据甲机发来数据调整 PWM 输出，使得甲、乙两机的显示相同。

第 10 单元 指令系统与系统编程

本单元学习要点

(1) P89V51 单片机的指令分类。

(2) P89V51 单片机的指令格式。

(3) 指令的操作数、代码、字节数和执行机器周期（或振荡周期）数。

10.1 指令系统的分类及一般说明

P89V51 总共有 111 种指令，可以分成下面 5 类：

① 数据传送类（29 条）；

② 算术操作类（24 条）；

③ 逻辑操作类（24 条）；

④ 控制程序转移类（17 条）；

⑤ 布尔变量操作类（17 条）。

本书前面已经介绍了数据传送类和控制程序转移类（把布尔变量操作类中部分控制程序流向的几条指令也包括在内）。本章将集中介绍其他三类指令及其应用。

为了更好地掌握指令，这里先把描述指令的一些符号意义先进行简单的介绍。

Rn———当前选中的寄存器区的 8 个工作寄存器 R0 ～ R7（$n=0\sim7$）。

Ri———当前选中的寄存器区中可作地址寄存器的两个寄存器 R0 和 R1（$i=0,1$）。

direct——8 位的内部数据存储器单元的地址。可以是内部的 RAM 单元的地址（0 ～ 127/255）或专用寄存器的地址，如 I/O 接口、控制寄存器、状态寄存器等（128 ～ 255）。

#data——包含在指令中的 8 位常数。

#data16——包含在指令中的 16 位常数。

addr 16——16 位的目的地址。用于 LCALL 和 LJMP 指令中，目的地址的范围是 64KB 程序存储器地址空间。

addr 11——11 位的目的地址。用于 ALALL 和 AJMP 指令中，目的地址必须放在与下一条指令第一个字节同一个 2KB 程序存储器区地址空间之间。

rel——8 位的带符号的偏移字节。用于 SJMP 和所有的条件转移指令中。偏移字节相对于下一条指令的第一个字节计算，在 -128 ～ +127 范围内取值。

DPTR——数据指针，可用做 16 位的地址寄存器。

bit—— 内部 RAM 或专用寄存器中的直接寻址位。

A——累加器。

B——专用寄存器，用于 MUL 和 DIV 指令中。

C——进位标志和进位位，或布尔处理中的累加器。

@——间址寄存器或基址寄存器的前缀，如@ Ri，@ DPTR 等。

/——位操作数的前缀，表示对该位操作数取反，如/bit。

（×）——×中的内容。如（30H）表示内部 RAM 30H 中的内容。

((×))——由×寻址的单元中的内容。例如，假定 R0 中的内容为 30H，则((R0))表示 30H 中的内容。

←——箭头左边的内容被箭头右边的内容所代替。如(SP)←(SP)+1 表示堆栈 SP 中的内容加 1。

各类指令的介绍方法采用先说明该类指令的共同特征，然后按助记符逐条描述指令，包括助记符、操作码、执行的具体内容及短小的编程实例。附录中以列表形式总结各类指令。

10.2　算术操作类指令

算术操作类指令共有 24 条，其中包括 4 种基本的算术操作指令，即加、减、乘、除。这 4 种指令能对 8 位的无符号数进行直接的运算，借助溢出标志，可对带符号数进行 2 的补码运算。借助进位标志，可能实现多精度的加、减和环移。同时也可对压缩的 BCD 数进行运算。

算术运算指令执行的结果将使进位（CY）、辅助进位（AC）、溢出（OV）3 种标志置位或复位。但是加 1 和减 1 指令不影响这些标志。

算术操作类指令用到的助记符有 ADD、ADDC、INC、DA、SUBB、DEC、MUL 和 DIV 共 8 种。

1. 累加器内容加寄存器内容

格式：ADD A，Rn

代码：| 0010 | 1rrr | 28H ～ 2FH

操作：(A)←(A)+(Rn)(n=1 ～ 7)

2. 累加器内容加内部 RAM 内容

格式：ADD A，@ Ri

代码：| 0010 | 011i | 26H ～ 27H

操作：(A)←(A)+((Ri))(i=0,1)

3. 累加器内容加内部 RAM 或专用寄存器内容

格式：ADD A，direct

代码：| 0010 | 0101 | 25H

| 直接地址 |

操作：(A)←(A)+(direct)

4. 累加器内容加立即数

格式：ADD A，#data

代码：

0010	0100	24H
立即数		

操作：(A)←(A) + data

以上 4 条 ADD 指令，把指令中指定的一个字节与累加器内容相加，和数存放在累加器中。这些指令将影响辅助进位标志 AC 和进位标志 C、溢出标志 OV。换句话说，通过这些标志位可选择适当的程序对相加后的数据进行进一步的处理。

如果相加过程中位 3 和位 7 有进位，则辅助进位标志 AC 和进位标志 C 将置位，否则就复位。对于无符号数相加时，若 C 置位，说明和数溢出（即大于 255）。

如果带符号数相加时位 6 和位 7 不同时有进位时，溢出标志 OV 将置位。利用 OV 可以判断带符号数相加时和数是否溢出（即大于 127 或小于 -128）。

对于加法，溢出只能发生在两个加数符号相同时。例如：120 与 100 之和为 220，大于 127，显然，位 6 有进位而位 7 无进位。

```
  01111000    120
+ 01100100    100
  11011100    220
```

符号位（位 7）由 0 变 1，结果变负，实际上它成为和数的最高位，符号位移入进位标志。

再例如，-120 与 -100 之和，它们的补码分别为 10001000B 和 10011100B，相加过程中位 6 无进位而位 7 有进位。

```
  10001000    -120
+ 10011100    -100
  00100100    -220
```

符号位由 1 变为 0，结果变正，这是因为符号位移入进位标志之故。在上述两种举例情况下，溢出标志 OV 将置位。因此，在实行带符号数的加法运算时，OV 是一个重要的编程标志。

【实验 10-1】 加法运算。

执行下列程序，请注意各有关寄存器的内容和 PSW 各有关位的变化。

```
ORG   0000H
MOV   A, #0B3H
MOV   R1, #56H
ADD   A, R1
LJMP  $
END
```

注意：分析作为原码计算和补码计算得到的结果有何区别，如何判断有无溢出和如何处理运算结果。

5. 累加器内容加寄存器内容和进位标志

格式：ADDC A，Rn

代码：

0011	1rrr	38H ～ 3FH

操作：(A)←(A) + (C) + (Rn)

6. 累加器内容加内部 RAM 内容和进位标志

格式：ADDC　A，@Ri

代码：| 0011 | 011i | 36H ～ 37H

操作：(A)←(A)+(C)+((Ri))(i=0,1)

7. 累加器内容加立即数和进位标志

格式：ADDC　A，data

代码：| 0011 | 0100 | 34H

操作：(A)←(A)+(C)+#data

8. 累加器内容加内部 RAM 或专用寄存器内容和进位标志

格式：ADDC　A，direct

代码：| 0011 | 0101 | 35H

| 直接地址 |

操作：(A)←(A)+(C)+(direct)

【实验 10-2】 带进位位加法运算。

单步执行下列程序，请注意各有关寄存器的内容和 PSW 各有关位的变化。

```
ORG 0000H
MOV   A, #0C3H
MOV   DPL, #56H
SETB   C
ADDC   A, DPL
LJMP  $
END
```

注意：分析作为原码计算和补码计算得到的结果有何区别，如何判断有无溢出和如何处理运算结果。

9. 累加器内容加 1

格式：INC　A

代码：| 0000 | 0100 | 04H

操作：(A)←(A)+1

10. 寄存器内容加 1

格式：INC　Rn

代码：| 0000 | 1rrr | 08H ～ 0FH

操作：(Rn)←(Rn)+1(n=0 ～ 7)

11. 内部 RAM 或专用寄存器内容加 1

格式：INC　direct

代码：| 0000 | 0101 | 05H

| 直接地址 |

操作：(direct)←(derect)+1

说明：当指令中的 direct 为端口地址 P0 ～ P3（分别为 80H、90H、A0H、B0H）时，其功能是修改输出口的内容。指令执行过程中，首先读入端口的内容，然后在 CPU 中加 1，

继而输出到端口。应注意的是，读入内容来自端口的锁存器而不是端口的引脚。这类指令具有“读—修改—写”的功能。

12. 内部 RAM 内容加 1

格式：INC　@Ri

代码：| 0000 | 011i | 06H ～ 07H

操作：((Ri))←((Ri)) +1(i =0,1)

13. 数据指针内容加 1

格式：INC　DPTR

代码：| 1010 | 0011 | A3H

操作：(DPTR)←(DPTR) +1

说明：这是 16 位数加 1 指令，按 2^{16} 取模。指令首先对低 8 位寄存器 DPL 的内容执行加 1 的操作，当产生溢出时，就对 DPH 的内容进行加 1 操作。不影响标志。

【实验 10-3】　加 1 指令的运行。

在开发环境中设置 R0 的内容为 7EH，内部 RAM 7EH 及 7FH 单元的内容分别为 0FFH 及 38H，DPTR 的内容为 10FEH。单步执行下列程序，请注意各有关寄存器内容的变化。

```
ORG   0000H
INC   @R0          ;使 7EH 单元由 FFH 变为 00H
INC   R0           ;使 R0 的内容由 7EH 变为 7FH
INC   @R0          ;使 7FH 单元由 38H 变为 39H
INC   DPTR         ;使 DPL 为 0FFH,DPH 不变
INC   DPTR         ;使 DPL 为 00H,DPH 为 11H
INC   DPTR         ;使 DPL 为 01H,DPH 不变
LJMP  $
END
```

14. 十进制调整

格式：DA　A

代码：| 1101 | 0100 | D4H

操作：若[$(A_{3\sim0})>9$]V[(AC) =1]，

则$(A_{3\sim0})\leftarrow(A_{3\sim0})+6$

若[$(A_{7\sim4})>9$]V[(C) =1]，

则$(A_{7\sim4})\leftarrow(A_{7\sim4})+6$

说明：补充 3 点说明：

① DA 指令不影响溢出标志；

② 不能用 DA 指令对十进制减法操作的结果进行调整；

③ 借助进位标志可实现多位 BCD 数加法结果的调整。

计算机内部采用的是二进制编码，而习惯上人们使用的则是十进制编码，为解决人机在计数制上的矛盾，特别设置了数字编码。用二进制代码表示十进制数，常用的表示方法是将十进制数的每位数字都用一个等值的或特别规定的四位二进制数表示（四位二进制数可以表示 16 种不同状态，十进制数数字有 10 个，三位不足，五位太多）。这类编码使用最经常的是二—十进制码或 BCD（Binary Coded Decimal）码、格雷码和余三码。

BCD 码也称 8421 码，因码位的权值至左向右分别为 8（2^3）、4（2^2）、2（2^1）和 1（2^0）；格雷码具有代码变换连续的性质，其相邻的代码之间只有一位相异；余三码是 BCD 码与 0011 的和，0011 的十进制是 3，故称余（多）3 码。

如果在一个字节内放一个 BCD 数，结果高 4 位永远为 0。为了节约存储单元，一个字节内放两个 BCD 数，高 4 位和低 4 位分别存放一个 BCD 数，这种方式称为压缩的 BCD 数。

【实验 10-4】 BCD 码的运算之一——对累加器中压缩的 BCD 数加 1 和减 1。

```
ORG  0000H
ADD  A, #01
DA   A
ADD  A, #99H
DA   A
END
```

前两条指令实现加 1 操作，后两条指令实现减 1 操作。累加器允许的最大 BCD 数为 99，当对累加器实行加 99 时，必然形成对百位数进位，而剩在累加器中的内容正好是压缩的 BCD 数减 1。

【实验 10-5】 BCD 码的运算之二——BCD 数求和。

两个 4 位压缩的 BCD 数的相加程序。设一个加数存放在 30H、31H 单元，另一个加数存放在 32H、33H 单元。和数放到 30H、31H 单元。

```
ORG  0000H
MOV     R0,#30H       ;设地址指针指向个位十位数
MOV     R1,#32H
MOV     A,@R1         ;个位十位数相加
DA      A
MOV     @R0, A
INC     R0
INC     R1            ;指向百位千位数
MOV     A, @R0
ADDC    A, @R1        ;百位千位数相加
DA      A
MOV     @R0, A
```

百位千位数相加时用 ADDC 指令，是考虑到当个位十位数相加的结果超过 99 时，将产生进位，在对百位千位数相加时应把它加进去。

15. 累加器内容减寄存器内容和进位标志

格式：SUBB　A，Rn

代码：| 1001 | 1rrr | 98H ～ 9FH

操作：(A)←(A) - (C) - (Rn)(n=0 ～ 7)

16. 累加器内容减内容 RAM 内容和进位标志

格式：SUBB　A，@Ri

代码：| 1001 | 011i | 96H ～ 97H

操作：(A)←(A) - (C) - ((Ri))(i=0,1)

17. 累加器内容减立即数和进位标志

格式：SUBB　A，#data

代码：

1001	0100	94H
立即数		

操作：(A)←(A)－(C)－#data

18. 累加器内容减内部 RAM 或专用寄存器内容及进位标志

格式：SUBB　A，direct

代码：

1001	0101	95H
直接地址		

操作：(A)←(A)－(C)－(direct)

说明：SUBB 指令从累加器的内容中减去指定的一个字节和进位标志。够减时，进位标志复位，不够减时，发生借位，进位标志置位。借助进位标志（用来指示有无借位）可以实现多精度减法。当位 3 发生借位时，AC 置位，否则 AC 复位。当位 6 及位 7 不同时发生借位时，OV 置位，否则 OV 复位。在作带符号数运算时，只有当符号不相同的两数相减才会发生溢出。所以，OV 置位表示发生了正数减去负数差为负，或是负数减去正数差为正的情况，显然是不对的。

【实验 10-6】 BCD 码的运算之三——压缩的 BCD 数相减。

```
ORG    0000H
MOV    A, #0B8H
MOV    R0, #69H
SETB   C
SUBB   A, R0
LJMP   $
END
```

注意：累加器 ACC 和 R0、PSW 中各位（特别是进位 C）中的值。

19. 累加器内容减 1

格式：DEC　A

代码：

0001	0100	14H

操作：(A)←(A)－1

20. 寄存器内容减 1

格式：DEC　Rn

代码：

0001	1rrr	18H ～ 1FH

操作：(Rn)←(Rn)－1(n=0 ～ 7)

21. 内部 RAM 内容减 1

格式：DEC　@Ri

代码：

0001	011i	16H ～ 17H

操作：((Ri))←((Ri))－1

22. 内部 RAM 或专用寄存器内容减 1

格式：DEC　direct

代码：

0001	0101	15H
直接地址		

操作：(direct)←(direct) - 1

说明：当指令中的直接地址为 P0 ～ P3 端口，即 80H、90H、A0H、B0H 时，指令可用来修改一个输出口的内容。也是一条具有“读—修改—写”功能的指令。首先读入口的原始数据，在 CPU 中执行减 1 操作，然后再送到口上，应注意此时读入的数据实际来自端口的锁存器而不是芯片引脚。

23. 累加器内容乘寄存器 B 内容

格式：MUL　AB

代码：| 1010 | 0100 | A4H

操作：$(B_{7\sim0})(A_{7\sim0}) \leftarrow (A) \times (B)$

说明：MUL 指令实现 8 位无符号数的乘法操作，两个乘数分别放在累加器 A 和寄存器 B 中。乘积为 16 位，低 8 位放在 A 中，高 8 位放在 B 中。若积大于 255，溢出标志置位，否则复位。进位标志总是复位。乘法指令是整个指令系统中执行时间最长的两条指令之一，它需要 4 个机器周期（48 个振荡器周期）完成一次操作，对于 12MHz 晶振的系统，执行一次乘法操作的时间为 4μs。

24. 累加器内容除以寄存器 B 内容

格式：DIV　AB

代码：| 1000 | 0100 | 84H

操作：(A)←(A)/(B)的商；
(B)←(A)/(B)的余；
(C)←0,(OV)←0

说明：DIV 指令实现 8 位无符号数除法，一般被除数放在 A 中，除数放在 B 中。指令执行后，商放在 A 中而余数放在 B 中。标志 C 和 OV 均复位，只有当除数为 0 时，A 和 B 中的内容为不确定值，此时 OV 标志置位，说明除法溢出。指令的执行时间是 4 个机器周期（48 个振荡器周期），是整个指令系统中执行时间最长的两条指令之一。

【实验 10-7】 把累加器中的二进制数转换为 3 位 BCD 数。

把累加器中的二进制数转换为 3 位 BCD 数。百位数放在 30H，十位、个位数分别放在 31H 中。

```
        ORG   0000H
BINBCD:  MOV      B,#100        ；送十进制数 100 到寄存器 B
DIV     AB                      ；得到百位数
MOV     30H,A
MOV     A,#10
XCH     A,B
DIV     AB                      ；得到十位数和个位数
SWAP    A
ADD     A,B                     ；组成压缩的 BCD 数
MOV     31H, A
LJMP    $
```

程序运行前可以给累加器设定一个待转换的数，然后单步运行，注意有关寄存器中内容的变化。本实例利用 DIV 指令实现二进制数到 BCD 数的转换。先对要转换的二进制数除以

100，得到商数（即百位数），余数部分再除以10，商数、余数分别为十位数和个位数。它们在A和B的低4位，最后通过SWAP和ADD指令把它们组合成一个压缩的BCD数，把十位数放在A的高4位，个位数放在A的低4位。

10.3 逻辑操作类指令

逻辑操作类指令共有24条，包括与、或、异或、清除、求反、左右移位等逻辑操作。本节中的指令操作数都是8位，大量的位逻辑指令将放到布尔变量操作类指令中介绍。

逻辑操作类指令用到的助记符有ANL、ORL、XRL、RL、RLC、RR、RRC、CLR和CPL。

1. 累加器内容逻辑与寄存器内容

格式：ANL A，Rn

代码：| 0101 | 1rrr | 58H ～ 5FH

操作：(A)←(A)∧(Rn)(n=0 ～ 7)

2. 累加器内容逻辑与内容RAM内容

格式：ANL A，@Ri

代码：| 0101 | 011i | 56H ～ 57H

操作：(A)←(A)∧(Ri)(i=0,1)

3. 累加器内容逻辑与立即数

格式：ANL A，#data

代码：| 0101 | 0100 | 54H

| 立即数 |

操作：(A)←(A)∧# data

4. 累加器内容逻辑与内部RAM或专用寄存器内容

格式：ANL A，direct

代码：| 0101 | 0101 | 55H

| 直接地址 |

操作：(A)←(A)∧direct

说明：当direct为端口地址P0 ～ P3时，操作数来自端口的锁存器。当direct为内部RAM单元地址时，可用ANLA，@Ri指令代替，但需用一个工作寄存器存放RAM单元地址。

5. 内部RAM或专用寄存器内容逻辑与累加器内容

格式：ANL direct，A

代码：| 0101 | 0010 | 52H

操作：(direct)←(A)∧(direct)

说明：当direct为端口地址P0 ～ P3时，这也是一条“读—修改—写”指令，根据运行时累加器中的数动态地修改端口的内容。其详细说明见INC direct指令。

6. 内部RAM或专用寄存器内容逻辑与立即数

格式：ANL direct，#data

代码：

0101	0011	53H
直接地址		
立即数		

操作：(direct)←(direct)∧#data

说明：当这条指令的 direct 为端口地址 P0 ～ P3 时，它相当于 MCS－48 单片机的 ANL Pi，#data 指令。但在 MCS－48 中这条与操作指令占两个存储单元，而在 MCS－51 中占三个。也是一条“读—修改—写”指令。

5、6 两条目的操作数为直接地址的与操作指令，可以对内部 RAM 的任意单元或专用寄存器的指定位进行清零控制，其控制码可以是指令中的常数或运行时累加器中的数。如指令 ANLP－SW，#11100111B，将使 PSW 中的 RS1、RS0 为 00，而其他标志保持原来的状态。

7. 累加器内容逻辑或寄存器内容

格式：ORL　A，Rn

代码：

0100	1rrr	48H ～ 4FH

操作：(A)←(A)∨(Rn)(n=0 ～ 7)

8. 累加器内容逻辑或内部 RAM 内容

格式：ORL　A，@ Ri

代码：

0100	011i	46H ～ 47H

操作：(A)←(A)∨(Ri)(i=0,1)

9. 累加器内容逻辑或立即数

格式：ORL　A，#data

代码：

0100	0100	44H

操作：(A)←(A)∨#data

10. 累加器内容逻辑或内部 RAM 或专用寄存器内容

格式：ORL　A，direct

代码：

0100	0101	45H
直接地址		

操作：(A)←(A)∨(direct)

说明：当 direct 为端口 P0 ～ P3 时，数据来自端口的锁存器。

11. 内部 RAM 或专用寄存器内容逻辑或累加器内容

格式：ORL　direct，A

代码：

0100	0010	42H
直接地址		

操作：(direct)←(direct)∨(A)

说明：当指令中 direct 为端口地址 P0 ～ P3 时，这是一条“读—修改—写”指令。用来在程序运行时根据 A 的内容动态地修改端口的内容。

12. 内部 RAM 或专用寄存器内容逻辑或立即数

格式：ORL　direct，#data

代码：

0100	0011	43H

直接地址
立即数

操作：(direct)←(direct)∨#data

说明：当 direct 为端口地址 P0 ～ P3 时，这条指令的功能与 MCS－48 中的 ORL Pi，#data 相同。但在 MCS－48 中指令占两个存储单元，而在 MCS－51 中占 3 个单元。也是一条“读—修改—写”指令。

11、12 两条目或操作指令可以对内部 RAM 中的任意单元或专用寄存器的指定位进行置位控制，其控制码为指令中预定的常数或运行时累加器中的数。如指令 ORL TMOD，#00110011B，将使定时器工作方式控制字 TMOD 的位 0、1、4、5 置为 1，而其他位不变。

【实验 10–8】 根据累加器中位 4 ～ 0 的状态用逻辑与、或指令控制 P1 口位 4 ～ 0 的状态。

在单片机上运行下列几条指令：

```
ANL    A，  #00011111B     ；屏蔽 A7～5
ANL    P1，#11100000B     ；清 P1 口的低 5 位
ORL    P1，A              ；按 A4～0 设置 P1.4～P1.0
```

应该注意的是，运行指令时在需要置位的口线上先输出了 0 状态，这样就将发生为时 1 个机器周期的短暂的“闪烁”。如果在应用上有不允许这样的“闪烁”。则应把程序改为：

```
ANL    A，  #00011111B     ；屏蔽 A7～5
ORL    P1，A              ；使 P1.4～P1.0 按 A4～0 置位
RL     P1，#11100000B
ANL    P1，               ；使 P1.4～P1.0 按 A4～0 置位
```

程序先使该置位的口线置位，然后再按累加器低 5 位中状态为 0 的位复位 P1 的相应口线，这样就避免了置位口线上的“闪烁”现象。

13. 累加器内容异或寄存器内容

格式：XRL A，Rn

代码：

0110	1rrr

68H ～ 6FH

操作：(A)←(A)∀(Rn)(n=0 ～ 7)

14. 累加器内容异或内部 RAM 内容

格式：XRL A，@Ri

代码：

0110	011i

66H ～ 67H

操作：(A)←(A)∀((Ri))(i=0,1)

15. 累加器内容异或立即数

格式：XRL A，#data

代码：

0110	0100
立即数	

64H

操作：(A)←(A)∀#data

16. 累加器内容异或内部 RAM 或专用寄存器内容

格式：XRL A，direct

代码：

0110	0101
直接地址	

65H

操作：(A)←(A)∀(direct)

说明：当 direct 为端口 P0 ～ P3 时，数据来自端口的锁存器。

17. 内部 RAM 或专用寄存器内容异或累加器内容

格式：XRL　direct，A

代码：| 0110 | 0010 | 62H

操作：(direct)←(direct)∀(A)

说明：当 direct 为端口 P0 ～ P3 时，在程序运行时，该指令可根据 A 的内容动态地修改输出端口的内容，是一条“读—修改—写”指令，其详细说明见 INC direct 指令。

18. 内容 RAM 或专用寄存器内容异或立即数

格式：XRL　direct，#data

代码：| 0110 | 0011 | 63H

| 直接地址 |

| 立即数 |

操作：(direct)←(direct)∀#data

说明：当 direct 为端口 P0 ～ P3 时，这是一条“读—修改—写”指令。

17、18 两条目的操作数为直接地址的异或操作指令，可以对片内 RAM 的任意单元及专用寄存器的位模式进行取反控制。当控制码为 0FFH 时，指令执行的结果使得原来为 0 的位变为 1，而为 1 的位变为 0。例如，内部 RAM 120 号单元中 6BH，而累加器中的控制码为 0FFH，则指令 XRL78 H，A 将使 120 单元修改为 94H。

19. 累加器内容循环左移

格式：RL　A

代码：| 0010 | 0011 | 23H

操作：$(A_{n+1})\leftarrow(A_n)(n=0\sim6)$

　　　$(A_0)\leftarrow(A_7)$

说明：不影响标志

20. 累加器连进位标志循环左移

格式：RLC　A

代码：| 0011 | 0011 | 33H

操作：$(A_{n+1})\leftarrow(A_n)(n=0\sim6)$

　　　$(A_0)\leftarrow(C)$

　　　$(C)\leftarrow(A_7)$

21. 累加器内容循环右移

格式：RR　A

代码：| 0000 | 0011 | 03H

操作：$(A_n)\leftarrow(A_{n+1})(n=0\sim6)$

　　　$(A_7)\leftarrow(A_0)$

说明：不影响标志

22. 累加器连进位标志循环右移

格式：RRC　A

代码：| 0001 | 0011 | 13H

操作：$(A_n) \leftarrow (A_{n+1})$ $(n=0\sim 6)$

$(A_7) \leftarrow (C)$

$(C) \leftarrow (A_0)$

23. 累加器按位取反

格式：CPL　A

代码：| 1111 | 0100 | F4H

操作：$(A) \leftarrow (\overline{A})$

说明：不影响标志

24. 累加器清零

格式：CLR　A

代码：| 1110 | 0100 | E4H

操作：$(A) \leftarrow 0$

10.4　布尔变量操作类指令

MCS－51 硬件结构中有一个布尔处理器，因而有一个专门处理布尔变量的指令子集，包括有布尔变量的传送、逻辑运算、控制程序转移等指令。在布尔处理器中，进位标志 C 的作用相当于一般 CPU 中的累加器，通过 C 完成位的传送和逻辑运算。子集共有 17 条指令，其格式可以归纳为 4 种形式，如图 10-1 所示。其中位地址可以是内部 RAM20H ～ 2FH 单元中连续的 128 位和专用寄存器中的可寻址位。后者分布在 80H ～ FFH 范围内，但不是连续的。从 80H 开始每 8 个单元有一个可以位寻址的专用寄存器。目前已定义了 12 个（其中 0C8H 是 8052 子系列的 T2CON），尚有 0C0H、0D8H、0E8H 及 0F8H 保留未用。已定义的 11 个为 B、ACC、PSM、IP、P3、IE、P2、SCON、P1、TCON 和 P0。B、ACC 加上内部 RAM 中的 128 位共 144 位可用软件标志或存放布尔变量。指令中位地址的表达有多种方式：

① 直接地址方式，如 0D5H；

② 点操作符方式，如 PSW. 5；

③ 位名称方式，如 F0；

④ 用户定义名方式，如用伪指令 bit

```
USR_FLG        bit        F0
```

经定义后，允许指令中用 USR_FLG 代替 F0。

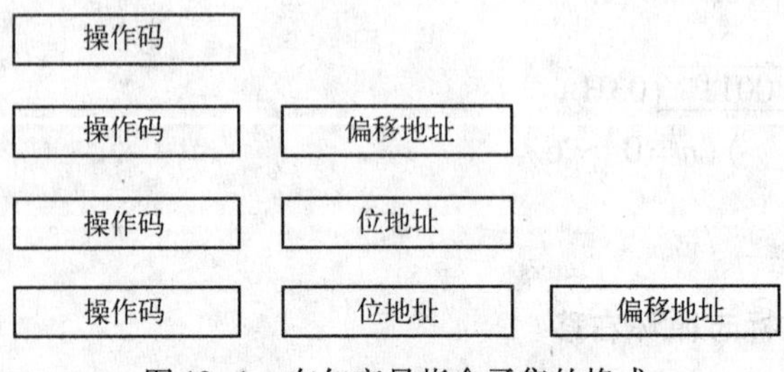

图 10-1　布尔变量指令子集的格式

以上 4 种方式都是指 PSW 中的位 5，它的位地址是 0D5H，而名称为 F0，用户定名为 USR_FLG。

子集共有 17 条指令。所用的助记符有 MOV、CLR、CPL、SETB、ANL、ORL、JC、JNC、JB、JNB 和 JBC 共 11 种。下面逐条予以说明。

1. 直接寻址位传送到进位标志

格式：MOV　C，bit

代码：

1010	0010	A2H
位地址		

操作：(C)←(bit)

说明：指令中的位地址若为 0 ～ 127，该位在内部 RAM 中（20H ～ 2FH 单元）；位地址若为 128 ～ 255，则该位在专用寄存器中。前者的 128 位全可访问，而后者仅定义了一部分位，当访问未定义的位时，将出现不确定的结果。以后的指令中关于位地址 bit 不作重复说明。

2. 进位标志传送到直接寻址位

格式：MOV　bit，C

代码：

1001	0010	92H
位地址		

操作：(bit)←(C)

说明：当直接寻址位为 P0 ～ P3 中的某一位时，指令执行时，先把端口的全部内容（8 位）读入，然后把 C 的内容传送到指定位，最后再把 8 位内容传送到端口的锁存器。所以它也是一条“读—修改—写”指令。

【实验 10-9】“读—修改—写”指令。

把 P1.0 的状态传送到 P3.4（T0，蜂鸣器驱动端）。

```
        ORG   8000H
  LOOP：MOV   C, P1.0
        MOV   P3.4,  C
        LJMP  LOOP
  END
```

单步运行上述程序，用根导线不时地把 P1.0 引脚输入低电平，注意蜂鸣器的反应。

3. 清进位标志

格式：CLR　C

代码：

1100	0011	C3H

操作：(C)← 0

4. 清直接寻址位

格式：CLR　bit

代码：

1100	0010	C2H

操作：(bit)← 0

说明：当直接寻址位为 P0 ～ P3 中的某一位时，指令执行时，先读入端口的全部内容（8 位），然后清指定位，最后把 8 位内容送到端口的锁存器，是“读—修改—写”指令。

5. 置进位标志

格式：SETB　C

代码：

1101	0011	D3H

操作：(C)←1

6. 置直接寻址位

格式：SETB　bit

代码：

1101	0010	D2H
位地址		

操作：(bit)←1

说明：当直接寻址位为 P0 ～ P3 中的某一位时，具有“读—修改—写”功能，指令执行过程与 CLR bit 类似。

7. 进位标志取反

格式：CPL　C

代码：

1011	0011	B3H

操作：(C)←($\overline{C}$)

8. 置直接寻址位取反

格式：CPL　bit

代码：

1011	0010	B2H
位地址		

操作：(bit)←($\overline{bit}$)

说明：当位地址输出口 P0 ～ P3 中的某一位时，指令具有“读—修改—写”功能，其执行过程类似 CLR bit。

9. 进位标志逻辑与直接寻址位

格式：ANL　C，bit

代码：

1000	0010	82H

操作：(C)←(C)∧(bit)

10. 进位标志逻辑与直接寻址位的取反

格式：ANL　C，/bit

代码：

1011	0000	B0H
位地址		

操作：(C)←(C)∧$\overline{bit}$

说明：bit 前的斜杠表示对（bit）取反。直接寻址位取反后用做源操作数，但不改变直接寻址位原来的值，如 ACC.5 为 0，C 为 1，执行了 ANL C，/ACC.5 后，C 为 1，ACC.5 仍为 0。

11. 进位标志逻辑或直接寻址位

格式：ORL　C，bit

代码：

0111	0010	72H

操作：(C)←(C)∨(bit)

12. 进位标志逻辑或直接寻址位的取反

格式：ORL　C，/bit

代码：

1010	0000	A0H
位地址		

操作：(C)←(C)∨($\overline{\text{bit}}$)

说明：bit 前的斜杠表示对（bit）取反，（bit）取反后用做源操作数，但并不改变（bit）原来的值。例如，奇偶标志初始时为0，进位标志也为0，执行 ORL　C，/P 后，C 修改为1，而 P 仍为0。

13. 进位标志值转移

格式：JC　rel

代码：

0100	0000	40H
相对地址		

操作：若(C)=1,则(PC)←(PC)+2+rel

　　　若(C)=0,则(PC)←(PC)+2

【实验 10-10】　比较两个无符号数的大小。

比较内部 RAM 中 NUMB-1，NUMB-2 中的两个无符号数的大小，大数存入单元 M，小数存入单元 N，若两数相等使内部 RAM 的位 127 置 1。

```
COMP: MOV   A,NUMB-1
      CJNE  A,NUMB-2,BIC
      SETB  127                  ; 两数相等
      RET
BIG:  JC    LESS                 ; 若 C 置位则说明 NUMB-1 小
      MOV   M,A
      MOV   N,NUMB-2
      RET
LESS: MOV   N,A
      MOV   M,NUMB-2
      RET
```

为简单起见，从本实验开始采用子程序的方式给出实验程序清单，在进行实验时请读者自行在程序的起始和结束处分别加上“ORG　0000H”和“END”两条伪指令。在今后如果需要，直接应用这种方式给出的程序时，则直接可以把程序复制到程序中。

14. 进位标志为零转移

格式：JNC　rel

代码：

0101	0000	50H
相对地址		

操作：若(C)=0,则(PC)←(PC)+2+rel

　　　若(C)=1,则(PC)←(PC)+2

15. 直接寻址位置位转移

格式：JB　bit，rel

代码：

0010	0000	20H
位地址		
相对地址		

操作：若(bit)=1,则(PC)←(PC)+3+rel

若(bit)=0,则(PC)←(PC)+3

说明：被测试的直接寻址位在执行了该指令后，内容不改变。

16. 直接寻址位为零转移

格式：JNB　bit，rel

代码：

0011	0000	30H
位地址		
相对地址		

操作：若(bit)=0,则(PC)←(PC)+3+rel

若(bit)=1,则(PC)←(PC)+3

17. 直接寻址位置位转移并将该位复位

格式：JBC　bit，rel

代码：

0001	0000	10H
位地址		
相对地址		

操作：若(bit)=0,则(PC)←(PC)+3

若(bit)=1,则(PC)←(PC)+3+rel,(bit)←0

说明：若直接寻址位为输出端口对片内定时器/计数器的溢出标志 TF0 ～ TF2 进行检测以控制程序流向时，采用 JBC TFX，rel 比采用 JBC TFX 更为合适。因为 JBC 指令不仅能完成对 TF0 ～ TF2 状态的检测，同时当满足转移条件（即 TFX =1）时，能自动将其复位，而用 JB 指令，就要另用 1 条 CLR TFX 指令来复位，文中 $X=0\sim2$。

【实验 10-11】　显示按键程序。

本实验的目的是熟悉和掌握显示、按键的编程以及初步的系统编程方法。

```
          ORG  0000H         ；实验板开始执行的第一条指令所处的地址
          LJMP MAIN          ；跳转到主程序
          ORG  0100H         ；主程序开始的地址;避开中断入口地址
MAIN:     MOV SP,#0D0H       ；设置堆栈起始地址
          LCALL INT8255
          MOV R3,#00H        ；数据输入个数,计数寄存器
ELSE1:    LCALL KEY          ；注意用不同的子程序完成一定的功能,这是模块化
          LCALL LED          ；编程技术之一,方便程序的开发、管理和维护
          LJMP ELSE1
;====================================8255 初始化程序
INT8255:  MOV P2,#58H        ；指向 8255PA 的控制寄存器,P89V51P0 口地址应与低 8 位无关
          MOV A, #82H        ；8255A 的控制字(82H),8255PC 口输出 PB 口输入,PA 口输出
          MOVX @ R0,A        ；送 8255A 控制字
          RET
;====================================键盘程序
KEY:      MOV P2,#040H       ；键盘程序与 8255PA 口无关,
          MOV A,#0FFH        ；写#0FFH 入 PA 口,灭 LED 显示
          MOVX  @R0,A
          LCALL  KS1         ；判断有无键按下子程序
```

```
        JNZ  LK1            ; 有键按下时,(A)不为全零,转消抖延时
        RET                 ; 无键按下返回
LK1:    LCALL T256MS        ; 调延时 256ms 子程序
        LCALL KS1           ; 查有无键按下,若有则为键确实按下
        JNZ LK2             ; 键按下,(A)不为零,转逐列扫描
        RET                 ; 不是键按下返回
LK2:    MOV R2,#0FDH        ; 第 1 列扫描字入 R2
        MOV R4,#00H         ; 第 1 列号入 R4
LK4:    MOV P2,#50H         ; 列扫描字送至 8255 PC 口
        MOV A,R2            ; 第一次列扫描
        MOVX @R0,A          ; 使第 1 列线为 0
        MOV P2,#48H         ; 指向 8255 PB 口
        MOVX A,@R0          ; 8255 PB 口读入行状态
        JB ACC.0,LONE       ; 第 0 行无键按下,转查第 1 行,ACC.0 = 0 时为有键按下
        MOV A,#09H          ; 第 0 行有键按下,该行首键号#09H 送入 A
        LJMP LKP            ; 转求键号
LONE:   JB ACC.1,LTWO       ; 第 1 行无键按下,转查第 2 行
        MOV A,#06H          ; 第 1 行有键按下,该行首键号#06H 送入 A
        LJMP LKP
LTWO:   JB ACC.2,NEXT       ; 第 2 行无键按下,改查下一列
        MOV A,#03H          ; 第 2 行有键按下,该行首键号#03H 送入 A
LKP:    CLR C
        SUBB A,R4           ; 键号 = 行首键号 - 列号
        PUSH ACC
LK3:    LCALL KS1           ; 等待键释放
        JNZ LK3             ; 未释放,等待
        POP ACC             ; 键释放,键号送入 A
        LJMP UU             ; 键扫描结束,出口状态:(A) = ?
NEXT:   MOV A,R2            ; 判断 8 列扫描完没有
        JNB ACC.7,KND       ; 7 列扫描完,返回
        RL A                ; 扫描字左移一位,转变为下一列扫描
        MOV R2,A
        INC R4              ; 指向下一列,列号加 1
        AJMP LK4            ; 转下列扫描
KND:    RET
KS1:    MOV P2,#50H         ; 指向 8255PC 口
        MOV A,#00H          ; 全扫描字#00H
        MOVX @R0 ,A         ; 全扫描字入 PC 口
        MOV P2,#48H         ; 指向 PB 口
        MOVX A,@R0          ; 读入 PB 口
        CPL A
        ANL A,#07H          ; 屏蔽高 5 位, A 为 0 时无键按下
        RET
;=================================================================
T256MS: MOV R4,#02H
        MOV R6,#00H ; 给 R4,R6 和 R7 赋初值,在 12Hz 晶振时延时时间为 256(R6 循环次数) ×
        MOV R7,#00H ; 256(R7 循环次数) ×2(R4 循环次数) ×2 ×10^-6(DJNZ 指令耗时) =0.262s
DELAY1: DJNZ R6, $          ; R6 单元减 1,非 0 继续执行当前指令,“ $ ”指当前指令地址
        DJNZ R7,DELAY1
```

```
          DJNZ R4,DELAY1
          RET
UU:       CJNE A,#0FEH,OUT  ；复位功能键所进行的操作
          MOV 35H,A
          MOV R3,#00H
          RET
;==========================================================
OUT:      MOV 35H,#00H       ；将键值依次送入 40H,41H,……,储存单元
          PUSH ACC
          MOV A,R3
          ADD A,#40H
          MOV R0,A
          POP ACC
          MOV @R0,A
          INC R3
          MOV 3EH,#00H
          MOV 3FH,#00H
          RET
;==================================LED 程序
LED:      MOV A,35H
          CJNE A,#0FEH,L2
          MOV   P2, #050H    ；(35H) = FE 显示 C
          MOV A,#0F7H
          MOVX   @R0,A
          MOV   P2, #040H
          MOV A,#0FFH
          MOVX @R0,A
          MOV A,#0C6H
          MOVX @R0,A
          LCALL TMS
          RET
L2:       MOV R7,#00H        ；从右到左 LED 的位码依次为 7F,BF,DF,EF,FE,FD,FB,F7
          MOV R5,#07FH       ；R5 作为位码寄存器
          MOV A,R3
          MOV R6,A
DISPLAY1: MOV A,R6
          JNZ DISPLAY2
          RET
          DISPLAY2:MOV A,#3FH
          ADD A,R6
          MOV R1,A
          MOV 36H,@R1
          MOV A,R5
          MOV P2,#050H
          MOVX   @R0,A       ；送位选码入 PC 口
          LCALL   LED1       ；LED 亮
          LCALL TMS          ；延时 1.024ms
          MOV A,R5
          RR A
```

```
            MOV R5,A
            DEC R6
            INC R7
            MOV A,R7
            SUBB A,#04H
            CJNE A,#00H, DISPLAY1
            MOV R5,#0FEH        ;使左四位 LED 亮
DISPLAY8:   MOV A,R6
            JNZ DISPLAY7
            RET
DISPLAY7:   MOV A,#3FH
            ADD A,R6
            MOV R1,A
            MOV 36H,@R1
            MOV A,R5
            MOV P2,#050H
            MOVX @R0,A
            LCALL LED1
            LCALL TMS
            MOV A,R5
            RL A
            MOV R5,A
            DEC R6
            LJMP DISPLAY8
OU1:        RET
;------------------------------------------------------------------------
LED1:       MOV P2,#040H        ;送段码子程序
            MOV DPTR,#TAB
            MOV A,36H
AAA:        CJNE A,#00H,BBB
            MOVX A,@DPTR
            MOVX @R0,A
            RET
BBB:        DEC A
            INC DPTR
            LJMP AAA
;=====================================================================
TMS:        PUSH 06H
            PUSH 07H
            MOV R6,#0FFH        ;给 R6 和 R7 赋初值,在 12Hz 晶振时延时时间为 2(R7 循环次
            MOV R7,#02H         ;数)×256(R6 循环次数)×2×10^-6(DJNZ 指令耗时)=1.024ms
DELAY01:    DJNZ R6, $          ;R6 单元减 1,非 0 继续执行当前指令,"$"指当前指令地址
            DJNZ R7,DELAY01     ;R7 减 1,非 0 跳转到标号 DELAY01 处执行
            POP 07H
            POP 06H
            RET
;===========================================================================
TAB:DB 0C0H,0F9H,0A4H,0B0H,99H,92H,82H,0F8H,80H,90H
;++++++++++++++++++++++++++++++++++++++++++++++++++++++++++++++++++++++++++++
END
```

10.5 伪指令

不同的计算机系统有不同的汇编程序，也就定义了不同的汇编命令。这些由英文字母表示的汇编命令称为伪指令。伪指令不是真正的指令，无对应的机器码，在汇编时不产生目标程序（机器码），只是用来汇编过程进行某种控制。标准的 MCS－51 汇编程序（如 Intel 的 ASM51）定义的伪指令常用的有以下几条：

1. ORG 汇编起始命令

格式：ORG 16 位地址

功能是规定该伪指令后面程序的汇编地址，即汇编后生成目标程序存放的起始地址。例如：

```
        ORG    2000H
START：MOV    A,#64H
        …
```

既规定了标号 START 的地址是 2000H，又规定了汇编后的第一条指令码从 2000H 开始存放。

ORG 可以多次出现在程序的任何地方，当它出现时，下一条指令的地址就由此重新定位。

2. END 汇编结束命令

END 命令通知汇编程序结束汇编。在 END 之后所有的汇编语言指令均不予以处理。

3. EQU 赋值命令

格式：字符名称 EQU 项（数或汇编符号）

EQU 命令是把“项”赋给“字符名称”。

注意：这里的字符名称不等于标号（其后没有冒号）；其中的项，可以是数，也可以是汇编符号。

用 EQU 赋过值的符号名可以用做数据地址、代码地址、位地址或是一个立即数。因此，它可以是 8 位的，也可以是 16 位的。例如：

```
AA     EQU     R1
MOV    A, AA
```

这里 AA 就代表了工作寄存器 R1。又如：

```
A10   EQU  10
DELY   EQU  07EBH
MOV   A,  A10
LCALL   DELY
```

这里 A10 当作片内 RAM 的一个直接地址，而 DELY 定义了一个 16 位地址，实际上它是一个子程序入口。

4. DATA 数据地址赋值命令

格式：字符名称 DATA 表达式

DATA 命令功能与 EQU 类似，但有以下差别：

① EQU 定义的字符名必须先定义后使用，而 DATA 定义的字符名可以先使用后定义。

② 用 EQU 伪指令可以把一个汇编符号赋给一个名字，而 DATA 只能把数据赋给字符名。

③ DATA 语句中可以把一个表达式的值赋给字符名称，其中的表达式应是可求值的。

DATA 伪指令常在程序中用来定义数据地址。

5. DB　定义字节命令

格式：DB　［项或项表］

项或项表可以是一个字节，用逗号隔开的字节串或括在单引号（‘’）中的 ASCII 字符串。它通知汇编程序从当前 ROM（ORG 所定义的）地址开始，保留一个字节或字节串的存储单元，并存入 DB 后面的数据，例如：

```
      ORG  2000H
      DB   0A3H
LIST: DB   26H,03H
STR:  DB   'ABC'
      …
```

经汇编后：

（2000H）＝A3H
（2001H）＝26H
（2002H）＝03H
（2003H）＝41H
（2004H）＝42H
（2005H）＝43H

其中，41H，42H，43H 分别为 A，B，C 的 ASCII 编码值。

6. DW　定义字命令

格式：DW　16 位数据项或项表

该命令把 DW 后的 16 位数据项或项表从当前地址连续存放。每项数值为 16 位二进制数，高 8 位先存放，低 8 位后存放，这和其他指令中 16 位数的存放方式相同。DW 常用于定义一个地址表，例如：

```
        ORG   1500H
TABLE:  DW    7234H,8AH,10H
```

经汇编后：

（1500H）＝72H
（1501H）＝34H
（1502H）＝00H
（1503H）＝8AH
（1504H）＝00H
（1505H）＝10H

7. DS　定义存储空间指令

格式：DS　表达式

在汇编时，从指定地址开始保留 DS 之后，表达式的值所规定的存储单元以备后用。例如：

```
ORG  1000H
DS   08H
DB   30H,8AH
```

汇编以后，从 1000H 保留 8 个单元，然后从 1008H 开始按 DB 命令给内存赋值，即

（1008H）＝30H
（1009H）＝8AH

以上的DB，DW，DS伪指令都只对程序存储器起作用，它们不能对数据存储器进行初始化。

8. BIT　位地址符号命令

格式：字符名　BIT　位地址

其中，字符名不是标号，其后没有冒号，但它是必需的。其功能是把BIT之后的位地址值赋给字符名。例如：

```
A1    BIT    P1.0
A2    BIT    02H
```

这样，P1口第0位的位地址90H就赋给了A1，而A2的值则为位地址02H中的内容。

10.6　汇编语言程序的基本结构

汇编语言程序具有4种结构形式，即顺序结构、分支结构、循环结构和子程序结构。

1. 顺序程序

顺序程序是最简单的程序结构，也称直线程序。这种程序中既无分支、循环，也不调用子程序，程序按顺序一条一条地执行指令。

2. 分支程序

程序分支是通过条件转移指令实现的，即根据条件对程序的执行进行判断，满足条件则进行程序转移，不满足条件就顺序执行程序。

在8051指令系统中，通过条件判断实现单分支程序转移的指令有JZ，JNZ，CJNE和DJNZ等。此外，还有以位状态作为条件进行程序分支的指令，如JC，JNC，JB，JNB和JBC等。使用这些指令，可以完成以0、1，正、负，以及相等、不相等作为各种条件判断依据的程序转移。

分支程序又分为单分支和多分支结构。

3. 循环程序

循环程序是最常用的程序组织方式。在程序运行时，有时需要连续重复执行某段程序，这时可以使用循环程序。这种设计方法可大大地简化程序。

循环程序的结构一般包括下面四个部分。

（1）置循环初值

对于循环过程中使用的工作单元，在循环开始时应置初值。例如，工作寄存器设置计数初值，累加器A清零，以及设置地址指针、长度等。这是循环程序中的一个重要部分，不注意就很容易出错。

（2）循环体（循环工作部分）

重复执行的程序段部分，分为循环工作部分和循环控制部分。

循环控制部分每循环一次，检查结束条件，当满足条件时，就停止循环，往下继续执行其他程序。

（3）修改控制变量

在循环程序中，必须给出循环结束条件。常见的是计数循环，当循环了一定的次数后，就停止循环。在单片机中，一般用一个工作寄存器Rn作为计数器，对该计数器赋初值作为循环次数。每循环一次，计数器的值减1，即修改循环控制变量，当计数器的值减为0时，就停止循环。

(4) 循环控制部分

根据循环结束条件，判断是否结束循环。8051 可采用 DJNZ 指令来自动修改控制变量并能结束循环。

上述四个部分有两种组织方式，如图 10-2 所示。

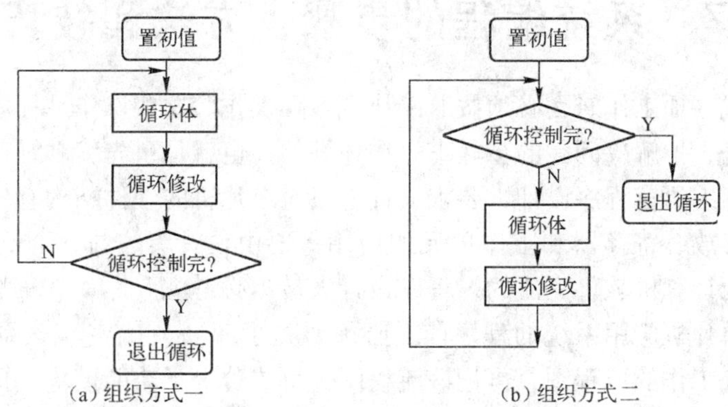

图 10-2　循环控制部分的组织方式流程图

4. 子程序结构

在程序设计过程中，共享代码的情形十分普遍，把完成一定功能的程序段写成命名的子程序，并声明子程序的调用格式，方便共享，大幅度提高编程效率和节省程序开发成本。因此，子程序是一种普遍采用的程序结构。

在主程序中执行调用子程序指令，CPU 转去执行子程序。在子程序中由返回指令返回主程序，继续执行调用指令的下一条指令。

调用时，先将返回地址压栈，并按调用指令提供的地址转入子程序。返回时，从堆栈弹出返回地址送计算机，重返主程序。

程序中多处使用的功能模块可采用子程序结构，以节省程序空间。

(1) 关于子程序需要搞清楚的几个问题

① 汇编程序中子程序的定义方法。

② 参数传递问题。

③ 子程序的递归调用。

④ 子程序的嵌套定义。

(2) 编写与使用子程序的七要素

① 功能说明。

② 子程序名。

③ 子程序入口地址。

④ 入口条件。

⑤ 出口状态。

⑥ 占用资源。

⑦ 子程序中的调用。

(3) 编写与使用子程序的四项注意

① 现场保护与现场恢复，避免与主程序冲突。

② 堆栈操作应成对，且 Push 先行，保护返回地址。

③ 多重调用应考虑堆栈的容量，不宜直接或间接的自反调用。

④ 防止不经调用进入子程序，禁止不经返回指令跳出子程序。

上面说了不少关于“子程序”的问题，实际上本书从实验第一个程序开始已经给出了很多子程序的实例，从这些实验中不难理解关于子程序的概念和应用。

10.7 系统编程的步骤、方法和技巧

计算机在完成一项工作时，必须按顺序执行各种操作。这些操作是程序设计人员用计算机所能接受的语言，把解决问题的步骤事先描述好的，也就是事先编制好计算机程序，再由计算机去执行。汇编语言程序设计，要求设计人员对单片机的硬件结构有较详细的了解。编程时，对数据的存放、寄存器和工作单元的使用等要由设计者安排，而高级语言程序设计时，这些工作是由计算机软件完成的，程序设计人员不必考虑。

在设计一个单片机应用系统的程序前，必须要先了解（或确定）该系统所要实现的功能，然后拟定系统工作的流程图，再把该流程图分解成若干子功能模块，再对子功能模块进行分析，确定算法并进行调试，最后把所有调试成功后子功能模块程序或子程序连接起来，形成一个完整的系统程序，再进行系统程序调试。

1. 拟定系统工作的流程图

在设计单片机应用系统时，要根据应用要求，拟定应用系统的工作流程图。然后根据工作流程图设计系统的硬件和软件。有关系统硬件设计的讨论在后续章节讨论，这里只讨论软件设计的问题。

如图 10-3 所示是常见的单片机应用系统的工作流程图。系统的工作流程图与系统的程序流程图大体相同，但也有区别：工作流程图表明系统的工作过程，而程序流程图则指明程序的流向。工作流程图规定了程序流程图的形式与流向，而程序流程图则更具体地规划程序所完成的工作与程序结构。

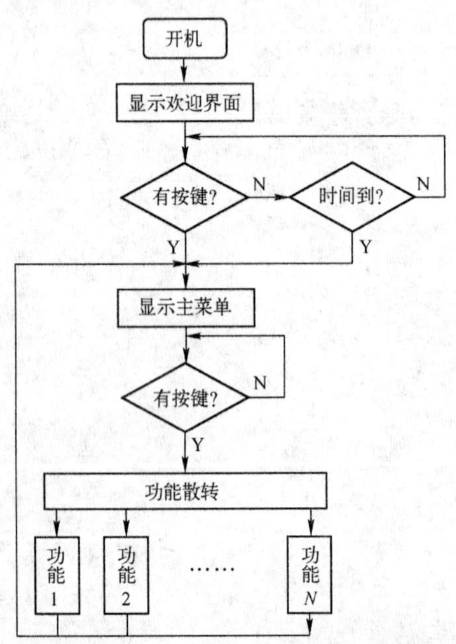

图 10-3 常见的单片机应用系统的工作流程图

在确定工作流程图之后，可以设计系统程序流程图，或者直接把工作流程图作为系统程序流程图。

2. 子功能模块或子程序的分解与分析

实际的应用程序一般都要完成若干个功能，而这些功能中又经常需要完成多项任务，实现某个具体功能，如计算、发送、接收、延时、显示、打印等。把这些功能划分为子功能模块或子程序来设计和调试程序的方法，称为模块化的程序设计方法，采用模块化的程序设计方法有下述优点：

① 单个模块结构的程序功能单一，易于编写、调试和修改；

② 便于分工，从而可使多个程序员同时进行程序的编写和调试工作，加快软件研制进度；

③ 程序可读性好，便于功能扩充和版本升级；

④ 对程序的修改可局部进行，其他部分可以保持不变；

⑤ 对于使用频繁的子程序可以建立子程序库，便于多个模块调用。

在进行模块划分时，应首先弄清每个模块的功能，确定其数据结构，以及与其他模块的关系；其次是对主要任务进一步细化，把一些专用的子任务交由下一级，即第二级子模块完成，这时也需要弄清它们之间的相互关系。按这种方法一直细分成易于理解和实现的小模块为止。

模块的划分有很大的灵活性，但也不能随意划分。划分模块时应考虑以下几个方面。

① 每个模块应具有独立的功能，能产生一个明确的结果，这就是单模块的功能高内聚性。

② 模块之间的控制耦合应尽量简单，数据耦合应尽量少，这就是模块间的低耦合性。控制耦合是指模块进入和退出的条件及方式，数据耦合是指模块间的信息交换（传递）方式、交换量的多少及交换的频繁程度。

③ 模块长度适中。模块语句的长度通常在 20 ～ 100 条的范围较合适。模块太长时，分析和调试比较困难，失去了模块化程序结构的优越性；过短则模块的连接太复杂，信息交换太频繁，因而也不合适。

④ 不仅要明确子功能模块程序或子程序的任务，还要初步地分配其占用的资源。资源应该包括堆栈、寄存器和存储器，以及机时等。

3. 子功能模块程序或子程序的设计与调试

划分合理的子功能模块程序或子程序，可以方便调试、使多名程序员协同设计和提高系统的开发效率。

子功能模块程序或子程序的设计与调试时，应该注意：

① 完成子功能模块程序或子程序所赋予的任务。这一点不易忽略，单要注意功能的完整。如完成除法运算，不能只考虑正常情况下的程序设计，还应考虑出现溢出和清“零”的情况，甚至四舍五入的情况。

② 尽可能在所分配的资源内实现所赋予的任务。最后实际占用的资源、程序入口和出口都应有明确、详细的记载和说明。

③ 对程序应有尽可能详细的注释。

编写子程序时，也应该先设计好程序流程图。程序流程图是使用各种图形、符号、有向线段等来说明程序设计过程的一种直观的表示，常采用以下图形及符号：

椭圆框（○）或桶形框（▢）表示程序的开始或结束；

矩形框（□）表示要进行的工作；

菱形框（◇）表示要判断的事情，菱形框内的表达式表示要判断的内容；

圆圈（○）表示连接点；

指向线（→）表示程序的流向。

一个完成除法的子程序流程图如图 10-4 所示。

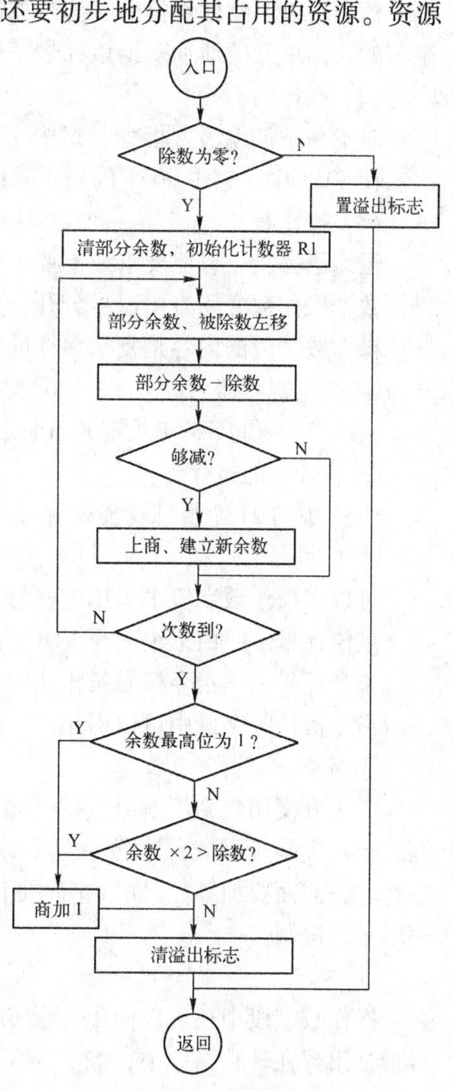

图 10-4　除法子程序流程图

用8051汇编语言编写的源程序行（一条语句）包括四个部分，也叫四个字段，汇编程序能识别它们。这四个字段为

［标号:］［操作码］［操作数］;［注释］

每个字段之间要用分隔符分隔，而每个字段内部不能使用分隔符。可以作为分隔符的符号有空格“␣”、冒号“:”、逗号“,”、分号“;”等。

注意：所有的字符都必须是英文半角的，只有在分号“;”之后的注释才可以用中文全角字符或其他特殊的字符，包括所谓的保留字。

例如，LOOP1：MOV　A，#00H　　　；立即数00H→A

(1) 标号

标号是用户定义的符号地址。一条指令的标号是该条指令的符号名字，标号的值是汇编这条指令时指令的地址。标号由以英文字母开始的1～8个字母或数字串组成，以冒号“:”结尾。

标号可以由赋值伪指令赋值。如果标号没有赋值，汇编程序就把存放该指令目标码第一字节的存储单元的地址赋给该标号，所以，标号又叫指令标号。

(2) 操作码

对于一条汇编语言指令，这个字段是必不可少的，它用一组字母符号表示指令的操作码。在8051中，它由8051的指令系统助记符组成。

(3) 操作数

汇编语言指令可能要求或不要求操作数，所以，这一字段可能有也可能没有。若有两个操作数，操作数之间应用逗号分开。

操作数字段的内容是复杂多样的，它可能包括以下内容：

① 工作寄存器名。

由PSW.3和PSW.4规定的当前工作寄存器区中的R0～R7都可以出现在操作数字段中。

② 特殊功能寄存器名。

8051中的21个特殊功能寄存器的名字都可以作为操作数使用。

③ 标号名。

可以在操作数字段中引用的标号名包括：

赋值标号——由汇编命令EQU等赋值的标号可以作为操作数。

指令标号——指令标号虽未给赋值，但这条指令的第一字节地址就是这个标号的值，在以后指令操作数字段中可以引用。

④ 常数。

为了方便用户，汇编语言指令允许以各种数制表示常数，即常数可以写成二进制、十进制或十六进制等形式。常数总是要以一个数字开头（若十六进制的第一个数为“A～F”字符者，前面要加零），而数字后要直接跟一个表明数制的字母（“B”表示二进制，“H”表示十六进制）。

⑤ $。

操作数字段中还可以使用一个专门符号“$”，用来表示程序计数器的当前值。这个符号最常出现在转移指令中，如“JNB　TF0，$”表示若TF0为零仍执行该指令，否则往下执行（它等效于“$：JNB　TF0，$”）。

⑥ 表达式。

汇编程序允许把表达式作为操作数使用。在汇编时，计算出表达式的值，并把该值填入目标码中，如 MOV　A，SUM+1。

(4) 注释

注释字段不是汇编语言的功能部分，只是用于增加程序的可读性。良好的注释是汇编语言程序编写中的重要组成部分。

例如，LOOP1：MOV　A，#00H　　；立即数 00H→A

"立即数 00H→A" 就是良好的注释。

4. 系统程序的连接与调试

调试系统程序时应该一个一个地连接子功能模块程序或子程序调试，连接、调试好一个子功能模块程序或子程序后，再连接、调试好一个子功能模块程序。切忌把所有的程序一次全部连接在一起一次性地调试。

10.8　系统程序实验

【实验 10-12】　显示按键的次数（在 P1.0 用短路线替代按键，没有防抖）。

```
        ORG   0000H           ；实验板开始执行的第一条指令所处的地址
        LJMP  MAIN            ；跳转到主程序
        ORG   000BH           ；定时器 0 中断入口地址
        LJMP  TINT0           ；跳转到定时器 0 中断服务子程序
        ORG   0100H           ；主程序开始的地址;避开中断入口地址
MAIN:   MOV   SP, #0D0H       ；设置堆栈起始地址
        LCALL  INI_8255       ；初始化 CPU,注意用不同的子程序完成一定的功能,这是模块化
        LCALL CLR_IN_RAM      ；清除内部 RAM
        LCALL  INI_CPU        ；编程技术之一,方便程序的开发、管理和维护
;======================================
L1:     JNB F0,L2             ；F0 为 PSW 中用户标志,在中断中置 1 表示中断过。在此用于
                              ；显示与中断同步
        CLR F0                ；一次中断显示一位
        LCALL  LED            ；调 LED 子程序
        LJMP  L1
;------------------------------------------
L2:     JB P1.0,L1            ；无键按下则跳转 L1
        INC 70H               ；有键按下,70H 加 1 计数
        MOV A,70H             ；将十六进制数转换成 BCD 码
        MOV B,#100
        DIV AB
        MOV 52H,A
        MOV A,B
        MOV B,#10
        DIV AB
        MOV 51H,A
        MOV 50H,B
        MOV   53H,#19
        MOV   54H,#19
        MOV   55H,#19
```

```
        MOV   56H,#19
        MOV   57H,#19

        LJMP L2
;------------------------------------------------
INI_8255:MOV  P2,#58H        ;使89C52P2指向8255PA的控制寄存器接口结构,89C52P0口
                             ;地址应与低8位无关
        MOV   A,#82H         ;8255A的控制字(82H),8255PC口输出PB口输入,PA口输出
        MOVX  @R0,A          ;送8255A控制字
        RET
;===============================
INI_CPU:MOV R7,#0FEH         ;显示位指针,从第一位开始显示
        MOV   50H,#16        ;50H开始为显示缓冲区
        MOV   51H,#16
        MOV   52H,#16
        MOV   53H,#0
        MOV   54H,#17
        MOV   55H,#17
        MOV   56H,#0EH
        MOV   57H,#18
;------------------------------------------
        MOV   R0,#50H        ;显示缓冲区指针
        MOV   70H,#0
;------------------------------------------
        SETB  ET0            ;T0开中断
        SETB  EA             ;CPU开中断
        ORL   TMOD,#01H      ;设置定时器0工作在模式1
        MOV   TH0,#0FCH      ;设定定时器初值,定时时间为4ms。赋TH0初
        MOV   TL0,#67H       ;值为#0FCH,赋TL0初值为#67H
        SETB  TR0            ;启动T0
        RET
;================================
CLR_IN_RAM:  MOV R0,#0CFH
CLR_IN_RAM1: MOV @R0,#0
             DJNZ R0,CLR_IN_RAM1
             RET
;===================================
TINT0:  MOV   TL0,#67H       ;重赋定时器初值,先赋低位字节更精确
        MOV   TH0,#0FEH
        PUSH  PSW            ;保护现场
        PUSH  ACC
                             ;可以加入其他需要定时操作的程序
RETURN:POP    ACC            ;恢复现场
        POP   PSW
        SETB F0              ;设置用户标志以表示中断过一次,不能在"POP PSW"指令前设置
        RETI
;================================================
LED:    MOV   P2,#50H        ;送位选码入PC口
        MOV A,R7
        MOVX  @R0,A
        RL A                 ;指向下一显示位
```

```
        MOV R7,A              ; 保存显示位指针
; ----------------------
        MOV A,@ R0            ; 读出待显示值
LED1:   MOV DPTR,#TAB         ; 指向显示码查表区
        MOVC A,@ A + DPTR     ; 得到显示码
        MOV P2,#40H           ; 指向 PA 口输出七段显示码
        MOVX @ R0,A
        INC R0                ; 修改显示缓冲区指针
        ANL 00H,#57H          ; 比较指针
                              ; 保证显示缓冲区指针在 50H～57H 的范围内
; -----------------
        RET
; ====================================七段显示码的表格
TAB:DB 0C0H,0F9H,0A4H,0B0H,99H,92H,82H,0F8H    ;0～F 的显示码
        DB 80H,90H,88H,83H,0C6H,0A1H,86H,8EH
        DB 0BFH,0C7H,89H,0FFH                   ; -,L,H
    END
```

【实验 10-13】　显示按键的次数（在 P1.0 用短路线替代按键，具有延时防抖）。

```
        ORG   0000H           ; 实验板开始执行的第一条指令所处的地址
        LJMP  MAIN            ; 跳转到主程序
        ORG   000BH           ; 定时器 0 中断入口地址
        LJMP  TINT0           ; 跳转到定时器 0 中断服务子程序
        ORG   0100H           ; 主程序开始的地址;避开中断入口地址
MAIN:   MOV   SP,#0D0H        ; 设置堆栈起始地址
        LCALL  INI_8288       ; 初始化 CPU,注意用不同的子程序完成一定的功能,这是模块化
        LCALL CLR_IN_RAM      ; 清除内部 RAM
        LCALL  INI_CPU        ; 编程技术之一,方便程序的开发、管理和维护
; ========================================
L1:     JNB F0,L2             ; F0 为 PSW 中用户标志,在中断中置 1 表示中断过。在此用
                              ; 于显示与中断同步
        CLR F0                ; 一次中断显示一位
        LCALL  LED            ; 调 LED 子程序
        LJMP   L1
; ---------------------------------------------
L2:     JB P1.0,L1            ; 无键按下则跳转 L1
; ------
        MOV 6EH,#100
L3:     DJNZ 6FH, $
        DJNZ 6EH,L3
        JNB P1.0,L3
; ------
        INC 70H               ; 有键按下,70H 加 1 计数
        MOV A,70H             ; 将十六进制数转换成 BCD 码
        MOV B,#100
        DIV AB
        MOV 52H,A
        MOV A,B
        MOV B,#10
        DIV AB
```

```
        MOV 51H,A
        MOV 50H,B
        MOV   53H,#19
        MOV   54H,#19
        MOV   55H,#19
        MOV   56H,#19
        MOV   57H,#19

        LJMP L2
;-------------------------------------------------
INI_8288: MOV   P2,#58H       ;使89U51的P2指向8255PA的控制寄存器,89V51P0
                              ;口地址应与低8位无关
        MOV   A,#82H          ;8255A的控制字(82H),8255PC口输出PB口输入,PA口输出
        MOVX  @ R0,A          ;送8255A控制字
        RET
;================================
INI_CPU: MOV R7,#0FEH         ;显示位指针,从第一位开始显示
        MOV   50H,#16         ;50H开始为显示缓冲区
        MOV   51H,#16
        MOV   52H,#16
        MOV   53H,#0
        MOV   54H,#17
        MOV   55H,#17
        MOV   56H,#0EH
        MOV   57H,#18
;-------------------------------------------------
        MOV   R0,#50H         ;显示缓冲区指针
        MOV   70H,#0
;-------------------------------------------------
        SETB  ET0             ;T0开中断
        SETB  EA              ;CPU开中断
        ORL   TMOD,  #01H     ;设置定时器0工作在模式1
        MOV   TH0,#0FCH       ;设定定时器初值,定时时间为4ms。赋TH0初
        MOV   TL0,#67H        ;值为#0FCH,赋TL0初值为#67H
        SETB  TR0             ;启动T0
        RET
;================================
CLR_IN_RAM: MOV R0,#0CFH
CLR_IN_RAM1: MOV @ R0,#0
            DJNZ R0,CLR_IN_RAM1
            RET
;==================================
TINT0:   MOV   TL0,#67H       ;重赋定时器初值,先赋低位字节更精确
         MOV   TH0,#0FEH
         PUSH  PSW            ;保护现场
         PUSH  ACC
                              ;可以加入其他需要定时操作的程序
RETURN:  POP   ACC            ;恢复现场
         POP   PSW
```

```
            SETB F0             ; 设置用户标志以表示中断过一次,不能在"POP PSW"指令前设置
            RETI
; ==============================================================
LED:        MOV  P2,#50H        ; 送位选码入 PC 口
            MOV A,R7
            MOVX  @R0,A
            RL A                ; 指向下一显示位
            MOV R7,A            ; 保存显示位指针
; ----------------------
            MOV A,@R0           ; 读出待显示值
LED1:       MOV DPTR,#TAB       ; 指向显示码查表区
            MOVC A,@A+DPTR      ; 得到显示码
            MOV P2,#40H         ; 指向 PA 口输出七段显示码
            MOVX @R0,A
            INC R0              ; 修改显示缓冲区指针
            ANL 00H,#57H        ; 比较指针
                                ; 保证显示缓冲区指针在 50H～57H 的范围内
; ------------------
            RET
; ==========================================七段显示码的表格
TAB:        DB 0C0H,0F9H,0A4H,0B0H,99H,92H,82H,0F8H   ;0～F 的显示码
                DB 80H,90H,88H,83H,0C6H,0A1H,86H,8EH
                DB 0BFH,0C7H,89H,0FFH                ; -,L,H
END
```

【实验 10-14】　显示按键的次数（在 P1.0 用短路线替代按键，利用定时中断延时防抖）。

```
            ORG   0000H         ; 实验板开始执行的第一条指令所处的地址
            LJMP   MAIN         ; 跳转到主程序
            ORG   000BH         ; 定时器 0 中断入口地址
            LJMP   TINT0        ; 跳转到定时器 0 中断服务子程序
            ORG   0100H         ; 主程序开始的地址;避开中断入口地址
MAIN:       MOV   SP,#0D0H      ; 设置堆栈起始地址
            LCALL   INI_8288    ; 初始化 CPU,注意用不同的子程序完成一定的功能,这是模块化
            LCALL CLR_IN_RAM    ; 清除内部 RAM
            LCALL   INI_CPU     ; 编程技术之一,方便程序的开发、管理和维护
; ==========================================
L1:         JNB F0,L2           ; F0 为 PSW 中用户标志,在中断中置 1 表示中断过。在此用于
                                ; 显示与中断同步
            CLR F0              ; 一次中断显示一位
            LCALL   LED         ; 调 LED 子程序
            LJMP   L1
; ----------------------------------------------
L2:         JB P1.0,L1          ; 无键按下则跳转 L1
; ------
            MOV 6EH,#100
L3:         DJNZ 6FH, $
            DJNZ 6EH,L3
            JNB P1.0,L3
; ------
            INC 70H             ; 有键按下,70H 加 1 计数
```

```
            MOV A,70H           ; 将十六进制数转换成 BCD 码
            MOV B,#100
            DIV AB
            MOV 52H,A
            MOV A,B
            MOV B,#10
            DIV AB
            MOV 51H,A
            MOV 50H,B
            MOV   53H,#19
            MOV   54H,#19
            MOV   55H,#19
            MOV   56H,#19
            MOV   57H,#19

            LJMP L2
; ------------------------------------------------
INI_8288:   MOV   P2,#58H       ; 使 89C52P2 指向 8255PA 的控制寄存器接口结构,89C52P0 口
                                ; 地址应与低 8 位无关
            MOV   A,#82H        ; 8255A 的控制字(82H),8255PC 口输出 PB 口输入,PA 口输出
            MOVX  @ R0,A        ; 送 8255A 控制字
            RET
; ================================
INI_CPU:    MOV R7,#0FEH        ; 显示位指针,从第一位开始显示
            MOV   50H,#16       ; 50H 开始为显示缓冲区
            MOV   51H,#16
            MOV   52H,#16
            MOV   53H,#0
            MOV   54H,#17
            MOV   55H,#17
            MOV   56H,#0EH
            MOV   57H,#18
; ----------------------------------------
            MOV   R0,#50H       ; 显示缓冲区指针
            MOV   70H,#0
; ----------------------------------------
            SETB   ET0          ; T0 开中断
            SETB   EA           ; CPU 开中断
            ORL   TMOD,#01H     ; 设置定时器 0 工作在模式 1
            MOV   TH0,#0FCH     ; 设定定时器初值,定时时间为 4ms。赋 TH0 初
            MOV   TL0,#67H      ; 值为#0FCH,赋 TL0 初值为#67H
            SETB   TR0          ; 启动 T0
            RET
; ================================
CLR_IN_RAM:  MOV R0,#0CFH
CLR_IN_RAM1: MOV @ R0,#0
             DJNZ R0,CLR_IN_RAM1
             RET
; ====================================
TINT0:      MOV   TL0,#67H      ; 重赋定时器初值,先赋低位字节更精确
            MOV   TH0,#0FEH
```

```
        PUSH   PSW          ；保护现场
        PUSH   ACC
                            ；可以加入其他需要定时操作的程序
RETURN： POP   ACC          ；恢复现场
        POP   PSW
        SETB F0             ；设置用户标志以表示中断过一次，不能在"POP PSW"指令前设置
        RETI
；=============================================
LED：    MOV   P2，#50H     ；送位选码入 PC 口
        MOV A，R7
        MOVX   @R0，A
        RL A                ；指向下一显示位
        MOV R7，A           ；保存显示位指针
；-----------------------
        MOV A，@R0          ；读出待显示值
LED1：   MOV DPTR，#TAB     ；指向显示码查表区
        MOVC A，@A+DPTR     ；得到显示码
        MOV P2，#40H        ；指向 PA 口输出七段显示码
        MOVX @R0，A
        INC R0              ；修改显示缓冲区指针
        ANL 00H，#57H       ；比较指针
                            ；保证显示缓冲区指针在 50H～57H 的范围内
；-----------------
        RET
；===================================七段显示码的表格
TAB：    DB 0C0H，0F9H，0A4H，0B0H，99H，92H，82H，0F8H  ；0～F 的显示码
        DB 80H，90H，88H，83H，0C6H，0A1H，86H，8EH
        DB 0BFH，0C7H，89H，0FFH                  ；-，L，H
END
```

思考题与习题

10-1　P89V51 单片机指令有哪几类?

10-2　用直接在开发环境中修改累加器和 R1 中的内容，然后运行 ADD　A，R1 的指令，观察有关寄存器的内容和 PSW 各有关位的变化。

10-3　请按图 10-4 所示除法子程序流程图设计双字节除法程序并调试通过。

10-4　请在实验板上设计一个能够完成两位十进制数的加、减、乘、除运算的计算器程序并调试通过。

10-5　设计一个数字电压表程序，在实验板上调试通过后烧写程序到单片机并脱机运行。

10-6　设计一个数字存储示波器程序，在实验板上调试通过后烧写程序到单片机并脱机运行。

10-7　设计一个信号发生器程序，可以用按键设置波形和频率等参数，在实验板上调试通过后烧写程序到单片机并脱机运行。

10-8　设计一个数字电压表程序，除了在数码管上显示被测电压的高低外，还可以用蜂鸣器的声音频率高低表示电压的高低，在实验板上调试通过后烧写程序到单片机并脱机运行。

第 11 单元 仿真实验板简介

本单元学习要点

(1) 仿真实验板的结构和特点。

(2) 仿真实验板与一般的开发系统、应用系统的异同。

11.1 仿真实验板的概况

为了使读者学习单片机时具备基本的实验条件，对单片机形象而又具体的认识，作者专门设计了与本书配套的仿真实验板。该实验板最大的特点：

① 价格低廉。

② 使用简单方便，只要有带 RS232 串口的计算机就能进行实验。

③ 功能全，基本上具备单片机常用的接口，如 ADC、DAC、存储器、LED 数码管、键盘、并行接口、串行接口等。由于同时具备上述特点，使读者在使用本教材学习单片机可以有兴趣、高效、自主地进行。

仿真实验板既是一块用户实验板，又是一种功能强大而实用的单片机开发调试工具，它充分利用计算机的系统资源，使用户可以轻松完成 P89V51 单片机应用系统的仿真调试工作，从而省去了价格昂贵的仿真器。用户在计算机上完成软件程序的编辑、编译、连接，通过串行口通信方式将目标程序下载到仿真开发实验板中，可对汇编语言和高级语言源程序进行跟踪调试，具有指令单步/过程单步运行，设置多个临时断点，随时察看内存数据或单片机内部资源，在线修改源程序等多种功能。随板预留了蛇目孔供用户做扩展区域，并将单片机的引脚全部引出，可作为外部仿真头使用。扩展了模拟信号发生电路（产生三角波、方波等）、8255、AD0809、DAC0832、62256、蜂鸣器、按键和 LED 显示接口电路，此外还预留了若干译码输出口线，可供用户扩展。采用本仿真开发实验板，可使初学者迅速掌握单片机原理及应用，熟悉汇编语言、甚至单片机 C 语言。用本仿真开发实验板，对用户源程序进行实时在线调试，可极大地缩短单片机应用系统的开发时间。

11.2　仿真实验板的资源

如图 11-1 ～图 11-3 所示分别为实验板的电路原理图、元件位置图和 PCB 图。

实验板上主要有以下资源：

1. 电源

采用单一 +12V 电源供电（通过电源适配器由交流 220V 得到），通过 7905 实现稳压的 +5V和不稳压的 -2 ～ 3V 电源。其中 +5V 为单片机及其外围电路供电， -2 ～ 3V 电源为运算放大器供电。

2. 配有 32KBRAM 芯片 62256

调试时用户程序被下载到该芯片中，调试完成后可将其换为固化有用户程序的 2764/27256 芯片，也可以保留 62256 用作为数据存储器，但要把程序写入 P89V51 中。

3. P89V51 单片机

仿真开发板仅占用单片机内部串行口和定时器 T1。板上留有充分的用户扩展区，方便用户进行各种接口扩展。采用盲调的方式也可以在用户程序中使用单片机内部串行口和定时器 T1。单片机全部引脚都引出，可作为仿真插头接口，还预置了若干译码输出端口（地址线）以及数据线以便于用户使用。板上留有充分的用户扩展区，方便用户进行各种接口扩展。

4. 并行接口芯片 8255

并行接口芯片 8255 是单片机系统最常用的器件，只要掌握了 8255 的接口技术，也就不难掌握其他的接口芯片了。

5. 8 位 A/DC 芯片 ADC0809

虽然 ADC0809 已经落后，但采用它更便于学习和成本低廉。通过 ADC0809 可以实现和掌握外围器件的接口和数据采集原理。

6. 8 位 D/AC 芯片 DAC0832

同样，虽然 DAC0832 已经落伍，但采用它便于和掌握外围器件的接口和波形的产生。

7. 动态扫描 LED

LED 显示是单片机应用系统常用的显示方式之一，而动态扫描 LED 是较难掌握的难点之一。虽然现在已经很少采用 8255 来驱动 LED 数码管，但采用它便于直观地观察实验现象，掌握动态扫描 LED 的原理。

8. 动态扫描键盘

键盘是单片机应用系统最常用的人机对话接口，而且动态扫描键盘更是较难掌握的难点之一。本实验板配置动态扫描键盘，是为了读者通过实验能够确实掌握动态扫描键盘。跳线 1 和跳线 2 的作用分别参见表 11-1 和表 11-2。表 11-3 为单片机存储器空间的地址分配。LED 显示器的显示码和位选码分别参见表 11-4 和表 11-5。这些数据在编程时是必不可少的。

表 11-1　跳线 1 的作用

跳 线 名	连接方式说明
NetU11_ 13	此两脚短路时分别接通 AD0809 的每一通道
INx（x = 0～7）	

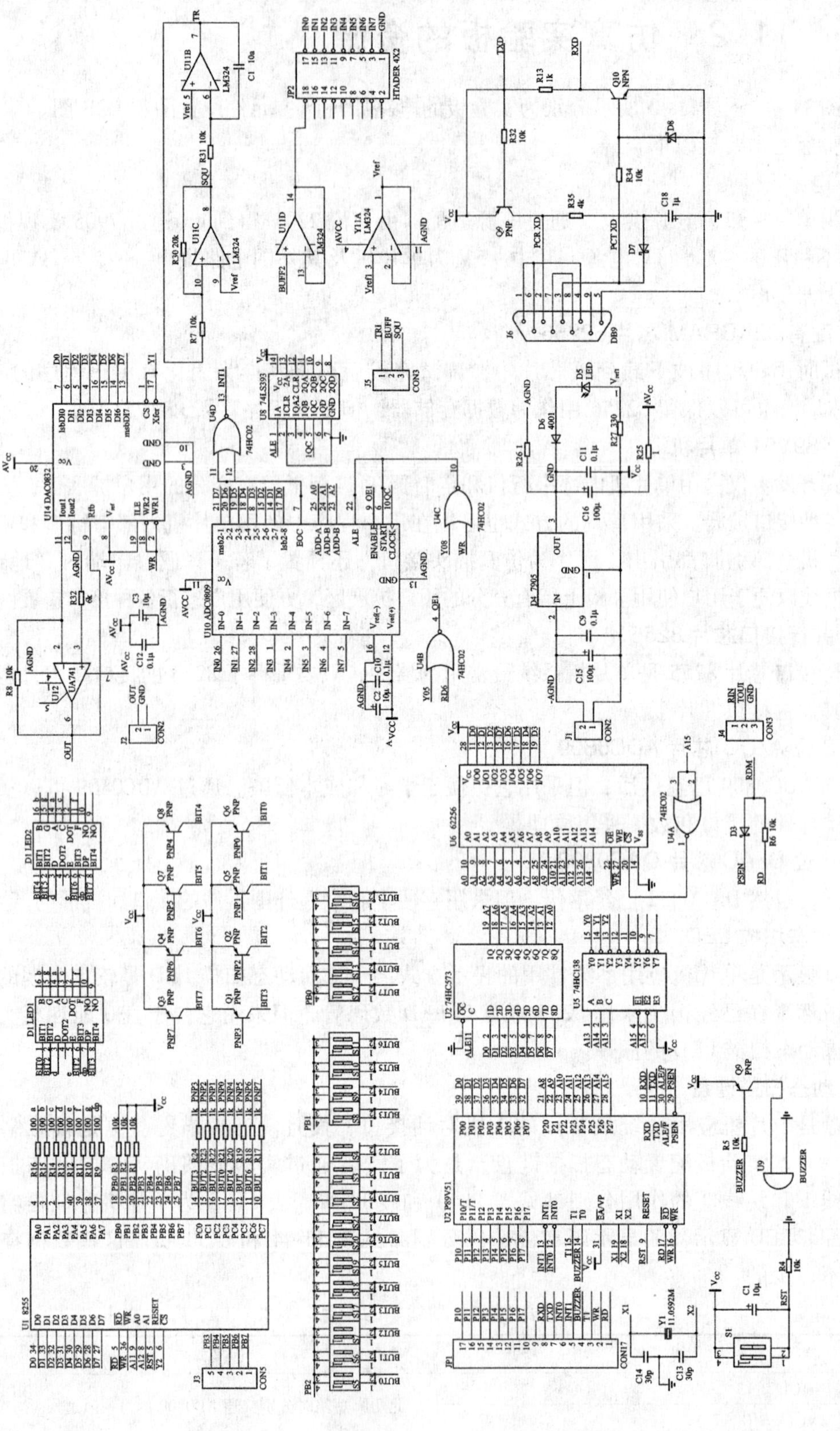

图 11-1 仿真实验板的电路原理图

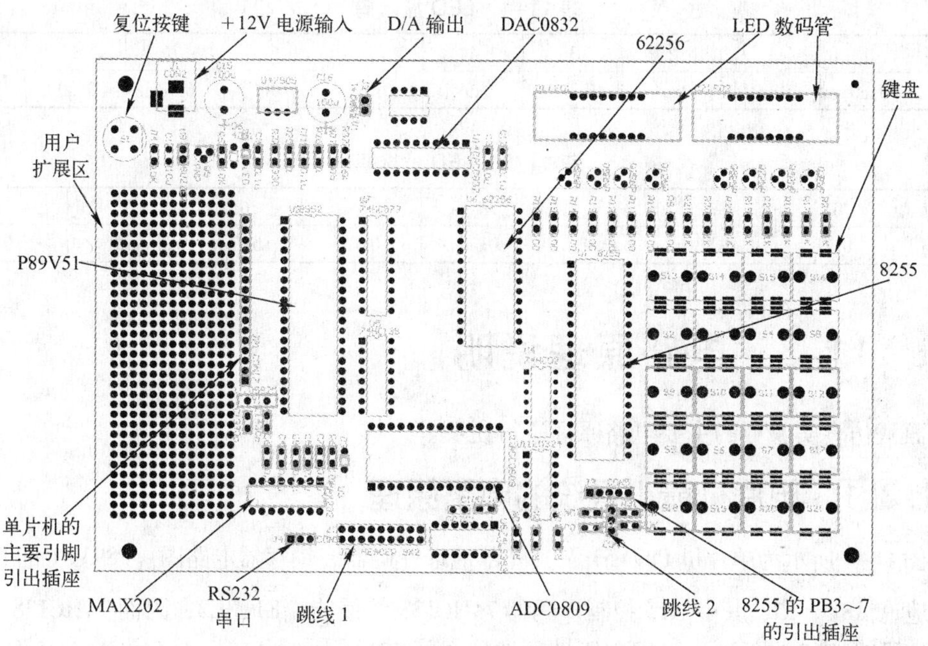

图 11-2　仿真实验板的元件位置图

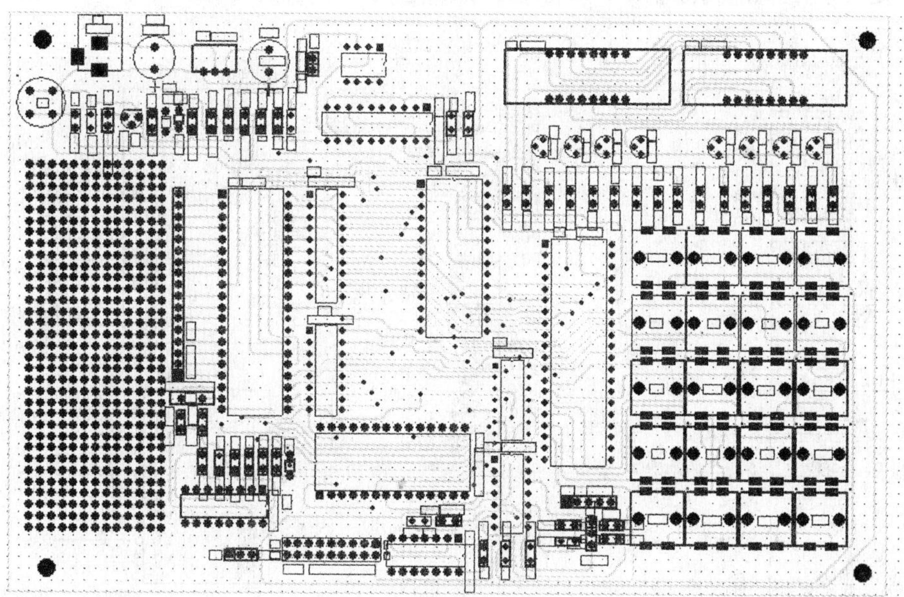

图 11-3　仿真实验板的 PCB 图

表 11-2　跳线 2 的作用

跳线名	连接方式说明
TRI	此两脚短路时将模拟信号发生器产生的三角波接入缓冲器
BUFF	
BUFF	此两脚短路时将模拟信号发生器产生的方波接入缓冲器
SQU	

表 11-3　单片机存储器空间的地址分配

接口电路	地址范围
AD0809	0000～1FFFH
DAC0832	2000～3FFFH
8255	4000～5FFFH
62256	8000～FFFFH

表 11-4 LED 显示码

显示数字	0	1	2	3	4	5	6	7	8	9
显示码	0xc0	0xf9	0xa4	0xb0	0x99	0x92	0x82	0xf8	0x80	0x90

表 11-5 LED 位选码

显示位	1	2	3	4	5	6	7	8
位选码	0x7f	0xbf	0xdf	0xef	0xf7	0xfb	0xfd	0xfe

11.3 电路原理说明

下面就仿真实验板的主要电路原理进行说明。

11.3.1 单片机最小系统的电路原理

如图 11-4 所示为单片机 P89V51 及其外部地址译码器、锁存器电路图。P89V51 的 P2 的作为高位地址 A8 ~ 15，其中 A15 控制译码器 74HC138 的使能端 $\overline{E1}$、$\overline{E2}$，因而 74HC138 有效输出片选信号时 A15 为低电平，即它所选的地址在低 32K。同时 A15、A14 和 A13 又作为译码输入，确定了片选端 Y0、Y1 和 Y2 分别为 0000 ~ 1FFFH、2000 ~ 3FFFH 和 4000 ~ 5FFFH。

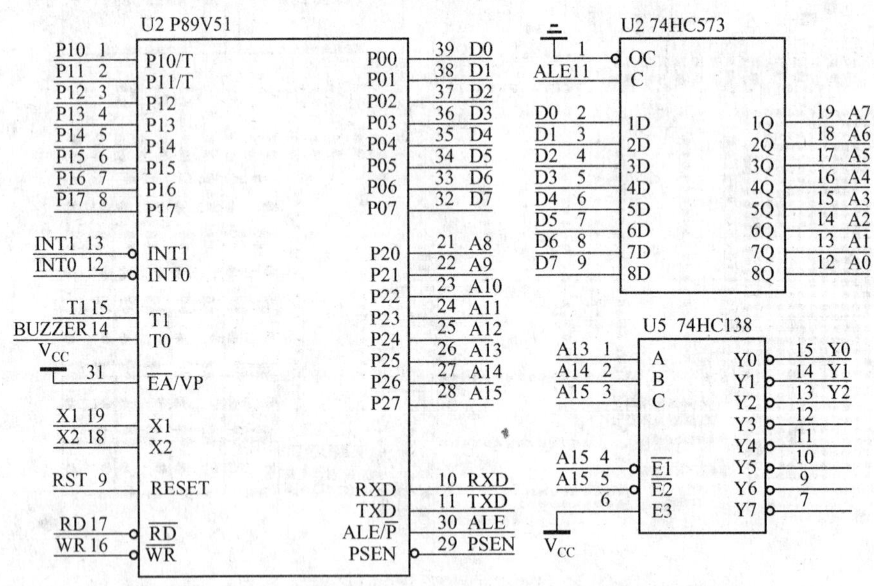

图 11-4 单片机 P89V51 及其外部地址译码器、锁存器电路图

74HC573 作为低位地址锁存器，在 ALE 的作用下锁存 P0 口输出的低位地址。请注意 74HC573 的输入端和输出端分别顺序排列在芯片两段，特别方便 PCB 版布线，因此建议读者采用 74HC573 作为地址锁存器。

如图 11-5 所示为单片机 P89V51 的晶振、复位和引脚电路。晶振采用 11.0592MHz，该频率有利于提高串口的通信可靠性，同时又保证单片机有较高的运行速度。

复位电路采用简单的 RC 充、放电电路，在实验板上电时，C1 上的电压不能突变，使单片机的复位端$\overline{\text{RESET}}$（图中的 RST 点）处于高电平，在经过 200 ～ 300 ms 的时间后，由于经过 R4 的充电，RST 点回到低电平，这一过程完成了单片机的复位。如果在调试过程中，出现死机、程序跑飞等情况，可以按下复位键 S1 强制单片机复位。

JP1 的作用是把单片机的 P1 口和 P3 口的引脚引出，以方便读者进行一些扩展实验。

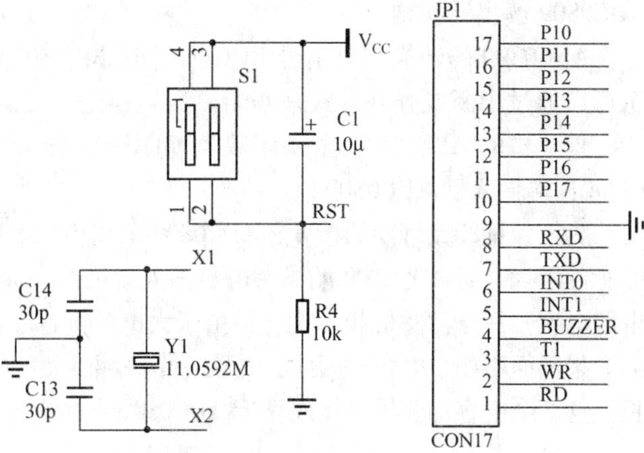

图 11-5　单片机 P89V51 的晶振、复位和引脚电路

11.3.2　模数转换器 ADC0809 的接口电路

ADC0809 是一种 8 路模拟输入逐次比较型 A/D 转换器，由于价格适中，与单片机的接口、软件操作均比较简单，目前在 8 位单片机系统中有着广泛的使用。ADC0809 由 8 路模拟开关、地址锁存与译码器、8 位 A/D 转换器和三态输出锁存缓冲器组成。如图 11-6 所示为模数转换器 ADC0809 的接口电路。

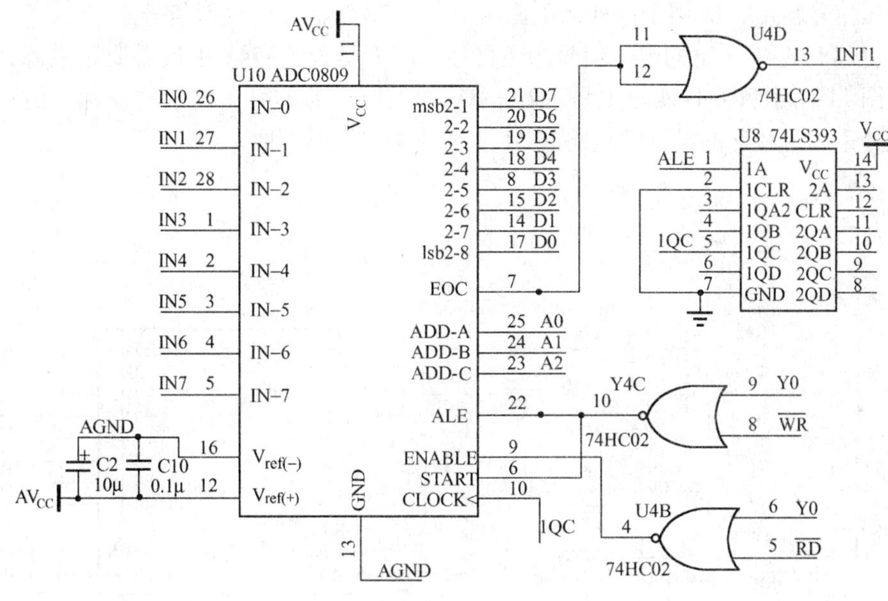

图 11-6　模数转换器 ADC0809 的接口电路

片选信号 Y0 用于选择 ADC0809。将 Y0 与单片机写信号$\overline{\text{WR}}$与或非后给 ADC0809 的 ALE 端，以将通道选择信号 ADD-A ～ ADD-C（分别接单片机的地址信号 A0 ～ A2）送入 ADC0809 的通道选择寄存器，用于选择 ADC0809 的模拟输入通道，同时该信号还接 ADC0809 的转换启动端 START，在送入通道选择信号的同时，启动 ADC0809 的转换。

将 Y0 与单片机读信号$\overline{\text{RD}}$与或非后给 ADC0809 的数据读出使能端 ENABLE，用以从

ADC0809 读出转换结果。

ADC0809 的转换结束信号 EOC 通过或非门构成的反相器接单片机的外部中断端，单片机可以通过中断或查询方式来判断模数转换是否结束和结果数据是否准备好。

单片机的 ALE 信号通过计数器 74LS393 分频后提供给 ADC0809 作为时钟信号，由 CLOCK 端输入到 ADC0809。

为了保证模数转换的精度，ADC0809 采用模拟电路的电源供电以避免数字电路中难以避免的脉冲干扰。对 ADC0809 的参考电源输入端采用一大一小两个电容进行滤波：大电容（10 μF 电解电容）用于滤除低频干扰，但由于大电解电容存在较大的分布电感，因而它滤除高频干扰的效果反而不如小电容，因此，并联一个高频性能好的小电容用于滤除高频干扰。通常在 PCB 板上这两个电容都要尽可能地靠近 ADC0809 参考电源输入引脚安装，以取得较好的效果。

11.3.3 数模转换器 DAC0832 的接口电路

D/A 芯片的功能是将输入的数字量转换成与其成比例的模拟量。DAC0832 是用 CMOS 工艺集成的 8 位数据输入 D/A 芯片，具有 20 个引脚，其输出模拟量可有 $2^8=256$ 个不同的等级。

如图 11-7 所示为数模转换器 DAC0832 的接口电路。片选信号 Y1 直接接 DAC0832 的片选端 CS 的缓冲寄存器锁存端 Xfer，在与写信号 $\overline{WR}$ 共同作用下把需转换的数据经过总线送入 DAC0832 的数据缓冲器。

由 DAC0832 转换后的模拟信号是电流信号，经过运放 UA741 构成的电流/电压转换电路变成电压信号输出，J2 用于向外部引出由 DAC0832 转换后的模拟信号。

由于运放 UA741 输出的电压信号为负极性，因而运放 UA741 不仅需要正电源，还需要负电源。图 11-7 中 AGND 实际上是 -2 ～ 3V 的电源。为了简化电源的设计，仿真实验板的电源部分采用了特殊的设计，这将在 11.3.9 节中加以详细地介绍。

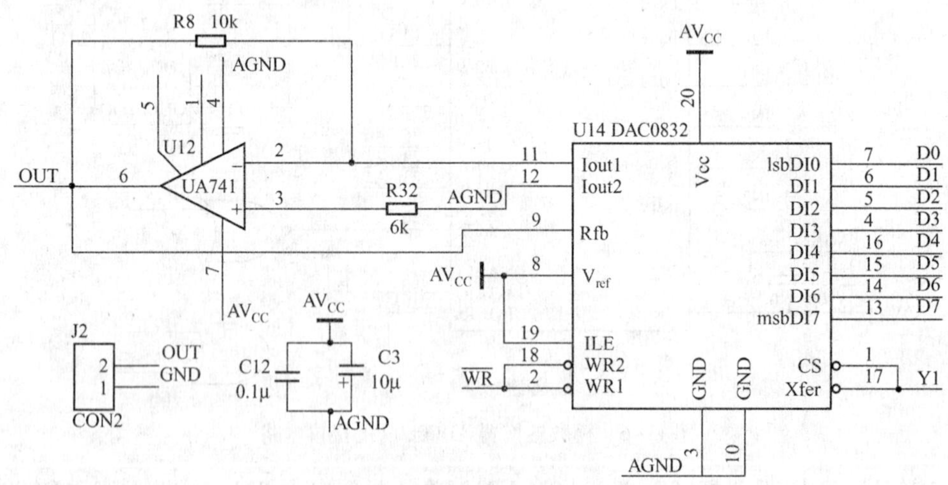

图 11-7 数模转换器 DAC0832 的接口电路

11.3.4 并行接口芯片 8255A 的接口电路

8255A 是 Intel 公司开发的一个可编程并行接口器件，为 40 引脚双列直插式大规模集成

电路。它采用单 +5V 电源供电、输入/输出电平与 TTL 电路兼容。8255A 广泛用于扩展单片机的并行接口电路中。

如图 11-8 所示为并行接口芯片 8255A（图中标为 8255，以下也简称为 8255）的接口电路。片选信号 Y2 直接接 8255 的片选端 $\overline{CS}$，单片机写信号 $\overline{WR}$ 接 8255 的写信号 $\overline{WR}$，单片机读信号 $\overline{RD}$ 接 8255 的读信号 $\overline{RD}$，单片机的地址信号 A11 和 A12 分别接 8255 的地址信号 A0 和 A1。单片机的复位信号 RST 接 8255 的复位信号 RESET。

8255 的 PA 口和 PB 口用于动态地驱动 LED 数码管，其中 PA 口用于驱动段信号，PB 口用于驱动位信号。

注意：单片机和绝大多数的器件低电平的驱动能力强但又很有限，因而段驱动采用低电平有效（LED 发光）和选用共阳极 LED 数码管。

R9 ～ R16 为限流电阻。可见光的 LED 的压降一般在 1.6 ～ 1.8V，工作电流 5 ～ 20mA，据此可以计算限流电阻的阻值。但在计算动态扫描显示的数码管的限流电阻时应该注意：

① LED 的亮度与平均电流成正比，有 N 位数码管时，瞬时电流（用于计算电阻阻值的电流）应该比所需要亮度的工作电流（平均电流）大 N 倍。

② 注意瞬时电流不能超过 25mA（8255 的最大极限值），否则很容易烧毁 8255。对于采用较小的数码管时，还要注意瞬时电流不能超过数码管的最大电流极限，特别是在调试和出现故障时，某位数码管由于较长时间地通过接近甚至超过其最大电流极限而烧毁。

R17 ～ R24 为驱动三极管的限流电阻。由于有三极管来驱动数码管的位（公共极——阳极），因此限流电阻可以取较大的值。

J3 用于引出实验板上没有使用的 PB 接口 5 个引脚 PB3 ～ PB7。

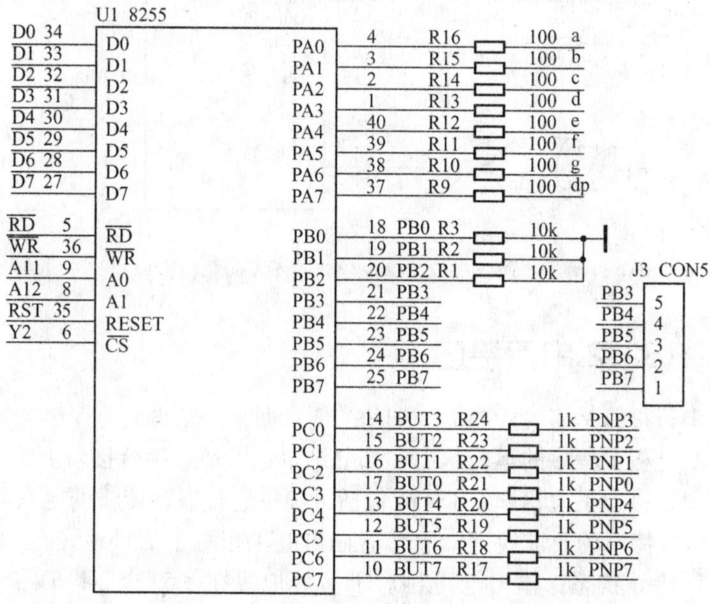

图 11-8　并行接口芯片 8255 的接口电路

11.3.5 数据/程序存储器 HM62256

随机存储芯片（RAM）HM62256 的存储量为 32KB，地址线有（A0 ～ A14），是单片机应用系统中最常见的数据存储器。在实验板中，HM62256（下面简称 62256）更多的是充当程序存储器：在实验和调试程序时，在单片机 P89V51 驻留的监控程序的控制下把用户程序下载到 62256 中。所以，在下载程序时，对单片机 P89V51 驻留的监控程序而言，62256 是作为数据存储器，把 PC 通过 RS232 下载的程序作为数据存放在 62256 中。而在调试时，在监控程序的控制下，从单片机 P89V51 从 62256 中取出指令来执行。因而 62256 的接口设计有特殊的要求：单片机把 62256 中存储的内容既能作为数据读出，也能作为程序读出。前面我们已经说明，单片机从外部存储器读出数据时采用数据读信号$\overline{RD}$，而从外部存储器读出指令时采用指令数据读信号$\overline{PSEN}$。而 62256 只有一个读信号$\overline{OE}$，所以，在实验板中采用$\overline{RD}$和$\overline{PSEN}$相与后接 62256 的$\overline{OE}$端，称为 Von Neumann（冯·诺依曼）接法。如图 11-9 所示为数据/程序存储器 62256 的接口电路。

A15 反相后接 62256 的$\overline{CS}$端，说明 62256 的地址分配为高 32K（8000H ～ FFFFH）。

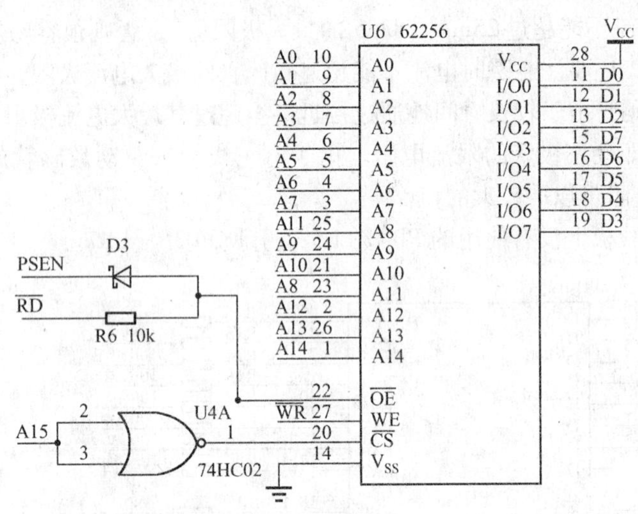

图 11-9 数据/程序存储器 62256 的接口电路

11.3.6 RS232 串行接口

实验板上的串行接口是实验板与 PC 通信的唯一通道，需调试的程序通过串行接口下载到实验板中，而实验板上程序的运行状态和部分结果也需通过串行接口上传到计算机。

计算机上的串行接口是 RS232，RS232 包括了按位进行串行传输的电气和机械方面的规定。RS232 关于电气特性的要求规定，驱动器输出电压相对于信号地线在 -15 ～ -5V，为逻辑 1 电平，表示传号状态；输出电压相对于信号地线在 +5V ～ +15V，为逻辑 0 电平，表示空号状态。在接收端，逻辑 1 电平为 -15 ～ -3V，逻辑 0 电平为 +3V ～ +15V，即允许发送端到接收端有 2V 的电压降。这样的 RS232 电平和 TTL 逻辑电路（单片机）产生的电平是不一样的，因此，计算机与单片机 P89V51 之间必须经过一定的电路转换逻辑电平。如

图 11-10 所示为实验板上的 RS232 串行接口逻辑电平转换电路。

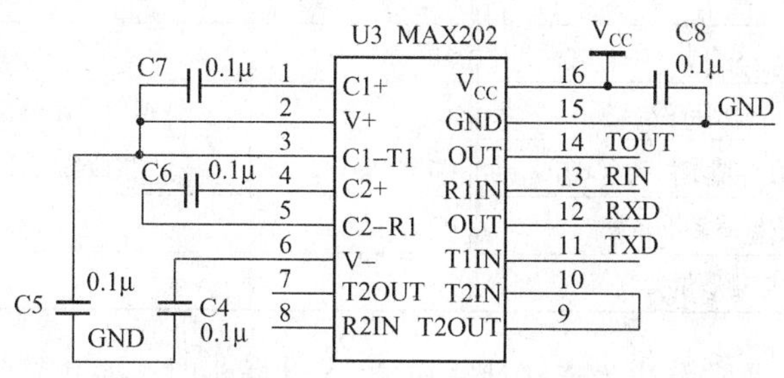

图 11-10　实验板上 RS232 串行接口逻辑电平转换电路

图中的芯片 MAX202E 是美国 Maxim 公司为在苛刻环境下进行 RS232 通信设计的 MAX202E 线驱动/接收器，构成转换电路简捷。MAX202E 线驱动器/接收器内部含有两个驱动器、两个接收器。每个发送器输出端和接收器输入端设有保护，不闭锁（不同于双极型）、能保证 120 Kb/s 数据传输速率、3 V/μs 最小斜升速率。同时，MAX202E 提供额外保护装置以防止静电（Electrostatic Discharge，ESD），它的 RS232 输入端和输出端能经受住采用人体模型的±15kV 放电测试，当按 IEC801 -2 进行测试时，能经受住±18kV 的接触放电和 115kV 的空气间隙放电试验。这适用于 RS232 连接经常要改变的场合（如笔记本电脑、本实验板等）。MAX202E 使用单一的 +5V 电源工作，正常工作时仅需要外接 4 个 0.1μF 的电容器（建议采用陶瓷电容器，在 10μF 以内选值）。由于在实际应用中易受到电源干扰，用一个与上述电容器等值的电容器接在 V_{CC}到地之间去耦。

一个完整的 RS232 接口有 22 根线，采用 25 根插针的标准连接器，各插针定义参见表 11-6。在使用计算机和单片机进行直接通信时，一般选用计算机端的 9 针串口，因此 RS232 只需要少数几根线即可正常工作。TXD/RXD 是一对数据线，TXD 为发送数据输出，RXD 为接收数据输入，当计算机和单片机以全双工方式直接通信时，双方的这两根线应交叉连接。所有信号均通过信号地构成回路，双方的信号地相连。有以上这三条线（TXD、RXD 和信号地），单片机和计算机就可以分别对异步通信电路芯片编程，设置成不需要任何联络或握手信号、直接进行数据交换的方式。RS232 二线式直接数据通信接口如图 11-11所示。

表 11-6　RS232 信号的定义

引脚序号	说　明	引脚序号	说　明
1	保护地	9	（保流供数传机测试）
2	发送数据	10	（保流供数传机测试）
3	接收数据	11	未定义
4	请求发送（RTS）	12	（辅信道）接收线信号检测
5	允许发送（CTS，或消除发送）	13	（辅信道）允许发送（CTS）
6	数传机（DCE）准备好	14	（辅信道）发送数据
7	信号地（公共回线）	15	发送信号无定时（DCE 为源）
8	接收线信号检测	16	（辅信道）接收数据

续表

引脚序号	说　明	引脚序号	说　明
17	接收信号无定时（DCE 为源）	22	振铃指示
18	未定义	23	数据信号速率选择（DTE/DEC 为源）
19	（辅信道）请求发送（RTS）	24	接收数据无定时（DTE 为源）
20	数据终端准备好	25	未定义
21	信号质量检测		

由图 11-11 可知，通常左边为连接计算机的 25 针插头时，右边连接单片机实验板只需两根信号线（另加 1 根地线）。信号线为双方的 2、3 端交叉连接，而 7 端对应连接，即完成了计算机与单片机仿真实验板的连接。仿真实验板配套的 RS232 通信线就是采用上述连接方式制成的。

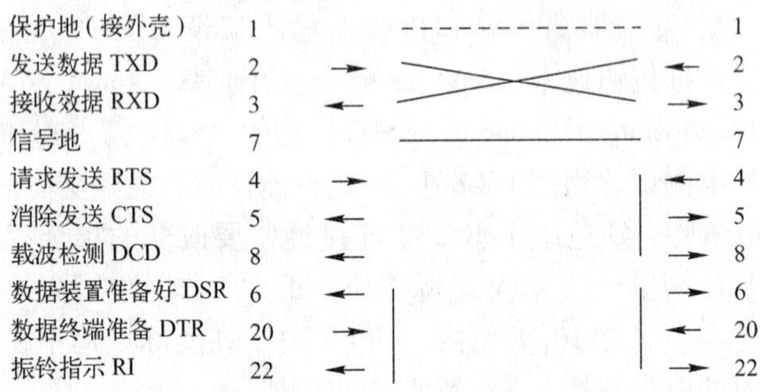

图 11-11　RS232 二线式直接数据通信接口

11.3.7　动态 LED 显示器与键盘

仿真实验板采用了 4 位一体的共阳极 LED 数码管，这种数码管的各同名端口连接在一起，共用一个引脚引出，各位（每位数码管的公共端）单独引出。

由于端驱动电流较小，为简单起见，由 8255 的 PA 口直接驱动（加限流电阻）。而 LED 数码管的位电流较大，故采用三极管来驱动。位扫描信号由 8255 的 PC 口给出。如图 11-12 所示为动态 LED 显示器与键盘电路原理图。

相比于静态显示方式（1 根口线驱动一个 LED），动态扫描方式需要的口线要少得多。如仿真实验板上有 8 位数码管，每位数码管有 8 个 LED，如果采用静态驱动方式，则需要 8×8 = 64 根口线来驱动。而采用动态驱动方式，只需要 8(段驱动) +8(位驱动) =16 根口线。

动态方式利用了人眼的视觉残留效应，每位数码管依次显示一个较短的时间，虽然每个瞬时只有一位数码管在显示，但对观察者看来，好像所有的数码管是在同时显示一样。

虽然动态显示方式节省了口线，但对编程提高了要求。每位数码管显示的时间（或频率）需要在一个合理的范围：显示频率通常在 25Hz 以上才能保证较好的显示效果。频率低于 25Hz 时，观察者能够看出数码管在闪烁，频率在 25Hz 左右，有相当一部分人能够感觉到数码管的闪烁，当频率增加到 50Hz 时，数码管看上去就十分流畅、舒服了。但显示频率再增加，几乎没有人能够分辨出显示效果的改善。显示频率过高，显示程序耗时大幅度增加，编程困难，显示亮度下降。当超过一定的频率时，显示对比度反而下降。

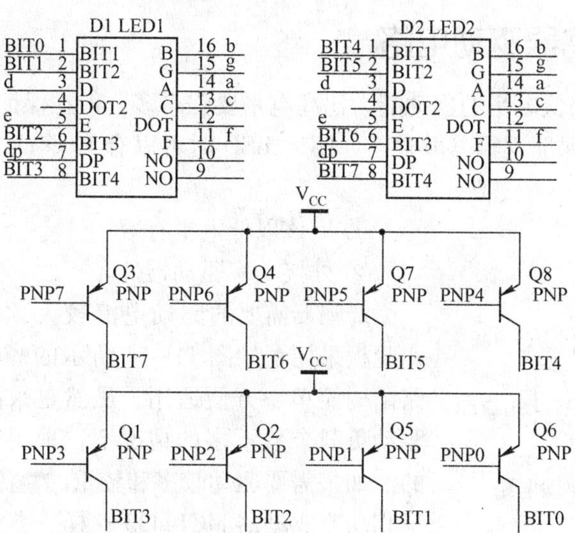

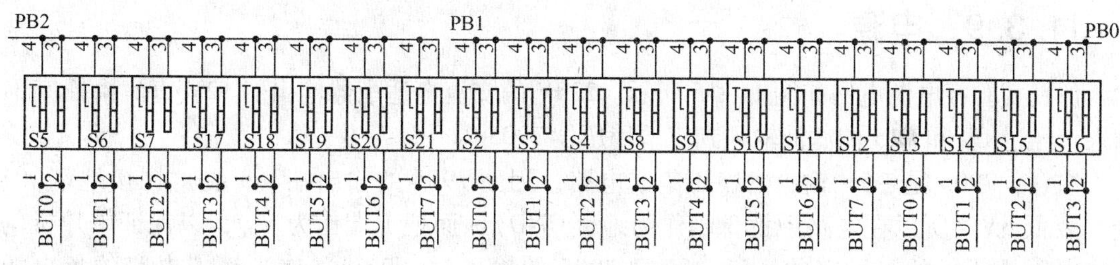

图 11-12　动态 LED 显示器与键盘电路原理图

利用显示的位扫描，增加几个口线就可以实现扫描（阵列）式键盘。在 LED 数码管显示时，每个瞬时 8255 的 PC 口给出位扫描信号只有 1 根口线为低电平。由 PC 口的口线组成“列”，而 PB 口的 3 根线组成“行”，在行列的焦点上放置一个按键。如果在某个瞬时单片机检测到 PB 口线上的低电平时，就可以根据检测到低电平的 PB 口口线和此时给出低电平的 PC 口口线判断出按键的位置，也就是键值。为了清楚起见，重新给出实验板阵列式键盘接口电路，如图 11-13 所示。

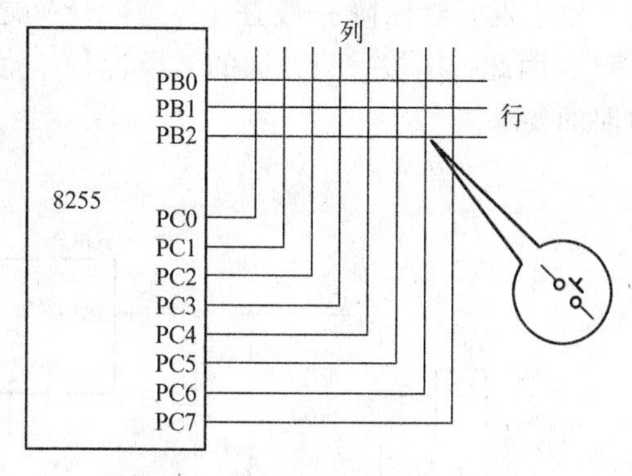

图 11-13　实验板阵列式键盘接口电路

在需要按键较多时，阵列式按键占用的口线较少，特别是在有 LED 数码管动态扫描显示的情况下，能够大幅度节省口线，但阵列式按键的编程复杂，特别是需要作防抖处理时更为烦琐。因而，实际应用的单片机系统几乎都采用专门的、同时具备 LED 数码管动态扫描显示驱动功能和阵列式按键管理功能的集成电路，不但没有提高成本，接口电路也大大地简化，编程也极为简单，耗用机时更少。这些芯片有 CH451、BC7280/81 和 ZLG7289A 等。

11.3.8 蜂鸣器驱动电路

单片机口线的输出低电平的驱动能力比高电平要强得多，但在保证符合逻辑电平时也只有5mA左右，不需要保证逻辑电平时（如驱动LED时可以有10多个mA）。因此，如果要驱动较大功率的器件：

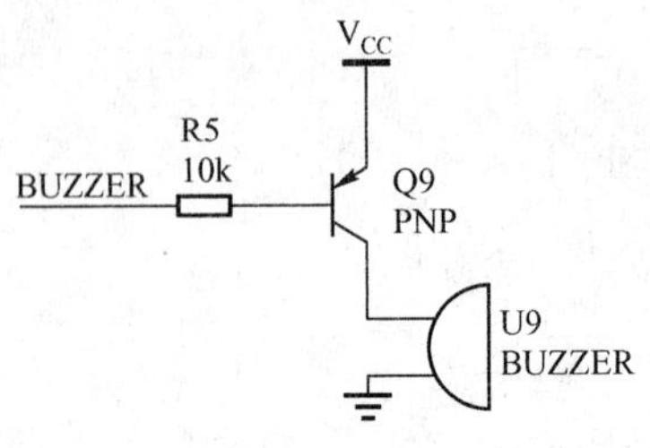

图11-14 蜂鸣器驱动电路

① 应该以低电平有效；

② 外接功率驱动器件。

蜂鸣器需要的驱动电流较大，根据上述考虑，仿真实验板采用了如图11-14所示的蜂鸣器驱动电路。该电路结构简单、方便适用。虽然是采用分立元件，在需要驱动负载个数不多的情况下，采用这种电路是较为适宜的。如果需要驱动较多和较重的直流负载，可以选用像7反相功率驱动器MC14433这样一类集成电路比较合适。

11.3.9 电源

仿真实验板电源电路如图11-15所示。220V的交流电适配器输出的12V直流由插座J1输入。经过C9和C15的滤波输入到三端稳压器7905。

注意：7905是-5V输出的稳压集成电路，因而7905的输出端（3端）比接地端（1端）要低5V。所以在电路中把3端作为地（GND），而把1端作为V_{CC}，以保证单片机的工作电压是所需的、稳定的+5V。而把7905的输入端（2端）作为模拟电路的负电源（-AGND）为运放等供电。

由图11-15可知，LED发光管D5有两个作用：

① 作为电源指示；

② 为模数转换器提供基准电源。

由于发光管压降一般在1.6～1.8V之间，而模数转换器ADC0809的参考电源需要2.5V，因此，串接一只普通的二极管D6，使基准电源V_{ref1}在2.2～2.4V之间，基本上满足电路的要求。

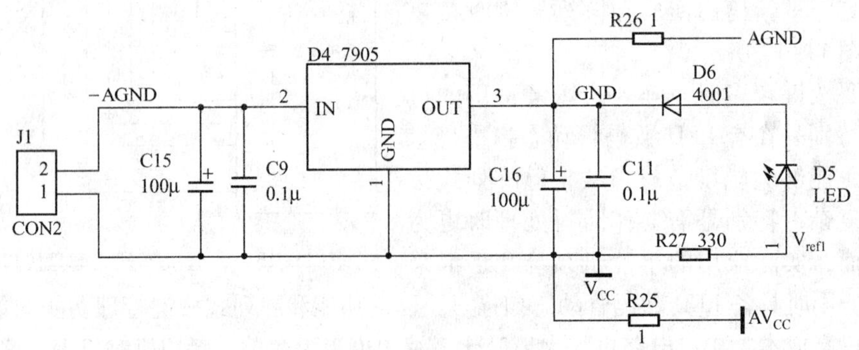

图11-15 仿真实验板电源电路

仿真实验板的数字电路和模拟电路的电源线采用了各自走线的方法，以减少数字电路和模拟电路之间的相互干扰，特别是数字电路对模拟电路的干扰。如果采用完全独立的两套电源为数字电路和模拟电路分别供电，将显著地增加电路的复杂性和成本。电路中虚设两个电阻 R25 和 R26，分别将数字电路和模拟电路的电源连接在一起。实际电路可以将 R25 和 R26 以导线直接短接来代替。这种方法在不增加电路的复杂性和成本的情况下，显著地降低数字电路和模拟电路之间的相互干扰。

思考题与习题

11-1　仿真实验板有哪些资源？各有何应用？

11-2　采用 74HC573 有何优点？

11-3　仿真实验板中的 ADC0809、DAC0832、8255A 和 HM62256 的地址是如何分配的？

11-4　实验板中的 HM62256 的读信号与常规的接法有不同？为什么要这样接？如果实验中也要使用少量的外部数据存储器，请分析：在 HM62256 中能够使用吗？如果能，能够使用多少？地址为多少？

（提示：用户实验程序将占用从 8000H 开始的一部分存储器，多少取决于所调试的程序大小，在地址 FFFFH 及以下若干个单元也被监控程序占用。）

11-5　请编写一个程序在数码管上显示键盘的键值，即显示代表所按下的按键的一个数字。

11-6　请对每个按键定义一个数或符号（如 0 ～ 9，A ～ F 以及 P、H 和 - 等）。每按下一个键，用下列两种方式之一显示按键所代表的数或符号：

（1）依次从左边移入。第一次按键出现在左边的第一个数码管，在按第二次键时，第一次按键输入的数或符号右移一位，第二次按键输入的数或符号出现在左边的第一个数码管。

（2）第一次按键出现在左边的第一个数码管，第二次按键输入的数或符号出现在左边的第二个数码管，……，第八次按键出现在左边的第八个数码管，第九次按键出现在左边的第九个数码管，……。

11-7　每隔 1s 通过 ADC0809 采集一个数，并在三位数码管上显示出来。请编写程序并调试通过。

11-8　每按一次按键通过 ADC0809 采集一个数，并把这个数在三位数码管上显示出来。请编写程序并调试通过。

11-9　在第一位数码管上轮流显示 0 ～ 9 这 10 个数字，时间间隔为 1s。请编写程序并调试通过。

11-10　在 8 位数码管上同时显示 0 ～ 9 这 10 个数字的一个，每隔 1s 换一个数。请编写程序并调试通过。

11-11　在 8 位数码管上同时显示 0 ～ 9 这 10 个数字的一个，每隔一定的时间换一个数，这个时间由定时器确定，范围为 0.1 ～ 64 ms。请编写程序并调试通过。

11-12　在习题 11-11 中，可以由两个按键改变定时器的定时时间，一个按键增加时间而另一个按键减少时间。请编写程序并调试通过。

11-13　由定时器控制 ADC0809 的采样并把采样值在三位数码管上显示出来，采样时间

在0.1ms ~ 1s。请编写程序并调试通过。

11-14 在习题11-13中，可以通过按键改变定时时间。请编写程序并调试通过。

11-15 通过DAC0832输出正弦波或三角波，最快时波形的频率能到多少？请编写程序并调试通过。

11-16 在习题11-15中，采用定时器控制输出必须的速度，最快时波形的频率能到多少？请编写程序并调试通过。

11-17 在习题11-16中，在数码管上显示波形的输出频率，最快时波形的频率能到多少？请编写程序并调试通过。

11-18 在习题11-17中，可以由两个按键改变定时器的定时时间，最快时波形的频率能到多少？请编写程序并调试通过。

11-19 通过ADC0809采集信号并通过DAC0832输出，最高的采样速度能够做到多少？请编写程序并调试通过。

11-20 在习题11-19中，采用定时器控制采样速度，最高的采样速度能够做到多少？请编写程序并调试通过。

11-21 在习题11-20中，把采集到的数据同时存到外部RAM HM62256中（地址从C000H ~ C3FFH），最高的采样速度能够做到多少？请编写程序并调试通过。

11-22 在习题11-21中，每通过ADC0809采集1个数，保存这个数到外部RAM HM62256中（地址从C000H ~ C3FFH），通过DAC0832送出1024个数（地址从C000H ~ C3FFH），最高的采样速度能够做到多少？请编写程序并调试通过。

11-23 数字存储示波器中的刷新显示的工作过程是这样的：在外部数据存储器中开辟1024个单元的缓冲区，新采集的数据依次存放到缓冲区中。在每采集到一个新数据并存放到缓冲区后，单片机通过1根口线输出一个触发脉冲给示波器的外部扫描触发端，接着，以尽可能快而又均匀的速度把缓冲区的1024个数据通过DAC输出给示波器的一个通道输入端，每次送数都从地址C000H开始。根据你可能实现的送数速度调整示波器的扫描速度，可以实现数字存储示波器的刷新显示。你能实现的最高采样速度是多少？请编写程序并调试通过。

11-24 在习题11-23中，如果每次送数都从存放最新采样数据所处的地址下一个地址开始，则可以实现数字存储示波器中的滚动显示。你能实现的最高采样速度是多少？请编写程序并调试通过。

11-25 在习题11-23和习题11-24中，如果采集一定量的数据后不再采集新的数据，但送数照常，则可以实现数字存储示波器中的冻结显示。请编写程序并调试通过。

11-26 在习题11-25中，如果采用按键来控制刷新显示与滚动显示两种方式的切换和动态显示与冻结显示的切换，则可以实现数字存储示波器中的基本功能。请编写程序并调试通过。

11-27 单片机的口线驱动能力有何特点？在驱动外部电路时应如何设计？

11-28 请上网或去图书馆查找最新的并行接口电路芯片，分析其接口方法和编程。

11-29 请上网或去图书馆查找最新的LED显示驱动和键盘控制芯片，分析其接口方法和编程。

第 12 单元 单片机应用系统设计

本单元学习要点

(1) 单片机应用系统的设计步骤。

(2) 设计单片机应用系统应注意的几个重要问题。

(3) 单片机应用系统硬件的制作和调试步骤。

(4) 单片机应用系统软件设计与调试应该注意的事项。

12.1 引言

本章将以一个应用系统的实例来介绍单片机应用系统的设计。

一个实际的单片机应用系统的设计有公认的原则和规律。本章力求全面、准确地说明这些原则与规律，但要考虑到本书的读者又都是单片机的初学者，本书的目的是为了让读者更快、更好地掌握单片机。因此，本书在举例时，必须考虑与本书以前章节的内容相衔接和符合本书的写作宗旨。这里肯定在叙述设计原则和规律与举例之间存在矛盾和差异的地方，请读者加以注意。在注意这些矛盾和差异之后，作者认为可以“坏事变好事”，在举例中不符合设计原则和规律的部分，无疑是一个“设计”的缺陷所在，通过实验可以给读者以更深、更加具体的印象，有助于读者真正地更快、更好掌握单片机及其开发技术。

单片机及其嵌入式应用系统的设计与开发一般包括五部分内容：方案论证、硬件系统设计、系统软件设计、系统仿真调试和脱机运行。这五部分有先后顺序关系，但又有反复，如图 12-1 所示。

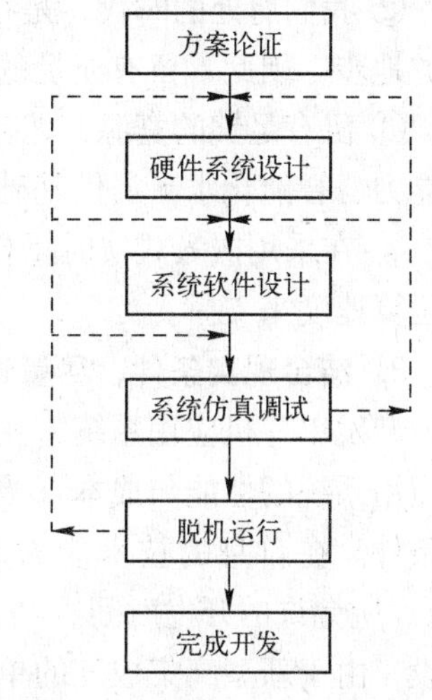

图 12-1　单片机及其嵌入式应用系统的设计与开发过程流程图

图中的虚线表明，一个单片机及其嵌入式应用系统的设计与开发是难免有反复的过程。考虑周到、技术路线合理、推理严谨、经验丰富可以减少这些反复，特别是较大的反复。

这些反复往往表现在处理下述几个关系上。

12.1.1 资源冗余与成本控制

单片机的资源主要是信息处理能力（包括运算速度、存储器大小、外设及其扩展等），而这些资源往往直接与成本相关，即资源需要越多，成本越高。绝大多数情况下，没有经验者出现的错误是资源不够实际使用。

1. 选用具有不同配置但引脚完全兼容的单片机和外设及其接口设计

如选用 89C51 单片机时，考虑到与 89C51 完全兼容的单片机品种较多，从片内程序与数据的存储容量来看，有 8KB 程序和 256B 数据的 89C52，还有 16KB 程序和 256B 数据的 89C54，更有 32KB 程序和 256B 数据的 89C58。有些新型的单片机片内程序的容量已到了 64KB 甚至几十万字节，片内数据的容量已到了几千字节。从速度来看，从标准的 12MHz 时钟，到 40MHz 的时钟，更重要的是，从 12 分频的指令周期到 6 分频、3 分频和不分频的单片机都大量出现。上述单片机的出现，为设计时系统资源与应用要求的匹配提供了很大的回旋空间。

2. 宁多不少的原则

即使是经验丰富的设计者，也往往对系统所需资源估计不足，何况对初次设计者，则更难准确估计系统所需资源。这也是任何一个单片机应用系统需要反复“研究”、“实验”的原因。因此，设计单片机应用系统时，考虑系统资源必须有“宁多不少”的原则。采用“宁多不少”的原则还有以下的理由：

① 很少有单片机应用系统能够一次设计成功。正如一句俗话说得好：不犯错误是人们的理想，只有神仙才能做得到。在实际开发管理上，最终的产品总是要经过若干次电路、程序的修改设计。与其一次次地修改设计、增加资源，耗费大量的时间、精力，不如第一次设计使系统有充分的资源，具备足够的冗余，在最后定型时去除冗余的资源，反而可以更快、更好地完成单片机应用系统的开发。

② 我们所处的时代，是技术上日新月异的时代，产品的更新换代已经到了令人目不暇接的地步。因此，留有充足的资源，可以为产品的升级换代留有足够的资源储备。

③ 留有足够的资源，尤其是单片机的信息处理能力，可以为提高系统的性能，如抗干扰能力、智能化水平提供基础，也为生产多种花色、品种提供基础。

④ 在采用嵌入式实时操作系统和高级语言编程时也要有足够的资源，主要是存储空间和运算速度来支撑。

3. 结合现实条件，尽量选择新型高集成度的单片机和外设

开发单片机应用系统，要全面考虑单片机的选型和技术方案：不仅要考虑欲开发的单片机应用系统的性能与成本（当然，这是必须保证的前提），也要考虑现有的技术能力、基础与条件。在自身的技术能力、设备条件、厂商的技术支持（这是应该特别重视的一个因素）、所允许的开发时间、经费等都容许的情况下，应该尽量选择新型高集成度的单片机和外设，由于新型高集成度的单片机和外设往往具有更高的性能（速度和能力），集成度高也往往意味着更小的体积、更低的功耗，而这些又肯定带来更高的可靠性和更低的成本等效益。

12.1.2　硬件处理与软件处理

一个单片机应用系统，说到底是对信号进行处理的系统。对信号进行处理有两大类方法：软件处理和硬件处理。这两大类处理方法的对比，参见表 12-1。

表 12-1　软件处理和硬件处理的对比（总体上的相对比较）

处理方式	速　度	成　本	灵活性	稳定性	可靠性	开发效率
软件处理	慢	低	好	高	低	低
硬件处理	快	高	差	低	高	高

采用软件处理还是采用硬件处理的方式，要根据系统的实际要求来决定。如对信号的滤波处理，就要根据信号的快慢（数据量的大小）和处理的要求来决定，速度高、数据量大和要求实时处理，以采用硬件处理为宜；反之，则可以采用软件处理，也可以采用软件、硬件结合的方式。

又如键盘与 LED 显示：如果按键和 LED（或数码管）不多，也有足够的口线，可以采用软件来管理，反之则采用硬件来管理。

但也有单片机集成了较多的口线和 LED（或 LCD）驱动器，即使系统需要较多的按键和 LED，则仍然采用单片机来管理，可以说是在更高的层次上来解决问题。因此，设计系统小原则要服从大原则，考虑问题要全面、周到。

12.1.3　嵌入式实时操作系统与开发用软件

是否选用嵌入式实时操作系统，采用何种语言作为编程语言，是单片机应用系统设计的必须确定的关键问题，它关系到系统开发的成败、系统的性能和开发效率的高低。下面先讨论嵌入式实时操作系统的问题，然后讨论开发用软件的问题。

1. 嵌入式实时操作系统简介

“实时操作系统”是相对“分时操作系统”而言的，我们日常接触的通用操作系统都是分时操作系统（如 Windows、Unix、Linux 等）。实时操作系统能及时（或即时）响应外部事件的请求，在规定的时间内完成对该事件的处理，并控制所有实时任务协调一致地运行。与分时系统相比，具有多路性、独立性、及时性、交互性、可靠性的特点。分时操作系统的基本设计原则：尽量缩短系统的平均响应时间并提高系统的吞吐率，在单位时间内为尽可能多的用户请求提供服务。由此可以看出，分时操作系统注重平均表现性能，不注重个体表现性能。而对于整个系统来说，注重所有任务的平均响应时间，而不关心单个任务的响应时间；对于某个单个任务来说，注重每次执行的平均响应时间，而不关心某次特定执行的响应时间。而对于实时操作系统，除了要满足应用的功能需求以外，更重要的是还要满足应用提出的实时性要求，而组成一个应用众多的实时任务，对于实时性的要求是各不相同的。此外实时任务之间可能还会有一些复杂的关联和同步关系，如执行顺序限制、共享资源的互斥访问要求等，这就为系统实时性的保证带来了很大的困难。因此，实时操作系统所遵循的最重要的设计原则：采用各种算法和策略，始终保证系统行为的可预测性（Predictability）。可预测性是指在系统运行的任何时刻，在任何情况下，实时操作系统的资源调配策略都能为争夺资源（包括 CPU、内存、网络带宽等）的多个实时任务合理地分配资源，使每个实时任务的

实时性要求都能得到满足。与通用操作系统不同，实时操作系统注重的不是系统的平均表现，而是要求每个实时任务在最坏情况下，都要满足其实时性要求。也就是说，实时操作系统注重的是个体表现，更准确地讲是个体最坏情况的表现。举例来说，如果实时操作系统采用标准的虚存技术，则一个实时任务执行的最坏情况是每次访存都需要调页，如此累计起来的该任务在最坏情况下的运行时间是不可预测的，因此该任务的实时性无法得到保证。由于实时操作系统与通用操作系统的基本设计原则差别很大，因此，在很多资源调度策略的选择上以及操作系统实现的方法上两者都具有较大的差异。

一个好的实时操作系统需要具备以下功能（必须但非充分）：

① 多任务和可抢占的；

② 任务具有优先级；

③ 操作系统具备支持可预测的任务同步机制；

④ 支持多任务的通信；

⑤ 操作系统具备消除优先级转置的机制；

⑥ 存储器优化管理（含 ROM 的管理）；

⑦ 操作系统的（中断延迟、任务切换、驱动程序延迟等）行为是可知的和可预测的，这是指在全负载的情形下，最坏反应时间可知；

⑧ 实时时钟服务；

⑨ 中断管理服务。

实时操作系统最关键的部分是实时多任务内核。它的基本功能包括多任务管理、定时器管理、存储器管理、资源管理、事件管理、系统管理、消息管理、队列管理、信号量管理等。这些管理功能是通过内核服务函数形式交给用户调用的，也就是实时操作系统的应用编程接口（Application Programming Interface，API）。

嵌入式操作系统并不一定是实时的，如 windows CE，现在比较热的嵌入式 Linux 的大多数版本也都不是实时的。对于 windows CE 和嵌入式 Linux，也就是所谓“软实时”操作系统的说法，但严格来讲它们都不能算是真正的实时操作系统。这主要是因为 windows 和 Linux 最初都是按分时系统设计的，即使做成嵌入式的应用也无法实现真正的实时性。实时操作系统也并不一定要是嵌入式的，在计算机上一样可以装实时操作系统，而实际上大多数实时操作系统也都支持计算机使用的 X86 芯片。非实时的嵌入式操作系统的应用领域，如机顶盒、PDA、掌上电脑等，这类应用对实时性并没有特殊的要求。嵌入式实时操作系统是将嵌入式和实时性相结合的产物。由于其优良的特性，广泛应用于制造工业、通信、航空航天、军事武器装备等领域。它的主要特点如下：

① 响应时间快，并且有确定的硬实时性要求；

② 具有异步处理并发事件的能力；

③ 具有快速启动、出错处理和自动复位功能；

④ 嵌入式系统的应用软件与操作系统之间的界限模糊，往往是一体化设计的程序；

⑤ 软件开发困难，要使用交叉的开发环境（即开发环境与运行环境不同，开发平台称为宿主系统，而嵌入式系统的运行系统称为目标系统）。

2. 几种用于 8 位单片机的操作系统

（1）RTX51 TINY

RTX51 是 Keil 公司开发的用于 8051 系列单片机的多任务实时操作系统。它有两个版本，RTX51 FULL 和 RTX51 TINY。RTX51 TINY 是 RTX51 FULL 的子集，仅支持按时间片循环任务调度，支持任务间信号传递，最大 16 个任务，可以并行地利用中断。具有以下等待操作：超时、另一个任务或中断的信号。但它不能进行信息处理，不支持存储区的分配和释放，不支持占先式调度。RTX51 TINY 一个很小的内核，完全集成在 Keil C51 编译器中。更重要的是，它仅占用 800B 左右的程序存储空间，可以在没有外扩数据存储器的 8051 系统中运行，但应用程序仍然可以访问外部存储器。

（2）CMX

CMX RTOS 是一个多任务文时内核：主要应用于 8 位及 16 位的单片机应用场合。它以 C 编写，提供了系列的内核服务，方便用户编程。CMX 实时内核具有重新配置（可裁减）功能，用户可以根据应用的实际要求在系统中只包含必要的内核服务。

CMX 提供了一个操作系统内核和一系列函数调用。该内核可以完成对任务的控制、发送和接收消息，处理事件，控制资源，用不同方法控制定时、提供内存管理、任务切换和中断。

CMX 还提供计算机上的开发平台和 PcProto，可以在计算机上实现快速的应用开发。

CMX - CAN 是一个复杂的 CAN 总线应用接口软件包，作为 CMX 的扩展。

CMX - TCP/IP 是一个可移植的高性能专家库函数。

CMX 的 PCMCIA 在其提供的一系列函数调用中实现了 PCMCIA 的存储映射。

（3）RTXC

RTXC（Real - Time eXecutive in C）是 C 语言的执行体。它是一种灵活的、经过工业应用考验的多任务实时内核，可以广泛用于各种单片机、微处理器和 DSP 的嵌入式应用系统中。KTXC 的一系列内核服务功能可以管理任务和时间，使任务和事例同步，并实现在任务之间传递数据。RTXC 的丰富功能还包括可裁减功能，可以根据应用系统复杂程度只需在系统中必要的 RTXC 内核服务功能即可。

RTXC 是自成体系的，包括所有的源代码以及使用多任务软件结构开发应用程序所需要的一切，其中有 RTXC 实时操作系统内核、安装和调试工具、样板应用源代码和驱动程序。

RTXC 在设计上充分利用它所支持的每一种处理器的结构特点。针对所支持的每种 C 编译器，RTXC 对其 C 源代码进行优化。

RTXC 有许多附加的扩展功能模块，如 RTXCio、RTXCfile、RTXCnet 及 XpresNET。特别要说明的是 XpresNET，它在 RTXC 中是一个独立的小模块，专门为网络通信而设计。

RTXC 版权免费，它包括 72 个核心服务、90 天的保证和维护期，包括所有的升级和无限制的技术支持。

（4）μC/OS - Ⅱ

μC/OS - Ⅱ作为一个嵌入式实时操作系统，自 1992 年以来，因其源代码的完全公开和优越性能，已为众多的爱好者和开发人员所了解并得到了广泛应用。μC/OS - Ⅱ是一个占先式内核，执行时间可确定（即函数的调用与服务的时间是可知的，不依赖于应用程序的大小），目前最多支持 64 个任务（8 个为系统保留），总是执行处于就绪状态的优先级最高的任务。目前，51 系列及其扩展型单片机仍在单片机应用系统占较大比重，因而详细介绍 μC/OS - Ⅱ在 AT89C51 上的移植实现过程，解决移植过程中出现的问题，有很大的实用意义。

μC/OS－Ⅱ具有如下的特点：

① μC/OS－Ⅱ是由 Labrosse 先生编写的一个开放式内核，最主要的特点就是源码公开。这一点对于用户来说可谓利弊各半，好处在于，一方面它是免费的，另一方面用户可以根据自己的需要对它进行修改。缺点在于，缺乏必要的支持，没有功能强大的软件包，用户通常需要自己编写驱动程序，特别是如果用户使用的不是太常用的单片机，还必须自己编写移植程序。

② μC/OS－Ⅱ 是一个占先式的内核，即已经准备就绪的高优先级任务可以剥夺正在运行的低优先级任务的 CPU 使用权。这个特点使得它的实时性比非占先式的内核要好。

③ μC/OS－Ⅱ是一个基于优先级的实时操作系统，每个任务的优先级必须不同，具有较好实时性，可以保证重要任务总是优先占有 CPU。

④ μC/OS－Ⅱ对共享资源提供了保护机制。一个完整的程序可以划分成几个任务，不同的任务执行不同的功能。这样，一个任务就相当于模块化设计中的一个子模块。在任务中添加代码时，只要不是共享资源就不必担心相互之间有影响。而对于共享资源（比如串口），μC/OS－Ⅱ也提供了很好的解决办法。

3. 在单片机应用系统中采用嵌入式实时操作系统

在单片机应用系统中采用嵌入式实时操作系统，有以下的特点：

① 在单片机系统中嵌入 L1C/OS—H 将增强系统的可靠性，并使得调试程序变得简单。

② 在单片机应用系统中采用嵌入式实时操作系统将增加系统的开销，包括机时和存储器。

③ 对非免费的嵌入式实时操作系统，需要较高的费用，有时还是十分昂贵的。

④ 对免费的嵌入式实时操作系统，尽管这些资源带有源码，但理解、消化并用在应用系统上是一项艰苦的工作，特别是在没有调试手段的情况下，这一过程就更加漫长艰苦。用于开发产品就显得力不从心，开发周期也变得相当长。

根据上述讨论，可以根据实际情况决定是否采用嵌入式实时操作系统和采用何种嵌入式实时操作系统。下面再讨论开发使用语言的问题。

开发 8051 单片机所用的语言主要有三种：汇编语言、PL/M 语言和 C 语言。对汇编语言这里不作过多的介绍，主要介绍 PL/M 语言和 C 语言。

① PL/M 语言是 Intel 公司开发的，性质与 C 语言类似的、最贴近硬件的高级语言。Intel 公司从 20 世纪 70 年代开始就为自己生产的微处理器和微控制器配套 PL/M 语言，并用 PL/M 语言开发了微处理器 8086 上运行的实时多任务操作系统 iRMX86 和微控制器（俗称单片机）805l 上运行的分布控制系统的操作系统内核 DCX51 以及 8096 上运行的 DCX96。时至今日，C 语言的普及与技术上的深入已超越了 PL/M 并且占据了主流地位。

② C 语言伴随着计算机的普及已经得到了前所未有的推广。被举世公认为简洁、高效、而又最贴近硬件的高级编程语言。20 世纪 80 年代末，C 语言又进一步按照面向对象的方向发展自身，增加了以封装、继承和多态为特点的层次结构形态。封装保证了数据的安全性。继承的层次结构提供了对先辈对象的特征和行为的遗传、改造和阻断遗传的手段；多态则使用同一方法派生不同形态的对象。既提高程序的安全性和模块化水平，又便于软件的修改、扩展和维护。这就是面向对象的 C++语言。

将 C 语言向单片机 8051 上的移植，始于 20 世纪 80 年代的中后期。其移植难点有：

① 8051 的非冯诺曼结构（即程序与数据存储空间分立）和片上位寻址空间的结构；

② 除去片上的数据和程序存储器空间还存在着向片外扩展的可能；

③ 片上集成的外围设备已被寄存器化（即代之以 SFR），并未采用惯用的 I/O 接口地址；

④ 8051 芯片的派生门类特别多（高达上百种），C 语言又必须对每一派生芯片的每一硬件资源实现操作。

但是，经过 Keil/FrankL1in、Archmeades、IAR、BSO/Tasking 等公司的不懈努力，终于在 20 世纪 90 年代趋于成熟，成为专业水平的单片机高级语言了。C 语言克服长时间困扰着人们的"高级语言产生代码太长、运行速度太慢，不适合单片机使用"的致命缺点。目前，使用 8D51C 语言编程所产生的代码长度，在未加入人工优化的条件下，已经做到了最优汇编水平的 1.2 ～ 1.5 倍，比得上中级程序员的水平；程序如果长于 4KB，高级语言的优势更能得到发挥。目前，片上 ROM 空间大到 16KB/32KB/64KB 的 8051 芯片已经很多，代码空间效率所差的 20% ～ 50% 已经不是重要问题。执行速度的问题，只要有好的仿真器帮助，人工优化关键代码就成很简单的事了。应该指出，并非全部代码都必须是高速度执行的。这里有一个著名的经验法则：一般 80% 的时间执行 20% 的程序。换句话说，只需要手工优化这 20% 的程序即可。好的仿真器提供程序评估器，利用程序评估器可以方便地找出最经常执行的那些程序。如果谈到程序的开发速度、软件质量、程序的坚固性、可维护性和可移植性等方面的话，则 C 语言的完美绝非汇编语言可以比拟的了。

C 语言是一种可以在不同机种之间移植的高级语言。它有助于打破不同厂家不同系列单片机的界限而统一使用的通用程序。

C 语言用于开发单片机应用系统具有以下优势：

- 编程者运用人类自然思维习惯编写程序，无须迁就单片机的具体的指令集。也就是说，就是不记得单片机的指令集，也能够编写完美的单片机程序。掌握了单片机的指令集，有助于全面、准确地掌握和应用单片机。
- 编程者无须懂得单片机的具体硬件，也能够编出符合硬件实际的专业水平的程序。即便如此，也应该尽可能地学习好单片机及其硬件接口技术。
- C 编译器凝聚了开发该单片机的软、硬件专家的技术水平，能否充分发挥 C 编译器的专家水平，则取决于编程者自己。但是，只要使用 C 编译器，基本水平总是可以保证的。例如，各家的 C51 都无例外地考虑了不同函数之间的数据覆盖问题。覆盖充分而有效地利用片上有限的 RAM 空间。只要正常使用 C 语言编程，一定使用了数据覆盖。而即使是最好的汇编语言编程者，也很难实现数据覆盖。
- 通过调试，排除错误，使程序得以正常执行，仅仅是起码的要求。它与程序的坚固性还是两回事，正如人体机能的完好和具有免疫的潜能是两回事一样。实践证明，数据在运行中间被破坏，是导致程序运行异常的重要因素。C 语言对数据进行了许多专业性地处理，避免了运行中间被破坏。该性能体现在变量的说明和多文件的组织程序之中。使用汇编编程，鲜有人会做如此深入地专业性考虑。然而，使用 C 语言编程的人只要恰当地进行变量的说明和恰当地组织多文件程序就可以轻松地达到增强免疫力的效果。
- C 语言提供处理复杂的数据类型（如数组、结构、联合、枚举、指针等）的机制，极大地增强程序处理能力和灵活性。C 语言还提供了单片机专用的 sfr、sfr16、bit、sbit

等数据类型，为使用 SFR 提供了极大的方便。

- C 语言提供了 auto、static、const 等存储类型和专门针对 8051 单片机的 data、idata、pata、xdata、code 等存储类型，只要在变量说明时加以存储类型的限定，C 编译器不会自动地在指定的存储空间变量合理地分配地址。
- C 编译器提供了 small、compact、large 等编译模式，以适应程序的大小和是否存在片外存储器的实际。如果发生不相适应的情况，只要简单地改变模式重新编译一次，就可以解决。并且，自动将 call 和 jmp 调整到最佳的代码长度。如果使用汇编，这种改变是相当麻烦的。
- 中断服务程序的现场保护和恢复，还有中断向量表的填写，都是直接与 cpu 或单片机硬件相关的。在 C 语言中，这些部分都是由编译器代办的，这就是为什么前面所说："C 语言编程并不需要对硬件有深入了解"的原因。
- C 编译器提供常用的标准函数库供用户直接使用。方法极其简单，只需在使用前加以简单的引用性说明即可。此外，提供用户自定义库的管理器，帮助用户方便地建立自己的函数库。
- C 编译器提供众多的头文件。一般在头文件中定义宏、说明复杂数据类型的原型和函数原型。它们有利于程序的移植、复杂数据类型的定义和函数的引用性说明。有的头文件为单片机的系列化产品提供片上资源的说明。C 语言之所以能够适应 8D51 单片机的上百种系列芯片，与这类头文件的使用有直接的关系。
- C 编译器照例提供多级代码优化（8051 的 C 提供了 5 级代码优化），有效地提高代码的时空效率。
- C 编译器有严格的句法检查，大部分错误在编译时已被排掉，剩下的逻辑和算法上的错误很容易在高级语言级别的调试器上迅速地被排掉。
- 进入 C 语言的档次，可以方便地接受多种应用程序的服务，例如，单片机上资源的初始化是很麻烦的事，现已有厂商用 C 语言编写了专门的应用程序，自动生成符合具体要求的初始化程序。

综上所述，在开发单片机应用系统时，只要系统达到一定的规模和复杂度，就应该采用 C 语言作为开发用语言。

12.1.4 不要忽略电磁兼容性问题

1. 电磁兼容性简介

电磁兼容性（Electro Magnetic Compatibility，EMC）包含系统的发射和敏感度两方面的问题。如果一个单片机应用系统符合下面三个条件，则该系统是电磁兼容的：

① 对其他系统不产生干扰；

② 对其他系统的发射不敏感；

③ 对系统本身不产生干扰。假若干扰不能完全消除，但也要使干扰减少到最小。干扰的产生不是直接的（通过导体、公共阻抗耦合等），就是间接的（通过串扰或辐射耦合）。

电磁干扰是通过导体和通过辐射产生的，很多电磁发射源，如光照、继电器、DC 电动机和日光灯都可引起干扰；AC 电源线、互连电缆、金属电缆和用于系统的内部电路也都可能产生辐射或接收到不希望的信号。在高速单片机应用系统中，时钟电路通常是宽带噪声的最大产生源，这些电路可产生高达 300MHz 的谐波失真，在系统中应该把它们去掉。另外，在单片机应用系统中，最容易受影响的是复位线、中断线和控制线。

2. 电磁干扰的途径

(1) 传导性 EMI

一种最明显而往往被忽略的能引起电路中噪声的路径是经过导体。一条穿过噪声环境的导线可捡拾噪声并把噪声送到其他电路引起干扰。设计人员必须避免导线捡拾噪声和在噪声引起干扰前，用去耦办法除去噪声。最普通的例子是噪声通过电源线进入电路。若电源本身或连接到电源的其他电路是干扰源，则在电源线进入电路之前必须对其去耦。

(2) 公共阻抗耦合

当来自两个不同电路的电流流经一个公共阻抗时，就会产生共阻抗耦合。阻抗上的压降由两个电路决定，来自两个电路的地电流流经共地阻抗，每个电路的地电位都被对方电路的地电流调制，噪声信号经共地阻抗相互耦合。

(3) 辐射耦合

经辐射的耦合通称串扰。串扰发生在电流流经导体时产生电磁场，而电磁场在邻近的导体中感应瞬态电流。

(4) 辐射发射

辐射发射有两种基本类型：差分模式（Diferent Mode，DM）和共模模式（Common Mode，CM）。共模辐射或单极天线辐射是对地由无意的压降引起的，它使电路中所有地连接抬高到系统地电位之上。就电场大小而言，CM 辐射是比 DM 辐射更为严重的问题。为使 CM 辐射最小，必须用切合实际的设计使共模电流降低到零。

3. 影响 EMC 的因数及降低 EMC 的办法

主要有以下影响 EMC 的因素：

① 电压。电源电压越高，意味着电压振幅越大，发射就更多，而低电源电压影响敏感度。因此，选用低电压的器件和降低电路的工作电压是行之有效的办法。

② 频率。高频产生更多的发射，周期性信号产生更多的发射。在高频单片机应用系统中，当器件开关时产生电流尖峰信号；在模拟系统中，当负载电流变化时产生电流尖峰信号。

③ 接地。在所有 EMC 问题中，主要问题是不适当的接地引起的。有三种信号接地方法：单点、多点和混合。在频率低于 1MHz 时，可采用单点接地方法，但不适于高频；在高频应用中，最好采用多点接地。混合接地是低频用单点接地，而高频用多点接地的方法。地线布局是关键，高频数字电路和低电平模拟电路的地回路绝对不能混合。

④ PCB 设计。适当的印刷电路板（PCB）布线对防止 EMI 是至关重要的。

⑤ 电源去耦。当器件开关时，在电源线上会产生瞬态电流，必须衰减和滤掉这些瞬态电流。来自高 di/dt 的瞬态电流导致地和线路“发射”电压，高 di/dt 产生大范围高频电流，激励部件和线缆辐射。流经导线的电流变化和电感的存在会导致压降，减小电感或减小电流随时间的变化可使该压降最小。

12.1.5　系统的电源设计是一个重要问题

电源的设计有两个问题值得重视：一是电源的抗干扰问题，二是电源的裕量问题。我们

先讨论第一个问题。

1. 电源的抗干扰

单片机经常用于各种测控系统中，特别是在工业应用的测控系统中，电源是最重要的干扰源：一方面是由于电源不稳、电源本身产生的纹波、尖峰干扰（如采用开关电源会有 100 ～ 500mV 的纹波），另一方面是经过电源串入的电网中的各种干扰（如大型设备启、闭产生的浪涌电压、电焊机产生高频干扰）。这些干扰都会对单片机应用系统的安全运行构成巨大的威胁。在进行这一类应用系统的设计时应采取有效的抑制电网干扰和优质的电源等措施。

2. 电源的裕量

电源的裕量问题又包括两方面问题：一是功率裕量问题，二是能量裕量问题。前者容易出现在大型单片机控制系统的设计中，后者容易出现在小型测量系统，尤其是手持式系统中。

在大型单片机控制系统的设计中，往往需要驱动的负载比较大，也比较多；环境温度又往往比较高；而系统又往往采用交流电网供电，电网电压的波动范围较大。此时考虑电源的供电能力时，一定要考虑出现各种极端情况下，电源能够可靠地给系统供电。例如，多路负载同时工作，此时环境温度又最高，而电网的电压又达到极限值（最高或最低），此时应确保电源自身的安全和可靠为单片机应用系统供电。

而在小型的手持式系统或某些特殊的系统（如水表和热能表）中，往往采用电池供电，甚至采用光电池供电，此时需重视电源的持续供电的能力和供电时间，即考虑电源所具备的能量、自身的漏电、系统的长时间的耗电等问题，有时还要考虑电源的瞬时较大能量的供电问题（如水表在关闭节门时的操作）。

12.2 方案认证与硬件系统设计

为了讨论问题的方便，我们假定要设计这样一个系统：多功能低频信号发生和存储示波器。其功能主要有两大类。

1. 低频信号发生器

该功能可以分为两类：标准信号发生器和非标准信号发生器。

（1）标准信号发生器

产生低频的正弦波、三角波、方波和锯齿波等，这些波形的频率、幅值可变。也可以产生像心电信号、脉搏波、脑电信号、肌电信号等一些常见的生物电信号。

（2）非标准信号发生器

通过数据采集和通信下载两种方式得到波形数据。

2. 存储示波器

该功能可以分为两个：实时存储示波显示和信号发生示波显示。

（1）实时存储示波显示

对被观察的模拟信号进行采样、存储和显示。在该功能中，可以把采集到的数据存储下来作为信号发生器中的用户信号源。

（2）信号发生示波显示

在示波器上以数字存储示波显示的方式显示所发生的信号。

在示波显示时，该装置可以有两类显示方式：

① 滚动显示和冻结显示；

② 刷新显示和冻结显示。

根据上述要求，可以得到系统的功能框图，如图 12-2 所示。

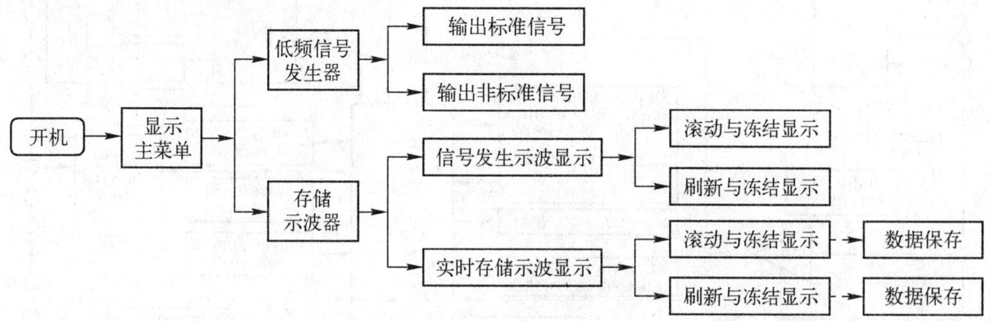

图 12-2　多功能低频信号发生和存储示波器的系统功能框图

根据前面提到设计要求和由图 12-2 可知，可以分析系统所需的硬件资源（限于篇幅和为了突出关键问题，暂不考虑模拟电路和电源），参见表 12-2。

表 12-2　系统的硬件资源

资源/数量	功能/数量	说　明
口线	按键/5	用于人机对话，采用软键形式
	小型点阵式 LCD 显示器/2	控制 LCD 显示器
	示波器触发信号/1	
	模拟输入的增益控制/4	
程序存储器/32KB	存储程序与标准信号/32KB	
数据存储器/32KB + 1KB	存储非标准信号/16KB 示波显示缓冲数据/1KB	示波显示缓冲数据存储器最好是在片内，这样可以保证较高的传送速度
模数转换器	1 通道、8bit、100kHz/1	
数模转换器	1 通道、8bit、1 MHz/1	
LCD 显示器	128 × 64 点阵	

由表 12-2 可知，并根据尽量采用新型单片机和大规模集成电路的原则，可以选用 ADI 公司的 8051 兼容单片机 ADμC841。ADμC841 的内部结构如图 12-3 所示。

ADμC841 的主要性能如下（黑体字表明重点考虑和特别适合本设计的参数）：

① 模拟。

8 通道/247KBSPS/12b ADC：具有直接存储器存取（Direct Memory Access，DMA）控制。

2 通道/12b 电压输出 DAC

2 通道/16b PWM

片内温度传感器

片内电压基准源

② 存储器。

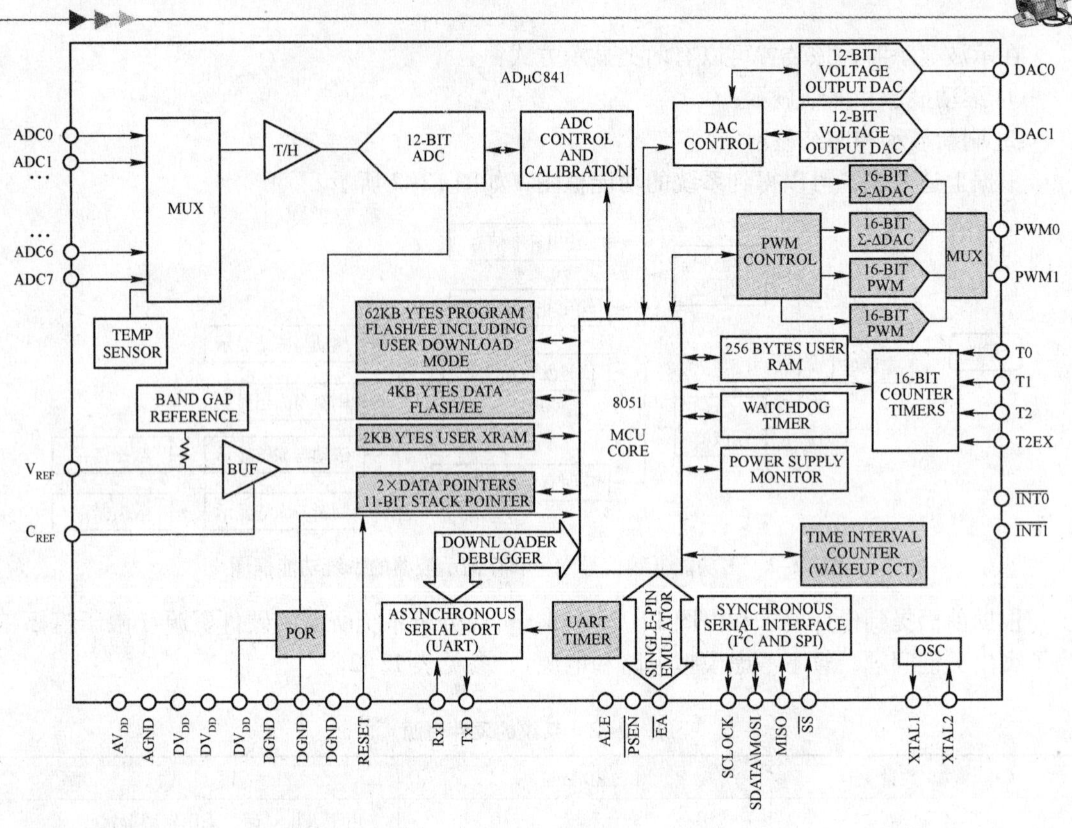

图 12-3　ADμC841 的内部结构

片内 62KB Flash/EE 程序存储器

片内 4KB Flash/EE 数据存储器

片内 2304B RAM 数据存储器

③ 8051 内核。

8051 兼容指令集（最高 16MHz 速度）

12 个中断源，2 级优先级

双数据指针

扩展的 11 位堆栈指针

④ 片上外设。

3 个 16 位定时器

UART、I^2C 和 SPI 三种串口

看门狗定时器

电源监视器

⑤ 电源。

3V 或 5V 工作

正常、闲置和关闭三种工作模式

关闭工作模式时的功耗：20μA@3V

显然，ADμC841 完全满足前面所提到的要求。不仅如此，ADμC841 还有下面几个重要的特点应该特别说明：

① 它不像标准 8051 那样采用 12 分频，ADμC841 是一个时钟执行一条指令，实际运行速度比标准的 8051 高近 20 倍。

② 具有双数据指针，特别有利于同时需要采样和传送数据的场合提高传送数据的速度（像本设计中实时采样显示波形时那样）。

③ 只需要 1 根 RS232 串口线，就能够完成程序的调试、下载和烧录，不需要任何硬件仿真器和烧录器。特别方便用户的开发和产品的在线升级。

多功能低频信号发生和存储示波器的系统硬件框图如图 12-4 所示。

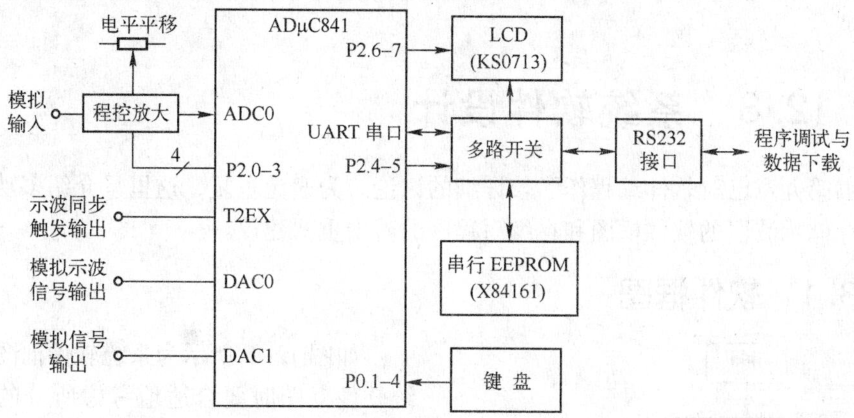

图 12-4　多功能低频信号发生和存储示波器的系统硬件框图

其中液晶显示器采用 KS0713。这是一种小型的大规模集成并带有驱动器和控制器的点阵型液晶模块。它的外观尺寸为 42mm × 39mm，有 29 个外部引脚。它直接受单片机控制，接收 8 位串行或并行数据，同时可将数据显示，并将数据存储在模块内的数据存储器中（DDRAM）。由于 DDRAM 中的数据显示单元与液晶屏的点阵单元存在一一对应关系，并且 KS0713 液晶模块数据的读写操作不受外部时钟的控制，因而 KS0713 的显示具有很高的灵活性。KS0713 液晶模块带有液晶必需的电源驱动电路，这样可用最少的元件和最小的功耗实现模块的功能。KS0713 可以显示 4 行、每行 8 个 16 × 16 点阵的汉字。可以满足显示仪器工作状态和人机对话的要求。

X84 系列串行 EEPR0M 具有体积小、功耗低、工作电压范围广等特点外，还具备型号多、容量大、二总线协议，容量扩展配置方便、灵活等优点，可以直接用于系统与系统之间，单数据总线通信，消除了常规单片机系统设置片外数据存储器对端口和地址总线的占用和依赖，以及数据写入电路设计和电源要求的过于复杂等缺点。利用串行 EEPRK0M 的串行特性为单片机应用系统设计片外发数据存储器，提供了低成本系统结构和节约系统引脚资源的优点。所以，这里选择了 X84 系列中的 X84161 作为非标准信号和计算机下载的数据存储器，X84161 有 16KB 的容量，可以设定为存储 16 个数据。

由于 LCD、X84161 和数据下载等都采用了串口，因此，采用多路开关来切换单片机与它们之间的通信。

采用 T2EX 端作为示波同步输出信号端，可以利用定时器 T2 溢出时自动产生输出脉冲，简化程序设计和节约机时。

把模拟示波信号的输出和信号发生输出分别用两个通道的 DAC，充分利用了单片机的

资源，同时也使用更方便。

由于外部扩展主要采用串口实现，不仅简化了电路的连接，更重要的是节省了P0、P2口的口线。这样，P0、P2口就可以作为普通I/O接口使用。

按键输入利用了P0口，P0口作为输入时，一定要应该加上拉电阻才能正常工作。

P2口作为输出控制线，分别用于控制程控放大器的增益、LCD的显示和串口通信的多路开关。

把输入和输出的口线分开，避免了操作时输入端口与输出端口的相互干扰，方便程序的编写和调试。

12.3 系统软件设计

在本书第九章已对软件编程作了较详细的讨论。为避免重复，这里只介绍多功能低频信号发生和存储示波器的软件框图和在编写程序的若干重要建议。

12.3.1 软件框图

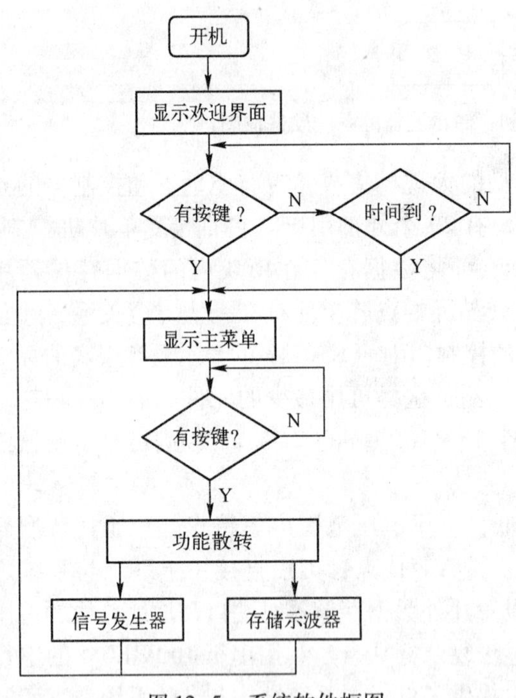

图12-5 系统软件框图

如图12-5所示为系统软件框图。设计系统软件框图时要合适地考虑所分的层次。框图过细（子功能或子程序划分过细），将导致系统软件框图过于庞大，条理、层次不清晰。框图过粗，则分层太多，也易造成框图混乱。

在确定好系统软件框图之后，还需将系统软件框图中的子功能或子程序设计出相应的程序框图。如图12-6所示为其中的信号发生器程序框图。

如果有需要，还应将更下一层的程序框图设计出来，最后得到的程序框图中，每一个程序框中的子功能或子程序可以由几条或几十条指令来实现，或者是程序框中的子功能或子程序不便于再分解。

限于篇幅，这里不再给出其余的程序框图。

12.3.2 软件设计的重要提示

根据众多的单片机学习者和工程师的经验，这里给读者提出以下重要提示：

(1) 按照本书9.7节所介绍的那样，一步一步有条理地进行程序的设计和调试

(2) 一部分一部分地设计和调试

设计完一部分（或一个子程序）并调试完，再设计另一部分（或另一个子程序）并调试完，……，然后把这些程序一部分一部分地连接起来，连接一部分（或一个子程序）又

要调试一下，直至把全部的程序连接起来并调试完成。初学者应该特别注意，初学者往往会不由自主地一口气编写完全部的程序并一次性地进行调试，面对各种错误（语法错误、逻辑错误、变量没有定义和重名等）而陷入无从下手的境地，最后事倍功半，进展缓慢，程序质量低下。

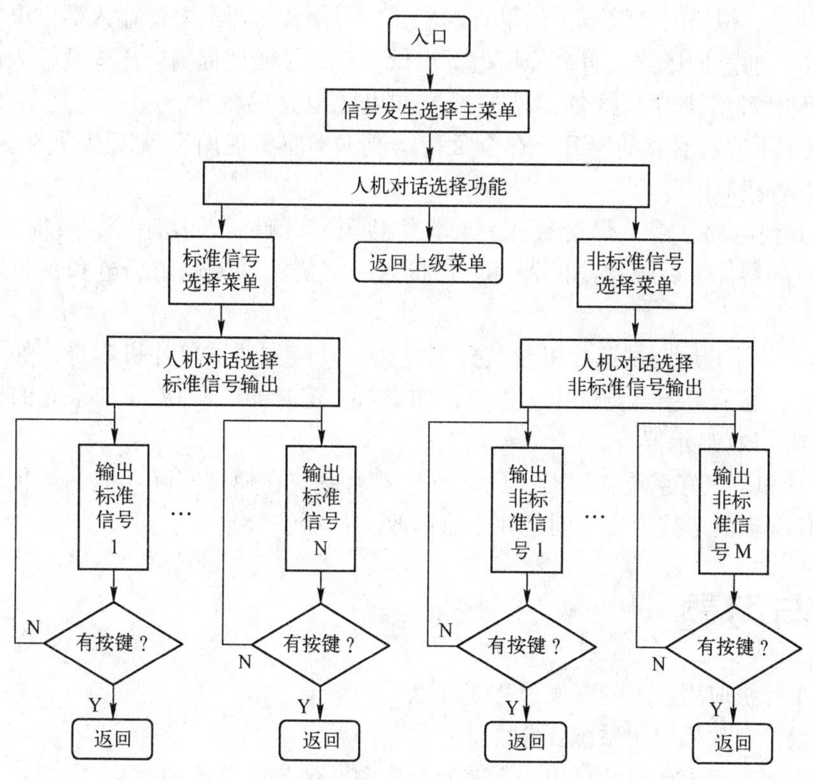

图 12-6　信号发生器程序框图

（3）注重模块化编程

虽然在第 9 单元已经介绍了有关事项，作者仍然认为要强调模块化编程的问题。

（4）程序注释

程序注释往往是初学者容易忽略和不愿意做的事情。可以说，注释工作做得越细，以后受益越大，越是老练的程序员，注释工作做得越细致。甚至可以说，注释工作做得好坏，是一个程序员水平高低的标志。

（5）在系统程序设计和初步调试完后，要对程序进行抗干扰和加固

 12.4　系统仿真调试设计

在硬件系统设计并得到电路板后，要对硬件进行制作和调试。制作和调试硬件的步骤如下：

1. 检查印制电路板（Printed Circuit Board，PCB）是否有断路、短路等问题，特别是在芯片的下面，这些地方一旦焊接好芯片后就很难检查和修改。

2. 检查元器件的质量和对元器件引脚进行处理。除对大规模的集成电路无法进行检查

外，只要有可能就要对每一个元件进行检测。

3. 焊接好电源部分的电路并调试。在焊接好电源部分的电路和上电前，应该检查电路板的电源输入、电源输出和各电源对地，以及各电源之间有无短路现象（用电阻挡检查，电阻应在几十 kΩ 挡以上，注意电源部分接有指示灯或发光管、保护电阻等时对测量电阻的影响。在确认没有短路的情况下，如果有调压器，可用调压器给电源输入端供电，或用直流稳压电源供电。通过调压器或直流稳压电源由低到高，缓慢地提高电压直至输入额定电压为止。在此过程中密切注意电路各器件的温度和电源电路的输出，一旦出现器件温度过高（在空载情况下不应有明显的温升，在全负荷情况下不应出现用手难以忍受的温升），应立即切断电源，查找原因。

4. 焊接其他电路。手工焊接时，一般先焊接阻容元件、芯片座等，后焊接集成电路。先焊接矮一点的器件、后焊接高的器件。焊接时一定要注意采取防静电和预防烙铁漏电的措施。

5. 一部分一部分地调试单片机及其外围电路。一般先调试单片机本身，如通过口线输出高、低电平，通信等；再调试片上外设，如串口、定时器、A/DC（如果有的话）等，然后再调 LCD 或 LED 显示器等。

6. 在设计和调试好系统程序后，固化程序并将系统在模拟实际环境下运行，对系统进行各种极端情况下的考核，发现问题并予以修改。

思考题与习题

12-1　单片机应用系统的开发过程是什么？

12-2　设计单片机应用系统要考虑哪些重要问题？

12-3　如何考虑设计单片机应用系统时的资源冗余与成本控制？

12-4　如何考虑设计单片机应用系统时的软件处理与硬件处理？

12-5　在单片机应用系统采用嵌入式实时操作系统有何利弊？

12-6　如果要在单片机应用系统采用嵌入式实时操作系统，对系统硬件的设计有何影响？

12-7　在开发单片机应用系统时，采用 C 语言编程有何利弊？你认为本书作者的倾向如何？

12-8　如果要在开发单片机应用系统时采用 C 语言编程，对系统硬件的设计有何影响？

12-9　制作和调试单片机应用系统硬件时应注意什么问题？一般应该如何进行？

12-10　作者对软件调试给出了什么样的提示？谈谈你的观点和想法。

12-11　请按照本书给出的多功能低频信号发生和存储示波器的系统硬件框图自行完成电路的设计。

12-12　请自行选择单片机及其外围器件，完成多功能低频信号发生和存储示波器的硬件电路。

12-13　请在仿真实验板上多功能低频信号发生和存储示波器的系统软件并调试通过（请根据仿真实验板的实际资源减少功能）。

第 13 单元 应用系统举例

本单元学习要点

(1) 基于单片机的测量（前向）通道所涉及的模拟和开关两类信号的处理，以及与单片机的接口。

(2) 基于单片机的控制（后向）通道所涉及的模拟和开关两类信号的处理，以及与单片机的接口。

(3) 单片机应用系统中的人机对话的常见形式与应用。

(4) 单片机应用系统中常见的串行通信协议及其接口。

13.1 单片机应用系统的一般说明

从信号流向的角度，单片机的应用系统如图 13-1 所示，大致可以分为以下 3 类：

1. 控制系统

这类系统只输出不输入（除用于人机对话的按键外）。输出的信号可以是模拟信号，也可以是数字信号。其信号的输出通常只根据一定的时序输出，或根据操作者的控制输出。此类典型系统有电子钟、固定程序的交通灯控制、基本的信号发生器、数控电源等。

2. 测量系统

这类系统只输入而没有输出（除用于人机对话的显示外）。输入的信号可以是模拟信号，也可以是数字信号。此类典型的系统是各种仪器仪表。

3. 测控系统

系统中既有控制（输出）又有测量（输入）。测控系统是应用最广泛的单片机应用系统，在某种意义上几乎可以说没有纯粹的控制系统或测量系统存在。对所谓的控制系统而言，为了做到更好的性能，如精度和速度，通常需要对控制输出进行测量，构成所谓的闭环反馈控制系统。而对测量系统，特别是一些高精度测量系统，如高精度频率计，需要保证其时基电路处于恒温状态，因此，需要对加热或制冷进行控制。

需要测量的信号中绝大多数是模拟信号，而且是非电量，需要通过传感器把被测信号转换成电信号，然后通过放大与处理得到满足 ADC 输入要求的信号，再通过 ADC 转换成数字

信号，单片机才能够处理。因此，在测量通道中最常见的是 ADC 的接口。

少数的被测量是开关信号，这时的处理相对要简单，这些信号中的多数可以直接输入给单片机，少数需要对幅值或电平进行处理以满足单片机的输入要求。

控制输出则相反，多数的信号是数字（开关）信号，此时的一些常见要求是隔离，因为常见的是控制大功率，也就是高电压与大电流。

少数的控制输出是要求模拟信号，常规的做法是使用 DAC。

换一个角度，也可以把单片机应用系统分成 6 种类型的接口模块：

① 模拟信号测量；

② 开关信号测量；

③ 模拟信号控制；

④ 开关信号控制；

⑤ 人机接口；

⑥ 通信接口。

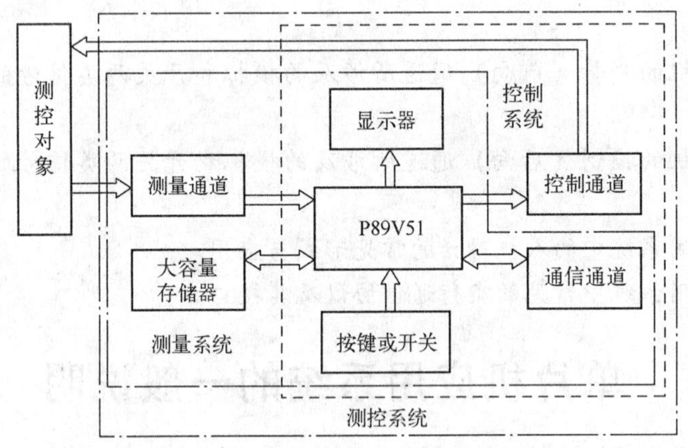

图 13-1　单片机的应用系统

但这种分类也不是绝对的，有 3 层意思：①任何一个实际系统都会包含至少两种或两种以上接口模块；②有些模块本身也难以区分，如 PWM 输出，既可以算作开关量输出，也可以算成模拟量输出；又如使用单积分（斜坡）式或振荡器转换传感器或模拟信号，也难以绝对地归类于其中的一类接口；③有些器件把测量和控制集成在一起，如相控阵超声传感器，就更加难以区分了。

上述区分方式仍然有其可取之处：在学习阶段比较清晰、容易掌握单片机的接口技术。下面所引用的应用实例，尽可能地覆盖上述分类的接口。有关更详细的内容，请参考本章的参考文献，本章的实例全部是来自这些文献，而且这些文献全部是以 P89V51 为核心的实际应用系统或开发应用的相关资料。

13.2　多路数据采集系统

数据采集系统就是采集传感器输出的模拟信号并转换为计算机可以识别的数字信号，送入计算机并进行记录或打印，以便对某些物理量进行监视。其中一部分数据还将被生产过程

中的计算机用来控制某些物理量。随着微型计算机技术的飞速发展和普及，数据采集监测已成为日益重要的检测技术。所以，本节介绍的是最为普遍的单片机测量系统的典型。

数据采集是工业控制等系统中的重要环节，通常采用一些功能相对独立的单片机系统来实现，作为测控系统不可缺少的部分，数据采集的性能特点直接影响到整个系统。本设计的多路数据采集系统采用 P89V51RD2 作为 MCU 板的核心控制元件。P89V51RD2 是 Philips 公司生产的一款 80C51 单片机，其突出特点就是它的 ×2 方式选项，选择该方式可以在相同时钟频率下获得两倍的数据吞吐量。该系统采样电路采用 TLC1543 芯片，使系统硬件电路大大简化。

13.2.1　系统的基本组成和工作原理

在设计中为了提高系统智能化、可靠性和实用性，采用单片 MCU 和上位机传输的方法，即 MCU 运行在数据采集系统的远端，完成数据的采集、处理、发送，上位机则完成数据的接收、校验及显示，同时上位机可对远端 MCU 进行控制，使其采集方式可选。系统的整体框图如图 13-2 所示，整体上有主设备和从设备构成，主设备主要是计算机，从设备包括电源及 A/DC 接口、串口收发模块。

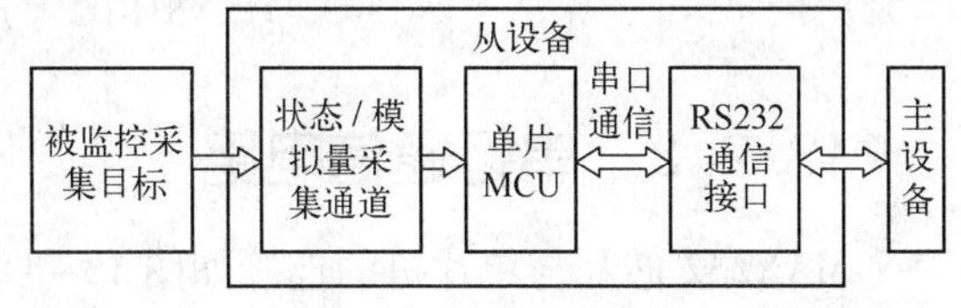

图 13-2　系统的整体框图

13.2.2　系统硬件电路的设计

选用的 ADC 是开关电容式 A/D 转换器 TLC1543，其具有如下的一些特点：10 位精度、11 个通道、3 种内建的自测模式、提供 EOC（转换完成）信号等。

该芯片与单片机的接口采用串行接口方式，引线很少，与单片机连接简单。由于有 11 个模拟量输入口，为今后的功能扩展留下很大空间。

单片机采用 Philips 公司生产的一款 80C51 单片机——P89V51RD2，它包含 64KB Flash 程序存储器和 1KB 的数据 RAM。它的典型特性 ×2 方式选项，利用该特性可使应用程序以传统的 80C51 时钟频率（每个机器周期包含 12 个时钟）或 ×2 方式（每个机器周期包含 6 个时钟）的时钟频率运行，选择 ×2 方式可在相同时钟频率下获得两倍的数据吞吐量。从该特性获益的另一种方法是将时钟频率减半而保持特性不变，这样可以极大地降低电磁干扰（EMI）。Flash 程序存储器支持并行和串行在线编程（ISP）。P89V51RD2 也可采用在应用中编程（IAP），允许随时对 Flash 程序存储器重新配置，即使是应用程序正在运行也不例外。

用 TLC1543 进行数据采集非常方便，与单片机接口连接也比较容易。单片机与 TLC1543 引脚的连接和相关的地址分配参见表 13-1。单片机与 TLC1543 的接口电路（以 4 路模拟输入为例）如图 13-3 所示。

表 13-1　单片机与 TLC1543 引脚的连接

TLC1543 引脚	作　用	相连单片机引脚
$\overline{CS}$	片选段，低电平有效	P1.4
DATA OUT	程序数据输出端	P1.3
ADDRESS	串行数据输入端	P1.2
I/O CLOCK	串行时钟输入端	P1.1

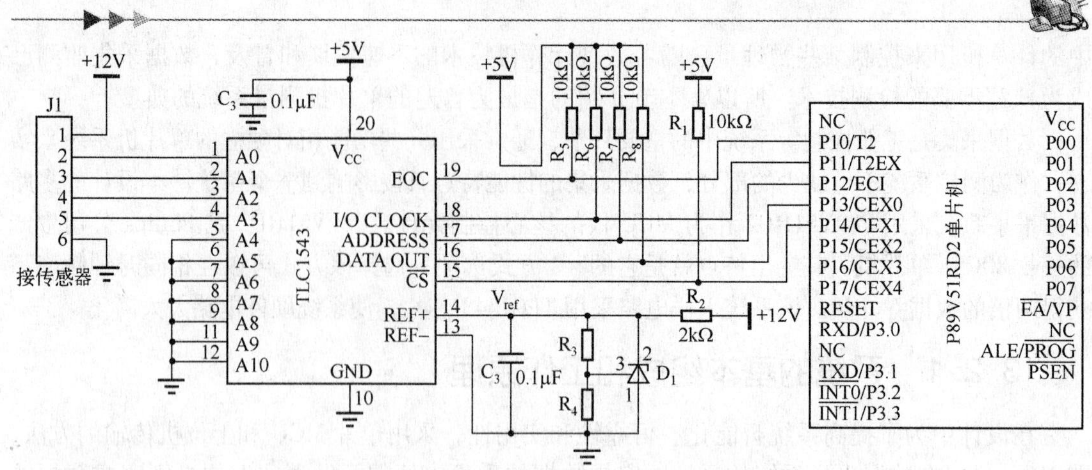

图 13-3 P89V51RD2 单片机与 TLC1543 的接口电路

13.2.3 串行通信电路

MAX232 芯片与单片机的连接如图 13-4 所示，片机通过 RXD 和 TXD 引脚实现对通信模块的收发单信息的控制。

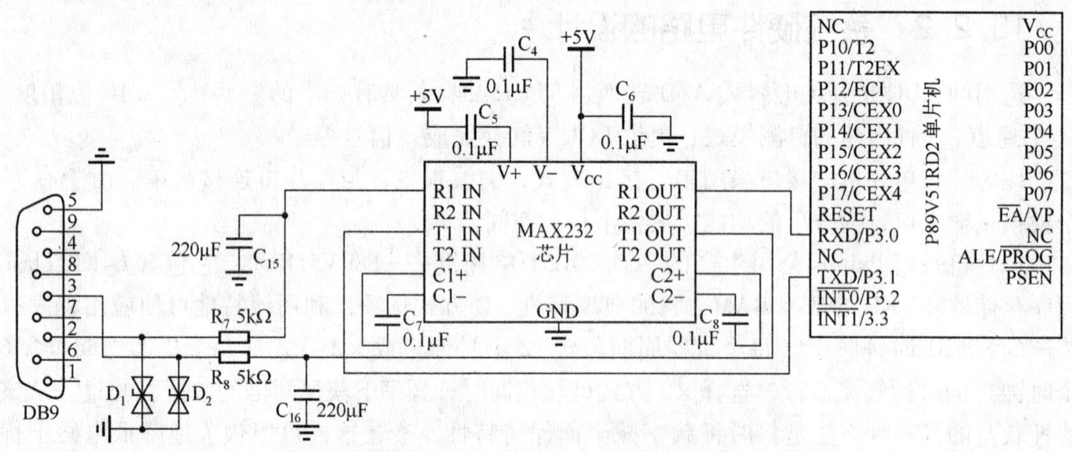

图 13-4 MAX232 芯片与 P89V51RD2 单片机的连接图

由于工控机串口给出的是标准的 RS232 电平，RS232 的逻辑 0 电平规定为 +15 ～ +3V 之间，逻辑 1 电平规定为 -15 ～ -3V 之间；单片机的串行口给出的是 TTL 电平，逻辑 0 电平规定 0 ～ 0.5V，逻辑 1 规定为 +3 ～ +5V，这两种电平互不兼容，因此，两者要进行通信，必须能够在 RS232 电平和 TTL 电平之间进行转换，系统使用 MAX232 芯片来完成这一任务。

13.2.4 软件设计

和硬件设计一样，系统的功能决定了系统的软件设计。作为数据采集系统的从设备，所完成的功能就是在本地完成数据的采集工作，同时等待远端主设备的轮询并将采集到的数据报告给主设备。

软件系统主要完成以下任务：

① 初始化任务；

② 定时采集任务；

③ 轮询处理任务；

④ 测试帧任务。

整个采集软件的工作流程如图 13-5 所示，首先要增加初始任务以创建其他任务。定时采集任务、测试帧任务和轮询处理任务均由初始化任务创建，一经创建就驻留在内存中周而复始地运行。从软件流程来看，整个流程由一个数据区、两个接口和三个任务共同组成，测试帧任务和轮询处理任务的关系相对复杂些，两者相互协调共同完成主设备的轮询应答。

测试帧任务的功能就是进行帧头判定，确定轮询处理任务即将处理的是一个完整帧，而轮询处理任务的功能就是解释主设备与从发备之间的通信协议，向主设备传送所需要的采集数据。两者的相互关系：系统初始运行时，轮询处理任务自动挂起，等待测试帧任务的唤醒，当测试帧任务认为总线即将传过来的是一个帧的帧首时，就主动唤醒轮询处理任务并挂起自己，等待轮询处理任务处理完毕后唤醒自己。轮询处理任务一旦被唤醒就和串行通信模块一起工作，完成通信协议的解释和处理，处理完毕后唤醒测试帧任务并挂起自己。这两个任务反复进行乒乓操作，完成对主设备的应答。

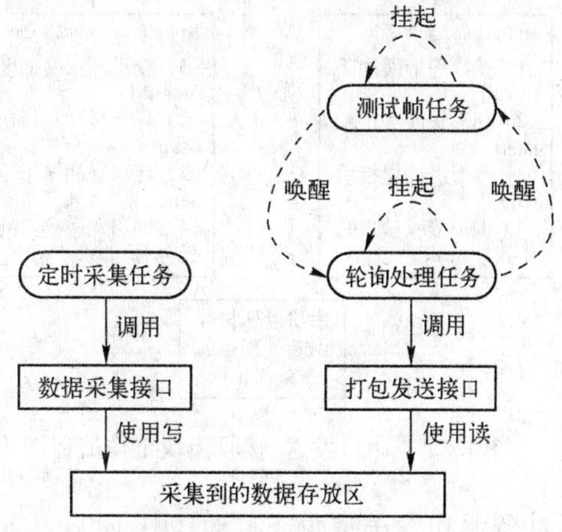

图 13-5　采集软件的工作流程图

（1）A/D 转换模块

A/D 转换控制程序的编写完全按照 TLC1543 芯片的时序编写，但是 TLC1543 有着较为复杂的时序要求，深入理解它的时序图，是编读写控制程序的前提，其时序图如图 13-6 所示。

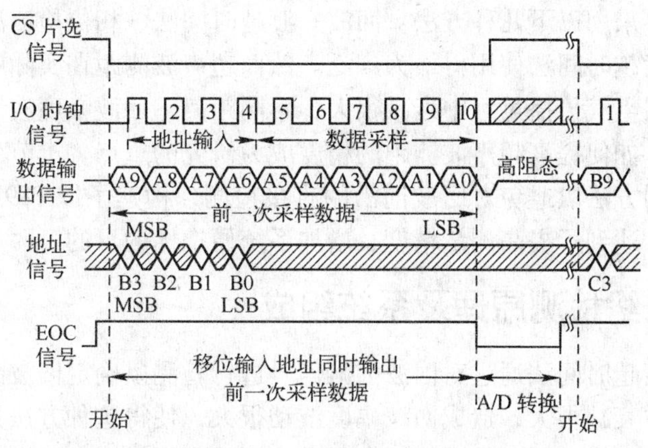

图 13-6　TLC1543 芯片工作时序图

由图 13-6 可知，该芯片通过一个 EOC 信号把时序划分为两个大的周期，当 EOC 输出高电平时，芯片开始从串口接收地址数据并发送转换结果；当 EOC 输出低电平时，芯片进

入 A/D 转换周期，直到转换完毕，EOC 会再次跳高。在数据收发周期开始时，由$\overline{CS}$片选信号跳低和 EOC 跳高为标志，由外部输入的 I/O 时钟信号作为串行通信的同步时钟，该周期被这个时钟信号划分为 10 个时钟周期。在地址口上，前 4 个周期接收 4 位地址信号，通过这 4 位地址信号来选中 11 个模拟量输入口其中的一个；在数据输出口上，10 个时钟周期输出 10 位 A/D 转换的数字量结果。需要注意的是，该结果来自于上一个数据收发周期中所确定的那个模拟量输入口，而本周期所确定的模拟量输入口所读进的数字转换结果将在下一个读写周期输出。

(2) 串口收发模块

串行收发与上层调用它的任务有一定的协调关系。串口发送/接收模块工作流程如图 13-7 所示。

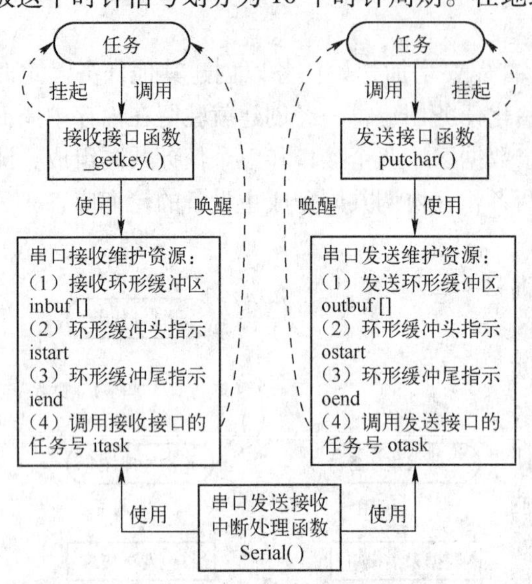

图 13-7　串口发送/接收模块工作流程图

由图 13-7 可知，该发送/接收模块为上层任务提供了两个调用接口，串口数据发送函数和串口数据接收函数。两个接口函数和串口中断处理函数一起维护两套资源，接收缓冲资源和发送缓冲资源。其中_getkey( )和 putchar( )函数是串口模块的上层接口。

13.3　超声测距系统

常见的测量不仅需要对传感器输出的模拟信号进行放大等处理，还需要对信号进行某种处理，如转换、电平平移等，以期望得到更高的精度性能和方便与单片机的接口。本节介绍如何把模拟信号转变为数字（开关）信号的典型实例。

超声波测距主要采用以下几种方法：回波—渡越时间法、相位检测法、伪码调制相关法等，其中以回波—渡越时间法使用得最为广泛。然而超声波测距在实际应用中仍然有很多局限性，由于超声波在空气传播过程中衰减很大，不同距离下回波幅度波动很大，直接影响到测量的精度，因此，如何提高超声波测距的精度成为研究的重点。本节介绍了一种对回波包络峰值点进行检测的方法以避免对回波前沿的直接检测，构建了以 P89V51RB2 单片机为控制核心的测量系统，达到了提高测量精度、增加系统便携性的目的。

13.3.1　包络检测原理及系统组成

传统的回波—渡越时间法通过对回波前沿信号进行检测以确定回波到达时间，由于超声波在空气传播过程中衰减很大，造成回波幅度波动很大，使得这种方法具有很大的缺点，触发阈值电压取得过大则增大了测量误差，取得过小则噪声误触发几率增加。通过示波器对回波波形进行观察，可以发现不同测量距离下的回波包络线都具有较好的一致性，回波波形基本相同，只是波幅不同，因此，在工程精度下可以认为回波包络形状不随回波大小而改变，即回波包络峰值所对应时间和回波前沿到达时间之间的时间差是不随测量距离改变的，而这

一时间差很容易通过实验得出。对于回波包络峰值点的检测可以不必采用设定触发阈值电压的方法，而采用精度更高的峰值点检测法，基于这一情况，超声波测距系统构造原理图如图 13-8 所示。

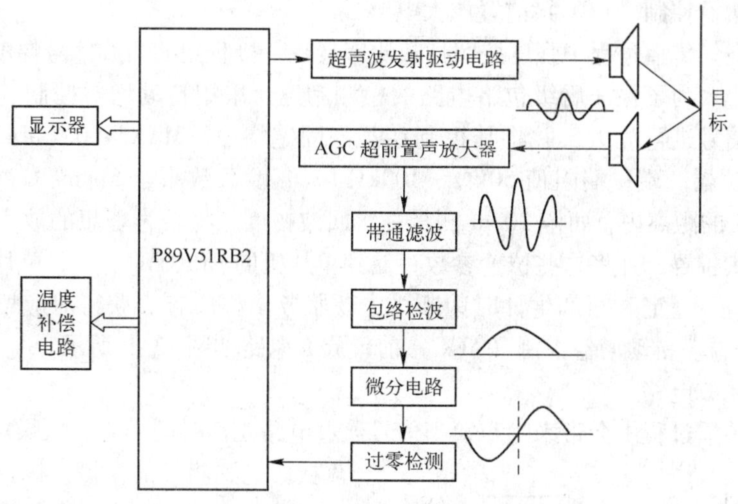

图 13-8　超声波测距系统构造原理图

该系统以 P89V51RB2 单片机为控制核心，启动发射电路连续发射 10 个 40kHz 超声波脉冲同时开启内部计时器。回波到达接收传感器，经过可变增益放大电路放大，中心频率为 40kHz 的带通滤波器滤波，然后进入包络检波电路检测形成回波包络，回波包络通过微分电路后，波形过零点即为包络的峰值点，最后通过过零检测电路产生正脉冲触发 P89V51RB2 外部中断停止计时。利用包络峰值点和回波前沿之间的时间差对单片机计时时间进行修正，即可得到准确的超声波传播时间 t，进而得到发射点和目标物体之间的传播距离 S 的计算公式为

$$S = Ct/2 \tag{13-1}$$

式中　C——超声波在空气中的传播速度。由于超声波在空气中的传播速度随空气温度变化，因此需要实时的对空气温度进行测量以便对传播速度进行修正，最后得出传播距离并由显示电路直接显示出来。

13.3.2　系统硬件电路设计

（1）控制核心 MCU

P89V51RB2 即为 Philips 公司生产的一款 80C51 单片机，包含有 16KB Flash 和 1024B 的数据 RAM，共四个优先级别的中断资源，与传统的 80C51 系列指令完全兼容。考虑到系统在系统编程（ISP）能力、存储资源、多重多优先级中断的嵌套功能，P89V51BR2 是一款非常适合于本测距系统的微控制处理器。

（2）超声波发射驱动电路

在频率信号发生领域，用 555 定时器构成的多谐振荡器得到了广泛的运用，其构造简单、频率范围易于调节，都非常适合于超声波发射驱动电路。系统利用单片机 I/O 端口控制多谐振荡器 RST 端口，每次发射 10 个 40kHz 超声波脉冲驱动超声波发射传感器，+12V 电

压供电情况下，2m 测量范围内，能够保证超声波的有效发送和接收。

13.3.3 超声波接收检测电路

(1) 自动增益控制 (AGC) 前置放大电路

超声波在空气传播过程中强度按照指数比率衰减，接收到的回波信号幅度也因传播距离增大而迅速变小。为了保证后级包络电路的检测精度，采用自动增益控制（AGC）前置放大电路对回波信号进行放大，并将其控制在某一固定幅度。MAX5400（MAX5401）为 256 抽头的数字电位器，端一端阻值 50kΩ（100kΩ），温度系数小于 5ppm/℃，并带有 SPI 接口。在 0 ～ 2m 的距离内，每隔 20cm 测量一次回波幅度，将较为理想的放大倍数换算成数字电位器的抽头位置，并将这些位置参数存储到单片机的 EPROM 当中。单片机以计时中断方式来设置增益，一定时间产生计时中断，中断服务子程序查表获得对应增益，然后通过 SPI 接口改变增益。自动增益控制（AGC）前置放大电路如图 13-9 所示。

(2) 带通滤波电路

超声波在传播过程中会带来噪声，当信号通过电路元件时同样会引入噪声，噪声的存在直接影响到测量的精度，因此，对回波信号进行以超声波频率为中心频率的带通滤波是非常有必要的。通常带通滤波器是将低通和高通滤波器进行简单级联，但是这样使能通过的频带变得很宽，为了更好地滤除信号以外的噪声，构造了两个中心频率很接近于 40kHz 的带通滤波器进行级联，能够实现衰减度更大的带通滤波。实验表明，此种带通滤波器对噪声信号的滤除作用要比低通滤波器或简单级联型带通滤波器效果要好，更加有利于后级电路对回波信号进行包络检波。

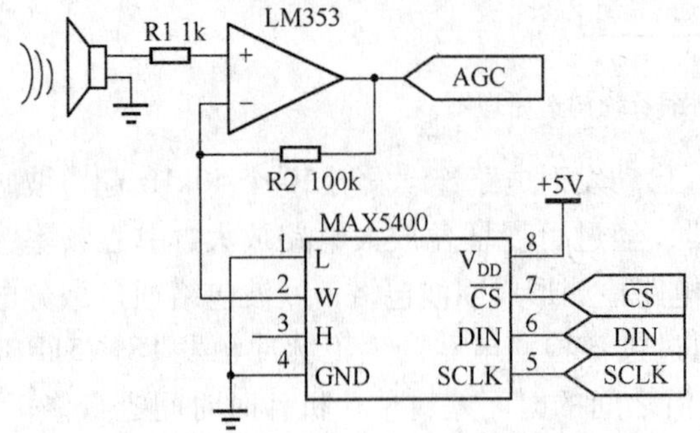

图 13-9 自动增益控制（AGC）前置放大电路

(3) 包络检波电路

检测回波信号的峰值点，单纯得对每次峰值进行比较判断是非常复杂的，因此，采用对回波信号进行包络检波得出形状的方法来简化这一工作，包络检波电路如图 13-10 所示。

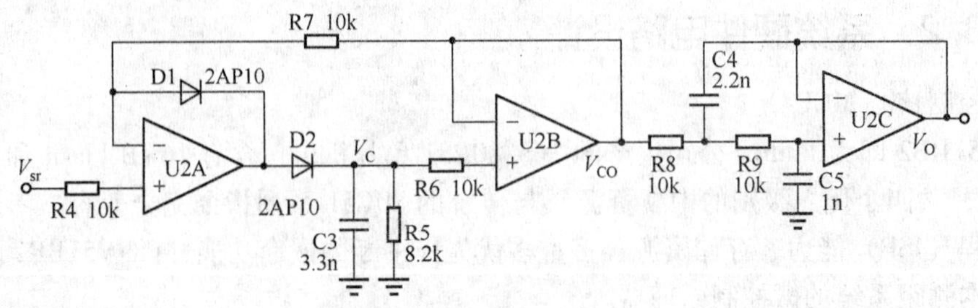

图 13-10 包络检波电路

由图 13-10 可知，放大器 U2A 具有半波整流结构，U2B 组成电压跟随器，在检波电阻、电容网络与输出负载之间起缓冲作用，U2B 输出电压 V_{CO} 与 C3 电压 V_C 相等，U2C 为正反馈型低通滤波器，滤除检波的高次谐波成分。当 $V_{CO} < V_{sr}$ 时，D1 截止，D2 导通，U2A 将误差

电压放大，通过 D2 传给 RC 网络，使 V_{CO} 跟踪 V_{sr}；当 $V_{CO} > V_{sr}$ 时，D1 导通，D2 截止，RC 网络与 U2A 之间隔断，V_{CO} 放电减小。由于 R5 阻值远大于检波二极管 2AP10 的导通电阻 R_d，因此，充电速度远大于放电速度，这样包络检波电路就能有效得将回波信号包络检出。

（4）微分过零点检测电路

包络峰值点的检测越准确，则超声波传播时间的检测就会更加准确，微分过零点检测电路具体实现如图 13-11 所示。包络峰值点即为整个回波信号包络走势的拐点，使其通过由 U4A 及周围元件构成的微分电路，则信号过零点对应包络峰值点。因为发射端连续发射 10 个超声波脉冲，接收到的信号也为 10 个左右的超声波振荡信号，据此可以认为包络信号的频率为 4kHz 左右，因此微分电路的特性频率必须高于 4kHz，在此取为 15kHz。在经过微分电路后，信号幅度变小，不利于后级电压比较，所以先将其进行 10 倍左右放大处理。过零比较器采用专门的比较器 LM311，在提高了检测精度的同时也降低了电路的复杂程度。由于单片机计时通过外部信号来进行中断，利用 LM311 开路输出的特点，用上拉电阻进行电平转换使电平满足要求。

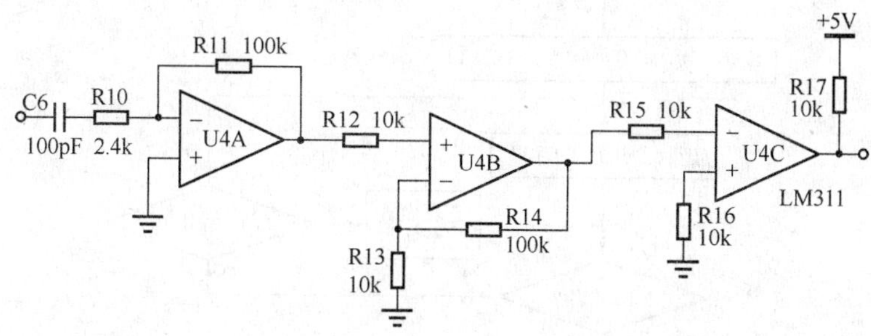

图 13-11　微分过零点检测电路

（5）温度补偿

超声波在空气中的传播速度受温度影响最大，因此必须考虑温度的影响并对其进行补偿。在空气中超声波传播速度和温度的关系可表示为

$$C \approx 331.5 + 0.607T(\mathrm{m/s}) \tag{13-2}$$

式中　T——空气温度（℃）。

系统温度补偿电路采用数字温度计 DS1820 采集温度进行补偿。DS1820 是 Dallas 公司推出的单总线串行数字温度计，在 -55 ～ +125℃ 内测量精度达到 0.5℃，所测温度值以 9 位数字信号传递给单片机，根据式（13-2）对声速进行温度补偿。

（6）显示电路

系统采用专门的 LED 驱动芯片 MAX7219，驱动 4 位 7 段共阴极 LED 以显示测量距离，最小显示单位为 mm。

MAX7219 为美信公司开发的专用 LED 驱动芯片，带 SPI 接口，最多可驱动 8 位 LED，扫描位数和显示亮度都可以调节，非常有利于系统的小型化。在测量工作完成之后，单片机通过 SPI 接口首先设定扫描位数并设置亮度为最大，然后将测量结果传送给 MAX7219 进行显示。

13.3.4　系统程序流程

测距系统软件包括初始化程序、发射子程序、定时子程序、计算子程序、温度采集子程

序和显示子程序等。系统在完成初始化工作以后，调用发射程序控制发射驱动电路连续发射10个超声波脉冲，并在同时打开单片机内部计时器T0和T1开始计时。首先并不打开外部中断INT0，因为发射传感器和接收传感器之间存在串扰问题，发射的超声波直接串入接收传感器导致错误的测量结果，这个串扰时间一般约为2ms，即决定本测距系统的盲区约为30cm，在这段时间内关闭外部中断INT0不停止计时避免串扰的错误影响。T1每溢出一次即通过查表改变自动增益控制（AGC）前置放大器的增益使回波信号放大后幅度基本保持不变。当检测到回波信号包络峰值点时，触发外部中断INT0停止T0计时。调用温度采集子程序测量实时温度对超声波传播速度进行修正，然后进入计算子程序根据实时声速进行计算得到传播距离，最后调用显示子程序将测量结果显示出来。

具体程序流程如图13-12所示。

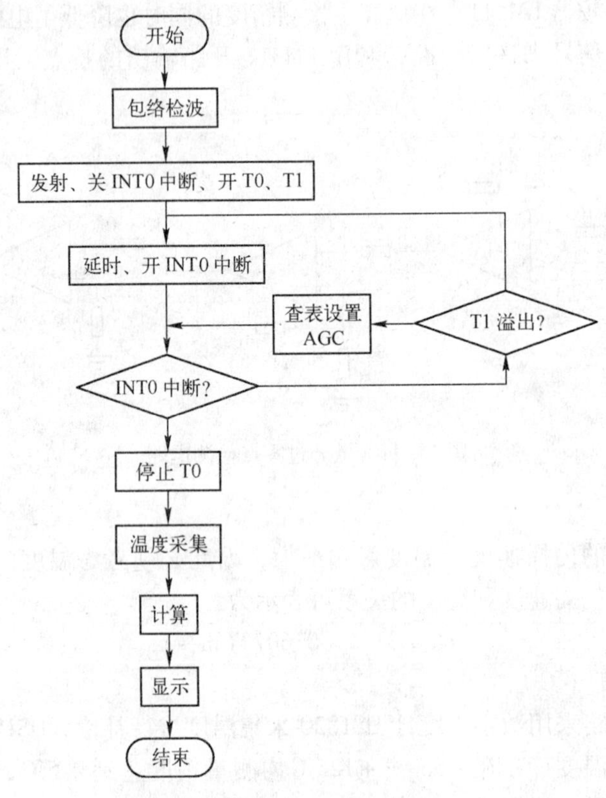

图13-12　系统程序流程图

13.4　平面位移测量系统

随着传感器技术的发展，越来越多的传感器是所谓的智能型传感器，即这样的传感器不仅能够将某种被测量转变为电量（常见为电压或电流），还具有较强的信号处理能力，如滤波等，其输出也多为数字量，十分便于与单片机的接口。本节介绍的就是一种能够把机械位移转换成脉冲输出的传感器及其单片机应用系统。

在传统的平面位移测量方法中，通常采用两套相互正交的线性测量装置，分别对x、y

轴进行测量，这样构成的测量系统机械结构复杂，成本较高。针对这种情况，本节介绍一种可以直接对平面位移进行测量的虚轴系统，即可以通过在平面内无约束运动从而直接测量平面位移分量的装置。

13.4.1　系统的总体设计

系统以 P89V51 作为数据处理中心，整体框图如图 13-13 所示，主要由脉冲输入电路、脉冲计数电路、单片机和数据显示电路组成。HDNS2000 芯片在平面上运动的过程中取得的图像系列进行数字化处理，再以脉冲形式送给单片机，单片机对脉冲进行计数，并转化成实际位移，最终位移显示值由显示电路显示。

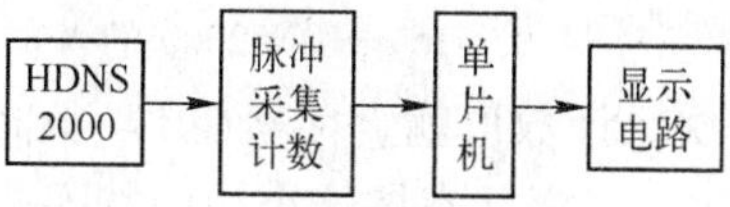

图 13-13　平面位移测量系统

13.4.2　脉冲计数电路的设计

（1）HDNS2000 的主要功能和工作原理

HDNS2000 是安捷伦推出的一款高性能光学感测芯片，16 针双列直插式组装元件，最高可达 800CPI（Count Per Inch，计数每英寸）和 14IPS（Inch Per Second，英寸每秒）的运动追踪率，图像采样频率最高可达 1500FPS（Frames Per Second，帧每秒）。HDNS2000 芯片包括下列功能模块：图像拾取系统（Imagin Acquisition Setting，IAS）、数字信号处理模块 DSP（Digital Signal Processor）和串行接口（SCLK 和 SDIO）。HDNS2000 的内部功能模块如图 13-14 所示。

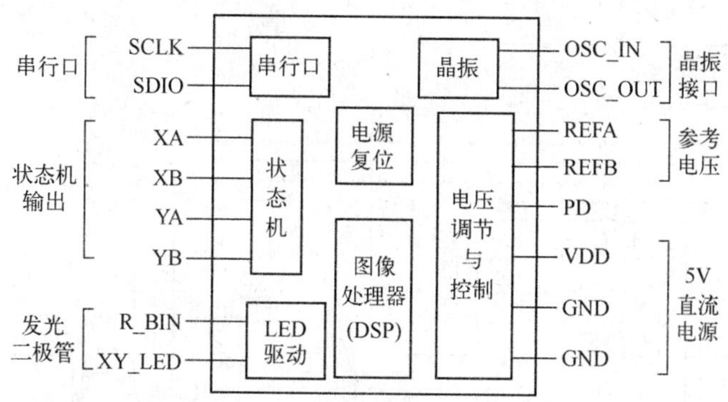

图 13-14　HDNS2000 的内部功能模块

HDNS2000 的工作原理如图 13-15 所示。HDNS2000 传感器的底部有一个感光孔，当 HDNS2000 传感器移动时，移动轨迹便会被记录成为一组高速拍摄的连贯图像，而经过 HDNS2000 内部的一块专用 DSP 图像分析模块对移动拍摄轨迹的前后两次不同帧的处理，由这些图像上特征点位置的变化进行分析来判断 HDNS2000 的移动方向和距离，最后将数据以两通道 4 状态格式输出。

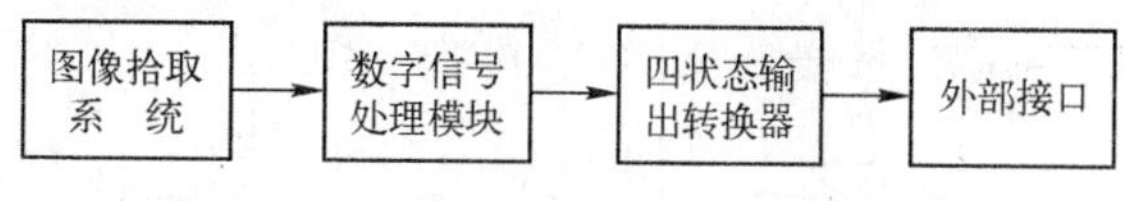

图 13-15　HDNS2000 的工作原理

HDNS2000 有 X 向和 Y 向两通道 4 状态格式输出模式。在 HDNS2000 内部有两个状态机分别指示 X、Y 两个方向，每个状态机又有四个稳定状态。系统初始进入状态 0，每当测量

到物体正向或负向移动一个单位时，就转入到下一个状态，因此，只要连续测量状态机的变化可以判断物体移动的方向和距离。以向移动为例，如图 13-16 所示，其按确定的先后顺序形成一个运动时序比较表。从可以看到正向移动的状态顺序为：状态 0→状态 1→状态 3→状态 2→状态 0。只要状态按这个顺序改变一次，计数值就直接累加 1。负向移动的状态顺序为：状态 0→状态 2→状态 3→状态 1→状态 0，只要状态按这个顺序状态改变一次，计数值就直接减 1。

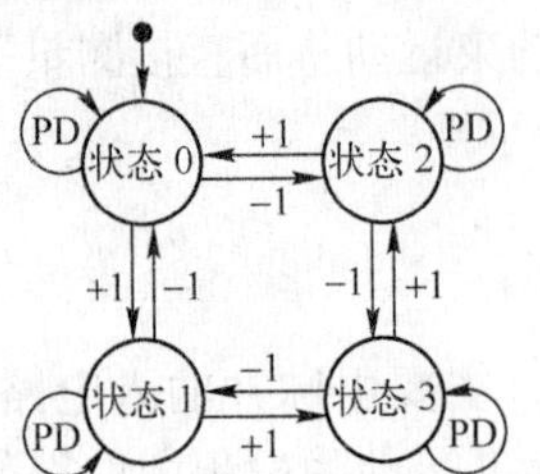

状态	X向输出	Y向输出
0	0	0
1	0	1
2	1	0
3	1	1

图 13-16　HDNS2000 的 X 向和 Y 向运动的序比较

（2）脉冲计数电路设计

系统选用 P89V51RD2 单片机，P89V51RD2 单片机和 HDNS2000 配套的光学系统组成了脉冲计数电路，电路原理图如图 13－17 所示。P89V51RD2 单片机不断对 P1.0、P1.1、P1.2、P1.2 与 HDNS2000 芯片 XA、XB、YA、YB 端口相连接，不断对端口 P1.0、P1.1、P1.2、P1.3 的状态进行扫描，并于前一个状态比较，判断出是正向或反向运动，并在相应的计数值上加或减 1。比较当前的值与上一个状态的值来判断方向，实际位移测量值为 25.4/（分辨率）（或 *X*/*Y* 方向上的位移脉冲数），单位是 mm。其中分辨率是 HDNS2000 每英寸发出的脉冲数，即 400CPI。

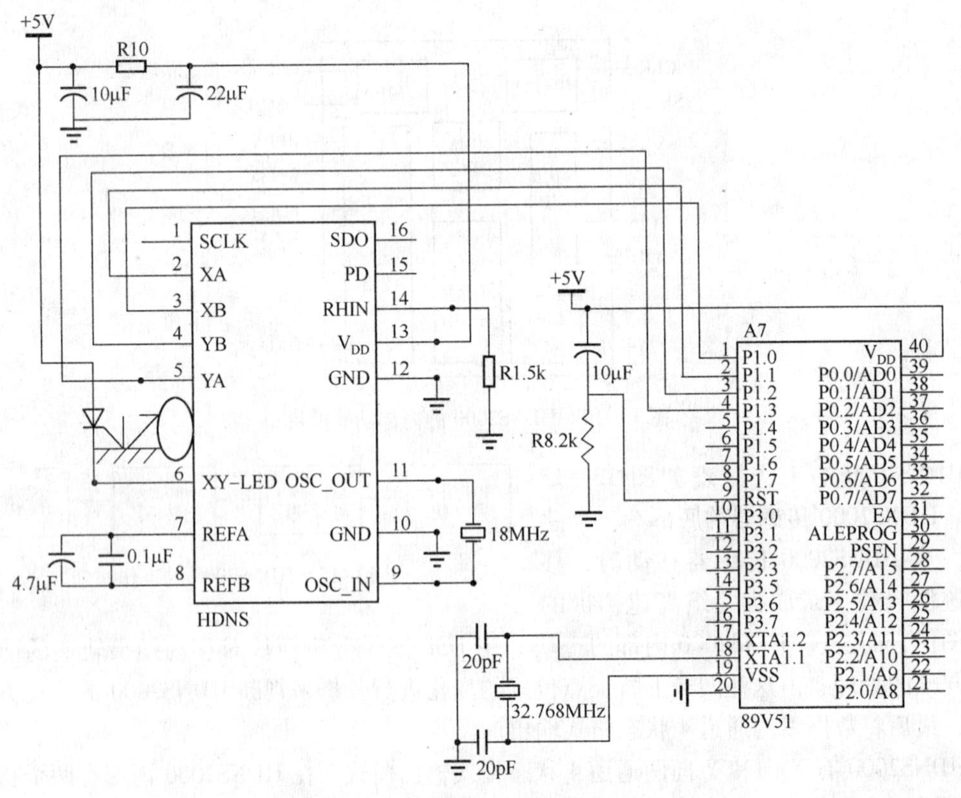

图 13-17　基于 P89V51RD2 的脉冲计数电路

(3) 数据显示

系统采用一种通用数码显示驱动器 ICM7218A，16 个数码管。构成数据显示电路，电路原理图如图 13-18 所示。

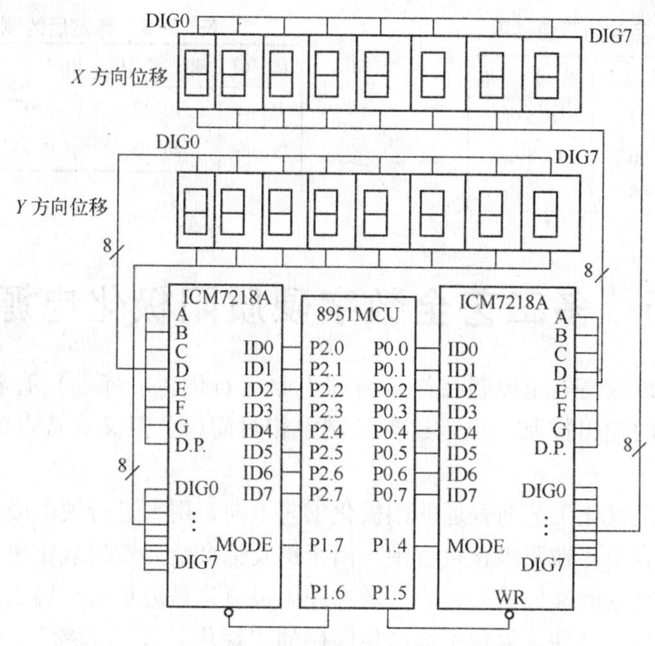

图 13-18　HDNS2000 的数据显示电路原理图

首先，得到 X、Y 方向上的位移数转化成数字串，设定相应 ICM7218A 的 MODE 位为高电平，写信号有效，写入控制字 0X90H（ID7 为后跟数据显示，ID6 =0 十进制显示译码，ID5 =0 译码方式，ID4 =1 正常工作），其次分别取字符串的各位加以显示，如果是负号“-”送 10 到相应端，如果是小数点“·”，则显示它的上一位数字，送数字对应的 ASCⅡ码，其余的各位显示为个字符的 ASCⅡ码加上 128。如果不够 8 位，剩余的几位都送 0XF。

13.4.3　实验测量结果及系统标定

将 HDNS2000 芯片及其相匹配的光学成像器件进行组装，并固定在 XY 工作台的正上方。调节它和 XY 工作台的距离，使两者之间刚好可以放下介质（如一张白纸）。将光栅尺安装到 XY 工作台。由于本系统的 XY 坐标系和 XY 工作台的 XY 坐标系无法完全重合。所以使 XY 工作台只在方向上移动。这时光栅尺的 X 方向上的读数作为真值，系统测的值 X，Y。将 $(X^2+Y^2)^{1/2}$ 作为测量值。同一段单方向测量真实距离 8mm，16mm，24mm 各 60 次，将数据处理。

处理结果参见表 13-2，可以看出测量结果分别比真实值大 16.53%，12.89%，11.04%。误差由系统本身造成。说明每个计数脉冲代表的位移量比实际位移量大，即分辨率大 400DPI。实际分辨率应该接近 $400\times[1+(0.1653+0.1289+0.1104)/3]=400\times1.135$DPI。将写入单片机程序中计算测量位移的公式改为 $25.4/(400\times1.135)$（X 或 Y 方向上的位移脉冲数）。

为了验证标定后的正确性，将标定后的程序写入单片机，装好整个系统，重新测量，对

介质是白纸上同一段单方向 10mm、20mm 各 60 次。得到的实验数据处理结果参见表 13-3，误差在 3% 以内，说明可以进行低精度场合下平面位移测量。标准方差分别为 0.430721 和 0.655283，波动范围较大，说明在精度上还需要进一步提高。

表 13-2　标定前的测量结果

真　值	测量平均值	相对误差
8mm	9.322	16.53%
16mm	18.06	12.89%
24mm	26.65	11.04%

表 13-3　标定后的测量结果

真　值	测量平均值	相对误差	标准方差
10mm	10.20	2.02	0.430
20mm	20.10	0.50	0.665

13.5　多工艺全数字硬质阳极化电源

大功率、大电流或高电压控制在许多流程工业（石化、冶炼等）有着重要的应用，本节介绍一种大电流的输出控制，也是这类控制中相对简单、但又有特点的一种单片机控制应用。

铝及铝合金硬阳极化工艺与普通的阳极化工艺不同，用来进行硬阳极化的材质大多是强度较高的高硅高铜合金。在阳极化过程中，由于铝及铝合金元素的氧化速度不同，很难得到既均匀又硬度高，且耐磨性好的氧化膜。脉冲硬阳极氧化是近年来金属表面处理工艺研究提出来的一种先进办法。脉冲硬氧化不会产生膜层的“烧焦”及“起粉”现象，成膜速度快，氧化膜的硬度、耐蚀性、韧性、电阻及厚度、均匀性方面都比其他方法优越。脉冲硬氧化工艺对所使用的关键装置——电源提出了特殊要求。

目前国内大多数硬质阳极化电源仍采用手动给电方式，传统工艺中要求每间隔若干时间升高电流一次，以达到或保持正常氧化电流。显然，随着氧化时间延长，最初给定的电流密度，将随着膜层的生长、被氧化面积的减少等因素而产生相应的变化，在间隔时间内，实际电流密度并不是工艺规定的特定数值，而是从特定数值连续下降，即传统的工艺参数与实际操作中的氧化参数是不相符的。由于实际参数是一个变数，也无法从工艺中确切给定，工作人员只能通过限定升流时间和经验，来解决各种铝材达到相应氧化厚度所需要的各种参数。

本节介绍一种基于嵌入式全数字化电流闭环 PID 调节的硬质阳极化电源，该电源可实现输出多种工艺的电流，对不同材料进行加工，提高了生产效率，降低了成本。

13.5.1　阳极化电源简介

（1）铝质阳极化原理

铝质阳极化的实质就是在水的电解过程中，阳极铝获得游离氧生成氧化膜。电解时阴极上放出氢气。电极反应为

$$2H^{+} + 2e \rightarrow H_2\uparrow \qquad (13\text{-}3)$$

在阴极上产生的初级氧［O］，并与阳极金属氧化合物生成无水氧化铝膜，即

$$4OH^{-} - 4e \rightarrow 2H_2O + O_2\uparrow \qquad (13\text{-}4)$$

$$2Al^{3+} + 3O^{-2} \rightarrow Al_2O_3 \qquad (13\text{-}5)$$

一部分氧化膜由于和硫酸起反应而发生溶解，即

$$Al_2O_3 + 3H_2SO_4 \rightarrow Al_2(SO_4)_3 + 3H_2O \tag{13-6}$$

于是，使致密的氧化膜变得多孔，渗入到针孔中的电解液 H_2SO_4 又同时与露出的铝作用，生成一层新的氧化膜（仍按公式（13-3）～公式（13-5）进行），使整个氧化膜好像得到了“修补”一样。接着，新的、完整的氧化膜又发生溶解，出现新的针孔，于是在针孔里暴露的金属铝又被氧化成氧化铝而得到修补。如此循环，不断地在靠金属表面处生成新的氧化膜，也不断地制造出多孔的外层膜，氧化膜由厚而多的外层和薄而致密的内层所组成。

（2）阳极化工艺对电源装置的要求

在阳极化开始时，电流和电压都稳定，如果采用恒定电压控制，则由于硫酸浓度、温度、电极化发生变化而使电流密度也发生变化，这对于成膜的性能会有影响，因而大多采用恒定电流控制阳极氧化；只有在被氧化型材表面积难以计算或加工特厚膜型材时，才用恒定电压控制。由于氧化膜在铝表面上的形成、生长和溶解，引起电阻的变化，因而电流密度和槽端电压也随之变化，波动较大。为此，最好能设置软启动环节，使电流逐渐上升。

（3）硬质阳极化电源的设计

阳极化电源控制原理图如图 13-19 所示。

该系统为恒流工作方式，采用三相半控晶闸管整流电路。闭环控制采用积分分离的算法，通过采样得到电流值与给定电流之差，再经过 PID 运算得到一个控制量，去改变可控硅的触发角。然后通过脉冲变压器去触发晶闸管，从而改变输出电流，实现阳极化电源电流的闭环调节。

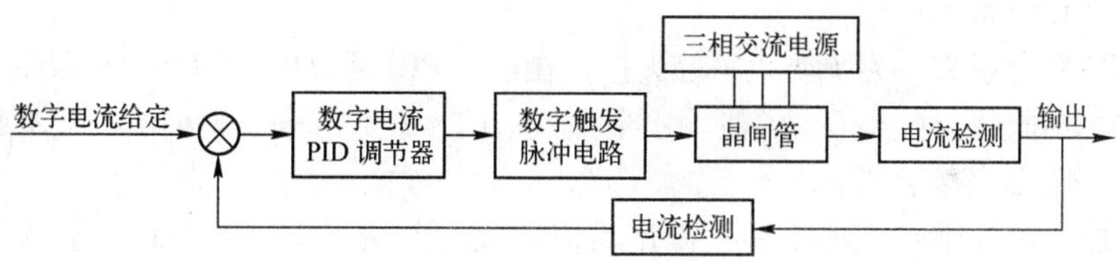

图 13-19　阳极化电源控制原理图

13.5.2　硬质阳极化电源控制线路

（1）控制线路设计

控制系统的电路原理图如图 13-20 所示。

CPU 采用 NXP 公司的 P89V51RD2 作为主控制器。它是一款低功耗、高性能，片内包含 64KB Flash 和 1KB 数据 RAM 的 8 位单片机。数据采集部分采用 TLC2543，该芯片处理速度快，能实时地反应模拟量的变化。系统配备有键盘及显示模块 LJD－ZN－3200，可以方便地显示输出电流的工艺曲线及系统的工作状态，实现工艺参数的实时修正。

系统配备有 EEPROM，用于存储设定的参数值和报警线等信息。在实际应用中，由于现场干扰较大，造成输入信号波形畸变，为此系统中加入了π型滤波，并且采用了霍尔传感器将主回路与控制回路隔离开的方法，有效地抑制了干扰。开关量输入输出都采用了光电隔离的方法，从而使系统的稳定性与可靠性得到很大的提高。

（2）软件设计

系统软件采用 C 语言及汇编的混合编译实现，软件部分由主程序和中断程序组成。

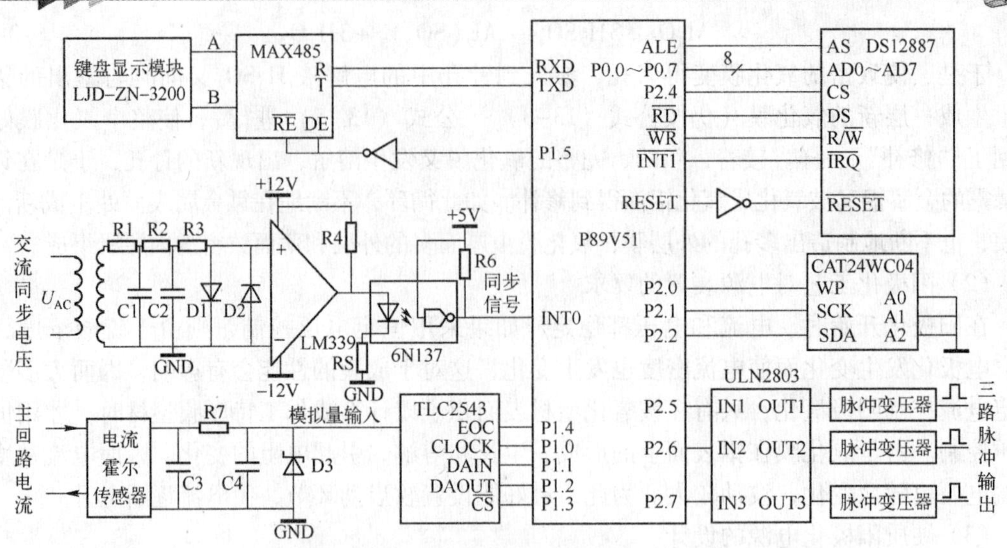

图 13–20　阳极化电源控制电路原理图

主程序用于实现液晶显示及键盘处理等功能，中断程序用于实现接收同步信号、PID 运算及发送触发脉冲等功能。本次设计采用的是积分分离的 PID 算法，其公式为

$$U_K = K_p \times [e(t) - e(t-1)] + K_i \times e(t) + K_d \times [e(t) - 2e(t-1) + e(t-2)] \quad (13\text{–}7)$$

式中　K_p——比例系数；

K_i——积分系数；

K_d——微分系数。为了防止系统失控，在进行 PID 运算时采用了偏差限幅及控制量输出限幅，$U_K > U_{max}$，则输出最大值；$U_K < U_{min}$则输出最小值；若不超出两个极限则直接输出。

在系统软件设计中对模拟量输入采用均值滤波的方法，并且整个系统加入了看门狗电路，使系统的稳定性得到提高。

主程序及中断程序流程图，如图 13–21 所示。

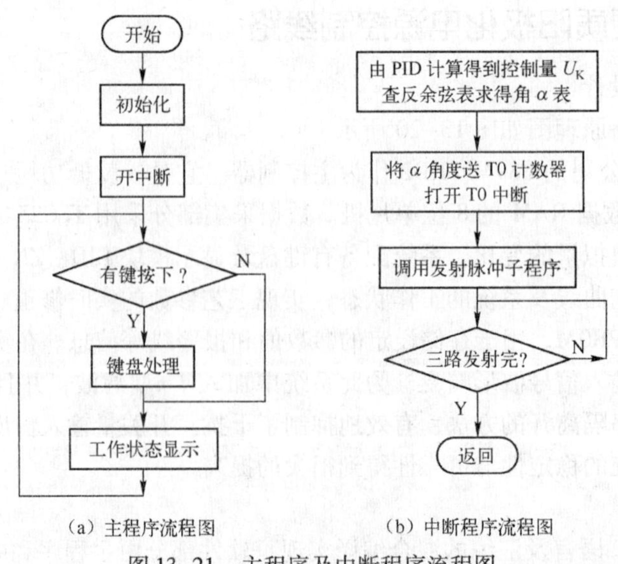

图 13–21　主程序及中断程序流程图

与叠加负脉冲两种叠加脉冲工艺。

（3）数字触发器的实现

该系统利用一个同步信号作为基准，当接收到同步中断后，延迟 α 角，发第一路脉冲。由于采用的是三相半控整流方法，则三路脉冲间隔为 120°，所以发完第一路脉冲后间隔 120°发第二路脉冲，发完第二路脉冲后再间隔 120°发第三路脉冲。

这种算法简单易实现，但是应注意，当触发角 $\alpha > 120°$时，仍按上述方法的顺序发脉冲，将会出现丢脉冲的情况。当 $\alpha > 120°$时，第三路脉冲还没有发出来，下次同步中断就会产生，因而第三路脉冲丢失。考虑到此算法的局限性，在此算法的基础上将发脉冲的顺序分为两种情况：当 $\alpha < 120°$时，按正常顺序发三路脉冲；当 $\alpha > 120°$时，先发第三路脉冲，再依次发第一路、第二路脉冲。实际验证，此法可行。

13.5.3 加工工艺

在铝质零件硬阳极化处理的过程中，电流波形具有特别重要的意义。由于硬铝（如 Lyl1，Lyl2）等材料含铜等杂质较高，氧化过程中膜层容易被击穿，以致烧毁一个，甚至整槽的零件。自动恒流操作几乎无法进行氧化，要解决这一问题必须在直流分量上叠加一定量的交流或脉冲波形的电流，实验证明，叠加脉冲波形的电流更适合加工。因此，本系统设计了多种加工工艺，通过操作界面，可以根据不同的加工零件设置不同的加工工艺参数。

（1）恒定电流工艺

单级恒定电流工艺：缓启动 + 恒定电流输出的方式工作。

设置缓启动时间 T_1，输出恒定电流 I_1，工作时间 T_2，输出电流曲线如图 13-22（a）所示。

（2）直流叠加脉冲工艺

直流叠加脉冲工艺包括缓启动阶段和维持阶段。缓启动阶段的电流平滑输出，不含脉冲成分。

输出脉冲时，脉冲的最小周期为 0.2s。

直流叠加脉冲电流输出曲线如图 13-22（b）所示。

根据实际加工需要，该系统可提供叠加正脉冲与叠加负脉冲两种叠加脉冲工艺。

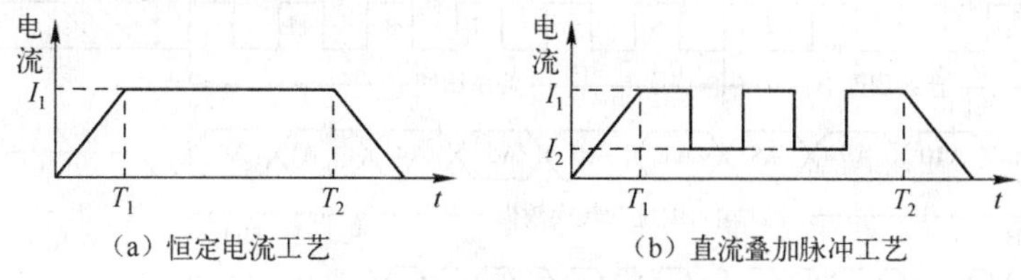

（a）恒定电流工艺　　（b）直流叠加脉冲工艺

图 13-22　输出电流工艺曲线

13.6 多功能蓄电池充电系统

蓄电池以易用、价廉和储能比高等优良性能在电动自行车、电动游览车及不间断电源系统中得到广泛的应用，成为普及率最高的电能储能设备。目前的蓄电池充电器绝大多数以恒流恒压方式充电，没有考虑环境温度变化对蓄电池充电过程的影响。影响了蓄电池性能的充

分发挥和使用寿命。本节介绍了以 P89V51RD2 型微处理器为控制核心，结合蓄电池的充电特性的多功能数字式蓄电池充电机，实现了对 36V 以下、100 Ah 以内的蓄电池的初充、激活、快充和正常充电等功能，同时根据环境温度变化，自动调整充电终止电压，实现了充电过程的智能化。

13.6.1 蓄电池充电特性

蓄电池的充电是一个复杂的电化学过程。影响充电效果的因素很多，温度即是其中之一。如图 13-23 所示为以新的 12V/100Ah 蓄电池为对象，以 0.1CA（CA 为蓄电池的标定容量，单位为 A · h）的标准恒定电流在不同环境温度下的充电特性曲线。由图 13-23 可知，在充电过程中，温度的改变会对充电电压产生重要影响。温度在 0 ～ 5℃时，其充电端电压会上升约 2%，在 10 ～ 25℃时充电端电压上升约 1.5%，而在 35 ～ 40℃时充电端电压下降约 1%；当温度高于 55℃时充电端电压下降 5%。由此可见，采用恒压充电模式，在冬季充电可能不足，而在夏季蓄电池可能过充电。实践也证明，蓄电池在充电过程中电压随时间成指数规律下降，即使是相同型号、相同容量的蓄电池，因放电状态、使用和保存期的不同，其充电性能也大不一样。因此，不可能按恒流或恒压进行充电。

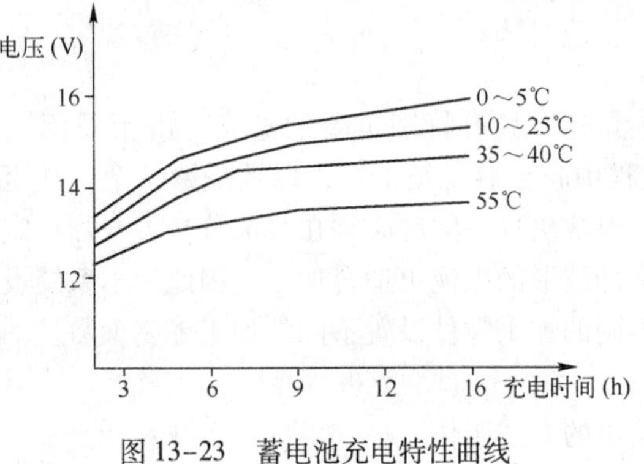

图 13-23　蓄电池充电特性曲线

13.6.2 主要元器件

TLC2543 是 11 通道高速 A/D 转换器，采样速率达 200kHz，其输入命令格式参见表 13-4，工作时 024B RAM，可提供 6 个机器周期和 12 个机器序如图 13-24 所示。

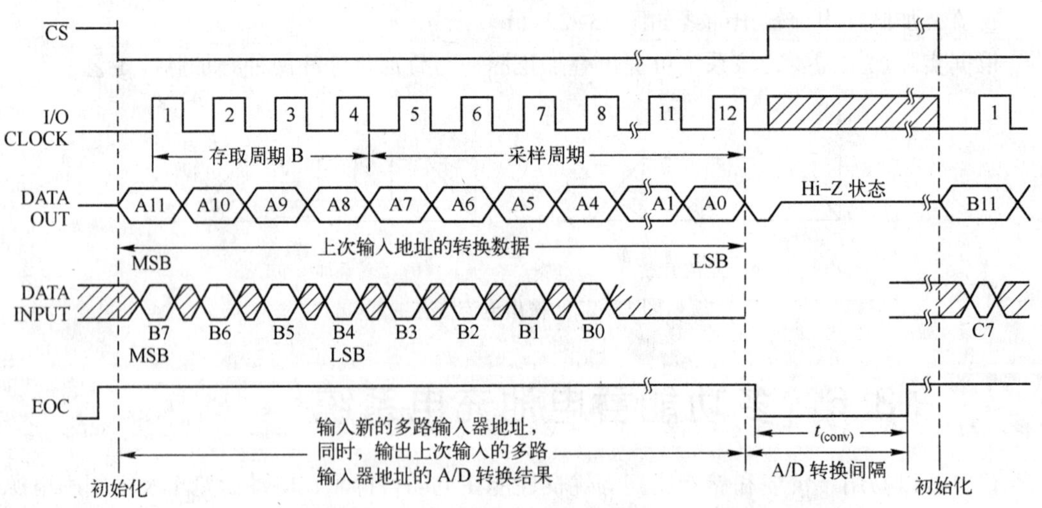

图 13-24　TLC2543 使用 $\overline{CS}$ 的 6 个机器周期 A/D 转换时序图

表 13-4　TLC2543 的输入命令格式

功能选择		输入数据							
		输入通道地址				L1	L0	LSBF	BIP
		D7（MSB）	D6	D5	D4	D3	D2	D1	D0（LSB）
选择输入通道	AIN0	0	0	0	0				
	AIN1	0	0	0	1				
	AIN2	0	0	1	0				
	AIN3	0	0	1	1				
	AIN4	0	1	0	0				
	AIN5	0	1	0	1				
	AIN6	0	1	1	0				
	AIN7	0	1	1	1				
	AIN8	1	0	0	0				
	AIN9	1	0	0	1				
	AIN10	1	0	1	0				
选择测试电压	$V_{ref+}-V_{ref-}/2$	1	0	1	1				
	V_{ref-}	1	1	0	0				
	V_{ref+}	1	1	0	1				
待机模式控制		1	1	1	0				
输入数据长度选择	8 位					0	1		
	12 位					×	0		
	16 位					1	1		
输出数据格式选择	高位在先输出							0	
	低位在先输出							1	
单极性转换控制									0
双极性转换控制									1

OCM2X8C 是 128×32 点阵液晶显示模块，可显示汉字及图形，内置 8192 个汉字（16×16 点阵）、128 个字符（8×16 点阵）。可与 CPU 直接接口，提供 8 位并行及串行连接方式，具有多种功能光标显示、画面移位、睡眠模式等功能。因微处理器引脚数量限制，在系统中采用串行通信模式，各引脚功能参见表 13-5。

表 13-5　OCM2X8C 的引脚功能

引脚号	名　称	方　向	功　能
1	VSS	—	GND（0V）
2	VDD	—	（+5V）
3	VO	—	（悬空）
4	RS（CS）	H/L	H:数据，L:命令
5	R/W（STD）	H/L	H:读，L:写，L:串行
6	E（SCLK）	H，H/L	使能控制

续表

引脚号	名称	方向	功能
7	DB0	I/O	数据 0
8	DB1	I/O	数据 1
9	DB2	I/O	数据 2
10	DB3	I/O	数据 3
11	DB4	I/O	数据 4
12	DB5	I/O	数据 5
13	DB6	I/O	数据 6
14	DB7	I/O	数据 7
15	PSB	H/L	H:并行
16	$\overline{RST}$	H/L	复位
17	LEDK	-	背景光
18	LEDA	+	

P89V51RD2 是一款与 80C51 单片机完全兼容的高性能微控制器，内部集成了 64KB Flash 和 1024B RAM，可提供 6 个机器周期和 12 个机器周期。周期最高时钟为40MHz，支持 ISP 编程、PWM 输出、PCA 可编程计数阵列和可编程看门狗定时器等。

13.6.3 系统工作原理及接口电路设计

系统主要由微处理器控制系统、中文液晶显示、PWM 充电输出、A/D 转换器和键盘扫描等组成，其结构如图 13-25 所示。

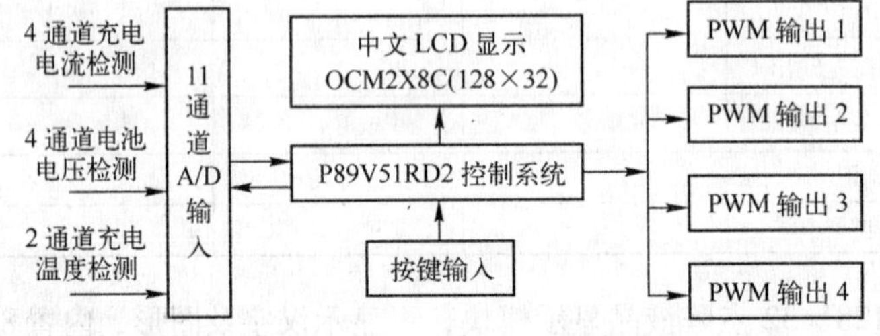

图 13-25　系统结构图

微处理器是系统的控制核心，模拟 TLC2543 的工作时序，控制 TLC2543 分别对蓄电池的端电压、充电电流及温度进行采样，完成 A/D 转换，对采样结果进行运算和分析判断，然后控制 PWM 输出电路。改变充电电流和调整充电端电压。接口电路如图 13-26 所示。

键盘系统有 4 个按键：ON/OFF 键是充电过程。

启停控制键；S 键是循回功能选择键，主要有工作模式、蓄电池电压、容量、充电模式、时间限定等；“+”键和“-”键是工作参数调整键，工作模式分为自动和手动。蓄电池电压有 6V、12V、18V、24V、30V、36V。容量项从 2 ～ 120Ah，共 26 项，充电模式为正常、初充、激活、快充，时间限定功能可以设定充电开始的时间和充电结束时间等。

由微处理器模拟 TLC2543 的工作时序，通过 P20、P21、P22、P23 和 P24 与 TLC2543 相连，对 A/D 转换过程进行控制。TI 2543 的 AIN0 监控第一 PWM 输出通道的充电电流，AIN1

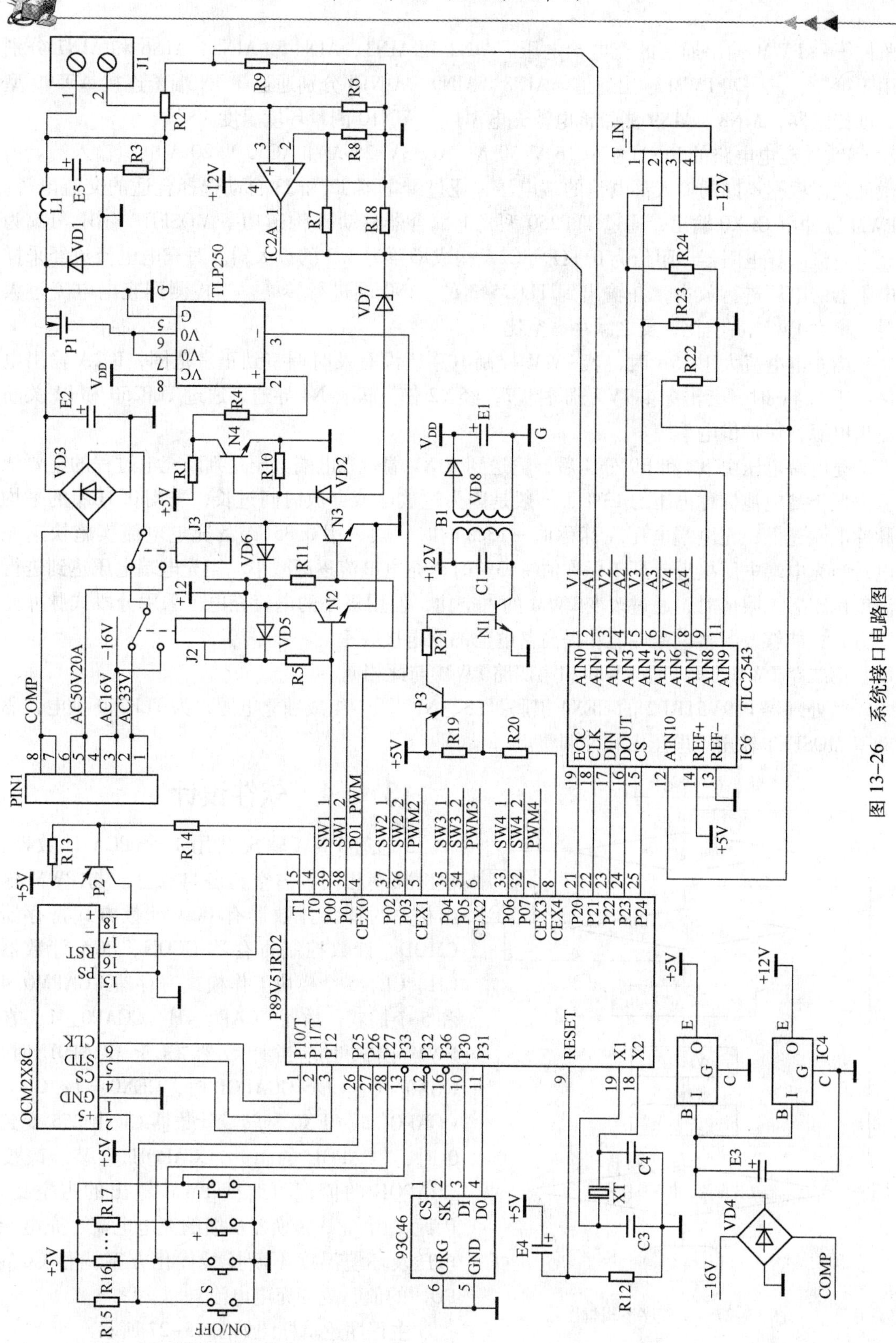

图 13−26　系统接口电路图

监控第一 PWM 输出通道的充电端电压。AIN2 和 AIN3、AIN4 和 AIN5、AIN6 和 AIN7 分别用于第二、三、四 PWM 输出通道。AIN8、AIN9、AIN10 分别通过 T_IN 端子连接 AD590 型温度传感器，AIN8、AIN9 测量蓄电池充电温度，AIN10 测量环境温度。

PWM 充电电路的 PIN1 为 AC16 V/30 A，AC33V/25 A 和 AC50 V/20 A 电源输入端。由微处理器根据不同的输入蓄电池的端电压，通过继电器 J2 和 J3 自动选择合适的交流电源。PWM 脉冲由 CEX0 输出，通过 TLP250 型光电耦合器驱动 N 沟道功率 MOSFET 输出。R6 为充电电流采样电阻器，阻值为 0.1Ω。IC2A 构成增益为 3.3 的放大器。对充电电流流经采样电阻器的电压进行放大，并输出到 TLC2543 的 AIN0 端进行转换。当检测到充电电流过大时，增大 PWM 占空比，反之减小占空比。

当充电电流大于 15A 时，若 PWM 控制电路还没有及时调整到正常范围，IC2A 输出电平高于 5.4V 时，会击穿 4.7V 稳压管 V7，经 V2 使三极管 N4 导通，通过 TLP250 和 P1 关断输出电源，保护供电系统。

充电端电压由 R2 和 R9 分压后，输送到 AIN1 端。充电端电压是判断充电过程的主要依据，低于蓄电池标称电压的 13%，一般是因为过放电或存放时间过长，采用 0.1CA 的平均脉冲电流充电；充电端电压在标称值 ±13% 内时，则采用 0.35CA 的充电电流实施快速充电；当充电端电压接近或高于标称值 +13% 时，充电电流逐渐减小；当充电端电压达到进行温度修正后上限值时，通过改变 PWM 的占空比，使用极小的电流充电。采用分段式脉冲充电方式，能够改善蓄电池性能和提高蓄电池的充电接收率。

第二路 PWM、第三路 PWM 和第四路 PWM 与此相同。

微处理器 P89V51RD2 的 CEX4 引脚、P3、N1 及 B1 组成独立电源，为 TLP250 供电，驱动 N MOSFET 输出。电压由软件调整。

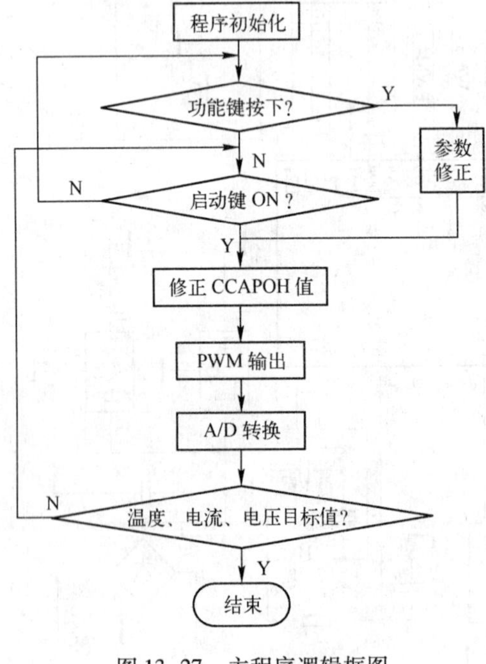

图 13-27　主程序逻辑框图

13.6.4　软件设计

5 通道 PWM 输出共用 1 个 PCA 计数器，输出频率相同，占空比各自独立。与 PWM 输出相关的特殊计数器有 PCA 计数方式寄存器 CMOD、计数控制寄存器 CCON、PCA 计数器 CH、CL，5 个模块工作模式寄存器 CCAPM0_4 和 5 个捕获计数器 CCAP0_4H、CCAP0_4L。在 PWM 模式时，当计数器 CL < CCAP0L 时，CEX0 = 0；CL > CCAPOL 时，CEX0 = 1；CL = CCAPOL 时 CEX0 翻转。计数器 CL 由 255 变到 0 时，CCAPOL 的值由 CCAPOH 重装。改变 CCAPOH 的值即可改变 PWM 输出的占空比。因此，由 A/D 转换器反馈的充电电流、充电端电压及环境温度不断按最优化方案调整 CCA-POH 的值，改变充电电流。

主程序逻辑框图如图 13-27 所示。

13.7 恒温控制器

温度测量与控制在科学研究、工农业生产，以及日常生活中的应用最为广泛，而把温度维持在一定的范围或以一定的规律进行变化，这就需要单片机来实现，这就是所谓的“恒温仪”或“恒温控制器”。众多医疗仪器在检测过程中，也常要求在恒温状态下工作，因此，需要进行精密的温度控制。为实现仪器的智能化，一般在医疗仪器都嵌有微处理器。在温度控制过程中，一般采用温度传感器作为检测元件，然后经过 A/D 转换实现温度的数字检测和控制。采用一个适当的温度传感器作为检测元件，可以简化系统的软硬件设计，美国 Dallas 公司生产的数字式温度传感器 DS18B20 作为检测元件，可以直接将温度值转换成数字量，不需要外加 A/D 转换电路，与微控制器的接口电路比较简单，在温度检测方面有着广泛的应用。

本节介绍恒温控制器在微生物分析仪中的应用，要求试样的温度恒定保持在 35 ～ 50℃之间，且精度要达到 ±0.5℃，因此，这里只需考虑加热控制而不考虑其制冷。在恒温控制方面，运用基于单总线多点循环技术进行温度采样，并设计了软件实现的 PID 控制器，最终采用脉冲宽度调制（PWM）技术控制加热器实现加热控制。另外，也可通过仪器控制面板实现温度的设定与显示。

13.7.1 系统硬件设计

（1）系统工作原理

系统启动之后，根据预定的温度值，单片机首先控制加热器以最大功率工作，以最短时间升至预定温度，从而保证系统的动态性能。温度测量电路将采集到的信号送入单片机，单片机通过串口再将温度值传到上位机实时显示，并与所设置的温度期望值比较后产生偏差信号，进而通过 PID 控制算法由偏差信号计算出相应的 PWM 控制量，再由控制电路输出给执行元件，控制温度的变化，如图 13-28 所示。

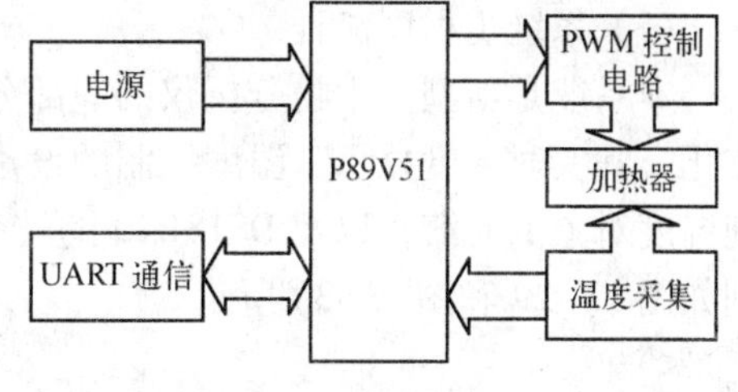

图 13-28　系统工作原理图

（2）DS18B20 简介

DS18B20 将传感器和数字转换电路都集成在一起，利用在板专利技术来测量温度。测温范围：-55 ～ +125℃，在 -10 ～ +85℃时精度为 ±0.5℃，在转换结果为 12 位（默认值）时最大转换时间为750ms，可编程的分辨率为 9 ～ 12 位，最小可分辨温度 0.0625℃。每个 DS18B20 都具有唯一的 64 位序列（ROM）号，采用 Dallas 独有的单总线协议，CPU 只需一根端口线就能与诸多 DS18B20 进行通信，且只需简单的通信协议就能加以识别，这样就节省了大量的引线和逻辑电路。同时 DS18B20 具有多种封装形式，可以在多种环境下应用。

考虑到 DS18B20 本身的温度转换误差，为保证温度控制效果，则采用单总线多点循环技术对多个温度传感器进行温度的采集，然后进行平均将温度采集的误差降低到最小。

（3）单片机 P89V51 及 PVVM 实现

P89V51RD2 是一款 80C51 微控制器，包含 64KB Flash 和 1024B 的数据 RAM，具有 ISP

（在系统编程）和 IAP（在应用中编程）功能，还具有 3 个 16 位定时器斛数器，PWM 和捕获/比较功能的 PCA（可编程计数器阵列），SPI（串行外围接口）和 UART 等功能。

P89V51RD2 中 PWM 实现的主要功能模块有：

① CCAPMn - PCA 模块比较捕获寄存器（CCAPM0 ～ CCAPM4，其地址为 0xDAH ～ 0xDEH），PCA 的每个模块都对应一个特殊功能寄存器。它们分别是模块 0 对应 CCAPM0，模块 1 对应 CCAPM1，以此类推。特殊功能寄存器包含了相应模块的工作模式控制位。

当 ECOMn = 1 时，使能比较器功能；当 PWMn：1 时，使能 CEXn 脚（P1.3 ～ P1.7）用做脉宽调节输出。

② 每个 PCA 模块还对应另外两个寄存器：CCAPnH（CCAPOH ～ CCAP4H，其地址为 0xFAH ～ 0xFEH）和 CCAPnL（CCAI0L ～ CCAP4L，其地址为 0xEAH ～ 0xFEH）。当出现捕获或比较时，它们用来保存 16 位的计数值。当 PCA 模块用在 PWM 模式中时，它们用来控制输出的占空比。

③ 所有 PCA 模块都可用做 PWM 输出。输出频率取决于 PCA 计数器的时钟源。由于所有模块共用仅有的 PCA 定时器，所有它们的输出频率相同。

各个模块的输出占空比是独立变化的，与使用的捕获寄存器 CCAPnL 有关。当 PCA 计数器低字节 CL（地址为 0xE9H）的值小于 CCAPnL 时，输出为低，当 CL 的值等于或大于 CCAPnL 时，输出为高。当 CL 的值由 FF 变为 00 溢出时，CCAPnH 的内容装载到 CCAPnL 中。这样就可实现无干扰地更新 PWM 模式。要使用 PWM 模式，模块 CCAPMn 寄存器的 PWM 和 ECOM 位必须置位。

13.7.2 系统软件设计

（1）系统主程序流程

本系统是新型微生物分析仪的一部分，为了和其他部分融合实现恒温培养、细菌检测一体化，其实时温度显示、温度控制的设定以及控制指令的发送都在上位机软件中实现。考虑到温度对象的时滞，以及 DS18B20 的转换时间，上位机中温度采样周期取 1s，其流程图分别如图 13-29 和图 13-30 所示。

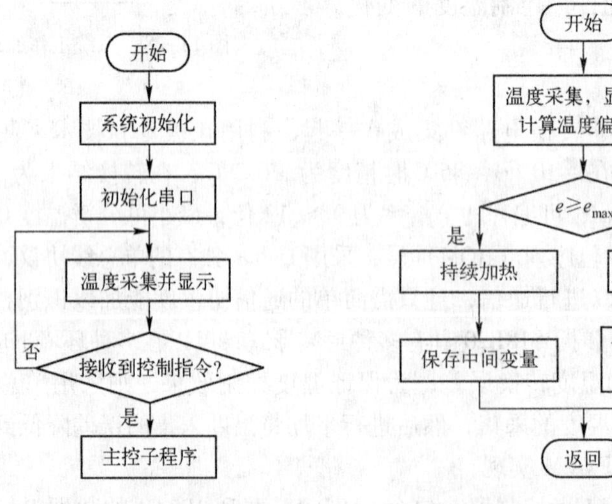

图 13-29　主程序流程图　　　图 13-30　温控子程序流程图

（2）数据采集

① DS18B20 与单片机之间的通信。

每一次访问 DS18B20 时必须遵循如下的顺序：初始化→发送 ROM 命令→发送功能命令。

初始化包括主机发出复位脉冲（通过将总线拉低至少 480μs 来实现），随即主机等待 DS18B20 发回的存在脉冲，DS18B20 则从检测到复位脉冲的上升沿开始等待 1660Vs 后，通过将单总线拉低 60 ～ 240 实现存在脉冲的发送。初始化完成后即可发送 ROM 命令，包括搜索 ROM 命令（FDH），读 ROM 命令（33H），匹配 ROM 命令（55H）等共 5 条指令，随后发送功能命令，包括温度变换命令（44H），写暂存器命令（BEH）等共 6 条指令，命令的传送是通过写时序实现，它们有严格的时序概念。

② 多个 DS18B20 的处理。

对单总线中多个 DS18B20 的识别，是通过其唯一 ROM 号来匹配。但其内部通过二叉树的搜索算法来获得单总线上各个 DS18B20 的 ROM 号，如果每次匹配器件前都进行这样的搜索，不仅占用 CPU 处理时间，而且没有必要。本系统中，先通过搜索算法获得各个 DS18B20 的 ROM 号，以全局静态数组的形式存储在 ROM 中，这样对某个 DS18B20 操作，只需发送该 DS18B20 的 ROM 号进行匹配即可。

③ 温度采集。

温度采集的子程序流程如图 13-31 所示。

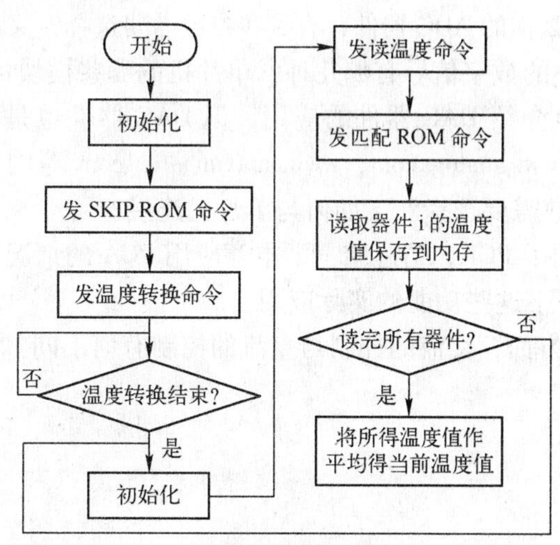

图 13-31　温度采集子程序

（3）PID 算法与 PWM 控制

① PID 算法与 PWM 控制的原理

系统设计了一套完全由软件实现的 PID 算法。

$$U_n = K_P[(e_n - e_{n-1}) + (T/T_i)e_n + (T_d/T)(e_n - 2e_{n-1} + e_{n-2})] \tag{13-8}$$

式中　e_n、e_{n-1}、e_{n-2}——分别为第 n 次、$n-1$ 次和 $n-2$ 次的偏差值；

K_P、T_i、T_d——分别为比例系数、积分系数、微分系数；

T——采样周期。

PID 调节的控制过程：单片机读出数字形式的实际温度 T_n，然后和设定温度 T_g 相比较，得出差值 $e_n = T_g - T_n$，调用 PID 公式（13-8），计算得到输出的占空比，根据该值改变 PCA 计数器的基数 CCAPOL 的值（系统选 P1.3/CEXO 脚作为 PWM 的输出）来更新 PWM 脉宽，低电平关断加热器，高电平导通加热器，调节温度的升降。

② PID 参数的调整。

先对加热器的模型进行辨识，设控制度为 1.05，通过扩充响应曲线法确定数字 PID 的参数。因为加热器的功率是有限的，而且温度对象具有时滞的特点，为能达到快速恒温，且恒温波动小的控制效果，可以设定一个误差值 e_{max}，当误差大于 e_{max} 时，一直加热，即使得 CCAPOL = 255，PWM 输出恒为高电平；当误差小于 e_{max} 时，才采用数字 PID 控制。

思考题与习题

13-1　常用测量温度的传感器有哪几种？如何让单片机能够测量温度值？

13-2　用水银温度计读取的温度值，如 36.5℃，是数字信号还是模拟信号？

13-3　如果用电位器来测量角度，你有哪些方法用单片机来实现？

13-4　在上述题目中，是否要用到 ADC 器件？为什么？

13-5　请了解一下有哪些信号可以不用 ADC 器件来测量。

13-6　本章介绍了什么样的 ADC 器件，请到 www.ti.com，www.analog.com，www.maxim.com 等网页了解一下有什么样的 ADC 器件，有哪些参数需要选择？又如何与单片机连接？

13-7　输入到单片机的数字信号有哪几种？单片机的哪些模块可以用于输入数字信号？

13-8　本章虽然没有介绍 DAC 器件的应用，但 DAC 器件也是不可或缺的一类电子器件。请到 www.ti.com，www.analog.com，www.maxim-ic.com 等网页了解一下有些什么样的 DAC 器件，有哪些参数需要选择？又如何与单片机连接？

13-9　本章多处用到了 PCA，请总结一下本章应用 PCA 的情况，还有哪些 PCA 的功能没有介绍其应用？查找一下这些功能的实际应用。

13-10　在功率控制方面，交流的控制与直流的控制有何不同？

附录A　标准8051单片机指令说明

1. ACALL addr11

指令名称：绝对调用指令

指令代码：

A10	A9	A9	1	0	0	0	1	A7	A6	A5	A4	A3	A2	A1	A0

指令功能：构造目的地址，进行子程序调用。其方法是以指令提供的11位地址（A10 ～ A0）取代PC的低11位，PC的高5位不变

操作内容：

PC←(PC) +2

SP←(SP) +1

(SP)←(PC)7 ～ 0

SP←(SP) +1

(SP)←(PC)15 ～ 8

PC10 ～ 0←addr10 ～ 0

字节数：2

机器周期：2

使用说明：由于指令只给出子程序入口地址的低11位，因此调用范围是2KB

2. ADD A，Rn

指令名称：寄存器加法指令

指令代码：28H ～ 2FH

指令功能：累加器内容与寄存器内容相加

操作内容：A←(A) +(Rn)，$n=0 \sim 7$

字节数：1

机器周期；1

影响标志位：C，AC，OV

3. ADD A，direct

指令名称：直接寻址加法指令

指令代码：25H

指令功能：累加器内容与内部RAM单元或专用寄存器内容相加

操作内容：A←(A) +(direct)

字节数：2

机器周期：1

影响标志位：C，AC，OV

4. ADD A，@Ri

指令名称：间接寻址加法指令

指令代码：26H ～ 27H

指令功能：累加器内容与内部 RAM 低 128 单元内容相加

操作内容：A←(A)+((Ri))，$i=0,1$

字节数：1

机器周期：1

影响标志位：C，AC，OV

5. ADD A，#data

指令名称：立即数加法指令

指令代码：24H

指令功能：累加器内容与立即数相加

操作内容：A←(A)+data

字节数：2

机器周期：1

影响标志位：C，AC，OV

6. ADDC A，Rn

指令名称：寄存器带进位加法指令

指令代码：38H ～ 3FH

指令功能：累加器内容、寄存器内容和进位位相加

操作内容：A←(A)+(Rn)+(C)，$n=0 \sim 7$

字节数：1

机器周期：1

影响标志位：C，AC，OV

7. ADDC A，direct

指令名称：直接寻址带进位加法指令

指令代码：35H

指令功能：累加器内容、内部 RAM 低 128 单元或专用寄存器内容与进位位相加

操作内容：A←(A)+(direct)+(C)

字节数：2

机器周期：1

影响标志位：C，AC，OV

8. ADDC A，@Ri

指令名称：间接寻址带进位加法指令

指令代码：36H ～ 37H

指令功能：累加器内容、内部 RAM 低 128 单元内容及进位位相加

操作内容：A←(A)+((Ri))+(C)，$i=0,1$

字节数：1

机器周期：1

影响标志位：C，AC，OV

9. ADDC A，#data

指令名称：立即数带进位加法指令

指令代码：34H

指令功能：累加器内容、立即数及进位位相加

操作内容：A←(A) + data + (C)

字节数：2

机器周期：1

影响标志位：C，AC，OV

10. AJMP addr11

指令名称：绝对转移指令

指令代码：

A10	A9	A8	1	0	0	0	1	A7	A6	A5	A4	A3	A2	A1	A0

指令功能：构造目的地址，实现程序转移。其方法是以指令提供的 11 位地址，取代 PC 的低 11 位，而 PC 的高 5 位保持不变

操作内容：PC←(PC) + 2

PC10 ～ 0←addrll

字节数：2

机器周期：2

使用说明：由于 addrll 的最小值是 000H，最大值是 7FFH，因此地址转移范围是 2KB

11. ANL A，Rn

指令名称：寄存器逻辑与指令

指令代码：58H ～ 5FH

指令功能：累加器内容逻辑与寄存器内容

操作内容：A←(A) ∧ (Rn)，$n = 0 \sim 7$

字节数：1

机器周期：1

12. ANL A，direct

指令名称：直接寻址逻辑与指令

指令代码：55H

指令功能：累加器内容逻辑与内部 RAM 低 128 单元或专用寄存器内容

操作内容：A←(A) ∧ (diret)

字节数：2

机器周期：1

13. ANL A，@Ri

指令名称：间接寻址逻辑与指令

指令代码：56H ～ 57H

指令功能：累加器内容逻辑与内部 RAM 低 128 单元内容

操作内容：A←(A) ∧ ((Ri)) $i = 0,1$

字节数：1

机器周期：1

14. ANL A，#data

指令名称：立即数逻辑与指令

指令代码：54H

指令功能：累加器内容逻辑与立即数

操作内容：A←(A) ∧ data

字节数：2

机器周期：1

15. ANL direct，A

指令名称：累加器逻辑与指令

指令代码：52H

指令功能：内部 RAM 低 128 单元或专用寄存器内容逻辑与累加器内容

操作内容：direct←(A)∧(direct)

字节数：2

机器周期：1

16. ANL direct，#data

指令名称：逻辑与指令

指令代码：53H

指令功能：内部 RAM 低 128 单元或专用寄存器内容逻辑与立即数

操作内容：direct←(direct)∧data

字节数：3

机器周期：2

17. ANL C，bit

指令名称：位逻辑与指令

指令代码：82H

指令功能：进位标志逻辑与直接寻址位

操作内容：C←(C)∧(bit)

字节数：2

机器周期：2

18. ANL C，/bit

指令名称：位逻辑与指令

指令代码：B0H

指令功能：进位标志逻辑与直接寻址位的反

操作内容：C←(C)∧(bit)

字节数：2

机器周期：2

19. CJNE A，dircet，rel

指令名称：数值比较转移指令

指令代码：B5H

指令功能：累加器内容与内部 RAM 低 128 字节或专用寄存器内容比较，不等则转移

操作内容：若(A)=(direct)，则 PC←(PC)+3，C←0

若(A)>(direct)，则 PC←(PC)+3+rel，C←0

若(A)<(direct)，则 PC←(PC)+3+rel，C←1

字节数：3

机器周期：2

20. CJNE A，#data，rel

指令名称：数值比较转移指令

指令代码：B4H

指令功能：累加器内容与立即数比较，不等则转移

操作内容：若(A) = data，则 PC←(PC) + 3，C←0

若(A) > data，则 PC←(PC) + 3 + rel，C←0

若(A) < data，则 PC←(PC) + 3 + rel，C←1

字节数：3

机器周期：2

21. CJNE Rn，#data，rel

指令名称：数值比较转移指令

指令代码：B8H ～ BFH

指令功能：寄存器内容与立即数比较，不等则转移

操作内容：若(Rn) = data，则 PC←(PC) + 3，C←0

若(Rn) > data，则 PC←(PC) + 3 + rel，C←0

若(Rn) < data，则 PC←(PC) + 3 + rel，C←1

字节数：3

机器周期：2

22. CJNE @Ri，#data，rel

指令名称：数值比较转移指令

指令代码：B6H ～ B7H

指令功能：内部 RAM 低 128 单元内容与立即数比较，不等则转移

操作内容：若((Ri)) = data，则 PC←(PC) + 3，C←0

若((Ri)) > data，则 PC←(PC) + 3 + rel，C←0

若((Ri)) < data，则 PC←(PC) + 3 + rel，C←1

字节数：3

机器周期：2

23. CLR A

指令名称：累加器清零指令

指令代码：E4H

指令功能：累加器清零

操作内容：A←0

字节数：1

机器周期：1

24. CLR C

指令名称：进位标志清零指令

指令代码：C3H

指令功能：进位位清零

操作内容：C←0

字节数：1

机器周期：1

25. CLR bit

指令名称：直接寻址位清零指令

指令代码：C2H

指令功能：直接寻址位清零

操作内容：bit←0

字节数：2

机器周期：1

26. CPL A

指令名称：累加器取反指令

指令代码：F4H

指令功能：累加器取反

操作内容：A←(A)

字节数：1

机器周期：1

27. CPL C

指令名称：进位标志取反指令

指令代码：B3H

指令功能：进位标志位状态取反

操作内容：C←(C 取反)

字节数：1

机器周期：1

28. CPL bit

指令名称：直接寻址位取反指令

指令代码：B2H

指令功能：直接寻址位取反

操作内容：bit←(bit 取反)

字节数：2

机器周期：1

29. DA A

指令名称：十进制调整指令

指令代码：D4H

指令功能：对 BCD 码加法运算的结果进行有条件的修正

操作内容：若(A)3 ～ 0 >9 ∨ (AC) =1,则 A3 ～ 0←(A)3 ～ 0 +6

若(A)7 ～ 4 >9 ∨ (C) =1,则 A7 ～ 4←(A)7 ～ 4 +6

若(A)7 ～ 4 =9 ∧ (A)3 ～ 0 >9,则 A7 ～ 4←(A)7 ～ 4 +6

字节数：1

机器周期：1

使用说明：DA 指令不影响溢出标志

30. DEC A

指令名称：累加器减 1 指令

指令代码：14H

指令功能：累加器内容减 1

操作内容：A←(A) -1

字节数：1

机器周期：1

31. DEC Rn

指令名称：寄存器减 1 指令

指令代码：18H ～ 1FH

指令功能：寄存器内容减 1

操作内容：Rn←(Rn) - 1, n = 0 ～ 7

字节数：1

机器周期：1

32. DEC direct

指令名称：直接寻址减 1 指令

指令代码：15H

指令功能：内部 RAM 低 128 单元及专用寄存器内容减 1

操作内容：direct←(direct) - 1

字节数：2

机器周期：1

33. DEC @Ri

指令名称：间接寻址减 1 指令

指令代码：16H ～ 17H

指令功能：内部 RAM 低 128 单元内容减 1

操作内容：(Ri)←((Ri)) - 1, i = 0,1

字节数：1

机器周期：1

34. DIV AB

指令名称：无符号数除法指令；

指令代码：84H

指令功能：A 的内容被 B 的内容除。指令执行后，商存于 A 中，余数存于 B 中

操作内容：A←(A)/(B)的商

　　　　　B←(A)/(B)的余数

字节数：1

机器周期：4

影响标志位：C 被清零；若 B = 00H，除法无法进行，并使 OV = 1；否则 OV = 0

35. DJNZ Rn，rel

指令名称：寄存器减 1 条件转移指令

指令代码：D8H ～ DFH

指令功能：寄存器内容减 1。不为 0 转移；为 0 顺序执行

操作内容：Rn←(Rn) - 1, n = 0 ～ 7

　　　　　若(Rn) ≠ 0, 则 PC←(PC) + 2 + rel

　　　　　若(Rn) = 0, 则 PC←(PC) + 2

字节数：2

机器周期：2

36. DJNZ direct，rel

指令名称：直接寻址单元减 1 条件转移指令

指令代码：D5H

指令功能：内部 RAM 低 128 单元内容减 1。不为 0 转移；为 0 顺序执行

操作内容：direct←(direct) -1

若(direct) ≠0,则 PC←(PC) +3 + rel

若(direct) =0,则 PC←(PC) +3

字节数：3

机器周期：2

37. INC A

指令名称：累加器加 1 指令

指令代码：04H

指令功能：累加器内容加 1

操作内容：A←(A) +1

字节数：1

机器周期：1

38. INC Rn

指令名称：寄存器加 1 指令

指令代码：08H ～ 0FH

指令功能：寄存器内容加 1

操作内容：Rn←(Rn) +1, $n=0$ ～ 7

字节数：1

机器周期：1

39. INC direct

指令名称：直接寻址单元加 1 指令

指令代码：05H

指令功能：内部 BAM 低 128 单元或专用寄存器内容加 1

操作内容：direct←(direct) +1

字节数：2

机器周期：1

40. INC @Ri

指令名称：间接寻址单元加 1 指令

指令代码：06H ～ 07H

指令功能：内部 RAM 低 128 单元内容加 1

操作内容：(Ri)←((Ri)) +1; $i=0$,l

字节数：1

机器周期：1

41. INC DPTR

指令名称：16 位数据指针加 1 指令

指令代码：A3H

指令功能：数据指针寄存器 DPTR 内容加 1

操作内容：DPTR←(DPTR) +1

字节数：1

机器周期：2

42. JB bit，rel

指令名称：位条件转移指令

指令代码：20H

指令功能：根据指定位的状态，决定程序是否转移。若为1则转移；否则顺序执行

操作内容：若(bit) = 1,则 PC←(PC) + 3 + rel

若(bit) ≠1,则 PC←(PC) + 3

字节数：3

机器周期：2

43. JBC bit，rel

指令名称：位条件转移清零指令

指令代码：10H

指令功能：对指定位的状态进行测试。若为1，则把该位清零并进行转移；否则程序顺序执行

操作内容：若(bit) = 1,则 PC←(PC) + 3 + rel,bit←0

若(bit) ≠1,则 PC←(PC) + 3

字节数：3

机器周期：2

44. JC rel

指令名称：累加位条件转移指令

指令代码：40H

指令功能：根据累加位（C）的状态决定程序是否转移，若为1则转移，否则顺序执行

操作内容：若(C) = 1,则 PC←(PC) + 2 + rel

若(C) ≠1,则 PC←(PC) + 2

字节数：2

机器周期：2

45. JMP @A + DPTR

指令名称：无条件间接转移指令

指令代码：73H

指令功能：A 内容与 DPTR 内容相加作为转移目的地址，进行程序转移

操作内容：PC←(A) + (DPTR)

字节数：1

机器周期：2

46. JNB bit，rel

指令名称：位条件转移指令

指令代码：30H

指令功能：根据指定位的状态，决定程序是否转移。若为0则转移；否则顺序执行

操作内容：若(bit) = 0,则 PC←(PC) + 3 + rel

若(bit) ≠0,则 PC←(PC) + 3

字节数：3

机器周期：2

47. JNC rel

指令名称：累加位条件转移指令

指令代码：50H

指令功能：根据累加位（C）的状态决定程序是否转移。若为 0 则转移；否则顺序执行

操作内容：若(C) =0,则 PC←(PC) +2 + rel

若(C) ≠0,则 PC←(PC) +2

字节数：2

机器周期：2

48. JNZ rel

指令名称：判 0 转移指令

指令代码：70H

指令功能：累加位（A）的内容不为 0，则程序转移；否则程序顺序执行

操作内容：若(A) ≠0,则 PC←(PC) +2 + rel

若(A) =0,则 PC←(PC) +2

字节数：2

机器周期：2

49. JZ rel

指令名称：判 0 转移指令

指令代码：60H

指令功能：累加位（A）的内容为 0，则程序转移；否则程序顺序执行

操作内容：若(A) =0,则 PC←(PC) +2 + rel

若(A) ≠0,则 PC←(PC) +2

字节数：2

机器周期：2

50. LCALL addr16

指令名称：长调用指令

指令代码：12H

指令功能：按指令给定地址进行子程序调用

操作内容：PC←(PC) +3

SP←(SP) +1

(SP)←(PC)7 ～ 0

SP←(SP) +1

(SP)←(PC)15 ～ 8

PC←addr16

字节数：3

机器周期：2

使用说明：在 64KB 的范围内调用子程序

51. LJMP addrl6

指令名称：长转移指令

指令代码：02H

指令功能：使程序按指定地址进行无条件转移

操作内容：PC←addrl6

字节数：3

机器周期：2

52. MOV A，Rn

指令名称：寄存器数据传送指令

指令代码：E8H ～ EFH

指令功能：寄存器内容送累加器

操作内容：A←(Rn)，$n = 0 \sim 7$

字节数：1

机器周期：1

53. MOV A，direct

指令名称：直接寻址数据传送指令

指令代码：E5H

指令功能：内部 RAM 低 126 单元或专用寄存器内容送累加器

操作内容：A←(direct)

字节数：2

机器周期：1

54. MOV A，@Ri

指令名称：间接寻址数据传送指令

指令代码：E6H ～ E7H

指令功能：内部 RAM 低 128 单元内容送累加器

操作内容：A←((Ri))，$i = 0,1$

字节数：1

机器周期：1

55. MOV A，#data

指令名称：立即数据传送指令

指令代码：74H

指令功能：立即数送累加器

操作内容：A←data

字节数：2

机器周期：1

56. MOV Rn，A

指令名称：累加器数据传送指令

指令代码：F8H ～ FFH

指令功能：累加器内容送寄存器

操作内容：Rn←(A)

字节数：1

机器周期：1

57. MOV Rn，direct

指令名称：直接寻址数据传送指令

指令代码：A8H ～ AFH

指令功能：内部 RAM 低 128 单元或专用寄存器内容送累加器

操作内容：Rn←(direct)，$n = 0 \sim 7$

字节数：2

机器周期：2

58. MOV Rn，#data

指令名称：立即数据传送指令

指令代码：78H ～ 7FH

指令功能：立即数送寄存器

操作内容：Rn←data，$n=0\sim7$

字节数：2

机器周期：1

59. MOV direct，A

指令名称：累加器数据传送指令

指令代码：F5H

指令功能：累加器内容传送内部 RAM 低 128 单元或专用寄存器

操作内容：direct←(A)

字节数：2

机器周期：1

60. MOV direct，Rn

指令名称：寄存器数据传送指令

指令代码：88H ～ 8FH

指令功能：寄存器内容传送内部 RAM 低 128 单元或专用寄存器

操作内容：direct←(Rn)，$n=0\sim7$

字节数：2

机器周期：2

61. MOV direct2，direct1

指令名称：直接寻址数据传送指令

指令代码：85H

指令功能：内部 RAM 低 123 单元或专用寄存器之间的相互传送

操作内容：direct2←(direct1)

字节数：3

机器周期：2

62. MOV direct，@Ri

指令名称：间接寻址数据传送指令

指令代码：86H ～ 87H

指令功能：内部 RAM 低 128 单元内容传送内部 RAM 低 128 单元或专用寄存器

操作内容：direct←((Ri))，$i=0,1$

字节数：2

机器周期：2

63. MOV direct，#data

指令名称：立即数传送指令

指令代码：75H

指令功能：立即数送内部 RAM 低 128 单元或专用寄存器

操作内容：direct←data

字节数：3

机器周期：2

64. MOV @Ri，A

指令名称：累加器数据传送指令

指令代码：F6H ～ F7H

指令功能：累加器内容送内部 RAM 低 128 单元

操作内容：(Ri)←(A)，$i=0,1$

字节数：1

机器周期：1

65. MOV @Ri，direct

指令名称：直接寻址数据传送指令

指令代码：A6H ～ A7H

指令功能：内部 RAM 低 128 单元或专用寄存器内容送内部 RAM 低 128 单元

操作内容：(Ri)←(direct)，$i=0,1$

字节数：2

机器周期：2

66. MOV @Ri，#data

指令名称：立即数传送指令

指令代码：76H ～ 77H

指令功能：立即数送内部 RAM 低 128 单元

操作内容：(Ri)←data，$i=0,1$

字节数：2

机器周期：1

67. MOV C，bit

指令名称：位数据传送指令

指令代码：A2H

指令功能：内部 RAM 可寻址位或专用寄存器的位状态送累加位 C

操作内容：C←(bit)

字节数：2

机器周期：1

68. MOV bit，C

指令名称：累加位数据传送指令

指令代码：92H

指令功能：累加器状态送内部 RAM 可寻址位或专用寄存器的指定位

操作内容：bit←(C)

字节数：2

机器周期：2

69. MOV DPTR，#data16

指令名称：十六位数据传送指令

指令代码：90H

指令功能：十六位立即数送数据指针

操作内容：DPH←data15 ～ 8

　　　　　DPL←data7 ～ 0

字节数：3

机器周期：2

70. MOVC A，@A+DPTR

指令名称：程序存储器读指令

指令代码：93H

指令功能：读程序存储器单元内容送累加器

操作内容：A←((A)+(DPTR))

字节数：1

机器周期：2

使用说明：变址寄存器 A 内容加基址寄存器 DPTR 内容时，低 8 位产生的进位直接加到高位，不影响进位标志

71. MOVC A，@A+PC

指令名称：程序存储器读指令

指令代码：83H

指令功能：读程序存储器单元内容送累加器

操作内容：A←((A)+(PC))

字节数：1

机器周期：2

使用说明：同 MOVC A，@A+DPTR 指令（序号 70）

72. MOVX A，@Ri

指令名称：寄存器间接寻址外部 RAM 读指令

指令代码：E2H ～ E3H

指令功能：读外部 RAM 低 256 单元数据送累加器

字节数：1

机器周期：2

73. MOVX A，@DPTR

指令名称：数据指针间接寻址外部 RAM 读指令

指令代码：E0H

指令功能：读外部 RAM 单元数据送累加器

操作内容：A←((DPTR))

字节数：1

机器周期：2

74. MOVX @Ri，A

指令名称：寄存器间接寻址外部 RAM 写指令

指令代码：F2H ～ F3H

指令功能：把累加器内容写入外部 RAM 低 256 单元

操作内容：(Ri)←(A)，$i=1,0$

字节数：1

机器周期：2

75. MOVX @DPTR，A

指令名称：数据指针间接寻址外部 RAM 写指令

指令代码：F0H

指令功能：把累加器内容写入外部 RAM 单元

操作内容：(DPTR)←(A)

字节数：1

机器周期：2

76. MUL AB

指令名称：乘法指令

指令代码：A4H

指令功能：实现8位无符号数乘法运算。两个乘数分别放在累加器A和寄存器B中。乘积为16位，低8位在B中，高8位在A中

操作内容：AB←(A)×(B)

字节数：1

机器周期：4

影响标志位：进位标志复位。若乘积大于255，则OV标志置位；否则复位

77. NOP

指令名称：空操作指令

指令代码；00H

指令功能：不执行任何操作，常用于产生一个机器周期的时间延迟

操作内容：PC←(PC)+1

字节数：1

机器周期：1

78. ORL A，Rn

指令名称：逻辑或操作指令

指令代码：48H ～ 4FH

指令功能：累加器内容与寄存器内容进行逻辑或操作

操作内容：A1←(A)∨(Rn)，$n=0\sim7$

字节数：1

机器周期：1

79. ORL A，direct

指令名称：逻辑或操作指令

指令代码：45H

操作内容：A←(A)∨(direct)

字节数：2

机器周期：1

80. ORL A，@Ri

指令名称：逻辑或操作指令

指令代码：46H ～ 47H

指令功能：累加器内容与内部RAM低128单元内容进行逻辑或操作

操作内容：A←(A)∨((Ri))；$i=0,1$

字节数：1

机器周期：1

81. ORL A，#data

指令名称：逻辑或操作指令

指令代码：44H

指令功能：累加器内容与立即数进行逻辑或操作

操作内容：A←(A) ∨ data

字节数：2

机器周期：1

82. ORL direct，A

指令名称：逻辑或操作指令

指令代码：42H

指令功能：内部 RAM 低 128 单元或专用寄存器内容与累加器内容进行逻辑或操作

操作内容：direct←(direct) ∨ (A)

字节数：2

机器周期：1

83. ORL direct，#data

指令名称：逻辑或操作指令

指令代码：43H

指令功能：内部 RAM 低 128 单元或专用寄存器内容与立即数进行逻辑或操作

操作内容：direct←(direct) ∨ data

字节数：3

机器周期：2

84. ORL C，bit

指令名称：位逻辑或操作指令

指令代码：72H

指令功能：累加位 C 状态与内部 RAM 可寻址位或专用寄存器指定位进行逻辑或操作

操作内容：C←(C) ∨ (bit)

字节数：2

机器周期：2

85. ORL C，/bit

指令名称：位反逻辑或操作指令

指令代码：A0H

指令功能：累加位 C 状态与内部 RAM 可寻址位或专用寄存器指定位的反进行逻辑或操作

操作内容：C←(C) ∨ (bit 非)

字节数：2

机器周期：2

使用说明：指定位的状态取反后进行逻辑或操作，但并不改变指定位的原来状态

86. POP direct

指令名称：出栈指令

指令代码：D0H

指令功能：堆栈栈顶单元的内容送内部 RAM 低 128 单元或专用寄存器

操作内容：direct←(SP)

SP←(SP) - 1

字节数：2

机器周期：2

87. PUSH direct

指令名称：进栈指令

指令代码：C0

指令功能：内部 RAM 低 128 单元或专用寄存器内容送堆栈栈顶单元

操作内容：SP←(SP) +1

(SP)←(direct)

字节数：2

机器周期：2

88. RET

指令名称：子程序返回指令

指令代码：22H

指令功能：子程序返回

操作内容：PC15 ～ 8←((SP))

SP←(SP) -1

PC7 ～ 0←((SP))

SP←(SP) -1

字节数：1

机器周期：2

89. RETI

指令名称：中断返回指令

指令代码：32H

指令功能：中断服务程序返回

操作内容：PC15 ～ 8←((SP))

SP←(SP) -1

PC7 ～ 0←((SP))

SP←(SP) -1

字节数：1

机器周期：2

90. RL A

指令名称：循环左移指令

指令代码：23H

指令功能：累加器内容循环左移一位

操作内容：An +1←(An)；n =0 ～ 6

A0←(A7)

字节数：1

机器周期：1

91. RLC A

指令名称：带进位循环左移指令

指令代码：33H

指令功能：累加器内容连同进位标志位循环左移一位

操作内容：An -1←(An)；n =0 ～ 6

A0←(C)

C←(A7)

字节数：1

机器周期：1

92. RR A

指令名称：循环右移指令

指令代码：03H

指令功能：累加器内容循环右移一位

操作内容：An←(An+1)；$n=0\sim6$

A7←(A0)

字节数：1

机器周期：1

93. RRC A

指令名称：带进位循环右移指令

指令代码：13H

指令功能：累加器内容连同进位标志位循环右移一位

操作内容：An←(An+1)；$n=0\sim6$

A7←(C)

C←(A0)

字节数：1

机器周期：1

94. SETB c

指令名称：进位标志置位指令

指令代码：D3H

指令功能：进位标志位置位

操作内容：C←1

字节数：1

机器周期：1

95. SETB bit

指令名称：直接寻址位置位指令

指令代码：D2H

指令功能：内部 RAM 可寻址位或专用寄存器指定位置位

操作内容：bit←1

字节数：2

机器周期：1

96. SJMP rel

指令名称：短转移指令

指令代码：80H

指令功能：按指令提供的偏移量计算转移的目的地址，实现程序的无条件相对转移

操作内容：PC←(PC)+2

PC←(PC)+rel

字节数：2

机器周期：2

使用说明：偏移量是 8 位二进制补码数，可实现程序的双向转移，其转移范围是（PC－126）～（PC＋129）。其中 PC 值为本指令的地址

97. SUBB A，Rn

指令名称：寄存器寻址带进位减法指令

指令代码：98H ～ 9FH

指令功能：累加器内容减寄存器内容和进位标志位内容

操作内容：A←(A)－(Rn)－(C)；$n=0$ ～ 7

字节数：1

机器周期：1

影响标志位：当够减时，进位标志位复位；不够减时，进位标志置位。当位 3 发生借位时，AC 置位；否则 AC 复位。当位 6 及位 7 不同时发生借位时，OV 置位；否则 OV 复位

98. SUBB A，direct

指令名称：直接寻址带进位减法指令

指令代码：95H

指令功能：累加器内容减内部 RAM 低 128 单元或专用寄存器和进位标志位内容

操作内容：A←(A)－(diret)－(C)

字节数：2

机器周期：1

影响标志位：同 SUBB A，Rn 指令（序号 97）

99. SUBB A，@Ri

指令名称：间接寻址带进位减法指令

指令代码：96H ～ 97H

指令功能：累加器内容减内部 RAM 低 128 单元内容及进位标志位内容

操作内容：A←(A)－((Ri))－(C)；$i=0,1$

字节数：1

机器周期：1

影响标志位：同 SUBB A，Rn 指令（序号 97）

100. SUBB A，#data

指令名称：立即数带进位减法指令

指令代码：94H

指令功能：累加器内容减立即数及进位标志内容

操作内容：A←(A)－data－(C)

字节数：2

机器周期：1

影响标志位：同 SUBB A，Rn 指令（序号 97）

101. SWAP A

指令名称：累加器高低半字节交换指令

指令代码：C4H

指令功能：累加器内容的高 4 位与低 4 位交换

操作内容：(A)7 ～ 4 交换(A)3 ～ 0

字节数：1

机器周期：1

102. XCH A，Rn

指令名称：寄存器寻址字节交换指令

指令代码：C8H ～ CFH

指令功能：寄存器寻址字节

操作内容：(A)交换(Rn)；$n=0$ ～ 7

字节数：1

机器周期：1

103. XCH A，direct

指令名称：直接寻址字节交换指令

指令代码：C5H

指令功能：累加器内容与内部 RAM 低 128 单元或专用寄存器内容交换

操作内容：(A)交换(direct)

字节数：2

机器周期：1

104. XCH A，@Ri

指令名称：间接寻址字节交换指令

指令代码：C6H ～ C7H

指令功能：累加器内容与内部 RAM 低 128 单元内容交换

操作内容：(A)交换((Ri))；$i=0,1$

字节数：1

机器周期：1

105. XCHD A，@Ri

指令名称：半字节交换指令

指令代码：D6H ～ D7H

指令功能：累加器内容低 4 位与内部 RAM 低 128 单元低 4 位交换

操作内容：(A)3 ～ 0 交换((Ri))3 ～ 0；$i=0,1$

字节数：1

机器周期：1

106. XRL A，Rn

指令名称；逻辑异或操作指令

指令代码：68H ～ 6FH

指令功能：累加器内容与寄存器内容进行逻辑异或操作

操作内容：A←(A)异或(Rn)；$n=0$ ～ 7

字节数：1

机器周期：1

107. XRL A，direct

指令名称：逻辑异或操作指令

指令代码：65H

指令功能：累加器内容与内部 RAM 低 128 单元或专用寄存器内容进行逻辑异或操作

操作内容：A←(A)异或(direct)

字节数：2

机器周期：1

108. XRL A，@Ri

指令名称：逻辑异或指令

指令代码：66H ～ 67H

指令功能：累加器与内部 RAM 低 128 单元内容进行逻辑异或操作

操作内容：A←(A)异或((Ri))；$i=0,1$

字节数：1

机器周期：1

109. XRL A，#data

指令名称：逻辑异或指令

指令代码：64H

指令功能：累加器内容与立即数进行逻辑异或操作

操作内容：A←(A)异或 data

字节数：2

机器周期：1

110. XRL direct，A

指令名称：逻辑异或操作指令

指令代码：62H

指令功能：累加器内容与内部 RAM 低 128 单元或专用寄存器内容进行逻辑异或操作

操作内容：direct←(direct)异或(A)

字节数：2

机器周期：1

111. XRL direct，#data

指令名称：逻辑异或操作指令

指令代码：63H

指令功能：内部 RAM 低 128 单元或专用寄存器内容与立即数进行逻辑异或操作

操作内容：direct←(direct)异或 data

字节数：3

机器周期：2

附录B 仿真实验板原理图

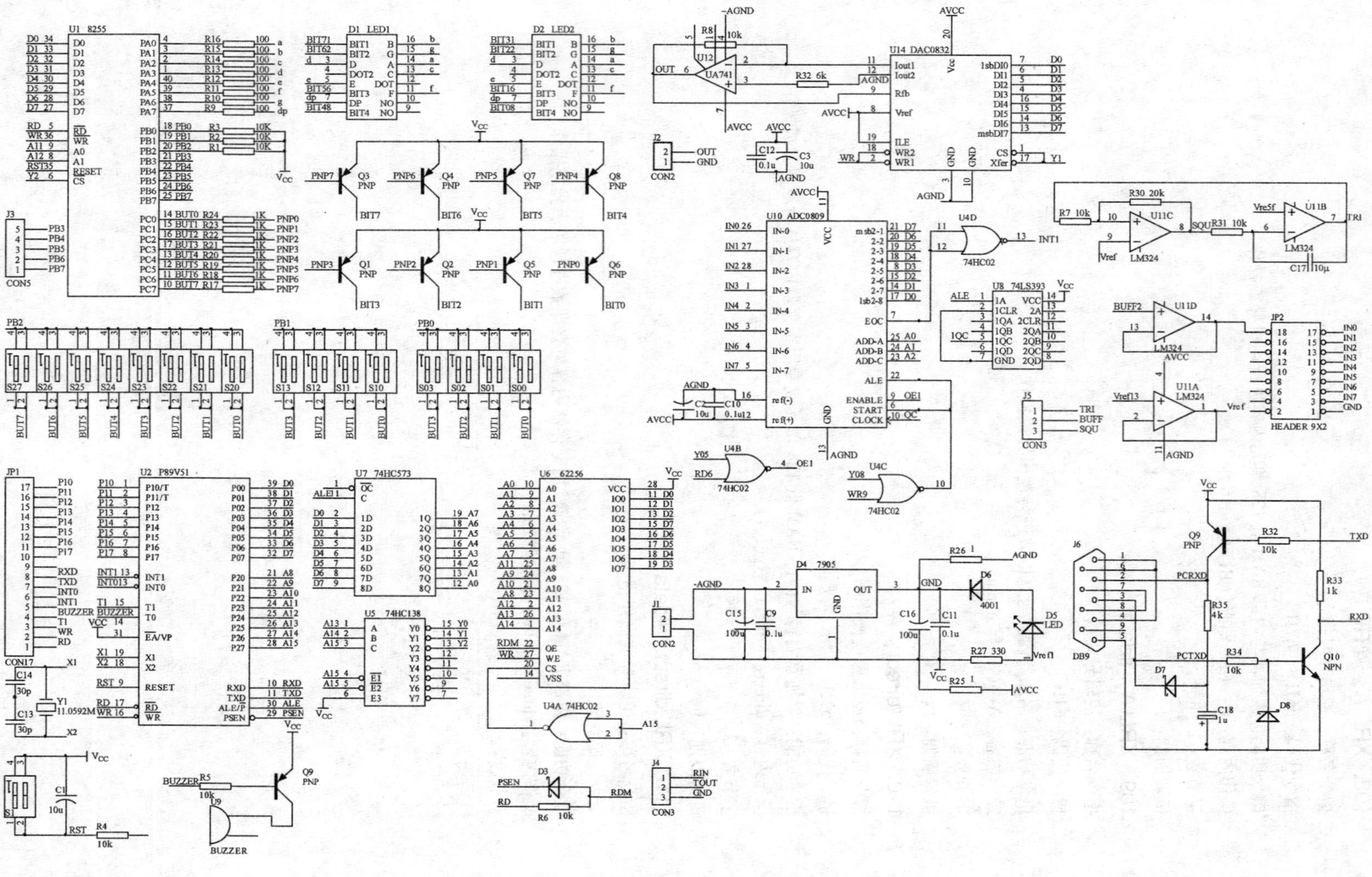

附录 C 8051 单片机指令速查表

助记符		功能说明	寻址范围	字节数	周期
8 位数据传送类指令：					
MOV A,	Rn	寄存器内容送入累加器	R0 ~ R7	1	12
	direct	直接地址单元中的数据送入累加器	00H ~ FFH	2	12
	@Ri	间接 RAM 中的数据送入累加器	（R0 ~ R1）00H ~ FFH	1	12
	#data8	8 位立即数送入累加器	#00H ~#FFH	2	12
MOV Rn,	A	累加器内容送入寄存器	R0 ~ R7	1	12
	direct	直接地址单元中的数据送入寄存器	00H ~ FFH	2	24
	#data8	8 位立即数送入寄存器	#00H ~#FFH	2	12
MOV direct,	A	累加器内容送入直接地址单元	00H ~ FFH	2	12
	Rn	寄存器内容送入直接地址单元	R0 ~ R7	2	24
	direct	直接地址单元中的数据送入直接地址单元	00H ~ FFH	3	24
	@Ri	间接 RAM 中的数据送入直接地址单元	（R0 ~ R1）00H ~ FFH	2	24
	#data8	8 位立即数送入直接地址单元	#00H ~#FFH	3	24
MOV @Ri,	A	累加器内容送入间接 RAM 单元	（R0 ~ R1）00H ~ FFH	1	12
	direct	直接地址单元中的数据送入间接 RAM 单元	00H ~ FFH	2	24
	#data8	8 位立即数送入间接 RAM 单元	#00H ~#FFH	2	12
16 位数据传送类指令：					
MOV DPTR，#data16		16 位立即数地址送入地址寄存器	0000H ~ FFFFH	3	24
外部数据传送类指令：					
MOVX A,	@Ri	外部 RAM（8 位地址）送入累加器	00H ~ FFH	1	24
	@DPTR	外部 RAM（16 位地址）送入累加器	0000H ~ FFFFH	1	24
MOVX @Ri,	A	累加器送入外部 RAM（8 位地址）	00H ~ FFH	1	24
MOVX @DPTR,		累加器送入外部 RAM（16 位地址）	0000H ~ FFFFH	1	24

续表

交换与查表类指令：

SWAP A		累加器高 4 位与低 4 位数据互换	A	1	12
XCHD A，@ Ri		间接 RAM 与累加器进行低半字节交换	（R0 ～ R1）00H ～ FFH	1	12
XCH A，	Rn	寄存器与累加器交换	（R0 ～ R1）00H ～ FFH	1	12
	direct	直接地址单元与累加器交换	00H ～ FFH	2	12
	@ Ri	间接 RAM 与累加器交换	（R0 ～ R1）00H ～ FFH	1	12
MOVC A，	@ A + DPTR	以 DPTR 为基地址变址寻址单元中的数据送入累加器	0000H ～ FFFFH	1	24
MOVC A，	@ A + PC	以 PC 为基地址变址寻址单元中的数据送入累加器	PC 向下 00H ～ FFH	1	24

位操作类指令：

助 记 符	功 能 说 明	字 节 数	周 期
CLR C	清进位位	1	12
CLR bit	清直接地址位	2	12
SETB C	置进位位	1	12
SETB bit	置直接地址位	2	12
CPL C	进位位求反	1	12
CPL bit	直接地址位求反	2	12
ANL C，bit	进位位和直接地址位相“与”	2	24
ANL C，bit	进位位和直接地址位的反码相“与”	2	24
ORL C，bit	进位位和直接地址位相“或”	2	24
ORL C，bit	进位位和直接地址位的反码相“或”	2	24
MOV C，bit	直接地址位送入进位位	2	12
MOV bit，C	进位位送入直接地址位	2	24
JC rel	进位位为 1 则转移	2	24
JNC rel	进位位为 0 则转移	2	24
JB bit，rel	直接地址位为 1 则转移	3	24
JNB bit，rel	直接地址位为 0 则转移	3	24
JBC bit，rel	直接地址位为 1 则转移，该位清零	3	24

续表

助记符		功能说明	对标志位影响				字节数	周期
循环/移位类指令：								
助记符		功能说明	C	AC	OV	P	字节数	周期
RL A		累加器循环左移					1	12
RLC A		累加器带进位循环左移	Y			Y	1	12
RR A		累加器循环右移					1	12
RRC A		累加器带进位循环右移	Y			Y	1	12
算术操作类指令：								
助记符		功能说明	C	AC	OV	P	字节数	周期
ADD A,	Rn	寄存器内容加到累加器	Y	Y	Y	Y	1	12
	direct	直接地址单元加到累加器	Y	Y	Y	Y	2	12
	@ Ri	间接 RAM 内容加到累加器	Y	Y	Y	Y	1	12
	#data8	8 位立即数加到累加器	Y	Y	Y	Y	2	12
ADDC A,	Rn	寄存器内容带进位加到累加器	Y	Y	Y	Y	1	12
	dirct	直接地址单元带进位加到累加器	Y	Y	Y	Y	2	12
	@ Ri	间接 RAM 内容带进位加到累加器	Y	Y	Y	Y	1	12
	#data8	8 位立即数带进位加到累加器	Y	Y	Y	Y	2	12
INC	A	累加器加 1				Y	1	12
	Rn	寄存器加 1					1	12
	direct	直接地址单元内容加 1					2	12
	@ Ri	间接 RAM 内容加 1					1	12
	DPTR	DPTR 加 1					1	24
DA A		累加器进行十进制转换	Y	Y		Y	1	12

续表

SUBB A，	Rn	累加器带值位减寄存器内容	Y	Y	Y	Y	1	12
	dirct	累加器带值位减直接地址单元	Y	Y	Y	Y	2	12
	@ Ri	累加器带借位减间接 RAM 内容	Y	Y	Y	Y	1	12
	#data8	累加器带借位减 8 位立即数	Y	Y	Y	Y	2	12
DEC	A	累加器减 1				Y	1	12
	Rn	寄存器减 1					1	12
	direct	直接地址单元内容减 1					2	12
	@ Ri	间接 RAM 内容减 1					1	12
MUL A，B		A 乘以 B	0		Y	Y	1	48
DIV A，B		A 除以 B	0		Y	Y	1	48

逻辑运算类指令：

助 记 符		功 能 说 明	寻 址 范 围	字节数	周 期
CLR A		累加器清零		1	12
CPL A		累加器求反		1	12
ANL A，	Rn	累加器与寄存器相“与”	（R0 ～ R7）00H ～ FFH	1	12
	direct	累加器与直接地址单元相“与”	00H ～ FFH	2	12
	@ Ri	累加器与间接 RAM 内容相“与”	（R0 ～ R1）00H ～ FFH	1	12
	#data8	累加器与 8 位立即数相“与”	#00H ～#FFH	2	12
ANL direct，	A	直接地址单元与累加器相“与”	00H ～ FFH	2	12
	#data8	直接地址单元与 8 位立即数相“与”	#00H ～#FFH	3	24
ORL A，	Rn	累加器与寄存器相“或”	（R0 ～ R7）00H ～ FFH	1	12
	direct	累加器与直接地址单元相“或”	00H ～ FFH	2	12
	@ Ri	累加器与间接 RAM 内容相“或”	（R0 ～ R1）00H ～ FFH	1	12
	#data8	累加器与 8 位立即数相“或”	#00H ～#FFH	2	12

续表

助记符		功能说明	寻址范围	字节数	周期
ORL direct,	A	直接地址单元与累加器相“或”	00H ~ FFH	2	12
	#data8	直接地址单元与8位立即数相“或”	#00H ~ #FFH	3	24
	Rn	累加器与寄存器相“异或”	（R0 ~ R7）00H ~ FFH	1	12
转移类指令：					
助记符		功能说明	寻址范围	字节数	周期
LJMP addr16		长转移	0000H ~ FFFFH	3	24
AJMP addr11		绝对短转移	0000H ~ 07FFH	2	24
SJMP rel		相对转移	-80H ~ 7FH	2	24
JMP @ A + DPTR		相对于DPTR的间接转移	0000H ~ FFFFH	1	24
JZ rel		累加器为零转移	-80H ~ 7FH	2	24
JNZ rel		累加器非零转移	-80H ~ 7FH	2	24
CJNE A,	direct，rel	累加器与直接地址单元比较，不等则转移	（A）<（direct）则C置1，否则C置0	3	24
	#data8，rel	累加器与8位立即数比较，不等则转移	（A）<data则C置1，否则C置0	3	24
CJNE Rn,	#data8，rel	寄存器与8位立即数比较，不等则转移	（Rn）<data则C置1，否则C置0	3	24
CJNE @ Ri,		间接RAM单元，不等则转移	（（Ri））<data则C置1，否则C置0	3	24
DJNZ Rn,	rel	寄存器减1，非零转移	不影响状态标志位	3	24
DJNZ direct,		直接地址单元减1，非零转移	不影响状态标志位	3	24
其他指令：					
ACALL addr11		绝对短调用子程序		2	24
LACLL addr16		长调用子程序		3	24
RET		子程序返回		1	24
RETI		中断返回		1	24
PUSH direct		直接地址单元中的数据压入堆栈		2	24
POP direct		堆栈中的数据弹出到直接地址单元		2	24
NOP		空操作		1	12

附录D　仿真实验板编程参考信息专用寄存器（＊为可位寻址寄存器）

寄存器	说明	复位值	地址	位功能与地址 MSB							LSB
			位地址	E7	E6	E5	E4	E3	E2	E1	E0
ACC*	累加器	00H	E0H								
AUXR	辅助寄存器	00H	8EH	—	—	—	—	—	—	EXTRAM	AO
AUXR1	辅助寄存器1	00H	A2H	—	—	—		GF2	0	—	DPS
			位地址	F7	F6	F5	F4	F3	F2	F1	F0
B*	B寄存器	00H	F0H								
CCAP0H	模块0捕捉高8位寄存器	××H	FAH								
CCAP1H	模块1捕捉高8位寄存器	××H	FBH								
CCAP2H	模块2捕捉高8位寄存器	××H	FCH								
CCAP3H	模块3捕捉高8位寄存器	××H	FDH								
CCAP4H	模块4捕捉高8位寄存器	××H	FEH								
CCAP0L	模块0捕捉低8位寄存器	××H	EAH								
CCAP1L	模块1捕捉低8位寄存器	××H	EBH								
CCAP2L	模块2捕捉低8位寄存器	××H	ECH								
CCAP3L	模块3捕捉低8位寄存器	××H	EDH								
CCAP4L	模块4捕捉低8位寄存器	××H	EEH								
CCAPM0	模块0模式寄存器	00H	DAH	—	ECOM_0	CAPP_0	CAPN_0	MAT_0	TOG_0	PWM_0	ECCF_0
CCAPM1	模块1模式寄存器	00H	DBH	—	ECOM_1	CAPP_1	CAPN_1	MAT_1	TOG_1	PWM_1	ECCF_1
CCAPM2	模块2模式寄存器	00H	DCH	—	ECOM_2	CAPP_2	CAPN_2	MAT_2	TOG_2	PWM_2	ECCF_2
CCAPM3	模块3模式寄存器	00H	DDH	—	ECOM_3	CAPP_3	CAPN_3	MAT_3	TOG_3	PWM_3	ECCF_3
CCAPM4	模块4模式寄存器	00H	DEH	—	ECOM_4	CAPP_4	CAPN_4	MAT_4	TOG_4	PWM_4	ECCF_4
			位地址	DF	DE	DD	DC	DB	DA	D9	D8
CCON*	PCA计数器控制寄存器	00H	D8H	CF	CR	—	CCF4	CCF3	CCF2	CCF1	CCF0
CH	PCA计数器高8位寄存器	00H	F9H								
CL	PCA计数器低8位寄存器	00H	E9H								

续表

寄存器	说明	复位值	地址	位功能与地址							
				MSB							LSB
CMOD	PCA 计数器模式寄存器	00H	D9H	CIDL	WDTE	—	—	—	CPS1	CPS0	ECF
DPTR	数据指针寄存器（2 字节）										
DPH	数据指针高 8 位寄存器	00H	83H								
DPL	数据指针高 8 位寄存器	00H	82H								
FST	Flash 状态寄存器	×××××0××B	B6	—	SB	—	—	EDC	—	—	—
			位地址	AF	AE	AD	AC	AB	AA	A9	A8
IEN0*	中断使能寄存器 0	00H	A8H	EA	EC	ET2	ES0	ET1	EX1	ET0	EX0
			位地址	EF	EE	ED	EC	EB	EA	E9	E8
IEN1*	中断使能寄存器 1	00H	E8H	—	—	—	—	EB0			
			位地址	BF	BE	BD	BC	BB	BA	B9	B8
IP0*	中断优先级寄存器 0	00H	B8H	—	PPC	PT2	PS	PT1	PX1	PT0	PX0
IP0H	中断优先级寄存器 0 高 8 位	00H	B7H	—	PPCH	PT2H	PSH	PT1H	PX1H	PT0H	PX0H
			位地址	FF	FE	FD	FC	FB	FA	F9	F8
IP1*	中断优先级寄存器 1	00H	F8H	—	—	—	—	EBO			
IP1H	中断优先级寄存器 1 高 8 位	00H	F7H	—	—	—	—	PBOH			
FCF		××××××00B	B1H	—	—	—	—	—	—	SWR	BSEL
			位地址	87	86	85	84	83	82	81	80
P0*	I/O 接口 0 寄存器（P0 口寄存器）	FFH	80H	AD7	AD6	AD5	AD4	AD3	AD2	AD1	AD0
			位地址	97	96	95	94	93	92	91	90
P1*	I/O 接口 1 寄存器（P1 口寄存器）	FFH	90H	CEX4/SPICLK	CEX3/MISO	CEX2/MOSI	CEX1/$\overline{SS}$	CEX0	EC1	T2EX	T2
			位地址	A7	A6	A5	A4	A3	A2	A1	A0
P2*	I/O 接口 2 寄存器（P2 口寄存器）	FFH	A0H	A15	A14	A13	A12	A11	A10	A9	A8
			位地址	B7	B6	B5	B4	B3	B2	B1	B0
P3*	I/O 接口 3 寄存器（P3 口寄存器）	FFH	B0H	$\overline{RD}$	$\overline{WR}$	T1	T0	$\overline{INT1}$	$\overline{INT0}$	TXD	RXD
PCON	功率控制寄存器	00H	87H	SMOD1	SMOD0	BOF	POF	GF1	GF0	PD	IDL

续表

寄存器	说明	复位值	地址	位功能与地址							
				MSB							LSB
			位地址	D7	D6	D5	D4	D3	D2	D1	D0
PSW*	程序状态字（寄存器）	00H	D0H	CY	AC	F0	RS1	RS0	OV	F1	P
RCAP2H	定时器 2 捕捉高 8 位寄存器	00H	CBH								
RCAP2L	定时器 2 捕捉低 8 位寄存器	00H	CAH								
			位地址	9F	9E	9D	9C	9B	9A	99	98
SCON*	串口控制寄存器	00H	98H	SM0/FE_	SM1	SM2	REN	TB8	RB8	TI	RI
SBUF	串口数据缓冲寄存器	××H	99H								
SADDR	串口地址寄存器	00H	A9H								
SADEN	串口地址使能寄存器	00H	B9H								
			位地址	87	86	85	84	83	82	81	80
SPCTL	SPI 串口控制寄存器	00H	D5H	SPIE	SPEN	DORD	MSTR	CPOL	CPHA	SPR1	SPR0
SPCFG	SPI 串口设置寄存器	00H	AAH	SPIF	SPWCOL	—	—	—	—	—	—
SPDAT	SPI 串口数据寄存器	××H	86H								
SP	堆栈指针寄存器	07H	81H								
			位地址	8F	8E	8D	8C	8B	8A	89	88
TCON*	定时器控制寄存器	00H	88H	TF1	TR1	TF0	TR0	IE1	IT1	IE0	IT0
			位地址	CF	CE	CD	CC	CB	CA	C9	C8
T2CON*	定时器 2 控制寄存器	00H	C8H	TF2	EXF2	RCLK	TCLK	EXEN2	TR2	C/T2	CP/RL2
T2MOD	定时器 2 模式控制寄存器	××000000B	C9H	—	—	ENT2				T2OE	DCEN
TH0	定时器 0 高 8 位寄存器	00H	8CH								
TH1	定时器 1 高 8 位寄存器	00H	8DH								
TH2	定时器 2 高 8 位寄存器	00H	CDH								
TL0	定时器 0 低 8 位寄存器	00H	8AH								
TL1	定时器 1 低 8 位寄存器	00H	8BH								
TL2	定时器 2 低 8 位寄存器	00H	CCH								
TMOD	定时器 0 和 1 模式控制	00H	89H	GATE	C/T	M1	M0	GATE	C/T	M1	M0
WDTC	看门狗定时器控制寄存器	00H	C0H	—	—	—	WDOUT	WDRE	WDTS	WDT	SWDT
WDTD	看门狗定时器数据/重加载寄存器	00H	85H								

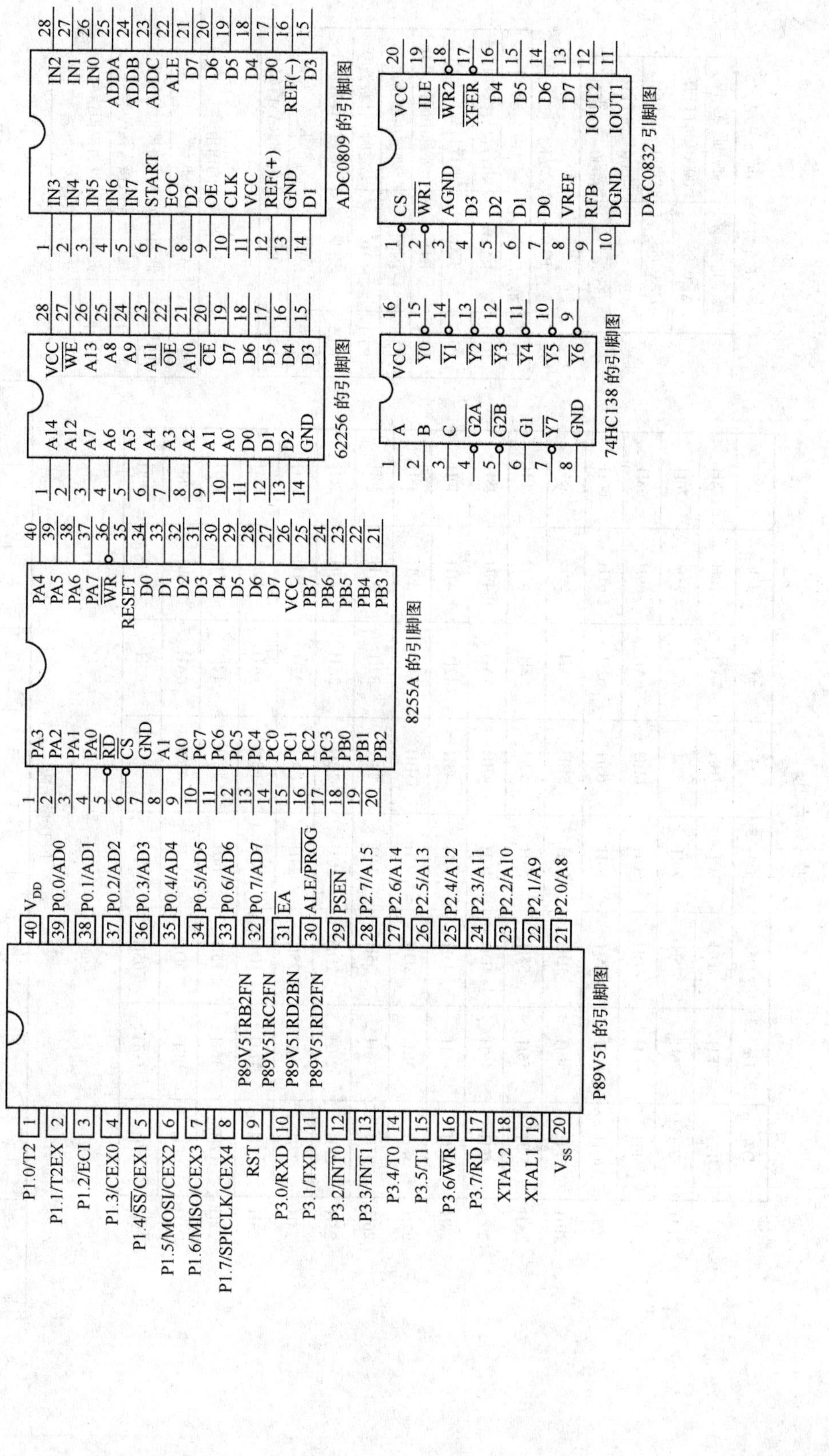

引脚	名称	引脚	名称
1	P1.0/T2	40	V_{DD}
2	P1.1/T2EX	39	P0.0/AD0
3	P1.2/ECI	38	P0.1/AD1
4	P1.3/CEX0	37	P0.2/AD2
5	P1.4/$\overline{SS}$/CEX1	36	P0.3/AD3
6	P1.5/MOSI/CEX2	35	P0.4/AD4
7	P1.6/MISO/CEX3	34	P0.5/AD5
8	P1.7/SPICLK/CEX4	33	P0.6/AD6
9	RST	32	P0.7/AD7
10	P3.0/RXD	31	$\overline{EA}$
11	P3.1/TXD	30	ALE/$\overline{PROG}$
12	P3.2/$\overline{INT0}$	29	$\overline{PSEN}$
13	P3.3/$\overline{INT1}$	28	P2.7/A15
14	P3.4/T0	27	P2.6/A14
15	P3.5/T1	26	P2.5/A13
16	P3.6/$\overline{WR}$	25	P2.4/A12
17	P3.7/$\overline{RD}$	24	P2.3/A11
18	XTAL2	23	P2.2/A10
19	XTAL1	22	P2.1/A9
20	V_{SS}	21	P2.0/A8

P89V51RB2FN
P89V51RC2FN
P89V51RD2BN
P89V51RD2FN

P89V51 的引脚图

引脚	名称	引脚	名称
1	PA3	40	PA4
2	PA2	39	PA5
3	PA1	38	PA6
4	PA0	37	PA7
5	$\overline{RD}$	36	$\overline{WR}$
6	$\overline{CS}$	35	RESET
7	GND	34	D0
8	A1	33	D1
9	A0	32	D2
10	PC7	31	D3
11	PC6	30	D4
12	PC5	29	D5
13	PC4	28	D6
14	PC0	27	D7
15	PC1	26	VCC
16	PC2	25	PB7
17	PC3	24	PB6
18	PB0	23	PB5
19	PB1	22	PB4
20	PB2	21	PB3

8255A 的引脚图

引脚	名称	引脚	名称
1	A14	28	VCC
2	A12	27	$\overline{WE}$
3	A7	26	A13
4	A6	25	A8
5	A5	24	A9
6	A4	23	A11
7	A3	22	$\overline{OE}$
8	A2	21	A10
9	A1	20	$\overline{CE}$
10	A0	19	D7
11	D0	18	D6
12	D1	17	D5
13	D2	16	D4
14	GND	15	D3

62256 的引脚图

引脚	名称	引脚	名称
1	A	16	VCC
2	B	15	$\overline{Y0}$
3	C	14	$\overline{Y1}$
4	$\overline{G2A}$	13	$\overline{Y2}$
5	$\overline{G2B}$	12	$\overline{Y3}$
6	G1	11	$\overline{Y4}$
7	$\overline{Y7}$	10	$\overline{Y5}$
8	GND	9	$\overline{Y6}$

74HC138 的引脚图

引脚	名称	引脚	名称
1	IN3	28	IN2
2	IN4	27	IN1
3	IN5	26	IN0
4	IN6	25	ADDA
5	IN7	24	ADDB
6	START	23	ADDC
7	EOC	22	ALE
8	D2	21	D7
9	OE	20	D6
10	CLK	19	D5
11	VCC	18	D4
12	REF(+)	17	D0
13	GND	16	REF(−)
14	D1	15	D3

ADC0809 的引脚图

引脚	名称	引脚	名称
1	$\overline{CS}$	20	VCC
2	$\overline{WR1}$	19	ILE
3	AGND	18	$\overline{WR2}$
4	D3	17	$\overline{XFER}$
5	D2	16	D4
6	D1	15	D5
7	D0	14	D6
8	VREF	13	D7
9	RFB	12	IOUT2
10	DGND	11	IOUT1

DAC0832 引脚图

位可寻址地址

字节地址	D7	D6	D5	D4	D3	D2	D1	D0
2FH	7FH	7EH	7DH	7CH	7BH	7AH	79H	78H
2EH	77H	76H	75H	74H	73H	72H	71H	70H
2DH	6FH	6EH	6DH	6CH	6BH	6AH	69H	68H
2CH	67H	66H	65H	64H	63H	62H	61H	60H
2BH	5FH	5EH	5DH	5CH	5BH	5AH	59H	58H
2AH	57H	56H	55H	54H	53H	52H	51H	50H
29H	4FH	4EH	4DH	4CH	4BH	4AH	49H	48H
28H	47H	46H	45H	44H	43H	42H	41H	40H
27H	3FH	3EH	3DH	3CH	3BH	3AH	39H	38H
26H	37H	36H	35H	34H	33H	32H	31H	30H
25H	2FH	2EH	2DH	2CH	2BH	2AH	29H	28H
24H	27H	26H	25H	24H	23H	22H	21H	20H
23H	1FH	1EH	1DH	1CH	1BH	1AH	19H	18H
22H	17H	16H	15H	14H	13H	12H	11H	10H
21H	0FH	0EH	0DH	0CH	0BH	0AH	09H	08H
20H	07H	06H	05H	04H	03H	02H	01H	00H

LED 显示码

显示数字	0	1	2	3	4	5	6	7	8	9
显示码	0xc0	0xf9	0xa4	0xb0	0x99	0x92	0x82	0xf8	0x80	0x90

LED 位选码

显示位	1	2	3	4	5	6	7	8
位选码	0x7f	0xbf	0xdf	0xef	0xf7	0xfb	0xfd	0xfe

仿真实验板的地址分配

接口电路	地址范围
AD0809	0000～1FFFH
DAC0832	2000～3FFFH
8255	4000～5FFFH
62256	8000～FFFFH

P3 口的第二功能

I/O	第二功能	注释
P3.0	RXD	串行口数据接收端
P3.1	TXD	串行口数据发送端
P3.2	$\overline{\text{INT0}}$	外部中断请求 0
P3.3	$\overline{\text{INT1}}$	外部中断请求 1
P3.4	T0	定时 / 计数器 0
P3.5	T1	定时 / 计数器 1
P3.6	$\overline{\text{WR}}$	外部 RAM 写信号
P3.7	$\overline{\text{RD}}$	外部 RAM 读信号

跳线 2 的作用

跳线名	连接方式说明
TRI BUFF	此两脚短路时将模拟信号发生器产生的三角波接入缓冲器
BUFF SQU	此两脚短路时将模拟信号发生器产生的方波接入缓冲器

跳线 1 的作用

跳线名	连接方式说明
NetU11_13 INx(x=0～7)	此两脚短路时分别接通AD0809 的每一通道

参考文献

[1] 梁莉，高鹏，王磊等．基于嵌入式的多工艺全数字硬质阳极化电源的研究［J］．西安理工大学学报，2006V22（3）：300－303.

[2] 朱秀，谢子殿，陶金．基于AD694和单片机的电流频率信号发生器的设计［J］．自动化技术与应用，2008V27（7）：59－62.

[3] 施云贵，孙玉杰，姜维利．基于P89C51RD2实现的机器人小车速度控制［J］．计量技术，2005（5）：28－30.

[4] 施云贵，孙玉杰，姜维利．基于P89C51Rx2可编程计数器阵列（PCA）实现直流电机调速控制［J］．仪器仪表学报，2006V27（6）：531－532，540.

[5] 吴云轩．基于P89LPC938单片机的数控恒流源设计［J］，黎明职业大学学报，2007（3）：58－60.

[6] 罗怡，许先果，姚宗湘．基于PHILIPSP89C51RD2的脉冲，TIG焊电源控制系统设计［J］．机电一体化，2005（1）：82－84.

[7] 纪珍从．基于SPI总线的低频信号数据采集系统的设计［J］．机床电器，2008（1）：5－8.

[8] 李善寿，方潜生，肖本贤等．基于单片机的恒温控制器的设计和实现［J］．计算机技术与发展，2006V18（12）：197－199.

[9] 方子樵，王骥．用P89LPC932A1驱动PCM语音芯片MC14LC548［J］．单片机与嵌入式系统，2007（11）：41－43.

[10] 周士兵，杨晓宇．基于P89C51单片机与Delphi的地平仪检测系统的设计［J］．计算机技术与发展，2010（6）：205－208.

[11] 凡海峰，尹明德．基于CAN总线的汽车车身门控系统研究［J］．机械工程师，2009（2）：21－23.

[12] 朱秀，谢子殿，石磊．基于电磁调速的电牵引采煤机调速控制器设计［J］．煤炭科学技术，2008V36（8）：70－72.

[13] 程建鑫，何玉珠，向复生．通用数据采集系统的设计［J］．电子测量技术，2008V31（5）：100－101，108.

[14] 谭进怀．语音报数示波器控制电路的设计与实现［J］．国外电子测量技术，2007V26（12）：34－37.

[15] 刘典文，陈列尊．基于Modbus的EPS应急电源监控系统的研究［J］．现代电子技术，2007V30（21）：151－152.

[16] 周士兵，杨晓宇．基于P89C51单片机的地平仪温度检测与模糊PID控制［J］．科学技术与工程，2007V7（17）：4288－4291.

[17] 周海瑞，戴冠中，叶芳宏．ZigBee在温室监控系统中的应用［J］．自动化仪表，2007V28（8）：48－49，53.

[18] 马善农，林刚勇，赵永科．CAN总线在视频监控系统中的应用［J］．东华理工学院学报，2006V29（2）：189－191.

[19] 陈林，李建民，魏勍颋．基于 DTMF 信号多点共线通话系统设计与实现 [J]．科技广场，2006 (1)：34 - 36.
[20] 李民先，张大明．单片机控制刮印单元电机变频调速系统 [J]．微计算机信息，2005V21 (4)：105 - 106.
[21] 吕振，王联．卡车工况监测系统及加密 IC 卡 SLE4428 的应用 [J]．微计算机信息，2005 (3)：140 - 142.
[22] 谭进怀．智能化语音频率计的研制 [J]．计算机测量与控制，2004V12 (12)：1240 - 1243.
[23] 朱小燕，景新幸，王传杰．控制局域网 (CAN) 中的数据转换的设计与实现 [J]．现代电子技术，2004V27 (7)：19 - 21.
[24] 游文明，周胜，戴瑶．非织造布面密度均匀度在线控制系统的研制 [J]．纺织学报，2004V25 (1)：102 - 104.
[25] 游文明，周胜，戴瑶．基于单神经元自适应 PSD 非织造布面密度实时控制系统 [J]．工业仪表与自动化装置，2003 (6)：35 - 37.
[26] 车淑兰，刘跃平．基于 P89C51 单片机的多路数据采集系统的设计与实现 [J]．内蒙古大学学报 (自然科学版)，2001V32 (6)：689 - 691.

本教材使用说明

为了帮助读者和学生更好地利用本教材，更快、更好地掌握单片机及其开发应用技术。作者在此向读者提出以下建议：

（1）在使用本教材学习单片机之前，最好先修“计算机基础”等课程或学习过类似的内容。

（2）坚持“边学边干”、“边干边学”的要求，认真做好教材中的每一个实验。

（3）本教材的附录 4 不仅是为了方便读者集中查阅，更是为了让读者可以裁下来，在编程时瞟上一眼就可以确认所用的指令是否正确或查找所需要的指令。

（4）需要本书配套的仿真实验板（包括电源适配器和通信电缆在内，300 元/套，邮寄费 20 元/套）或其他散件（含邮寄费在内 260 元/套）、技术支持，请与下列地址联系：

通信地址：天津大学精仪学院

邮　　编：300072

联 系 人：李刚

技术资料下载：http：//bme. eefocus. com

作　者

反侵权盗版声明

举报电话：(010) 88254396；(010) 88258888

传　　真：(010) 88254397

E-mail：dbqq@ phei. com. cn

通信地址：北京市海淀区万寿路 173 信箱

电子工业出版社总编办公室

邮　　编：100036